AF513916

Kognitionsorientiertes Lehren – Analyse eines Implementationsprojektes zur Einführung des Funktionsbegriffs

Edyta Agnieszka Nowińska

Schriftenreihe des Forschungsinstituts für Mathematikdidaktik Nr. 44
Osnabrück 2010

Edyta Agnieszka Nowińska
Kognitionsorientiertes Lehren – Analyse eines Implementationsprojektes zur Einführung des Funktionsbegriffs
Osnabrück: Forschungsinstitut für Mathematikdidaktik e. V., 2010
(Schriftenreihe des Forschungsinstituts für Mathematikdidaktik; Heft 44)
ISBN 978-3-925386-61-9

Forschungsinstitut für Mathematikdidaktik e. V., 2010
Postfach 18 47
D-49008 Osnabrück

Herstellung: Books on Demand GmbH, Norderstedt

Dissertation zur Erlangung des Doktorgrades der Naturwissenschaften des Fachbereiches Mathematik / Informatik der Universität Osnabrück
vorgelegt von Edyta Agnieszka Nowińska

Berichterstatter: Prof. Dr. Elmar Cohors-Fresenborg, Universität Osnabrück
Prof. Dr. Maria Korcz, Uniwersytet im. Adama Mickiewicza w Poznaniu

Tag der mündlichen Prüfung: 28.06.2010

Danksagung

Mein Dank gilt Herrn Professor Elmar Cohors-Fresenborg für die Betreuung und Begleitung meiner Arbeit. Besonders herzlich bedanke ich mich für zahlreiche Diskussionen und konstruktive Anregungen zu immer tieferem und präziserem Argumentatieren. Seine zahlreichen Metaphern und bildhaften Erklärungen haben mich in meinem wissenschaftlichen Denken auf neue Wege geführt.

Bei Frau Professor Christa Kaune bedanke ich mich für Ihre vielfältige Unterstützung, Anregungen und Motivation. Ihre tiefgründigen Fragen zu meinen Interpretationen von Schülerbearbeitungen und Transkripten haben zum Gelingen meiner Arbeit beigetragen.

Bei Frau Professor Maria Korcz bedanke ich mich für die Kontaktherstellung zu den Mitarbeitern des Instituts für Kognitive Mathematik. Frau Professor Dr. Inge Schwank danke ich für die Möglichkeit, im Rahmen der Graduierten Schule „Kognitive Mathematik“ arbeiten zu können. Für die Hilfe bei der statistischen Auswertung geht mein Dank an Herrn Dr. Norbert Sommer. Frau Mathilde Griep danke ich für ihr Engagement bei der Realisierung des in der vorliegenden Arbeit untersuchten Projektes. Auch den Lehrkräften, die sich bereit erklärt haben, an den durchgeführten Projekt teilzunehmen, bedanke ich mich sehr herzlich.

Bei allen studentischen Hilfskräften des Instituts für Kognitive Mathematik bedanke ich mich für ihre Hilfe beim Anfertigen von Transkripten und Dokumentieren von Schülereigenproduktionen. Von ihrer Hilfe hat auch das Layout meiner Arbeit profitiert. Insbesondere bedanke ich mich bei Anna Bischof, Christian Hildebrandt, Thalke Hilgen, Jonas Lorenz, Christine Nordlohne, Elisabeth Schwank und Phillip Rahe.

Allen Freunden und Bekannten, die ihre Wochenenden und Abende mit der Korrektur meiner Arbeit verbracht haben, danke ich für ihre Hilfe und Zuverlässigkeit: Lisa Kathrin Brückel, Anika Dreher, Eva Maria Gretzmann, Corinna Hännisch, Jörg Erik Kinner, Carmen Konrad, Christine Nordlohne, Anna-Birge Ostendof, Frank Pundsack, Anna Stuckert und Kirsten Winkel.

Bei Eva Maria Gretzmann bedanke ich mich besonders für ihre immerwährende Bereitschaft und ihre Zeit für lange Diskussionen sowie zahlreiche Fragen und Anregungen. Bei allen Mitarbeitern des Instituts für Kognitive Mathematik bedanke ich mich für viele Jahre einer sehr guten Zusammenarbeit.

Inhaltsverzeichnis

1 Einleitung **9**

2 Empirische Implikationen für die Grundlagen der Innovation **15**

2.1 Einleitung 15
2.2 Schulformspezifische Leistungen und Lernzuwächse der Schüler 17
2.2.1 Einleitung 17
2.2.2 Lernzuwächse bezüglich der kognitionstheoretisch begründeten Aufgabenmerkmale 20
2.2.2.1 Ausgangsleistungen 20
2.2.2.2 Lernzuwächse 21
2.2.2.3 Zusammenfassung 22
2.2.3 Diskussion der Ergebnisse 23
2.2.3.1 Problematik der Interpretation der Ergebnisse 23
2.2.3.2 Konsequenzen für die fachdidaktische Konzeption des Projektes 24
2.3 Professionelle Kompetenzen der Realschullehrkräfte 29
2.3.1 Praktizierende Lehrkräfte – Ergebnisse aus COACTIV 29
2.3.1.1 Einleitung 29
2.3.1.2 Grundlegende Informationen über COACTIV 30
2.3.1.3 Zentrale Befunde aus COACTIV 30
2.3.1.4 Spezifikation der Befunde aus COACTIV 32
2.3.1.5 Zusammenfassung und Diskussion der Ergebnisse . . . 34
2.3.2 Angehende Lehrkräfte – Ergebnisse aus MT21 35
2.3.2.1 Einleitung 35
2.3.2.2 Grundlegende Informationen über MT21 36
2.3.2.3 Zentrale Befunde aus MT21 36
2.3.2.4 Spezifikation der Befunde aus MT21 37
2.3.2.5 Zusammenfassung der Ergebnisse 38
2.4 Ergebnisse der Implementationsforschung für die Unterrichtsveränderung 39
2.4.1 Die Implementationsstrategie des realisierten Projektes 39
2.4.2 Einflussfaktoren auf den Implementationserfolg 40
2.4.3 Konsequenzen für die Implementation des Projektes 41
2.5 Zusammenfassung 42

3 Didaktische Konzeption der Unterrichtsreihe **45**
3.1 Einleitung 45
3.2 Leitideen einer kognitionstheoretischen Auffassung der Schulmathematik 46
3.2.1 Mathematik als Werkzeug zur präzisen Darstellung intuitiven Wissens 46
3.2.2 Das kognitive mathematische Betriebssystem 46
3.2.3 Unterschiede in den kognitiven Strukturen der Schüler 49
3.3 Präzisierung von Grundlagen der Unterrichtsreihe 51
3.3.1 Probleme bei der Einführung des Funktionsbegriffs 51
3.3.2 Fundierung des Funktionsbegriffs auf einer handlungsorientierten Grundlage 52
3.4 Aufbau der Unterrichtsreihe „Von Anweisungen zu Funktionen" 59
3.4.1 Drei Repräsentationsformen des Algorithmusbegriffs 59
3.4.1.1 Befehlsketten für den Roboter 61
3.4.1.2 Rechenmaschinen und Rechennetze 66
3.4.1.3 RM-Programme 70
3.4.1.4 Mathematische Ideen bei den drei Repräsentationsformen 73
3.4.2 Wechselwirkung zwischen den drei Repräsentationsformen 76
3.4.3 Einführung der Tupelschreibweise 78
3.4.4 Einführung der Funktionsschreibweise 80
3.4.5 Modellbildung mit Funktionen 82
3.4.5.1 Modellierungsaufgaben mit einstelligen Funktionen . . 82
3.4.5.2 Darstellung mehrstelliger Funktionen 86
3.4.5.3 Modellierungsaufgaben mit mehrstelligen Funktionen . 87
3.4.5.4 Rechengeschichten 92
3.4.5.5 Übergang zu Funktionen mit Argumenten aus $\mathbb{Q}$ 94
3.5 Aufgabenformate 96
3.6 Unterrichtskultur 103
3.7 Zusammenfassung 111

4 Zusammenarbeit mit den Lehrkräften **115**
4.1 Einleitung 115
4.2 Unterstützungsmaßnahmen für die Lehrkräfte 117
4.2.1 Vorbereitungscoaching 118
4.2.2 Tandem-Zusammenarbeit der Lehrkräfte 119
4.2.3 Zusammenarbeit der Lehrkräfte mit den Fachdidaktikern 120
4.3 Coachingmaßnahmen im ersten Jahr der Realisierung des Projektes 120
4.4 Erweiterung der Unterstützungsmaßnahmen für die Lehrkräfte 123
4.4.1 Wöchentliche Beratung der Lehrkräfte 123
4.4.2 Videobasiertes Coaching 123
4.5 Coachingmaßnahmen im zweiten Jahr der Realisierung des Projektes . . . 124

4.6 Zusammenfassung und Diskussion der Ergebnisse 126

5 Ein steiniger Weg zum Implementationserfolg 129

5.1 Einleitung 129

5.2 Anmerkungen zur Implementationsanalyse 133

5.2.1 Das Kategoriensystem zur Klassifizierung metakognitiver und diskursiver Aktivitäten im Mathematikunterricht 134

5.2.2 Anmerkungen zu dem Kategoriensystem 142

5.3 Ein steiniger Weg zur Verbesserung der Implementation 144

5.3.1 Ein Beispiel für das Implementationsscheitern 144

5.3.1.1 Unterrichtsanalyse 144

5.3.1.2 Implementationserfolg 157

5.3.2 Maßnahmen zur Verbesserung der Implementation 160

5.3.3 Monitoring und Wirksamkeit dieser Maßnahmen 161

5.3.3.1 Unterrichtsanalyse 161

5.3.3.2 Implementationserfolg 168

5.4 Zusammenfassung und Diskussion der Ergebnisse 171

6 Hindernisse bei der Implementation 173

6.1 Einleitung 173

6.2 Szene I 175

6.3 Szene II 183

6.4 Szene III 189

6.5 Szene IV 207

6.6 Szene V 212

6.7 Zusammenfassung und Diskussion der Ergebnisse 217

7 Innovationsergebnisse 225

7.1 Einleitung 225

7.2 Modellierungsaufgaben 235

7.2.1 Implementation im Unterricht 236

7.2.1.1 Implementationsschwierigkeiten 236

7.2.1.2 Transkriptbasierte Implementationsanalyse 237

7.2.1.3 Fazit 245

7.2.2 Lernergebnisse 246

7.2.2.1 Analyse ausgewählter Schülerlösungen 247

7.2.2.2 Auswertung 258

7.3 Rechengeschichten 263

7.3.1 Implementation im Unterricht 264

7.3.1.1 Angestrebte Veränderungen im kognitiven mathematischen Betriebssystem der Lernenden 264

7.3.1.2 Transkriptbasierte Implementationsanalyse 275

7.3.1.3 Fazit . . . 286
7.3.2 Lernergebnisse . . . 288
7.3.2.1 Analyse ausgewählter Schülerlösungen . . . 288
7.3.2.2 Auswertung . . . 291
7.4 Konstruktiver Umgang mit Schülerfehlern . . . 296
7.4.1 Aufgaben zur Förderung von Monitoringfähigkeiten . . . 297
7.4.1.1 Anmerkungen zu der Unterrichtssequenz . . . 297
7.4.1.2 Analyse einer Fehlerberichtigung . . . 297
7.4.1.3 Fazit . . . 302
7.4.2 Über Fehler reflektieren und Fehler vermeiden . . . 303
7.4.2.1 Anmerkungen zur Unterrichtssequenz . . . 303
7.4.2.2 Transkriptanalyse . . . 304
7.4.2.3 Fazit . . . 321
7.5 Transfer . . . 323
7.5.1 Stichprobe . . . 324
7.5.2 Tests . . . 324
7.5.3 Leistungsstände und Leistungsentwicklung der Schüler . . . 327
7.5.4 Projekteffekt . . . 331
7.5.5 Fazit . . . 334
7.6 Zusammenfassung und Diskussion der Ergebnisse . . . 335

8 Schluss **339**

Anhang **347**

Literatur **353**

Kapitel 1

Einleitung

Die vorliegende Arbeit ist bei einem Forschungs- und Entwicklungsprojekt zur Verbesserung der Nachhaltigkeit des Mathematikunterrichts in einer Realschule entstanden. In den Fokus nimmt sie zum einen die Wirksamkeit dieses Projektes, zum anderen aber auch den Implementationsprozess von wissenschaftlich fundierten mathematikdidaktischen Erkenntnissen in die Unterrichtspraxis.

Es besteht ein Konsens darüber, dass jede Innovation zur Steigerung der Nachhaltigkeit des Mathematikunterrichts direkt an den Unterricht anknüpfen soll. Die Unterrichtsentwicklung – nicht nur bezogen auf das Unterrichtsfach Mathematik – wird jedoch als ein steiniger Weg beschrieben (Gräsel und Parchmann, 2004b). Ein Transfer von forschungsbasierten Erkenntnissen in die Schulen wird nicht dadurch gesichert, dass neue Unterrichtsmaterialien entwickelt und Lehrkräften an die Hand gegeben werden. „Auch die besten Werkzeuge und Materialien versagen, wenn sie ungeschickt, unabhängig von Ausgangslage wie Zweck und ohne ständige Beobachtung und Nachsteuerung des Prozesses angewendet werden“ (BLK, 2004, S. 2). Trotz und gerade wegen der Schwierigkeit der Unterrichtsveränderung muss die Implementation verstärkt in den Blick genommen werden. Diesem Anspruch kommt die vorliegende Arbeit nach.

Bisher wurden die Probleme bei der Implementation von Forschungsergebnissen in die Unterrichtspraxis nur unzureichend betrachtet (Gräsel et al., 2004). Mit dem Projekt BIQUA (Bildungsqualität von Schule; Doll und Prenzel, 2004) wurde darauf ein Blick geworfen, dennoch bleiben immer noch einige Phänomene einer unzureichenden Unterrichtsverbesserung nicht zufriedenstellend erklärt. In der neueren Forschung werden sie als Impuls zur Reflexion genommen (Gärtner, 2007). Immer häufiger wird dabei auf das Wissen und Handeln sowie auf die Überzeugungen der Lehrkräfte als Ursachen für mangelhafte Umsetzungen von Neuerungen hingewiesen (Gärtner, 2008).

Bei einer Implementation geht es nicht darum, mit neuen Aufgaben und Materialien ausschließlich die „Sichtstruktur“ (Oser und Baeriswyl, 2001) des Unterrichts zu verändern, d. h. die formalen Organisationsmerkmale, Muster der Unterrichtsinszenierung sowie methodische Elemente. Vielmehr ist die „Tiefenstruktur“ (ebd.) des Unterrichts positiv zu beeinflussen. Hierzu gehören Merkmale der Interaktionsprozesse zwischen einer Lehrkraft und ihren Lernenden sowie der Lernenden untereinander. Das Nachdenken einer Lehrkraft über die Gestaltung ihres Unterrichts mit einem neuen Unterrichtskonzept muss deshalb mit ihrem Nachdenken über die dadurch zu induzierenden Lernprozesse verbunden sein.

Das Unterrichtskonzept, das bei dem Realschul-Projekt zur Steigerung der Nachhaltigkeit des Mathematikunterrichts eingesetzt wurde, ist kognitionstheoretisch angelegt (Kapitel 3). Mit ihm wurden die Leitideen aus einem Gutachten für den Niedersächsischen Kultusminister (Schwank, 1987) sowie des Osnabrücker Curriculums für das Gymnasium (Cohors-Fresenborg, 2001) aufgegriffen. Es wurde versucht, möglichst frühzeitig, die Prozesse der Konstruktion, Organisation und Verwendung von mathematischem Wissen der Lernenden durch eine geeignete stoffdidaktische Ausrichtung der Inhalte des Mathematikunterrichts zu unterstützen. Hierfür ist eine neue Unterrichtsreihe entwickelt worden. Es sollte erreicht werden, dass das Wissen der Lernenden vernetzt aufgebaut und dass der Zugriff darauf erleichtert wird. Das stoffdidaktische Ziel war die Fundierung des Funktionsbegriffs im Mathematikunterricht verbunden mit einer Förderung des funktionalen Denkens der Schüler. Es war ein weiteres Ziel, dass die neue Unterrichtsreihe zu Beginn des Mathematikunterrichts in der Realschule eingesetzt wird und mit ihrer stoffdidaktischen und methodischen Ausrichtung Grundlage für eine Neuorientierung des Mathematikunterrichts in der Realschule darstellt und damit quasi die Rolle eines „Anfangs-Unterrichtes“ im Fach Mathematik in der Realschule übernimmt.

Das Kernziel der vorliegenden Arbeit ist, die Wirksamkeit der Innovation zu dokumentieren, zu analysieren und zu erklären. Anhand von Schülerlösungen und Unterrichtsbeiträgen wird gezeigt, in welchem Maße die Innovation einen wesentlichen Beitrag für die Steigerung mathematischer Kompetenzen der Lernenden geleistet hat, bzw. bei einer besseren Implementation hätte leisten können (Kapitel 7). Trotz Schwierigkeiten bei der Implementation ist es gelungen, exemplarisch die intendierten Ziele zu dokumentieren, sowohl bezogen auf das Verständnis von Funktionen als auch auf die Sicherheit in deren Benutzung. Die Wirksamkeit des funktionalen Denkens der Lernenden wird am Beispiel der Schülerlösungen zu Modellierungsaufgaben und zu so genannten „Rechengeschichten“ verdeutlicht. Das Verfügen über das kognitive mathematische Werkzeug „Funktion“ und die Fähigkeit zu dessen verständiger Benutzung erlaubt es den Realschülern, auch solche Modellierungsaufgaben zu bearbeiten, deren Schwierigkeitsgrad das Realschulniveau weit übersteigt.

Bei der Beurteilung einer Innovation ist genau zu analysieren, ob und inwieweit sie tatsächlich auch umgesetzt wurde. Nur dann kann die Innovation daraufhin evaluiert werden, ob sie die erwünschten Effekte erreicht und sich positiv auf die Lernergebnisse ausgewirkt hat (Gräsel und Parchman, 2004a, S. 199). Diese Arbeit nimmt daher auch die Implementation und die mit ihr verbundenen Hindernisse in den Fokus (Kapitel 5 und 6).

Durch das Heranziehen von Videos und eine detaillierte Analyse des Unterrichtsgeschehens war es möglich, zum einen exemplarisch die intendierten Lerneffekte zu verdeutlichen, zum anderen aber auch ein aussagekräftiges Bild der Implementation zu gewinnen, insbesondere die Hindernisse dabei transparent zu machen. Nach zahlreichen

Beispielen aus dem analysierten Unterrichtsgeschehen drängt sich die Hypothese auf, dass das „Steinige" an dem Weg der Unterrichtsentwicklung darin besteht, von einer vermeintlichen zu einer tatsächlichen Veränderung des Unterrichts zu gelangen: von einer Veränderung der Sichtstruktur des Unterrichts und einer nur scheinbaren Veränderung von dessen Tiefenstruktur zu der intendierten Veränderungen der Letzteren. Die Erkenntnisse aus der durchgeführten Analyse leisten einen Beitrag für die Unterrichtswissenschaft, in der ein Defizit an Forschung zu Ursachen für Schwierigkeiten bei einer Implementation konstatiert (Gräsel und Parchmann, 2004b, S. 197), reflektiert und in neuerer Literatur immer wieder als ein wichtiges Problem dargestellt wird (Gärtner, 2008).

Überblick über die Arbeit

Da die Arbeit eine komplexe und vielschichtige Problematik thematisiert, werden in den einzelnen Kapiteln aufeinander aufbauende aber in sich abgeschlossene Teil-Themen behandelt. Zu jedem Kapitel wird in der Einleitung auf die Erkenntnis der vorstehenden Kapitel verwiesen, und in diesen Kontext wird das Ziel des jeweiligen Kapitels eingebettet. In der Zusammenfassung wird der Fokus auf die neu gewonnenen Erkenntnisse gelegt. Es werden Antworten auf zuvor entwickelte Fragen, durchaus aber auch an vielen Stellen nur Vermutungen und Hypothesen formuliert. Der Aufbau erlaubt dem Leser, die einzelnen Kapitel für sich zu lesen, ohne von vorneherein auch die für sein Interesse irrelevanten Teile „durcharbeiten" zu müssen.

Der Begriff „Implementation" spielt in der Arbeit eine Schlüsselrolle. Dabei handelt es sich um kein einheitliches wissenschaftliches Konstrukt. Die Begriffsklärung vollzieht sich an mehreren Stellen und Kapiteln. Es soll nicht von vorneherein die Komplexität des Implementationsprozesses dargelegt werden, ohne dass der Leser eine Vorstellung davon hat, warum die einzelnen, detaillierten Aspekte überhaupt erwähnt sind. In den einzelnen Kapiteln wird der Fokus auf diejenigen Teilaspekte dieses Begriffs gelegt, die für das jeweilige Teil-Thema und für die formulierten Fragen relevant sind, wie beispielsweise: auf die Rolle der Lehrkräfte bei der Implementation (Kapitel 4), auf die Möglichkeiten der Verbesserung des Implementationserfolgs (Kapitel 5) sowie auch auf die Hindernisse und Phänomene bei der Implementation (Kapitel 6).

Ein zweiter zentraler Begriff in dieser Arbeit ist „Innovation". Hier ist ein Entwicklungs- und Forschungsprojekt zur Verbesserung der Nachhaltigkeit des Realschulmathematikunterrichts gemeint. Was darunter im Kern zu verstehen ist, wird in einzelnen Kapitel erläutert: Erklärt bzw. dargelegt werden die empirische Grundlage und somit der Ausgangspunkt der Innovation (Kapitel 2), die Leitideen einer kognitionstheoretischen Auffassung der Schulmathematik, die zur Präzisierung der Innovationsziele herangezogen wurden (Kapitel 3), sowie die Lernergebnisse, die mit der Innovation erreicht wurden (Kapitel 7).

In Kapitel 2 sind empirische Implikationen für die Grundlage der realisierten Innovation dargelegt. Zunächst werden schulformspezifische mathematische Leistungen und Lernzuwächse der Schüler analysiert. Der Fokus liegt auf den mathematischen Leistungen und Lernzuwächsen der Realschüler. Erkenntnisse über diese werden aus einer Untersuchung am Datensatz PISA-2000-E gewonnen (Sommer, 2008). Daraus werden Implikationen für den Mathematikunterricht abgeleitet. Im Zentrum stehen die nachgewiesenen Schwierigkeiten der Realschüler bei solchen Items, die Sinnentnahme aus einer verbal gestellten Aufgabe sowie Verstehen und sinnvolles Benutzen auch nur einfacher Formeln verlangen.

Um die durchgeführte Innovation in einen Kontext einzuordnen, werden anschließend einschlägige Befunde bezüglich professioneller Kompetenzen der Realschullehrkräfte dargelegt. Hierfür werden die Befunde aus den Studien COACTIV (Professionswissen von Lehrkräften, kognitiv aktivierender Mathematikunterricht und die Entwicklung mathematischer Kompetenz) und MT21 (Teacher Education and Development Study in Mathematics) analysiert. Dieser Teil erhebt nicht den Anspruch, ein präzises Profil der Kompetenzen der Realschullehrkräfte zu erstellen. Auf der Basis der veröffentlichten und in der vorliegenden Arbeit zur Analyse herangezogenen Daten wäre dies kaum möglich. Ein Grund dafür liegt darin, dass in den Untersuchungen der professionellen Lehrerkompetenzen die Gruppe der Realschullehrkräfte nicht konsequent ausgesondert wird. Sie wird als ein Teil der Gruppe der nicht-gymnasialen Lehrkräfte betrachtet. Das Ziel ist, dem Leser solche (an einigen Stellen vage formulierten) Merkmale der professionellen Kompetenzen von Realschullehrkräften ins Bewusstsein zu rücken, die für das Innovationsvorhaben problematisch sein könnten. In diesem Kapitel wird auch der Frage des Einflusses der Lehrerkompetenzen auf die Unterrichtsqualität und auf den Lernerfolg der Schüler nachgegangen.

Abschließend werden Befunde der Unterrichtswissenschaft hinsichtlich einer Erfolg versprechenden Konzeption einer Implementationsstrategie dargestellt. Hierzu gehören Erkenntnisse bezüglich hemmender und fördernder Einflussfaktoren auf die Implementation. Mit Bezug auf diese Erkenntnisse wird die Konzeption des durchgeführten Realschulprojektes dargelegt.

Die in Kapitel 2 formulierten Implikationen für den Realschulmathematikunterricht werden in Kapitel 3 mit Bezug auf eine kognitionstheoretische Auffassung der Schulmathematik präzisiert. Es werden sowohl die Inhalte einer neuen Unterrichtsreihe als auch neue Aufgabenformate und die Anforderungen an die Unterrichtskultur dargelegt.

Da eine Implementation von wissenschaftlichen Erkenntnissen in die Unterrichtspraxis auf die Zusammenarbeit mit den Lehrkräften angewiesen ist, werden in Kapitel 4 die Unterstützungsmaßnahmen für die Lehrpersonen sowie Konsequenzen aus der Zusammenarbeit zwischen ihnen und den Fachdidaktikern dargestellt. Dieses Kapitel formuliert Hypothesen bezüglich der Schwierigkeiten, die Wissensbestände der Lehrkräfte durch Coachingmaßnahmen so zu verändern, dass sie im Unterricht handlungsleitend wirken. Die darauffolgenden Kapitel 5 und 6 bestärken diese Hypothesen und machen sie anhand der analysierten Transkripte transparent.

Im 5. Kapitel wird mit an einer ausgewählten Unterrichtssequenz die Hypothese erläutert, dass die Schwierigkeit einer Unterrichtsveränderung darin liegt, dass wichtige

Verbesserungen in der Unterrichtskultur nur vermeintliche Veränderungen sein können - eine Veränderung der Oberfläche des Unterrichts erfolgt ohne eine wirksame und nachhaltige Veränderung seiner Tiefenstruktur. Dieses Kapitel zeigt auch die Möglichkeit, wie man dem Misszustand abhelfen die Wirksamkeit der Implementation wissenschaftlich fundierter Erkenntnisse in die Unterrichtspraxis verbessern kann. Der Leser wird den Eindruck haben, dass dieses Thema zu kurz behandelt ist. Das ist Absicht: Es soll „nur" gezeigt werden, dass Maßnahmen, die gezielt sowohl auf das Lehrerwissen und -handeln sowie auf die konzipierten Unterrichtsmaterialien ansetzen, wirksam sein können. Zum einen betreffen sie also die Prozess-, zum anderen aber auch die Inputebene der Implementation. Die Wirksamkeit solcher Maßnahmen bei der Implementation wird exemplarisch erläutert.

Das 6. Kapitel nimmt die aufgedeckten Hindernisse bei der Implementation in den Fokus. Aus der Analyse von zahlreichen Transkripten werden hypothetische Mechanismen herausgearbeitet, die die Schwierigkeit der Unterrichtsentwicklung erklären.

Der Darstellung, Analyse und Auswertung der intendierten Innovationseffekte ist das Kapitel 7 gewidmet. Zunächst werden Indizien für erwünschte Veränderungen auf Seiten der Lernenden gezeigt. In zwei Abschnitten dieses Kapitels (7.2 und 7.3) ergänzen jeweils drei Komponenten einander: der Blick auf die Implementation ausgewählter Inhalte im Unterricht, die Analyse exemplarischer Schülereigenproduktionen und die Auswertung der Lösungen aller Schüler, die an dem Projekt teilgenommen haben. Zudem wird auf den Lerngewinn aus einem konstruktiven Umgang mit Schülerfehlern hingewiesen (7.4).

Der besondere Lehrgang, der auf der neu konzipierten Unterrichtsreihe basiert, wurde in einem Wahl-Pflichtkurs „Mathematik" einer Partner-Realschule realisiert. In dem abschießenden Abschnitt des 7. Kapitels gilt die Aufmerksamkeit dem Transfer der Wirksamkeit dieses Lehrgangs in den regulären Mathematikunterricht. Analysiert werden die Vortest-Nachtest Ergebnisse aus zwei mathematischen Tests, die zu Beginn und am Ende eines Schuljahres eingesetzt wurden. Da sich hier ein erwarteter Transfer nicht zeigt, gewinnen die Erkenntnisse bezüglich der Hindernisse bei der Implementation an Bedeutung.

Anmerkung

In dieser Arbeit wird bewusst das generische Maskulinum verwendet. Die Entscheidung ist ausschließlich auf die bessere Lesbarkeit der Arbeit zurückzuführen. Prinzipiell sind an allen Stellen beide Geschlechter einbezogen.

Kapitel 2

Empirische Implikationen für die Grundlagen der Innovation

2.1 Einleitung

Eine Innovation, die auf eine Unterrichtsverbesserung abzielt, muss fachdidaktisch fundiert sein. Sie muss auch den Kontext berücksichtigen, in dem sie implementiert wird, um eventuelle Schwierigkeiten bei der Implementation vorab identifizieren zu können. Sind Ziele, Inhalte und Methoden einer Innovation festgelegt, so muss noch überlegt werden, welche Implementationsstrategie für den Transfer wissenschaftlicher Erkenntnisse in die Unterrichtspraxis geeignet ist.

Im Weiteren werden einschlägige Befunde der Lehr-Lern-Forschung dargelegt, die als Grundlage für ein Entwicklungs- und Forschungsprojekt in einer Partner-Realschule herangezogen wurden. Bei der Innovation handelt es sich um ein Projekt zur Verbesserung der Nachhaltigkeit des Mathematikunterrichts in einer Realschule.

Zunächst (2.2) werden schulformspezifische mathematische Leistungen und Lernzuwächse der Schüler analysiert. Der Fokus liegt auf mathematischen Leistungen und Lernzuwächsen der Realschüler. Erkenntnisse über diese werden aus einer Untersuchung am Datensatz PISA-E-2000 gewonnen (Sommer, 2008)[1]. Die Ergebnisse von Sommer decken kognitionstheoretisch fundierte, schwierigkeitsgenerierende Merkmale mathematischer Aufgaben auf, bei denen die Leistungen der Realschüler im Vergleich zu den Leistungen der Gymnasiasten nicht nur in der Ausgangslage geringer sind, sondern auch niedrigere Zuwächse aufweisen. Diese Befunde bilden eine Grundlage für die stoffdidaktische Konzeption des durchgeführten Projektes.

Es ist zu vermuten, dass diese Befunde auch durch die unterschiedlichen Herangehensweisen im Unterricht und nicht allein mit den unterschiedlichen Leistungsmöglichkeiten der Schüler zu erklären sind. Die Ergebnisse auf der Schülerebene fordern daher dazu auf, in einem nächsten Schritt die Ebene der Lehrpersonen zu betrachten. Im Ab-

[1]Die Ergebnisse der Untersuchung von Sommer sind seit 2006 bekannt, aber erst 2008 veröffentlicht worden (vgl. Daten des Manuskripteingangs und des Typoskripteingangs des Aufsatzes in *Journal für Mathematik-Didaktik* 29 (1), S. 3-19).

schnitt 2.3.1 werden dazu die Ergebnisse aus der COACTIV-Studie (Professionswissen von Lehrkräften, kognitiv aktivierender Mathematikunterricht und die Entwicklung mathematischer Kompetenz) analysiert. Diese hat die fachlichen und fachdidaktischen Kompetenzen von Lehrkräften als wichtige Bedingung für die Unterrichtsqualität am Beispiel des Fachs Mathematik untersucht (Neubrand, 2006), unter anderem einen direkten Einfluss dieser Kompetenzen auf die Lernerfolge der Schüler. Die Befunde aus COACTIV zeigen, dass sich die Lehrkräfte der Realschulen und diejenigen der Gymnasien in ihren Zielsetzungen des Unterrichts sowie in ihrem fachlichen und fachdidaktischen Wissen unterscheiden. Das fachdidaktische Wissen der Lehrkräfte hat das größte Erklärungspotenzial für das Niveau der kognitiven Aktivierung der Schüler im Unterricht. Ein der Hauptergebnisse der COACTIV-Studie ist, dass diese Aktivierung prädiktiv für den Lernerfolg der Schüler ist. Befunde aus COACTIV zeigen, dass sich die Unterschiede in der Unterrichtsqualität zu einem bedeutsamen Teil auf Merkmale der Lehrerkompetenz zurückführen lassen.

Für die vorliegende Arbeit bilden die Ergebnisse aus COACTIV einen Rahmen für die interpretative Analyse des durchgeführten Projektes – insbesondere für die Implementationsanalyse und Evaluation. Bei der Planung dieses Projektes 2005 standen den Projektträgern diese Befunde nicht in der Tiefe zur Verfügung, in der sie zum Zeitpunkt seiner Evaluation vorhanden sind. Sie konnten erst im Laufe des Projektes zur Änderung seiner Konzeption herangezogen werden (mehr dazu im Abschnitt 4.3, Seite 122).

Noch später als die Ergebnisse aus COACTIV wurden die Kernbefunde bezüglich der professionellen Handlungskompetenzen der Realschul-Lehrkräfte aus der Pilotstudie MT21 (Mathematics Teaching in the 21st Century) zu der Studie TEDS-M (Teacher Education and Development Study in Mathematics) veröffentlicht (Blömeke et al., 2008). Im Abschnitt 2.3.2 werden sie unter dem Gesichtspunkt der fachlichen und fachdidaktischen Kompetenzen der angehenden Realschullehrkräfte betrachtet. Die Befunde aus MT21 zeigen, dass sich die zukünftigen Lehrkräfte für die Realschule von denjenigen für das Gymnasium in fachlichen und fachdidaktischen Kompetenzen beachtenswert unterscheiden. Im Hinblick auf die Bewältigung der zukünftigen Anforderungen im beruflichen Alltag und auf die Qualität der unterrichtlichen Herangehensweisen zeigt sich daraus eine bemerkenswerte Schwäche der angehenden Lehrkräfte für die Realschule gegenüber denjenigen für das Gymnasium. Diese Ergebnisse fügen sich gut in die Befunde aus COACTIV für praktizierende Lehrkräfte ein und deuten auf die Stabilität der Erkenntnisse aus COACTIV hin.

Mit den Ergebnissen aus COACTIV und MT21 soll die durchgeführte Innovation in einen Kontext eingeordnet werden. Das Ziel ist dabei auch, dem Leser solche (an einigen Stellen vage formulierten) Merkmale der Realschullehrkräfte ins Bewusstsein zu rücken, die für das Innovationsvorhaben problematisch sein könnten.

Die fachdidaktisch fundierten Ergebnisse sind von denjenigen der Unterrichtswissenschaft in Bezug auf die Möglichkeiten einer Erfolg versprechenden Konzeption einer Implementationsstrategie zu unterscheiden. Die letzteren werden im Abschnitt 2.4 unter dem

Gesichtspunkt der hemmenden und fördernden Einflussfaktoren auf die Implementation näher betrachtet. Die Grundlage hierfür bilden die Erkenntnisse von Gräsel und Parchmann (2004b). Die Autorinnen weisen darauf hin, dass es unrealistisch sei, den Unterricht dadurch verändern zu wollen, dass man den Lehrkräften neue Materialien zur Verfügung stellt und darauf hofft, dass diese wie gewünscht eingesetzt werden. Sie befassen sich mit zwei Implementationsstrategien, die auf die Veränderung des Unterrichts abzielen. Sie nennen auch zentrale Faktoren, die die Implementation von geplanten Maßnahmen und Methoden beeinflussen. Zu diesen gehören u. a. solche Merkmale der Lehrkräfte wie ihre Einstellung gegenüber Innovation und Veränderung, fachliche Kompetenzen und subjektive Theorien und Überzeugungen. Mit Bezug auf diese Erkenntnisse wird die Konzeption des durchgeführten Realschulprojektes präzisiert.

2.2 Schulformspezifische Leistungen und Lernzuwächse der Schüler

2.2.1 Einleitung

Die Ergebnisse der PISA-Studien geben Auskunft über Leistungen der Schüler verschiedener Schulformen. In PISA wurden die Leistungen von 15-jährigen Schülern erhoben, unter verschiedenen Aspekten analysiert und ausgewertet. Es soll gemessen werden, wie gut Jugendliche im Alter von 15 Jahren – also fast am Ende ihrer Pflichtschulzeit – auf die Herausforderungen der heutigen Wissensgesellschaft vorbereitet sind.

Da in vielen OECD-Staaten die 15-Jährigen mindestens zwei unterschiedliche Klassenstufen besuchen, ist auch versucht worden, den Leistungszuwachs von Schülern zweier benachbarter Klassen zu ermitteln. Nach einer relativ groben Zusammenfassung wird für die Mathematik ein Leistungsunterschied von 41 Punkten auf der PISA-Mathematikskala ermittelt (Watanabe und MGraw, 2004, S. 119–120). Um den Umfang dieser Punktdifferenz zu verstehen, ist eine Referenzgröße notwendig, z. B. die folgende: ein Unterschied von 62 Punkten entspricht der Höhe einer Kompetenzstufe auf den PISA-Mathematikskalen. Ausführliche Informationen über PISA-Mathematikskalen sind zu finden in Watanabe und MGraw (2004, S. 119–120). Dieser Unterschied von 41 Punkten ist jedoch mit Vorsicht zu interpretieren:

> „doch kann dieser Unterschied nicht automatisch dem Fortschritt gleichgesetzt werden, den die Schüler im vorausgegangenen Schuljahr erzielt haben, und sollte vielleicht als eine Untergrenze des erreichten Fortschritts interpretiert werden. Der Grund hierfür ist einmal die Erfassung von Schülerinnen und Schülern unterschiedlicher Klassenstufen, und zum anderen die Tatsache, dass der Inhalt der PISA-Tests nicht ausdrücklich auf den Lehrstoff abstellte, den die Schülerinnen und Schüler im vorausgegangenen Schuljahr durchgenommen hatten, sondern ganz allgemein auf die Bewertung der kumulativen

> Lernstände von Schülern bis zum Alter von 15 Jahren. Wenn z. B. das Curriculum für die Klassenstufen, die 15-Jährige hauptsächlich besuchen, einen anderen Stoff abdeckt als das in PISA verwendete Material (das wiederum in den Lehrplänen früherer Schuljahre enthalten gewesen sein könnte), dann wird der beobachtete Leistungsunterschied den Schülerfortschritt unterschätzen. Eine exakte Messung kann nur anhand einer auf den Lehrstoffinhalt abzielenden Längsschnitterhebung erzielt werden." (Watanabe und MGraw, 2004, S. 119–120)

Durch eine wesentliche Erweiterung der Untersuchungsstichprobe der nationalen PISA-Studie auf die 9. Jahrgangsstufe werden differenziertere Detailanalysen ermöglicht und die Interpretation der Ergebnisse erleichtert. Am Datensatz der PISA-E-2000-Studie untersucht Sommer (2008) den Einfluss der Schulform als spezifische Lernumgebung auf Ausmaß und Struktur des Lernzuwachses im Fach Mathematik. Auf seine Ergebnisse wird genauer im Abschnitt 2.2.2 eingegangen.

Für die Leistungsunterschiede auf Grundlage der durchschnittlichen Schwierigkeit der 117 PISA-E-2000 Items zwischen Klasse 8 und Klasse 9 ermittelt Sommer (2008, S. 4) die folgenden Daten: von Klasse 8 nach 9 in der Hauptschule 7,5%, der Realschule 7,5% und am Gymnasium 11,3%. Der Zuwachs an Haupt- und Realschule ist signifikant niedriger als der am Gymnasium. Über zwei Jahre von Klasse 8 nach 10 beträgt der Lerngewinn in den PISA-Items an der Realschule 15,5% und am Gymnasium 17,3% (diese Differenz verfehlt das 5%-Signifikanzniveau knapp).

Um das Ausmaß und die Struktur der Lernzuwächse der Realschüler zu erklären, werden im Abschnitt 2.2.2 die schulformspezifischen Lernzuwächse unter den Gesichtspunkten aufgabenspezifischer Fähigkeiten und Kenntnisse betrachtet. Im Fokus der Analyse steht die Struktur der Lernzuwächse der Realschüler vor dem Hintergrund der kognitiven Anforderungen, die zur Bearbeitung einer Aufgabe erforderlich sind. Diese kognitionstheoretisch fundierten Anforderungsmerkmale mathematischer Aufgaben haben sich bei der Analyse der PISA-2000-Items als besonders aufschlussreich erwiesen. Cohors-Fresenborg et al. 2004 konnten nachweisen, dass die kognitionstheoretisch fundierten Merkmale „Sprachlogische Komplexität", „Kognitive Komplexität", „Formelhandhabung" und „Formalisierung von Wissen" ein bedeutsameres Potential zur Erklärung von Schwierigkeiten mathematischer Aufgaben haben als stoffdidaktische Variablen, die die Verortung eines Schulstoffs im Curriculum beschreiben. Diese Merkmale werden zunächst erläutert.

„Sprachlogische Komplexität" betrifft die logische Struktur der Kontextdarstellung und die mit ihr verbundenen sprachlichen Konstruktionen, die Schwierigkeiten beim Textverstehen hervorrufen können.

> „Das Merkmal 'Sprachlogische Komplexität' erfasst Anforderungen beim Identifizieren und Verstehen von relevanten Informationen eines (durch logische Struktur und sprachliche Verflechtung geprägten) Aufgabentextes, bevor

> diese in eine mathematische Beschreibung und Bearbeitung überführt werden.“ (Cohors-Fresenborg et al., 2004, S. 114)

„Sprachlogische Komplexität“ liegt dann vor, wenn z. B. die Reihenfolge der Informationen im Text den Lösungsschritten nicht entspricht, wenn man nicht auf Anhieb erkennen kann, was zu tun ist, wenn in dem Aufgabentext sowohl relevante als auch irrelevante Informationen vorkommen oder wenn sprachliche Rückbezüge auftreten.

„Kognitive Komplexität“ besteht zum einen darin, dass eine größere Anzahl von Denkvorgängen nacheinander abzuarbeiten ist, und nimmt zu, wenn die Ergebnisse der vorhergehenden Denkschritte in weiteren Schritten berücksichtigt werden müssen. Zum anderen ist die „Kognitive Komplexität“ durch die Anzahl der in einem Denkschritt zu berücksichtigenden Informationen bedingt.

> „Das Merkmal ‘Kognitive Komplexität’ erfasst Anforderungen an Ausmaß, Intensität und Vielschichtigkeit von Denkvorgängen beim Lösen einer Aufgabe – insbesondere, wenn im Lösungsprozess die Gleichzeitigkeit oder das Verketten von Denkschritten in einer zu beachtenden Reihenfolge organisiert werden muss.“ (Cohors-Fresenborg et al., 2004, S. 115)

Die Bewertung der Kategorie „Formalisierung von Wissen“ drückt aus, in welchem Maße Werkzeuge des Präzisierens, Formalisierens, Abstrahierens und Generalisierens zum Lösen der Aufgabe nützlich oder unverzichtbar sind.

> „Das Merkmal ‘Formalisierung von Wissen’ erfasst Fähigkeiten des Abstrahierens und Formalisierens einerseits sowie des Erfassens und abstrakten Vorstellens formaler Ausdrücke (Term, Gleichungen, Funktionen) andererseits. Die Nutzung dieses Werkzeugs kann auch dann zur Reduzierung des gedanklichen Aufwands beim Lösen einer Aufgabe beitragen, wenn eine formale Repräsentation gar nicht explizit gefordert wird.“ (Cohors-Fresenborg et al., 2004, S. 118)

Das Merkmal „Formelhandhabung“ beschreibt, in welchem Maße algebraische Operationen, Umformungen und Formeln zur erfolgreichen Bearbeitung der Aufgabe nötig sind.

> „Das Merkmal ‘Formelhandhabung’ erfasst kognitive und metakognitive Fähigkeiten, formale mathematische Ausdrücke zuverlässig zu handhaben, insbesondere Terme umzuformen oder Gleichungen zu lösen.“ (Cohors-Fresenborg et al., 2004, S. 119)

Die Bewertung der Aufgaben hinsichtlich dieser Merkmale erfasst ihre Ausprägung auf drei Stufen: 0, 1 oder 2. Anzumerken ist, dass die Stufe 2 nicht besonders schwierigen Aufgaben zugeordnet wird, sondern schon dann erreicht wird, wenn die Grundanforderungen überschritten werden. So ist z. B. die Aufgabe „Hälfte“[2] (Neubrand, 2004, S. 264)

[2] Der Aufgabentext befindet sich im Anhang, S. 347.

in den Merkmalen „Kognitive Komplexität" und „Formalisierung von Wissen" mit Stufe 1, in „Formelhandhabung" schon mit Stufe 2 bewertet. In Cohors-Fresenborg et al. (2004) ist die Klassifizierung aller PISA-2000 Aufgaben nach diesen Anforderungsmerkmalen präsentiert.

Im Zweijahresvergleich (von Klasse 8 bis Klasse 10) der Leistungen von Realschülern und Gymnasiasten werden die Unterschiede in den Lernzuwächsen besonders bei denjenigen Aufgaben deutlich, bei denen die Fähigkeit zur „Formalisierung" stärker gefordert wird als die „Formelhandhabung". Gymnasiasten erzielen bei diesen Aufgaben ihre höchsten Lernzuwächse, während die größten Lerngewinne der Realschüler bei eher leichten Aufgaben festzustellen sind, die curricular dem Anfang der Sekundarstufe I entsprechen. Sommer verweist auf die Aufgabe „Hälfte" (Neubrand, 2004, S. 264), bei der dieser Unterschied besonders deutlich wird: die Realschüler der Klasse 10 schneiden bei dieser Aufgabe um 12% besser ab als die der Klasse 8. Bei den Gymnasiasten beträgt dieser Zuwachs 33% (Sommer, 2008, S. 5).

Auf Grund der Analyse des gesamten PISA-2000 Aufgabensatzes beschreibt er den folgenden Effekt:

> „Alle Aufgaben, die am Gymnasium die höchsten Lernzuwächse aufweisen, sind mindestens in einem Anforderungsmerkmal mit 2, also als relativ anspruchsvoll eingeschätzt worden. Hauptschüler und Realschüler erzielen dagegen nur bei Aufgaben hohen Lerngewinn, die (mit Ausnahme der Items Walking Q1 in RS8_10) in den Merkmalsratings niedrig gewichtet worden sind. Diese Unterschiede deuten auf schulformspezifische Leistungsentwicklungen hin (...) Besonders an der Hauptschule, aber auch an der Realschule, könnte das Verharren des Mathematikunterrichts bei den früh eingeführten Konzepten des 'bürgerlichen Rechnens' auch darauf zurückzuführen sein, dass Lerndefizite auftreten und schwer zu schließen sind und 'Sicherheit im Rechnen' zu den Abnehmererwartungen in Handwerk und Industrie gehört." (Sommer, 2008, S. 8–9)

Dem Effekt des höchsten Lernzuwachses der Gymnasiasten bei mathematisch relativ anspruchsvollen, der Haupt- und Realschüler dagegen bei mathematisch wenig anspruchsvollen Aufgaben geht Sommer bei der Analyse des Datensatzes aus PISA-E-2000 näher nach.

2.2.2 Lernzuwächse bezüglich der kognitionstheoretisch begründeten Aufgabenmerkmale

2.2.2.1 Ausgangsleistungen

Bei der Analyse der Lernzuwächse über ein Jahr beim Lösen mathematischer Aufgaben hinsichtlich der Merkmale „Sprachlogische Komplexität", „Kognitive Komplexität", „Formalisierung von Wissen" und „Formelhandhabung" betrachtet Sommer (2008) die

Leistungen der Schüler in der Klasse 8 (auch jeweils bezüglich des betrachteten Merkmals) als Ausgangsleistungen, um einzuschätzen, von welchen Niveaus aus der Lerngewinn erfolgt. Erwartungsgemäß zeigt sich bei der Betrachtung der Mathematikleistungen der Achtklässler, dass die erzielten Ergebnisse von der Hauptschule über die Realschule zum Gymnasium hin größer werden.

Beim Vergleich der Leistungen der Achtklässler nach Bildungsgang und nach dem Ausprägungsniveau des Merkmals „Sprachlogische Komplexität" zeigen sich innerhalb eines Bildungsgangs keine großen Unterschiede in den Leistungen der Schüler bei Aufgaben mit der Ausprägung des betrachteten Merkmals auf den Stufen 0 und 1. Die Leistungen der Hauptschüler in diesem Bereich betragen etwas weniger als 30%, die der Realschüler knapp 40% und die der Gymnasiasten etwas über 50%. Zu sehen ist ein starker Abfall der Leistungen bei den Aufgaben mit dem Anspruchsniveau der „Sprachlogischen Komplexität" auf Stufe 2. Die Leistungen der Hauptschüler in diesem Bereich betragen knapp 10%, die der Realschüler knapp 20% und die der Gymnasiasten knapp 30%. „Die erzielten Ergebnisse in Klassenstufe 8 als Ausgangsleistung werden erwartungsgemäß von der Hauptschule über die Realschule zum Gymnasium größer" (Sommer, 2008, S. 13).

Diese Tendenzen spiegeln sich jeweils bei der Analyse der Ausgangsleistungen der Schüler bezüglich der Merkmale „Kognitive Komplexität" und „Formalisierung von Wissen" in einem ähnlichen Muster wider – innerhalb jedes Bildungsgangs mit etwa gleicher Ausprägung auf den Stufen 0 und 1 und mit einem Abfall auf dem höchsten Anspruchsniveau. Im Schulformvergleich steigen diese Ausgangsleistungen (auf jeder Stufe) von der Hauptschule über die Realschule zum Gymnasium.

Die Ausgangsleistungen der Achtklässler unterschiedlicher Bildungsgänge bezüglich des Merkmals „Formelhandhabung" weisen ein anderes Bild auf. In jedem Bildungsgang wird die Leistung der Schüler mit einem steigenden Anspruch an „Formelhandhabung" geringer, d. h. ein Abfall der Leistungen der Schüler in jedem Bildungsgang ist bereits bei den Aufgaben mit der Ausprägung des Merkmals „Formelhandhabung" auf Stufe 1 zu sehen. Im Schulformvergleich steigen die Ausgangsleistungen auf jeder Stufe von der Hauptschule, über die Realschule zum Gymnasium.

2.2.2.2 Lernzuwächse

Bei Aufgaben mit der Ausprägung des Merkmals „Sprachlogische Komplexität" auf Stufe 0 zeigt sich der Lernzuwachs innerhalb eines Jahres bei den Haupt- und Realschülern gleich hoch und nur wenig höher bei den Gymnasialschülern. Den Unterschied in den Lerngewinnen der Schüler unterschiedlicher Bildungsgänge bei Aufgaben mit der „Sprachlogischen Komplexität" auf der Stufe 2 kommentiert Sommer wie folgt: Während der Lerngewinn über ein Jahr bei sprachlich anspruchsvollen Aufgaben für Haupt- und Realschüler sehr gering ist, weisen Schüler am Gymnasium hier ihren größten Zuwachs auf, „so dass sich bei den sprachlich komplexen Aufgaben die Schere zwischen den Schulformen öffnet" (Sommer, 2008, S. 14).

An der Realschule ist der Lerngewinn auf Stufe 2 kleiner als 5% während er an Gymnasium größer als 15% ist.

Der Lerngewinn der Hauptschüler und der Realschüler von Klasse 8 nach Klasse 9 fällt mit der Zunahme des Anspruchsniveaus an Komplexität von Denkvorgängen beim Lösen mathematischer Aufgaben ab. Die Steigerung der Anforderung an die kognitive Verarbeitung der Informationen scheint aber keinen wesentlichen Einfluss auf den Lernzuwachs der Gymnasialschüler zu haben.

An der Realschule beträgt der Lerngewinn auf allen Stufen mehr als 5% und weniger als 10%. An Gymnasien beträgt er auf allen Stufen knapp über 11%.

Der Lerngewinn der Haupt- und Realschüler über ein Jahr bezüglich der Aufgaben mit dem Anforderungsniveau auf der Stufe 1 in Bezug auf „Formalisierung von Wissen" ist deutlich geringer als hinsichtlich der Merkmale „Sprachlogische Komplexität" und „Kognitive Komplexität" auf dieser Stufe. Bei den Gymnasialschülern wird diese Abnahme nicht beobachtet. „Schon ab einem geringeren Anspruch an Formalisierung (...) fällt der Lernzuwachs von Haupt- und Realschülern gegenüber Schülern aus Gymnasium deutlich ab" (Sommer, 2008, S. 14).

An der Realschule beträgt der Lerngewinn auf allen Stufen knapp über 5%, am Gymnasium liegen diese Werte zwischen 10% und 15%.

Der Vergleich der Lernzuwächse der Schüler beim Lösen mathematischer Aufgaben mit verschiedener Ausprägung des Merkmals „Formelhandhabung" deckt sehr geringe Lerngewinne der Haupt- und Realschüler auf, besonders beim Lösen von Aufgaben mit der Anforderung dieses Merkmals auf Stufe 2. Die Gymnasialschüler weisen auf dieser Stufe den größten Lerngewinn auf. Exemplarisch sei hier noch einmal auf die schon erwähnte Aufgabe „Hälfte" (Neubrand, 2004, S. 264) hingewiesen.

Insgesamt beträgt der Lerngewinn an der Realschule auf Stufe 2 weniger als 5% während er am Gymnasium über 15% beträgt.

2.2.2.3 Zusammenfassung

Die Untersuchung von Sommer leistet einen bedeutenden Beitrag zur Erklärung der Leistungen und der Lerngewinne der Schüler nach Bildungsgängen und Anforderungsmerkmalen, die „stoff- und aufgabenübergreifend bei der Bearbeitung der PISA-Items ablaufen und so gesehen als universell gelten können" (Cohors-Fresenborg et al., 2004, S. 111).

Für die Konzeption des durchgeführten Projektes waren vor allem die Befunde bezüglich der Leistungen und Lerngewinne der Realschüler im Vergleich zu Gymnasiasten von Bedeutung. Nach einer sehr groben Zusammenfassung der analysierten Ergebnisse kann man sagen, dass die untersuchten Realschüler in einem Jahr nur einen sehr geringen Lernzuwachs bei solchen Items gewinnen, die Sinnentnahme aus einer verbal gestellten Aufgabenstellung („Sprachlogische Komplexität") sowie sinnvolle Benutzen auch nur einfacher Formeln verlangen („Formelhandhabung"). Diese geringen Lernzuwächse sind insbesondere bei Aufgaben mit der Ausprägung dieses Merkmals auf Stufe 2 sehr deutlich. Im Vergleich zu den Lernzuwächsen von Gymnasiasten ist auch in Bezug auf das

„Formalisierung von Wissen“ der Lernzuwachs von Realschülern deutlich geringer.

Aus Sommers Untersuchung lassen sich vorsichtige Rückschlüsse auf die – abhängig von der Schulform – unterschiedlichen Schwerpunkte des Unterrichts ziehen. Bezüglich der Realschule führt diese Untersuchung zu folgendem Schluss: Wenn die dargestellten Ergebnisse Folge der unterschiedlichen Herangehensweisen im Unterricht und nicht allein der unterschiedlichen Leistungsfähigkeiten der Schüler sind, werden den Realschülern durch eine Reduzierung des Unterrichtsanspruchs Chancen auf eine tragfähige mathematische Bildung vorenthalten (Sommer, 2008, S. 17). Die Ergebnisse des Lernzuwachses von Klasse 8 nach 9 an Realschulen stützen zudem die Vermutung einer Konzentration des Unterrichts auf technische Anforderungen und solche des rechnerischen Modellierens. Auf Grund der Art der analysierten Daten kann man nicht sicher beantworten, inwiefern diese Konzentration ein Ausdruck von Lehrereinstellungen und der unterschiedlichen Lehrerausbildung ist oder nur eines dem Leistungsvermögen entsprechenden realistischen Anspruchs an die Schülerförderung unter den jetzigen Rahmenbedingungen in den Schulformen (Sommer, 2008, S. 17).

2.2.3 Diskussion der Ergebnisse

Die Ergebnisse der angesprochenen Untersuchung von Sommer liefern Hinweise darauf, welche Verbesserung des Unterrichts – als die nächsten Einflussgröße auf die Leistungsentwicklung der (Real-)Schüler – vorzunehmen ist. Bevor dieser Gesichtspunkt der Befunde betrachtet wird, wird im Folgenden die Problematik der Interpretation der Ergebnisse diskutiert.

2.2.3.1 Problematik der Interpretation der Ergebnisse

Im Folgenden wird auf diejenigen Aspekte der Untersuchung von Sommer eingegangen, die für die Interpretation der Ergebnisse als problematisch erscheinen können.

Untersuchungspopulation

Obwohl Sommer in seiner Untersuchung die Leistungen der 15-jährigen Schüler verglichen hat, lassen sich aus den Ergebnissen seiner Untersuchung gewisse Leitideen für die Konzeption einer Untersuchung mit überwiegend 13-jährigen Sechsklässlern ableiten. Bedenken muss man, dass mit dem PISA-Test die kumulativen Lernstände von Schülern, die am Ende der Schulpflichtzeit stehen, gemessen werden. In den erhobenen PISA-Daten spiegelt sich der Einfluss von acht bis zehn Schuljahren wider. Es ist daher berechtigt, die Ergebnisse aus Sommers Untersuchung als empirische Grundlage eines Forschungs- und Entwicklungsprojektes heranzuziehen, in dessen Fokus die Qualität des Realschulunterrichts und die Kompetenzen der Realschüler stehen.

Untersuchungsgegenstand

Der Schwerpunkt der in den vorstehenden Abschnitten vorgenommenen Analyse der Ergebnisse von Sommer wurde auf die Bewältigung kognitionstheoretisch begründeter Anforderungen mathematischer Aufgaben gelegt. Diese stellen die stoff- und aufgabenübergreifend ablaufenden Denkprozesse der Schüler in den Mittelpunkt. Daher können aus den am Ende der Schulpflichtzeit nachgewiesenen Schwächen der Realschüler in diesem Bereich Rückschlüsse auf die Notwendigkeit ihrer Förderung am Anfang der Sekundarstufe I gezogen werden. Die Schwächen sind nicht inhaltsgebunden und stellen sich somit nicht als Ergebnis nur eines Schuljahres dar.

2.2.3.2 Konsequenzen für die fachdidaktische Konzeption des Projektes

Für die fachdidaktische Konzeption des durchgeführten Projektes zur Verbesserung der Qualität des Realschulmathematikunterrichts wurden zwei Aspekte der angesprochenen Befunde in Betracht gezogen: die Leistungen der Realschüler am Anfang von der Klasse 8 und die Lernzuwächse der Realschüler von Klasse 8 zur Klasse 9. Durch sie konnten diese Kompetenzen der Realschüler bestimmt werden, die gefordert und gefördert werden sollen. Für die Realschüler gehören dazu die Kompetenzen, die für die Sinnentnahme aus einer sprachlich formulierten Aufgabe und bei dem Umgang mit formal notierter Schulmathematik (Umgang mit Variablen, Termumformungen, Formelrechnen, Gleichungslehre) erforderlich sind, weil sowohl die entsprechenden Leistungen der Realschüler in diesen Bereichen in Klasse 8 als auch der Lerngewinn bezüglich dieser Kompetenzen in einem Jahr gering sind.

Im Hinblick auf das durchgeführte Projekt stellte sich daher die Frage, welche Möglichkeiten bestehen, die empirischen Befunde in Inhalte und Methoden einer Intervention zu transformieren. Um die Frage beantworten zu können, werden im Weiteren die Schwierigkeiten der Realschüler unter einem kognitionswissenschaftlichen Aspekt näher betrachtet.

Soll hierauf eine Unterrichtsinnovation ansetzen, dann stellt sich zunächst die Frage nach dem Wesentlichen der zu fördernden Kompetenzen und darauffolgend nach geeigneten Inhalten und Methoden dieser Innovation. Im Folgenden wird der ersten Frage nachgegangen und dabei werden Implikationen für eine Antwort auf die zweite Frage formuliert. Der Präzisierung dieser Implikationen ist Kapitel 3 gewidmet.

Mit dem Anforderungsmerkmal „Sprachlogische Komplexität“ verwobene Kompetenzen

Um eine mathematische Aufgabe zu lösen, muss ein Schüler diese zuerst verstehen, indem er aus dem vorliegenden Text relevante Informationen ermittelt. Seine erste Schwierigkeit besteht also darin, die sprachlogische Komplexität dieser Aufgabe zu überwinden. Erst in einem weiteren Schritt kann er ein passendes mathematisches Modell finden und anschließend darin das Problem lösen.

Den Schwierigkeiten der Lernenden bei der Ermittlung relevanter Informationen und bei der selbständigen Wahl eines passenden mathematischen Modells gilt seit langem ein besonderes Interesse der Mathematikdidaktik. Die Modellierungskompetenzen der

Schüler werden in vielen mathematikdidaktischen Diskussionen als ein wesentliches Förderziel des Mathematikunterrichts gesehen (Blum, 2007). Das spiegelt sich auch in den KMK-Standards für den Mittleren Abschluss (KMK, 2003) wider, bei denen das Modellieren als einer der sechs Bereiche allgemeiner mathematischer Kompetenz dargestellt ist.

Blum (1996) hat die Abfolge der notwendigen Schritte in einem Modellierungskreislauf beschrieben. Dabei wird gerade der Schritt vom Textverstehen zum mathematischen Modell nicht näher analysiert. Die Schwierigkeiten, die durch die Komplexität eines mathematischen Textes hervorgerufen werden, hat er also nicht berücksichtigt. Das Merkmal „Formalisierung von Wissen" thematisiert diesen Schritt. Im Allgemeinen gehen dem Mathematisieren Prozesse des Präzisierens und des Formalisierens voraus, in denen die wesentlichen Variablen der Situation erfasst werden, wie in der Begründung des Frameworks für die deutsche Zusatzerhebung zu PISA-2000 festgestellt wurde (Neubrand et al., 2001, S. 50). Kaune (1995, S. 71) erklärt dies wie folgt:

> „Mit der Aufforderung, einen umgangssprachlichen Text zu formalisieren, wird der Schüler zu einer Tätigkeit aufgefordert, die ihm noch nicht Kenntnisse über die zur Verfügung stehenden mathematischen Lösungsalgorithmen abverlangt. Genau diese Verquickung von der Suche nach dem Wesentlichen und dem mathematischen Ansatz wird hier in zwei unterschiedliche Bearbeitungsschritte zerlegt. Wenn dann eine Formalisierung des Textes vorliegt, kann der Schüler mit einem generellen Werkzeug versuchen, aus dem sonstigen Wissen – einerseits mathematisches Wissen wie Axiome, Sätze, Formeln, andererseits auch so genanntes Weltwissen – die Wissensbasis zu vergrößern. In diesem Prozess der Analyse wird er umgekehrt auch solches Wissen wegstreichen, welches offenkundig für die in der Aufgabenstellung verborgene Fragestellung wohl eher ungeeignet oder überflüssig ist."

Nach dieser Auffassung von Formalisierung schafft diese einen Anlass, die logische Struktur des Textes genau zu analysieren und sich auf eine Interpretation festzulegen. Sie entlastet also (Kaune, 1995, S. 75).

Diese Erkenntnisse finden immer mehr Beachtung in der neueren Forschung und sind z. B. in die Konzeption eines „neuen" Modellierungskreislaufs im Rahmen der Studie DISUM (Didaktische Interventionsformen für einen selbstständigkeitsorientierten aufgabengesteuerten Unterricht am Beispiel Mathematik) eingeflossen (Blum, 2007; Leiss und Blum, 2007; Schukajlow und Leiss, 2008). In den sieben Schritten dieses Modellierungskreislaufs findet der Übergang vom Textverstehen zum mathematischen Modell in dem ersten Punkt mehr Beachtung (Blum, 2007, S. 5f.; Leiss und Blum, 2007, S. 312):

1. Konstruieren eines mentalen Modells der gegebenen Problemsituation
2. Vereinfachungs-, Idealisierungs- und Strukturierungsaktivitäten, die notwendig sind, um das im ersten Schritt erstellte mentale Modell der gegebenen Situation in ein einer mathematischen Behandlung zugängliches Realmodell zu überführen

3. Erstellen eines mathematischen Modells
4. Bearbeitung des erstellten mathematischen Modells mit mathematischen Methoden, Werkzeugen, Begriffen
5. Rückübersetzen der mit dem mathematischen Modell erhaltenen Ergebnisse
6. Kontrolle der erhaltenen Ergebnisse in Bezug auf das zu lösende Problem
7. Darlegung einer Antwort auf das Ausgangsproblem

Blum richtet seine Aufmerksamkeit auf die Schwierigkeit des Konstruierens eines Situationsmodells und hieraus eines mathematisierbaren Realmodells. Unter Berücksichtigung der Ergebnisse aus mehreren Studien, wie z. B. von Blum et al. (2004) und von Cohors-Fresenborg et al. (2004) zu den PISA-2000-Aufgaben kommt er zum Schluss, dass „die Schwierigkeit von Modellierungsaufgaben tatsächlich nicht an Äußerlichkeiten liegt, sondern wesentlich an der kognitiven Komplexität der nötigen Übersetzungsprozesse“ (Blum, 2007, S. 7).

Ebenso berichten Schukajlow und Leiss aus DISUM, dass vor allem die erforderlichen Übersetzungen zwischen Realität und Mathematik diejenigen Faktoren sind, welche die Modellierungskompetenz substanziell beeinflussen (Schukajlow und Leiss, 2008). Trotzdem ist in den neueren mathematikdidaktischen Diskussionen der Aspekt „Formalisierung von Wissen“ nicht mit jener Deutlichkeit herausgearbeitet wie in dem zuvor genannten Zitat in Kaune (1995, S. 71).

Über die Schwierigkeit, Schüler in der Technik des Formalisierens zu unterrichten, sagt Freudenthal (1963, S. 28):

> „In wenigen Jahrzehnten wird von allen mathematischen Tätigkeiten das Formalisieren die mit den weitesten Anwendungen sein. Wenn man die Mathematik in Kapitel einteilt und in Kapiteln unterrichten will, weiß man allerdings nicht, wo man das Formalisieren hinstecken soll. (...) So fällt es bei den Diskussionen über moderne Mathematik auf der Schule ganz unter den Tisch. Das Formalisieren kann eben nur als Tätigkeit, nicht als Stoff unterrichtet werden, und darum passt es nicht in den Kram des traditionellen Mathematikunterrichts.“

Diese Einschätzung, dass „Formalisierung von Wissen“ eine geistige Tätigkeit ist und nicht ein mathematischer Inhalt, hat Cohors-Fresenborg (1996, S. 87-88) in einer Metapher zum Ausdruck gebracht: Formalisierung von Wissen ist ein Teil eines kognitiven mathematischen Betriebssystems, das vorrangig in den Köpfen der Schüler aufgebaut werden muss. Das mathematische Betriebssystem besteht aus kognitiven mathematischen Werkzeugen, die bei der Konstruktion, bei der Organisation und bei der Verwendung von mathematischem Wissen eine zentrale Rolle spielen. Die von Cohors-Fresenborg und Kaune gewählte Metapher „Betriebssystem“ soll ausdrücken, dass die unterschiedlichen kognitiven Werkzeuge und die mit ihrer Verwendung verbundenen geistigen Aktivitäten bei jeder mathematischen Aktivität zur Verfügung stehen (Cohors-Fresenborg, 1996;

Cohors-Fresenborg und Kaune, 2007) und somit unterschiedliche kognitive Bezugssysteme darstellen.

Ein solches Bezugssystem ist z. B. ein semantisches Netz mathematischer Werkzeuge, in dessen Mittelpunkt der Funktionsbegriff steht. Dieses Netz wird auch „Funktionenframe“ (Cohors-Fresenborg, 1996; Kaune 1995) genannt.

Zu dem Funktionenframe gehören „einerseits mögliche Unterframes wie funktionale Abhängigkeit, Komplexität der Funktion, Funktionsgleichung, Variablen, Typ (Art von Argument- und Wertebereich, Stelligkeit), Termdarstellung und andererseits auch Prozeduren, wie z. B. Termeinsetzung und Termumformung, die durch den Frame aufgerufen werden“ (Kaune, 1995). Betonenswert ist, dass in dem Funktionenframe „die Begriffe Funktion, Variable, funktionale Abhängigkeit, Stellenzahl, Argument usw. nicht nur als Begriffe im mathematischen Sinne intendiert sind, für die es im Prinzip explizite Definitionen gibt, sondern dass diese auch ein Netzwerk bilden, in das Fragetechniken, Standpunktwechsel, Formalisierungs- und Rechentechniken eingebunden sind“ (Kaune, 1995, S. 30). Der Funktionsbegriff (mehrerer Veränderlicher) und mit dessen Benutzung verbundene kognitive Aktivitäten helfen, mehr Einsicht in Zusammenhänge zu schaffen. Hierfür muss ein Schüler Fragetechniken lernen, die für das Benutzen von Funktionen notwendig sind, wie z. B. Fragen nach funktionalen Abhängigkeiten und nach der Stelligkeit einer Funktion. Sie helfen, die logische Struktur eines Textes zu analysieren, Einsicht in die in einer Aufgabe thematisierten Sachverhalte zu erwerben, sich auf eine Interpretation einzulassen und auf diese Weise eine Vorstellung davon zu gewinnen, wovon die Aufgabe handelt.

Das Verfügen über solch ein Bezugssystem spielt also gerade bei der Erstellung eines mentalen Modells auf Grund einer gegebenen Aufgabe eine wichtige Rolle. Das geschieht, indem sich ein Schüler in diesem Bezugssystem ein detailliertes Verständnis der zu lösenden Aufgabe zurechtlegen kann, bevor er einen formalen Ansatz findet.

Kaune (2000) hat den Nutzen aus dem Verfügen über ein Funktionenframe, also über ein kognitives Bezugssystem, anhand einer TIMSS-Aufgabe[3] wie folgt erklärt: Im Rahmen dieses Bezugssystems können sich die Schüler ein detaillierteres Verständnis der Aufgabe zurechtlegen. „Das soll nicht heißen, dass sie in der Kürze der Testzeit explizit eine Beschreibung als Funktionsterm mehrerer Veränderlicher vornehmen und erst recht nicht, dass sie dieses auch zunächst formal darstellen, bevor sie die Frage beantworten. Wenn ein Schüler in der kurzen, ihm zur Verfügung stehenden Bearbeitungszeit diese Aufgabe löst, spielt es eine besondere Rolle, ob er unmittelbar eine geeignete Vorstellung (Rahmung) dafür in seinem Kopf aufrufen kann, wovon die Aufgabe handelt. Durch das Aufrufen dieser Vorstellungen wird aus der Rahmung ‘undurchsichtig’ die Sichtweise ‘beherrschbar durch ein leistungsstarkes Konzept’“ (Kaune, 2000, S. 71).

Die Erkenntnisse führen zu folgendem Schluss: Durch den Aufbau eigener kognitiver mathematischer Betriebssysteme können die Lernenden in die Lage versetzt werden, die Anforderungen mathematischer Aufgaben, die das Merkmal „Sprachlogische Komplexi-

[3]Der Text dieser Aufgabe („Büro-Mieten“) ist dem Anhang zu entnehmen, S. 350.

tät“ beschreibt, zu bewältigen. Eine zentrale Rolle in diesem Betriebssystem kommt der geistigen Tätigkeit des Formalisierens sowie dem Aufbau semantischen Wissensnetze, insbesondere eines Funktionenframe zu. Was darunter im Kern zu verstehen ist, wird im Kapitel 3 genauer erklärt.

Mit dem Anforderungsmerkmal „Formelhandhabung“ verwobene Kompetenzen
Die Ergebnisse von Sommer weisen auf eine weitere mangelnde Kompetenz der Realschüler bei der Bearbeitung mathematischer Aufgaben hin – auf die Kompetenz zum Umgang mit formal notierter Schulmathematik (Umgang mit Variablen, Termumformungen, Formelrechnen, Gleichungslehre).

Diese Schwierigkeiten sind ein Ausdruck eines fehlenden Verständnisses des Zusammenspiels zwischen inhaltlichen und formalen Aspekten aus dem Bereich „Schulalgebra“ und eines grundlegenden Defizits im Variablen- und Funktionsverständnis. Dieses Defizit kann als ein Fehlen von kognitiven Werkzeugen beschrieben werden, die die Schüler befähigen, den Funktionsbegriff als ein kognitives Werkzeug zum Betrachten, Darstellen und Beschreiben von Sachverhalten zu benutzen. Hierfür ist es auch notwendig, den Funktionsbegriff in einer Funktionssprache darzustellen und ein grundlegendes Verständnis der Wechselwirkungen von Syntax und Semantik in Funktionsdarstellung anwenden zu können (Cohors-Fresenborg und Kaune, 1993, S. 6).

Die mangelhafte Fähigkeit im Umgang mit Variablen, Termumformungen, Formeln, Gleichungen ist daher – unter der Berücksichtigung einer kognitionswissenschaflichen Sichtweise – ein kognitives Problem, das dadurch zum Ausdruck kommt, dass die Techniken des Umgangs mit formal notierter Mathematik in unterschiedlichen mathematischen Situationen den Schülern nicht zur Verfügung stehen. Dieses Problem kann nicht dadurch behoben werden, dass die Schüler ausgewählte Begriffe aus dem Bereich Schulalgebra lernen und lokale Sicherheit im Umgang mit ihnen erwerben. Es besteht die Notwendigkeit, die Inhalte der Schulalgebra unter einem bestimmten Gesichtspunkt zu strukturieren, sodass diesem Gebiet zuzuordnende Begriffe, Techniken und Methoden ein semantisches Netzwerk bilden. Dem Funktionsbegriff kommt dabei die zentrale Rolle zu.

Wie ein solches Netzwerk im Rahmen des Unterrichts im Denken der Schüler aufgebaut werden kann, ist bereits an mehreren Stellen dargelegt worden (Cohors-Fresenborg, 2001; Kaune, 1995; Cohors-Fresenborg et al., 1997a, 1997b). Die beschriebenen Möglichkeiten basieren auf einer kognitionstheoretischen Auffassung von Schulmathematik und stellen den Funktionsbegriff als ein kognitives Werkzeug zur Strukturierung sowohl von Inhalten der Schulmathematik als auch von Vorstellungen der Schüler ins Zentrum der Aufmerksamkeit. In Kaune (1995) wird der Funktionsbegriff als ein Fundament für den gymnasialen Mathematikunterricht der Sekundarstufe I erklärt. Diese Erkenntnisse werden im Abschnitt 3.3 näher erklärt. Sie sind in die fachdidaktische Konzeption des durchgeführten Projektes eingeflossen.

Eine Konsequenz, die sich aus diesen Erkenntnissen ergibt, kann so formuliert werden: Dem Aufbau eines Variablen- und Funktionsverständnisses der Realschüler kommt bei der Verbesserung ihrer bisher nur mangelhaften Kompetenzen im Umgang mit formal notierter Mathematik eine zentrale Rolle zu. Um Nachhaltigkeit der Kompetenzen in diesem Bereich zu sichern, müssen die Schüler über ein starkes kognitives Betriebssystem verfügen, das aus effizient anwendbaren und in unterschiedlichen mathematischen Situationen zugreifbaren Werkzeugen, Techniken und Methoden besteht. Zu einem zentralen Bestandteil eines solchen kognitiven Betriebssystems kann der Funktionsbegriff ausgebaut werden. Auf das kognitive Potenzial des Funktionsbegriffs hat schon 1907 Felix Klein in seinen Meraner Vorschlägen aufmerksam gemacht (vgl. S. 47).

Die Ergebnisse aus den PISA-Daten sind bereits auf der Schülerebene analysiert worden. Auf Grund der Art der Daten ist es nicht möglich, sichere Rückschlüsse bezüglich des unterrichtlichen Vorgehens der Lehrkräfte zu ziehen und ihren Einfluss auf diese Ergebnisse einzuschätzen. Dennoch scheint es plausibel, dass die Kompetenzen der Realschüler in gewissem Maße durch das unterrichtliche Vorgehen der Realschullehrkräfte zu erklären sind. In einem nächsten Schritt wird daher eine Befundlage aus Studien zu professionellen Lehrerkompetenzen betrachtet.

2.3 Professionelle Kompetenzen der Realschullehrkräfte

Im Folgenden werden professionelle Lehrerkompetenzen der Realschullehrkräfte in den Blick genommen. Es wird u. a. der Frage des Einflusses der Lehrerkompetenzen auf die Unterrichtsqualität und auf den Lernerfolg der Schüler nachgegangen.

2.3.1 Praktizierende Lehrkräfte – Ergebnisse aus COACTIV

2.3.1.1 Einleitung

Die folgenden Abschnitte nehmen Bezug auf Befunde einer Studie, die sich u. a. mit der Frage beschäftigt hat, ob das fachliche und fachdidaktische Wissen einer Lehrkraft – vermittelt über ihre Unterrichtshandlung – Lernzuwächse ihrer Schüler erklären kann.

Aus einer Untersuchung im Rahmen der PISA-2003 Erhebung berichtet Baumert (2006, S. 45), dass die „nachweisbaren institutionellen Entwicklungseffekte der Schulformen – zumindest in Mathematik – im Wesentlichen auf die Qualität des Unterrichts und dessen bildungstheoretische Traditionen sowie die fachlichen und fachdidaktischen Kompetenzen von Lehrkräften zurückzuführen sind.“ Dieser Befund ist in der COACTIV-Studie genauer analysiert worden. Es konnte nachgewiesen werden, dass Leistungsfortschritte der Schüler tatsächlich durch das fachdidaktische Wissen ihrer Lehrkraft in nicht-trivialer Weise erklärt werden können. Des Weiteren hat COACTIV bemerkenswerte schulformspezifische Unterschiede in den Kompetenzen der Mathematiklehrkräfte gezeigt.

In den Fokus der Analyse der COACTIV-Befunde werden die Lehrerkompetenzen gestellt, die offensichtlich einen Einfluss auf unterrichtliche Vorgehensweisen im Fach

Mathematik haben. Gemeint sind also solche Kompetenzen der Mathematiklehrkräfte, die zur erfolgreichen Gestaltung von Lerngelegenheiten erforderlich sind:

Es besteht Konsens darüber, dass Mathematiklehrkräfte über ein tiefes Wissen über Inhalte des unterrichteten Faches auf einem Niveau verfügen sollen, das über die im Unterricht zu bearbeitenden Stoffinhalte hinausgeht (Brunner et al., 2006b, S. 524). Ein tiefes Fachwissen ist also eine notwendige – aber nicht hinreichende – Voraussetzung für eine erfolgreiche Unterrichtsgestaltung. Hierfür ist zusätzlich fachdidaktisches Wissen erforderlich, also das Wissen darüber, wie Inhalte des zu unterrichtenden Faches in Lerngelegenheiten umgesetzt werden können. Eine Brücke zwischen Wissen und Handeln der Lehrkräfte stellen unterrichtsbezogene Überzeugungen dar, die eine leitende und orientierende Rolle für das Lehrerhandeln haben. Eine regulative Rolle haben insbesondere die Überzeugungen zum Lernen und Lehren von Mathematik (einschließlich Zielvorstellungen für den Mathematikunterricht).

Für die genannten Bereiche der Lehrerkompetenzen werden im Folgenden – auf der Basis der COACTIV-Ergebnisse – schulformspezifische Unterschiede zwischen Realschullehrkräften und Lehrkräften an Gymnasien dargelegt und diskutiert.

2.3.1.2 Grundlegende Informationen über COACTIV

COACTIV steht als Abkürzung für das Forschungsprojekt „Professionswissen von Lehrkräften, kognitiv aktivierender Mathematikunterricht und die Entwicklung mathematischer Kompetenzen“ innerhalb des DFG-Schwerpunktprogramms „Bildungsqualität von Schule“. Diese Studie ist in die nationale PISA-2003/2004-Erhebung integriert und beschäftigt sich vor allem mit der Konzeptualisierung des professionellen Wissens der Mathematiklehrkräfte der Sekundarstufe I und mit dem Einfluss des mathematischen und des mathematikdidaktischen Wissen der Lehrkräfte auf den Lernerfolg ihrer Schüler.

Die Lehrerstichprobe der COACTIV-Studie besteht aus den Mathematiklehrkräften derjenigen Klassen, die zusätzlich zur Stichprobe für die internationale und die nationale PISA-Studie als ganze an PISA-2003 teilgenommen haben. Es handelt sich um einen repräsentativen Querschnitt für die Lehrerinnen und Lehrer im Fach Mathematik in Deutschland. Auf Grund der günstigen Situation, dass für jede COACTIV-Lehrkraft die PISA-Daten ihrer Schüler vorlagen, war es möglich, der Frage nach einem Zusammenhang zwischen dem Lehrerwissen und den Schülerleistungen nachzugehen.

2.3.1.3 Zentrale Befunde aus COACTIV

Erste Auswertungen von COACTIV haben den Mathematikunterricht aus den Sichtweisen von PISA-Schülern und PISA-Lehrkräften in den Blick genommen (Baumert et al., 2004). Erst 2006 (Brunner et al., 2006a,b; Neubrand, 2006) wurde ein exploratives Schlaglicht auf das Fachwissen und das fachdidaktische Wissen von Mathematiklehrkräften geworfen. Die nachgewiesenen Unterschiede zwischen den Kompetenzen der nicht gymnasialen und der gymnasialen Lehrkräfte sind für die vertiefenden COACTIV-Untersuchungen zum Anlass geworden, der Frage nachzugehen, inwieweit Lehrerkompetenzen tatsächlich einen nachweisbaren Effekt auf die Entwicklung der mathematischen Kompetenzen der Schüler haben. Mit den ersten Ergebnissen bezüglich dieser Fragestellung konnte ein positiver Effekt des mathematikdidaktischen Wissens der Lehrkräfte auf mathematische Leistungen ihrer Schüler nachgewiesen werden (Brunner et al., 2006a; Neubrand, 2006). Zu den zentralen Resultaten der COACTIV-Studie gehört, dass

> „das fachdidaktische Lehrer-Wissen, substantiell gespeist durch einschlägiges Fachwissen, tatsächlich Leistungsfortschritte der Schüler in nichttrivialer Weise erklären kann.“ (Blum et al., 2008, S. 159)

Um einen Zusammenhang zwischen dem fachdidaktischen Wissen der Mathematiklehrkräfte und den Lernergebnissen ihrer Schüler zu untersuchen, wurde im Rahmen der Studie COACTIV mit einem für diese Fragestellung entwickelten Modell postuliert, dass das fachdidaktische Wissen – vermittelt über die kognitive Herausforderung des Unterrichts, die adaptive Unterstützung bei Verständnisproblemen und über eine effektive Klassenführung – verständnisvolle mathematische Lernprozesse der Schüler und damit auch den Leistungszuwachs unterstützt (Krauss et al., 2008, S. 250-252). Mit diesem Modell konnte knapp 40% der Varianz der Mathematikleistung zwischen den Klassen am Ende der Jahrgangsstufe 10 erklärt werden. Ein vergleichbarer Anteil der Leistungsvarianz konnte über einen direkten Zusammenhang des fachdidaktischen Wissens einer Lehrkraft und den Leistungen ihrer Schüler erklärt werden (ebd.). Auf der Basis der COACTIV-Ergebnisse wird konstatiert, dass das fachdidaktische Wissen einer Lehrkraft eine entscheidende Einflussgröße für das Lernen der Schüler hat.

Bei der Frage nach Zusammenhängen zwischen Kompetenzen der Mathematiklehrkräfte und Lernzuwächsen der Schüler in Mathematik richtete sich COACTIV auf die kognitive Aktivierung der Schüler als eine Basisdimension von Unterrichtsqualität und sie ging von der folgenden Orientierung aus: „Schülerinnen und Schüler sollen im Fachunterricht 'kognitiv aktiviert' werden, der Unterricht soll demnach verständnisorientiert angelegt sein, und die Lehrerinnen und Lehrer sollen die Voraussetzungen und Möglichkeiten dafür besitzen“ (Neubrand, 2006, S. 8).

Die COACTIV-Befunde zeigen, dass das Ausmaß der kognitiven Aktivierung prädiktiv für den Lernerfolg der Schüler ist:

> „Neu hingegen ist nach COACTIV, dass das kognitive Potential des Unterrichts einen entscheidenden Einfluss auf den Leistungszuwachs der Schülerinnen und Schüler hat.“ (Blum et al., 2008, S. 160)

Als Indikator für diese Aktivierung wurde in COACTIV die kognitive Qualität mathematischer Aufgaben herangezogen, insbesondere deren Argumentationsniveau, innermathematisches Modellierungsniveau und das Auftreten von Aufgaben im Unterricht, bei denen nicht nur ein vorgegebener Ansatz mit Hilfe bekannter mathematischer Prozeduren (Rechnen oder Konstruieren nach vorgegebenen Regeln) kalkülhaft durchzuführen ist.

2.3.1.4 Spezifikation der Befunde aus COACTIV

Fachwissen

Nach Terhart (2002) wird mathematisches Fachwissen als grundlegende Voraussetzung für das erfolgreiche Unterrichten im Fach Mathematik angesehen. Die Studie COACTIV versuchte das mathematische Fachwissen als schulbezogene Mathematikkenntnisse (Wissen und Fertigkeiten) der Lehrkräfte zu erfassen. Das Fachwissen wurde daher als vertieftes Hintergrundwissen über den Schulstoff konzeptualisiert und mit Hilfe von Aufgaben auf einem Schulniveau getestet (Brunner et al., 2006a, S. 59, 65).

Ein Befund aus COACTIV ist, dass nicht gymnasiale Lehrkräfte (hier zählen auch Realschullehrkräfte) über deutlich weniger Fachwissen als gymnasiale Lehrkräfte verfügen (Krauss et al., 2008). Die Effekstärke d, die diesen schulformspezifischen Leistungsunterschied zum Ausdruck bringt, beträgt 1,73 (Krauss et al., 2008, S. 242-243). Dieser Wert deutet auf einen großen Effekt hin. Der Schulformunterschied ist auf dem .01-Niveau signifikant.

Für die Subpopulationen der Gruppe der nicht gymnasialen Lehrkräfte können auf Grund der kleinen Stichprobezahlen keine allgemeingültigen Aussagen abgeleitet werden. Krauss et al. (2008, S. 242) verweisen jedoch darauf, dass beim Fachwissen alle nicht gymnasialen Lehrkräfte in etwa vergleichbar abschneiden würden. Beim fachdidaktischen Wissen sei deutlich, dass die Realschullehrkräfte die anderen nicht gymnasialen Lehrergruppen tendenziell übertreffen.

Fachdidaktisches Wissen

Fachwissen per se führt noch nicht zu erfolgreicher Unterrichtsgestaltung. Hierfür ist auch fachdidaktisches Wissen notwendig, also „das Wissen, das zum 'Verfügbarmachen' mathematischer Inhalte erforderlich ist“ (Brunner et al., 2006b, S. 524).

Das „Verfügbarmachen“ mathematischer Inhalte erfordert Wissen über Lernende, über Inhalte und über Möglichkeiten des Zugänglichmachens mathematischer Inhalte für die Lernenden. COACTIV (Blum et al., 2008; Brunner et al., 2006b) spezialisierte drei Facetten des fachdidaktischen Wissens:

- Erkennen, Analyse und Vorhersage von typischen Fehlern und Schwierigkeiten,
- Erkennen des multiplen Lösungspotentials von Aufgaben,
- Erklären, Darstellen und Repräsentieren mathematischer Sachverhalte.

Der beim Fachwissen der Mathematiklehrkräfte festgestellte schulformspezifische Unterschied ist auch beim fachdidaktischen Wissen der Lehrkräfte nachgewiesen worden: Die in dem fachdidaktischen Teil des COACTIV-Tests erzielten Leistungen der nicht gymnasialen Lehrkräfte (hier zählen auch Realschullehrkräfte) sind deutlich geringer als diese der gymnasialen Lehrkräfte (Brunner et al., 2006b). Der schulformspezifische Leistungsunterschied wird mit der Effekstärke d = 0,80 zum Ausdruck gebracht (Krauss et al., 2008, S. 243). Dieser Wert deutet auf einen großen Effekt hin und ist auf dem .01-Niveau signifikant.

Lehrervorstellungen in Bezug auf Ziele des Mathematikunterrichts

Vorstellungen bezüglich der Ziele des Unterrichts liefern den Lehrkräften eine übergeordnete Orientierung für einzelne Entscheidungen im Zuge der Vorbereitung, Durchführung und Reflexion des Unterrichts. Unterrichtsziele wirken hingegen als Handlungsregulative und stellen einen sinnstiftenden Ordnungsrahmen für Unterrichtsmaßnahmen dar. An ihnen bemisst sich auch der Unterrichtserfolg (Baumert et al., 2004, S. 323). Daher finden beim Betrachten professioneller Kompetenzen der Lehrkräfte auch Vorstellungen bezüglich Ziele des Unterrichts immer mehr Beachtung.

Zu den schulformspezifisch unterschiedlichen Schwerpunkten in den fachspezifischen Vorgehensweisen und Zielen im Mathematikunterricht berichtet Neubrand (2006, S. 9) aus der COACTIV-Studie, dass die Realschullehrkräfte mehr Wert als Gymnasiallehrer auf das Beherrschen von Routinen und auf Anwendungen von Mathematik im Alltag legen. Die Gymnasiallehrer betonen hingegen stärker das Interesse und die Selbstregulation sowie Mathematisierungs- und Modellierungsfähigkeiten ihrer Schüler. „Das sagt sicher etwas darüber aus, wie die Lehrer an den einzelnen Schulformen sich einen kognitiv anregenden Unterricht vorstellen, soweit dieser über die Fähigkeit zu modellieren definiert wird" (Neubrand, 2006, S. 6).

Für die Realschullehrkräfte ist also die Sicherheit ihrer Schüler bei der Bearbeitung von Standardaufgaben wichtig. Gleichzeitig scheint an den Realschulen das Ziel der Modellierungsfähigkeiten zurückzutreten, möglicherweise deshalb, weil mit Modellierungsaufgaben die Vorstellung eines für die Schüler unangemessen hohen Schwierigkeitsgrades verbunden ist (Baumert et al., 2004, S. 329).

Lehrervorstellungen in Bezug auf das Lernen von Mathematik

Vorstellungen darüber, wie Kinder und Jugendliche lernen, gehören zum Kern professioneller pädagogischer Haltungen.

> „Die impliziten Lerntheorien formen die Erwartungen, mit denen Lehrkräfte den Schülerinnen und Schülern gegenüber treten; sie bleiben auch nicht ohne Einfluss auf Auswahl und Formulierung von Unterrichtszielen, und sie verbinden sich auch mit Präferenzen für bestimmte Formen der Unterrichtsgestaltung." (Baumert et al., 2004, S. 326)

Vorstellungen der Lehrpersonen zum Lernen von Mathematik haben also eine handlungsleitende und eine orientierende Rolle für ihr unterrichtliches Vorgehen. Bezüglich des Mathematiklernens ist in der Gruppe der Realschullehrkräfte stärker als in der Gruppe der Gymnasiallehrkräfte die Vorstellung ausgeprägt, dass das Einschleifen von Verfahren, das Lernen durch Beispiele und Vormachen sowie die Reduktion auf Eindeutigkeit angemessene Lernwege für ihre Schüler sind. Die Lehrkräfte an Gymnasien vertrauen beachtenswert stärker als die Realschullehrerschaft auf die Selbstständigkeit ihrer Schüler und sind der Überzeugung, dass selbstständiges und diskursives Lernen im Mathematikunterricht angemessene unterrichtliche Vorgehensweisen für ihre Schüler sind (Baumert et al.,

2004). Das bedeutet, dass die Gymnasiallehrkräfte die Vorstellung haben, dass die Lernenden ihre eigenen Wege für einfache Mathematikaufgaben entdecken und ihre Lösungswege miteinander diskutieren sollen. Dieser Überzeugung sind die Realschullehrkräfte eher nicht; sie stimmen stärker dem Lernen durch Üben und Einschleifen von effizienten Lösungswegen für bestimmte Aufgabenklassen und dem Vorführen von Beispielaufgaben zu.

2.3.1.5 Zusammenfassung und Diskussion der Ergebnisse

Zusammenfassend ist auf der Basis der COACTIV-Ergebnisse festzuhalten, dass sich Mathematiklehrkräfte an Realschulen und diejenige an Gymnasien im Hinblick auf das Fachwissen, das fachdidaktische Wissen und unterrichtsbezogene Überzeugungen deutlich unterscheiden. Für die Umsetzung mathematischer Inhalte in Lerngelegenheiten sind diese Unterschiede von Belang. Aus ihnen kann man auf schulformspezifische Unterschiede in den Vorgehensweisen im Mathematikunterricht schließen. Zu bedenken ist, inwieweit sie wirklich die schulformspezifischen Unterschiede in den Leistungen der Schüler bewirken. Hierfür haben Brunner et al. (2006b) folgende Behauptung formuliert:

> „Vor dem Hintergrund der Überlegenheit der Gymnasiallehrkräfte im fachlichen aber auch fachdidaktischen Wissen könnte man vermuten, dass diese besonders gute Voraussetzungen haben, fachlich gehaltvolle Lernumgebungen zu gestalten." (Brunner et al., 2006b, S. 539)

Mit dieser Aussage wurde ein Verdacht auf einen Zusammenhang zwischen dem Lehrerhandeln und den Leistungen der Schüler zum Ausdruck gebracht. Die COACTIV-Studie hat diesbezüglich gezeigt, dass das fachdidaktische Wissen der Mathematiklehrpersonen, gespeist durch das mathematische Fachwissen, tatsächlich Leistungsfortschritte der Schüler erklären kann (Blum et al., 2008, S. 159-160).

Bringt man diesen Befund mit den schulformspezifischen Unterschieden im Fachwissen, im fachdidaktischen Wissen und in den unterrichtsbezogenen Überzeugungen der Mathematiklehrkräfte in Zusammenhang, so ist anzunehmen, dass gerade das unzureichende fachliche und fachdidaktische Wissen der Realschullehrkräfte im Fach Mathematik sowie ihre unterrichtsbezogenen Überzeugungen in wenig auf kognitive Aktivierung der Realschüler ausgerichteten Lerngelegenheiten zum Ausdruck kommen. Diese lassen den Schülern wenig Raum für selbstständiges Arbeiten, Entdecken und Diskutieren verschiedener Lösungswege von Mathematikaufgaben. Sie zeichnen sich hingegen durch das Vorführen von Beispielaufgaben (rezeptives Lernen) und durch das Einschleifen von Routinen (repetitives Lernen) aus. Die Lerngelegenheiten zielen auf die Sicherheit der Schüler bei der Bearbeitung von Standardaufgaben und auf die Anwendung von Mathematik im Alltag. Mit Blick auf das Zitat von Lipowsky (2007, S. 28), das einen kognitiv aktivierenden Unterricht als solchen bezeichnet, in dem die Schüler „auf einem anspruchsvollen Niveau fachlich miteinander interagieren, (...) herausfordernde Aufgaben bearbeiten, (...) Meinungen und Konzepte austauschen und miteinander vergleichen, (...) Lösungswege und Ergebnisse begründen und sich aktiv mit inhaltlichen Fragen am Unterricht beteiligen", kann man behaupten, dass gerade diese Art der Schüleraktivitäten im Realschulmathematikunterricht den Lernenden vorenthalten bleibt.

Vertiefende Analysen im Rahmen der COACTIV-Studie haben auch belegt, dass sich Lehrkräfte mit hohen Leistungen im Fachwissen und im fachdidaktischen Wissen dadurch auszeichnen, dass sie tendenziell ablehnen, ihre Schüler immer kleinschrittig anzuleiten und dass „das Bestehen auf Erklärungen und Begründungen vor allem mit dem Fachwissen der Lehrkraft in deutlichem Zusammenhang steht" (Blum et al., 2008, S. 159). In Anbetracht der COACTIV-Ergebnisse zu schulformspezifischen Unterschieden im Fachwissen und im fachdidaktischen Wissen der Mathematiklehrkräfte kann man schließen, dass diese Vorgehensweise für die Gymnasial-Mathematiklehrkräfte zutrifft, für die Realschul-Mathematiklehrkräfte aber im Allgemeinen nicht kennzeichnend ist. Hier zeigt sich ein interessanter Bezug zum Hauptergebnis aus COACTIV, nach dem das kognitive Potential des Unterrichts einen entscheidenden Einfluss auf den Leistungszuwachs der Schüler hat (Blum et al., 2008, S. 160). Zu den maßgeblichen Parametern für das kognitive Potenzial des Unterrichts gehört nach COACTIV gerade das Argumentationsniveau von mathematischen Aufgaben, auf das Realschullehrkräfte tendenziell deutlich weniger Wert legen als Gymnasiallehrkräfte.

Der Anlass für die Analyse der COACTIV-Ergebnisse war die Behauptung, dass die empirisch nachgewiesenen schulformspezifischen Unterschiede in den Lernzuwächsen der Schüler eine Folge unterschiedlicher schulformspezifischer Vorgehensweisen im Unterricht sind. Das Hauptanliegen bei der Analyse der Ergebnisse aus COACTIV war, Erkenntnisse darüber zu gewinnen, ob die Lernzuwächse der Schüler durch das Lehrerhandeln erklärt werden können, und einen Einblick in schulformspezifische Unterschiede in den Bereichen der Lehrerkompetenzen zu bekommen, die zur erfolgreichen Gestaltung fachlich gehaltvoller Lerngelegenheiten im Mathematikunterricht erforderlich sind. Mit den COACTIV-Befunden hat sich die These bestätigt, dass das Lehrerhandeln tatsächlich für die Leistungszuwächse der Schüler mitverantwortlich ist. Das wirft ein neues Licht auf die in 2.2 dargelegten Ergebnisse bezüglich der schulformspezifischen Leistungen und Lernzuwächse der Schüler. Sommer (2008) hat nämlich gezeigt, dass zwischen Realschülern und Gymnasiasten deutliche Unterschiede in der Struktur und im Ausmaß der Lernzuwächse bestehen. Auf Grund der COACTIV-Befunde können diese Unterschiede u. a. mit den schulformspezifischen Unterschieden in den Lehrerkompetenzen erklärt werden.

2.3.2 Angehende Lehrkräfte – Ergebnisse aus MT21

2.3.2.1 Einleitung

Die Studie MT21 hat sich zeitlich parallel zu COACITV mit der theoretischen Konzeptualisierung und mit der empirischen Untersuchung professioneller Kompetenzen von angehenden Mathematiklehrkräften beschäftigt. Die theoretische Konzeptualisierung erfolgte in MT21 in Anlehnung an ähnliche Konzepte wie in COACTIV. Für die in den vorstehenden Abschnitten analysierten Ergebnisse aus COACTIV stellt MT21 einen Referenzrahmen dar, der eine Einschätzung dessen erlaubt, ob die erzielten Ergebnisse nicht nur von der Art und Weise der Konzeptualisierung professioneller Kompetenzen abhängig sind.

Im Gegensatz zu COACTIV wendet sich MT21 nicht den praktizierenden sondern den angehenden Mathematiklehrkräften zu und betrachtet zwei Stichproben: die GHR-Gruppe (angehende Grund-, Haupt- und Realschullehrkräfte) und die GyGS-Gruppe (angehende Lehrkräfte für das Gymnasium und die Gesamtschule). Die Aussagen bezüglich der Gruppe der angehenden Lehrkräfte für die Realschule werden im Folgenden aus denjenigen über die gesamte Gruppe der GHR-Referendare abgeleitet. Analog werden die Aussagen über angehende Gymnasiallehrpersonen aus denjenigen für die Gruppe der GyGS-Referendare abgeleitet.

2.3.2.2 Grundlegende Informationen über MT21

MT21 ist eine Studie zur Wirksamkeit der Lehrerausbildung. Der zentrale Test der Pilotstudie wurde im Frühjahr 2007 durchgeführt, die Hauptstudie im Frühjahr 2008. MT21 umfasst Versuchspersonen aus 6 Ländern, darunter auch aus Deutschland. Die MT21-Ergebnisse aus Deutschland sind umfassend in Blömeke et al. (2008) dokumentiert. Auf diese Dokumentation und auf die Arbeiten aus P-TEDS[4] (Pilot Teacher Education and Development Study – Learning to Teach Mathematics) von Blömeke (2007), Kaiser und Schwarz (2007), Felbrich und Müller (2007) stützen sich die folgenden Abschnitte.

In Deutschland nahmen 849 angehende Mathematiklehrerinnen und -lehrer aus vier Ausbildungsregionen an MT21 teil. In die deutsche Population wurden Studierende sowie Referendare vor dem zweiten Staatsexamen einbezogen, die sich im Erhebungszeitraum in einem Ausbildungsgang befanden, um eine Lehrbefähigung für das Unterrichtsfach Mathematik in der Sekundarstufe I zu erwerben. Es wurden 3 Kohorten gebildet: die Studierenden im Grundstudium, die Studierenden im Hauptstudium und Referendare. Sie repräsentieren Bundesländer mit einer ersten Lehrerausbildungsphase an Universitäten und einer zweiten an Studienseminaren. Im Folgenden wird Bezug auf die Ergebnisse der dritten Kohorte genommen.

2.3.2.3 Zentrale Befunde aus MT21

Ein Kernergebnis der MT21-Studie ist,

> „dass – abgesehen von einzelnen interessanten Abweichungen – quer über alle fachbezogenen Dimensionen des professionellen Wissens ein deutlicher Leistungsvorsprung der angehenden GyGS-Mathematiklehrkräfte gegenüber angehenden GHR-Lehrkräften festzustellen ist. In Bezug auf das mathematische und mathematikdidaktische Wissen müssen GyGS-Referendarinnen und

[4] In ersten Publikationen trug die Pilotstudie zu der TEDS-Studie den Namen P-TEDS. In späteren Publikationen wurde für die Pilotstudie der Name MT21 verwendet.

-Referendare daher als deutlich kompetenter angesehen werden.“
(Blömeke et al., 2008, S. 101)

Dieser Befund wird im Folgenden näher betrachtet, um einen detaillierten Einblick in die schulformspezifischen Unterschiede in Bezug auf Fachwissen, fachdidaktisches Wissen und unterrichtsbezogene Überzeugungen der angehenden Mathematiklehrkräfte zu gewinnen.

2.3.2.4 Spezifikation der Befunde aus MT21

Fachwissen

Im mathematischen Fachwissen erreichen die angehenden GHR-Mathematiklehrkräfte erheblich niedrigere Leistungen als die angehenden GyGs-Mathematiklehrkräfte. Der Leistungsunterschied weist auf einen systematischen und bedeutsamen Leistungsvorsprung der GyGS-Lehrkräfte hin (Blömeke et al., 2008, S. 91). Hier zeigt sich eine Übereinstimmung mit dem COACTIV-Befund, der ein bemerkenswert niedrigeres Niveau des mathematischen Fachwissens der Nicht-Gymnasiallehrkräfte (also auch der Realschullehrkräfte) im Vergleich zu den Gymnasiallehrkräften belegt. MT21 präzisiert diesen Befund durch die Angabe von Bereichen, in denen dieser Unterschied besonders deutlich ist. Beachtenswerte Unterschiede sind in Arithmetik und Algebra festgestellt worden. Eine besondere Schwäche der angehenden GHR-Mathematiklehrkräfte fällt im Bereich „Funktionen“ auf.

Fachdidaktisches Wissen

Genauso wie im Fachwissen wurde auch im fachdidaktischen Wissen ein bedeutsamer und signifikanter Leistungsunterschied zwischen den GHR- und den GyGS-Referendaren belegt. In COACTIV wurde dieser Befund für praktizierende Mathematiklehrkräfte gezeigt. Das Konstrukt „fachdidaktisches Wissen“ ist im Rahmen der Studie MT21 in zwei Facetten näher untersucht worden. Diese umfassen die in COACTIV untersuchten Bereiche fachdidaktischen Wissens und ergänzen sie um die Frage des Aufbaus mathematischer Kompetenz über die Schuljahre hinweg. Auch in diesem breiter als in COACTIV konzeptualisierten fachdidaktischen Wissen der Mathematiklehrkräfte fallen die Leistungen der GHR-Referendare deutlich schlechter aus als die der GyGS-Referendare, sodass man von einer relativen Schwäche fachdidaktischen Wissens der angehenden GHR-Mathematiklehrkräfte sprechen kann.

Lehrervorstellungen in Bezug auf Ziele des Mathematikunterrichts

Hinsichtlich der in COACTIV nachgewiesenen schulformspezifischen Unterschiede in den Zielvorstellungen der Mathematiklehrkräfte an Realschulen und an Gymnasien hat sich in MT21 eine Übereinstimmung in Bezug auf die Beherrschung von Routinen bestätigt – diesem Ziel des Mathematiklernens messen GHR-Referendare größere Bedeutung bei als GyGS-Referendare. Auffallend ist in MT21 ein bedeutsamer Unterschied in der Anerkennung der affektiv-emotionalen Ziele des Mathematiklernens (Weckung von

Interesse an Mathematik). Angehende GHR-Mathematiklehrkräften stimmen ihnen stärker zu als angehende GyGS-Mathematiklehrkräfte. Hinsichtlich der Anwendungsorientierung argumentieren Baumert et al. (2004, S. 325), dass sie aus Sicht vieler Lehrkräfte vor allem eine motivierende Funktion habe, und in dieser Sichtweise zeige sich eine Übereinstimmung angehender und praktizierender Mathematiklehrkräfte (Blömeke et al., 2008, S. 268). Ein Unterschied zu COACTIV besteht in Bezug auf Mathematisierungs- und Modellierungsfähigkeiten. In MT21 findet dieses Ziel in der Gruppe der GHR-Referendare größere Zustimmung als in der Gruppe der GyGS-Referendare. Mit aller Vorsicht argumentieren diesbezüglich Blömeke et al. (2008, S. 268), dass „hier ggf. ein Effekt neuerer Diskussionen in der Lehrerausbildung vermutet werden [kann], da die PISA-Ergebnisse und ihre Folgen in mathematikdidaktischen Lehrerveranstaltungen vielfach thematisiert werden".

Lehrervorstellungen in Bezug auf das Lernen von Mathematik

Bezüglich der Vorstellungen praktizierender und angehender Mathematiklehrkräfte ergibt sich aus den Ergebnissen der COACTIV- und der MT21-Studie eine Diskrepanz: In COACTIV fällt die Zustimmung zu einem schülerorientierten Unterricht bei den Gymnasiallehrkräften stärker aus als bei den Realschulehrkräften. In MT21 stimmen dagegen die GHR-Referendare dem eigenaktiven und kooperativen Lernen deutlicht stärker zu als Gymnasial- und Gesamtschullehrkräfte. Eine mögliche Erklärung für diese Diskrepanz ist darin zu sehen, dass das Wissen um Notwendigkeit für dieses Bemühen zum mathematikdidaktischen Lehrstoff gehört, der erfahrungsgemäß in GHR-Studiengängen sehr viel ausführlicher als in GyGS-Studiengängen behandelt wird. In den deklarierten Aussagen der Stichproben kann sich also zum einen ein Effekt der Ausbildung zeigen.

2.3.2.5 Zusammenfassung der Ergebnisse

Die in COACTIV nachgewiesenen schulformspezifischen Unterschiede im Fachwissen und im fachdidaktischen Wissen der praktizierenden Mathematiklehrkräfte an Realschulen und an Gymnasien haben sich in der MT21-Studie für die angehenden Mathematiklehrkräfte im Wesentlichen bestätigt. Da sich die beiden Studien zeitlich parallel mit der Konzeptualisierung professioneller Kompetenzen von Mathematiklehrkräften beschäftigt haben und beide auf schulformspezifische Unterschiede im mathematischen und im mathematikdidaktischen Wissen der Lehrkräfte hinweisen, kann man auf eine gewisse Stabilität der Erkenntnisse schließen. Man kann also davon ausgehen, dass sie nicht zufällig sind. Abgesehen von einzelnen interessanten Abweichungen hat sich in den beiden Studien auch eine Übereinstimmung in Hinsicht auf schulformspezifische Unterschiede in den unterrichtsbezogenen Überzeugungen der Realschul- und Gymnasial-Mathematiklehrkräfte gezeigt.

2.4 Ergebnisse der Implementationsforschung für die Unterrichtsveränderung

Im Folgenden wird die Konzeption des durchgeführten Projektes im Kontext unterschiedlicher Implementationsstrategien für eine Innovation dargestellt. Es werden Erkenntnisse aus der Implementationsforschung bezüglich der Einflussfaktoren auf den Implementationserfolg bei der gewählten Konzeption in dem realisierten Projekt sowie die Konsequenzen daraus verdeutlicht.

2.4.1 Die Implementationsstrategie des realisierten Projektes

Gräsel und Parchmann (2004b) unterscheiden zunächst zwei Strategien zur Implementation von Maßnahmen, die auf eine zeitlich überdauernde Veränderung des Unterrichts abzielen: Top-down-Strategien und symbiotische Strategien. Die beiden Strategien betrachten sie unter dem Aspekt der Einflussfaktoren, die die Implementation geplanter Maßnahmen fördern oder hemmen können.

Bei Top-down-Strategien wird die Initiative von externen Instanzen oder externen Experten initiiert, die die Ziele, Methoden und Kriterien für den Erfolg der Implementation festlegen. „Extern" bedeutet in diesem Fall, dass diejenigen, die die Innovation oder Neuerung entwickeln, nicht diejenigen Personen sind, die sie umsetzen. Bei symbiotischen Strategien wird die Implementation in der Kooperation von Akteuren mit verschiedener Expertise ausgearbeitet. Meistens geschieht dies in der Zusammenarbeit zwischen Lehrkräften, Wissenschaftlern, Personen aus der Bildungsadministration und Fortbildungsinstituten. Die Maßnahmen werden auf der Basis einer von allen Beteiligten als bedeutsam und verändernswert beurteilten Problemstellung konzipiert. Nach dieser Unterscheidung läge es nahe, eine dritte Strategie zu berücksichtigen, nämlich Bottom-up Strategie, bei der die Innovation von einzelnen Schulen ausgeht und durch einzelne Schulen getragen wird. Da diese Art von Implementationen situationsabhängige Einzelmaßnahmen darstellen, ist ihre Betrachtung und Verallgemeinerung schwierig.

Mit dem realisierten Projekt wurden positive Aspekte der Top-down-Strategie aufgegriffen. Es zeichnete sich sowohl durch die Zusammenarbeit der beteiligten Lehrkräfte untereinander als auch durch die Zusammenarbeit der Lehrkräfte mit Fachdidaktikern aus. Die Initiativgeber waren: ein Wirtschaftsunternehmen, das dieses Projekt finanziell unterstützte, eine externe Gruppe von Fachdidaktikern (Mitarbeiter des Instituts für Kognitive Mathematik (IKM) an der Universität Osnabrück) und interne Akteure (Schulleitung einer Realschule). Der Ausgangspunkt des Projektes war die Klage einer Firma über mangelnde mathematische Kompetenzen der Realschüler, die sich bei ihr nach dem Schulabschluss um einen Ausbildungsplatz beworben hatten. Hinter dieser Klage stand die Sorge der Leiter des Unternehmens um ein solides Fundament für die Weiterentwicklung von Wissen und Kompetenzen ihrer Lehrlinge und die hohe Wertschätzung der Ausbildung zukünftiger Arbeitnehmer. Das hat die Stiftung dieser Firma veranlasst, sich an das Institut für

Kognitive Mathematik der Universität Osnabrück mit der Bitte um Zusammenarbeit zu wenden. Die Stiftung bot an, ein Projekt zur Verbesserung des Mathematikunterrichts finanziell zu unterstützen. Dahinter stand der Gedanke, dass die langjährige Forschungsarbeit der Mitarbeiter am IKM und ihre wissenschaftlich fundierten Ergebnisse in Bereichen „Individuelle Unterschiede mathematischer Denkprozesse", „Kognitionstheoretisch orientierte Stoffdidaktik der Mathematik", „Metakognitive und diskursive Aktivitäten in Lehr-Lern-Prozessen", „Unterrichtsanalyse und Unterrichtsqualität" und „Wissenstransfer von Ergebnissen der Grundlagen- und Anwendungsforschung" zur Konzeption geeigneter Maßnahmen zur Verbesserung der Qualität des Realschul-Mathematikunterrichts und zur Steigerung der mathematischen Kompetenzen der Realschüler beitragen kann. Die Schulleitung war von Anfang an in besonderer Weise am Erfolg des Projektes interessiert. Ihr Interesse ging mit ihrem Engagement bei der Durchführung des Projektes einher. Dieses zeigte sich durch die Auswahl und Motivierung der beteiligten Lehrkräfte, durch die Vorbereitung eines organisatorischen Rahmens für das Projekt und durch die Einführung besonderer Konditionen für die an Projekt beteiligten Lehrkräfte in Bezug auf ihre anderen Schulaufgaben.

2.4.2 Einflussfaktoren auf den Implementationserfolg

Nach Gräsel und Parchmann (2004b, S. 199) kann bei Top-down-Strategien dann von einer gelungenen Implementation gesprochen werden, wenn die Planungen im Unterricht möglichst wie vorgesehen realisiert und nur wenige Veränderungen vorgenommen werden. Diesen Gedanken führen Gräsel und Parchmann weiter aus:

> „Ob eine Innovation die erwünschten Effekte erreicht und sich positiv auf die Lernergebnisse auswirkt, kann nur dann evaluiert werden, wenn sie tatsächlich zu einem bestimmten Grad umgesetzt wurde." (ebd.)

Nicht selten kommt es jedoch dazu, dass eine Implementation scheitert. Gräsel und Parchmann (2004b) gehen der Frage nach möglichen Ursachen dafür nach. Zu den zentralen Einflussfaktoren auf den Implementationserfolg zählen sie die folgenden Merkmale der beteiligten Lehrkräfte: Ihre Einstellungen gegenüber der Innovation (Akzeptanz der Maßnahmen, Einschätzung ihrer Nützlichkeit und Realisierbarkeit), Erfahrungswissen, Überzeugungssysteme und Handlungsroutinen. In den Augen der Autorinnen kann eine Implementation scheitern, wenn die beteiligten Lehrpersonen keinen Unterschied zwischen den angestrebten Veränderungen und der bestehenden Praxis sehen; wenn sie nicht wissen, wie die Implementation umzusetzen ist; wenn eine unterstützende Begleitung der Lehrpersonen durch die Experten bei der Umsetzung fehlt oder nur für einen begrenzten Zeitraum angeboten wird. Die Implementationsforschung verweist auch auf die Gefahr des Scheiterns von Innovationsmaßnahmen wegen mangelhaften Fachwissens der Lehrkräfte, die die geplanten Maßnahmen umsetzen sollen:

> „Inadequate content knowledge often hinders implementation. (...) teachers' content knowledge becomes a mediating factor in implementation research.“ (Confrey et al., 2000, S. 187)

Die Rolle der Schulleitung ist für den Erfolg einer Implementation in diesem Sinne wichtig, da ihre Unterstützung Auswirkung auf die Einstellungen und Akzeptanz der Maßnahmen durch die Lehrkräfte und einen Einfluss auf die Rahmenbedingungen hat.

Um das Risiko des Scheiterns einer Top-down Interventionsstrategie zu verkleinern, bedarf es der Entwicklung flankierender Qualitätsmaßnahmen, die den Lehrkräften die Wege und Möglichkeiten der Umsetzung geplanter Maßnahmen zeigen, Weiterentwicklung der dazu notwendigen Kompetenzen bieten und durch die Bereitstellung geeigneter Werkzeuge und Methoden den Lehrkräften die Untersuchung und Verbesserung der Qualität ihres Unterrichts ermöglichen und sie auf diese Weise als reflektierende Praktiker in den Veränderungsprozess einbeziehen (Gräsel und Parchmann, 2004b).

Nicht auszuschließen ist, dass das Scheitern vieler Interventionsstrategien durch die Innovation selbst zu erklären ist. Gräsel und Parchmann (2004b) heben diesen Aspekt nicht deutlich hervor. Es ist aber davon auszugehen, dass Klarheit der Ziele und Mittel einer Interventionsstrategie, Komplexität der Innovation sowie kontextuelle Passung und Praktikabilität der vorgenommenen Maßnahmen eine notwendige Voraussetzung für den Erfolg der Implementation sind. Eine Analyse dieser Merkmale des realisierten Projektes wird im Abschnitt 4.2.1 durchgeführt.

2.4.3 Konsequenzen für die Implementation des Projektes

Aus den dargelegten Ergebnissen der Implementationsforschung zu den Top-down-Strategien folgt, dass es unrealistisch ist, den Unterricht dadurch verändern zu wollen, dass man Schulen und Lehrkräften neue Materialien zur Verfügung stellt und darauf hofft, dass sie wie geplant umgesetzt werden (Gräsel und Parchmann, 2004b, S. 204).

Eine Erfolg versprechende Top-down-Interventionsstrategie muss die Lehrpersonen in den Blick nehmen, sie bei der Durchführung von Innovationen unterstützen, indem eine Verbesserung der Lehrerkompetenzen angestrebt und eine Zusammenarbeit mit Experten an der Verbesserung der Qualität des Unterrichts durchgeführt wird.

Ein begleitendes Monitoring der Umsetzung konzipierter Maßnahmen und der Vergleich, inwieweit das Realisierte mit dem Intendierten übereinstimmt, sind notwendig, um die Situation zu vermeiden, dass zunächst erfolgreich umgesetzte Innovationen bei dem Auftreten erster Hürden scheitern.

Eine weitere Konsequenz aus diesen Erkenntnissen ist die Notwendigkeit der Trennung zwischen dem Erfolg der Intervention und der Evaluation der Effekte der Innovation. Ob eine Innovation die gewünschten Effekte erzielt hat und zu dem Schülererfolg beigetragen hat, kann nur dann beurteilt werden, wenn die geplanten Maßnahmen wie gewünscht umgesetzt wurden. Eine solche Trennung zwischen dem Erfolg der Implementation und dem Erfolg der Intervention ist nur dann möglich, wenn das Monitoring bei der

Umsetzung geplanter Maßnahmen nicht nur auf den Erfolg bei den Schülern ausgerichtet ist, sondern auch auf den Prozess der Umsetzung selbst. Mit Blick auf die COACTIV--Ergebnisse bezüglich der Kompetenzen der Realschullehrkräfte kommt diesen Maßnahmen bei einem Projekt wie das in dieser Arbeit beschriebene eine wichtige Rolle zu: Die Implementationsforschung stellt fest, dass die Kompetenzen der Lehrkräfte, die die geplanten Maßnahmen umsetzen sollen, eine Einflussvariable auf den Erfolg der Implementation ist. COACTIV zeigt hierfür, dass bei Realschullehrkräften gerade dieser Faktor problematisch sein kann, denn deren Kompetenzen, die zur erfolgreichen Umsetzung der Stoffinhalte in Lerngelegenheiten eine notwendige Voraussetzung bilden, sind auf einem relativ niedrigen Niveau.

Diese Erkenntnisse sind in die Konzeption des durchgeführten Projektes einbezogen worden. Sie haben zu dem Schluss geführt, dass die an ihm beteiligten Realschullehrkräfte bei der Umsetzung geplanter Maßnahmen unterstützt werden müssen. Weiterhin wurde ein Monitoring der durchzuführenden Maßnahmen begleitend angelegt, um einen Misserfolg der Implementation zu vermeiden und rechtzeitig notwendige Veränderungen und Anpassungen vornehmen zu können.

2.5 Zusammenfassung

Ziel der vorstehenden Abschnitte war die Darlegung der einschlägigen Befunde aus der empirischen Lehr-Lern-Forschung, die als Ansatzpunkte bei der Konzeption, bei der Durchführung und bei der Evaluation des Projektes zur Verbesserung der Qualität des Realschulmathematikunterrichts berücksichtig wurden.

Jede Konzeption der nachhaltigen Veränderung des Mathematikunterrichts sollte mathematikdidaktisch fundiert sein (Cohors-Fresenborg et al., 2004, S. 138). Als Grundlage für die Konzeption von Maßnahmen für die Änderung des Realschulmathematikunterrichts wurden deshalb forschungsbasierte Ergebnisse aus der Lehr-Lern-Forschung herangezogen: Die Untersuchung von Sommer (2008) hat gezeigt, dass es kognitionstheoretisch fundierte Anforderungen mathematischer Aufgaben gibt, bei denen Realschüler in Klasse 8 sehr niedrige Leistungen aufweisen und bei denen sie so gut wie keinen Lernzuwachs von Klasse 8 nach Klasse 9 erzielen. Nach einer groben Zusammenfassung von Sommers Ergebnissen wurde in 2.2.2.2 festgestellt, dass im Fach Mathematik die Realschüler in einem Jahr fast keinen Lernzuwachs bei solchen Items gewinnen, die Sinnentnahme aus einer verbal gestellten Aufgabenstellung („Sprachlogische Komplexität“) sowie Verstehen und sinnvolles Benutzen auch nur einfacher Formeln verlangen („Formelhandhabung“).

Im Abschnitt 2.2.3.2 wurde der Frage nachgegangen, wie man den Realschul-Mathematikunterricht gestalten kann, sodass er zur Förderung solcher Kompetenzen der Realschüler beiträgt, die zur Bewältigung der genannten Aufgabenanforderungen erforderlich sind. Bei der Analyse der mit dem Anforderungsmerkmal „Sprachlogische Komplexität“

verwobenen Kompetenzen wurde ein besonderes Augenmerk auf die geistige Tätigkeit der Formalisierung von Wissen gerichtet, da sie einen Anlass schafft, die logische Struktur eines Textes genau zu analysieren und sich auf eine Interpretation festzulegen, so wie es Kaune (1995, S. 75) zum Ausdruck gebracht hat. Dabei hilft die Formalisierung von Wissen die wesentlichen Variablen einer Situation zu erfassen. Auf der Basis dieser Überlegungen wurde der Schluss formuliert, dass die Formalisierung als ein Teil eines kognitiven mathematischen Betriebssystems in den Köpfen der Realschüler vorrangig aufgebaut werden sollte. Die unterrichtliche Umsetzung dieser Idee bedarf einer Art des Unterrichtens, die sich durch die Orientierung an den Denk- und Verstehensprozessen der Schüler und durch eine neue Art des inhaltlichen Vorgehens auszeichnet. Bei den Lehrenden setzt sie also ein gut strukturiertes Fachwissen und ein flexibles fachdidaktisches Wissen voraus. Weiterhin wurden im Abschnitt 2.2.3.2 die mit dem Anforderungsmerkmal „Formelhandhabung“ verwobenen Kompetenzen analysiert. Die Schwierigkeiten der Realschüler bei der Bearbeitung von Items, die das Verstehen und sinnvolles Benutzen formaler mathematischer Ausdrücke („Formelhandhabung“) verlangen, sind ein Ausdruck des mangelnden Verständnisses des Zusammenspiels zwischen inhaltlichen und formalen Aspekten aus dem Bereich „Schulalgebra“ und eines grundlegenden Defizits im Variablen- und Funktionsverständnis. Aus dieser Analyse wurde die Konsequenz gezogen, dass bei der Verbesserung der bisher nur mangelhaften Kompetenzen der Realschüler im Umgang mit formal notierter Mathematik dem Aufbau eines Variablen- und Funktionsverständnisses eine zentrale Rolle zukommt. Um die Nachhaltigkeit der Kompetenzen in diesem Bereich zu sichern, müssen die Lernenden über ein kognitives Bezugssystem verfügen, das aus effizient anwendbaren und in unterschiedlichen mathematischen Situationen zugreifbaren Werkzeugen, Techniken und Methoden besteht. Zu einem zentralen Bestandteil eines solchen kognitiven Bezugssystems kann der Funktionsbegriff ausgebaut werden (2.2.3.2).

Aus Sommers Ergebnissen wurden also Schlüsse für eine Verbesserung des Realschul-Mathematikunterrichts gezogen. Diese sollten im Rahmen eines Projektes umgesetzt werden. Bei dieser Aufgabe kommt den Lehrkräften eine entscheidende Rolle zu. Aus den Befunden aus den Studien COACTIV und MT21 können Schlüsse für die Analyse der Durchführung und des Erfolgs dieses Projektes gezogen werden. Insbesondere scheinen folgende Befunde von einer aufklärenden Bedeutung zu sein: Der COACTIV-Befund, dem zufolge die Lernzuwächse der Schüler durch das fachdidaktische Wissen, gespeist durch das mathematische Wissen der Mathematiklehrkräfte tatsächlich erklärt werden können (Blum et al., 2008, S. 159) und die Befunde beider Studien bezüglich der schulformspezifischen Unterschiede im Fachwissen und im fachdidaktischen Wissen der Mathematiklehrkräfte. Ein Blick auf die COACTIV- und MT21-Ergebnisse bezüglich des Fachwissens der Realschullehrkräfte zeigt nämlich, dass besonders in der Realschule die Durchführung dieses Projektes problematisch sein kann, weil sowohl das Fachwissen als auch das fachdidaktische Wissen der Realschullehrkräfte im Allgemeinen auf einem relativ niedrigen Niveau sind. Eine besondere Aufmerksamkeit bei der Implementationsanalyse ist daher der Art und Weise zu widmen, wie die Lehrkräfte bei der „Anpassung“

ihres Unterrichts an die Anforderungen der Innovation ihre eigenen Handlungen auf die Lernprozesse der Schüler ausrichten, die bei der Implementation gefördert werden sollen.

Die einschlägigen Befunde aus der Implementationsforschung in Bezug auf Einflussfaktoren auf die Implementation belegen, dass es unrealistisch ist, Unterricht dadurch verändern zu wollen, dass man den Lehrkräften neue Materialien zur Verfügung stellt und darauf hofft, dass sie wie geplant eingesetzt werden (Gräsel und Parchmann, 2004b). Eine Erfolg versprechende Interventionsstudie muss die Lehrpersonen bei der Durchführung von Innovationen unterstützen, indem die Verbesserung der Lehrerkompetenzen und eine Zusammenarbeit mit Experten an der Verbesserung der Unterrichtsqualität ermöglicht und realisiert werden.

Kapitel 3

Didaktische Konzeption der Unterrichtsreihe

3.1 Einleitung

Im Abschnitt 2.2 wurden schulformspezifische Leistungen und Lernzuwächse der Lernenden analysiert. Daraus wurden didaktische Implikationen zur Verbesserung der bisher nur mangelhaften Kompetenzen der Realschüler im Umgang mit formal notierter Schulmathematik und zur Bewältigung der mit dem Merkmal „Sprachlogische Komplexität" beschriebenen Aufgabenanforderungen abgeleitet. Diese Implikationen sind als Grundlage für eine didaktische Konzeption des durchgeführten un in der vorliegenden Arbeit dargelegten Projektes herangezogen worden.

Die Fragen, die der didaktischen Konzeption von Inhalten und Methoden der für dieses Projekt entwickelten Unterrichtsreihe zu Grunde liegen, können wie folgt zusammengefasst werden: Wie kann man die Formalisierungskompetenzen der Realschüler steigern? Wie kann man im Unterricht den Funktionsbegriff als ein mathematisches Werkzeug fundieren, mit dem die Lernenden vertraut werden, bzw. wie kann man den Funktionsbegriff zum Kern eines semantischen Netzwerkes, eines kognitiven Bezugssystems ausbauen?

Im Weiteren wird die didaktische Konzeption des durchgeführten Projektes unter der Berücksichtigung dieser Fragen im Kontext einer kognitionstheoretischen Auffassung der Schulmathematik näher dargestellt. Im Abschnitt 3.2 werden didaktische Leitideen dieser Auffassung dargelegt. Darauffolgend wird die Idee der Fundierung des Funktionsbegriffs im Mathematikunterricht erklärt. Dabei wird der Frage nach den daraus resultierenden Anforderungen an den Unterricht, an seine Inhalte und Methoden nachgegangen. Die Inhalte der konzipierten Unterrichtsreihe werden im Abschnitt 3.4, die Aufgabenformate sowie die Merkmale der Unterrichtskultur in den Abschnitten 3.5 und 3.6 dargestellt.

3.2 Leitideen einer kognitionstheoretischen Auffassung der Schulmathematik

Im Folgenden sollen Leitideen einer kognitionstheoretischen Auffassung der Schulmathematik erklärt werden. Der Fokus wird zunächst auf den angestrebten Aufbau mathematischen Wissens der Schüler und auf die daraus resultierende Aufgabe des Mathematikunterrichts gelegt.

3.2.1 Mathematik als Werkzeug zur präzisen Darstellung intuitiven Wissens

Zur Frage danach, was unter einer kognitionstheoretischen Auffassung der Schulmathematik, deren Leitideen hier beschrieben werden sollen, im Kern zu verstehen ist, äußert sich Cohors-Fresenborg (2001, S. 5) wie folgt:

> „Eine kognitionstheoretische Ausrichtung des Mathematikunterrichts bedeutet, dass die kognitiven Mechanismen bei der Konstruktion mathematischen Wissens in den Köpfen der Schüler und der Prozess der Wissensorganisation und der Wissensverwendung im Zentrum der Aufmerksamkeit stehen."

Richtet sich der Fokus nun also auf die Konstruktion, Organisation und Verwendung mathematischen Wissens, so stellt sich die Frage, welche Werkzeuge den Lernenden hierzu sinnvoller Weise an die Hand gegebenen werden sollen.

Vor dem Hintergrund der Tatsache, dass Wissen derzeit häufig fragmentiert aufgenommen wird, scheint es wichtig, dass durch die geforderten Werkzeuge Vernetzungen der Wissenselemente hergestellt werden. Cohors-Fresenborg hält dies durch den Aufbau semantischer Netzwerke für möglich. Mathematische Begriffe, wie beispielsweise Funktion, Variable und Funktionswert, müssen dazu von den Lernenden mit Bedeutung versehen, untereinander vernetzt und sicher anwendbar werden. Letzteres ist in dem Sinne zu verstehen, dass der Begriff mit seiner Verbindung zu anderen Begriffen als Werkzeug zur Verfügung steht, um intuitives Wissen, beispielsweise über funktionale Zusammenhänge in einem mathematischen Text, präzise darzustellen.

In diesem Sinne wird versucht, den Lernenden das mathematische Wissen, verstanden als ein großes Netz einzelner semantischen Netzwerke, vorzustellen. Dabei übernimmt die Mathematik die Rolle eines Werkzeugs zur präzisen Darstellung intuitiven Wissens.

Mit dieser Auffassung der Schulmathematik wird in den weiteren Abschnitten Bezug auf die Fragen aus der Einleitung 3.1 zu diesem Kapitel genommen.

3.2.2 Das kognitive mathematische Betriebssystem

Im vorstehenden Abschnitt wurde eine Sichtweise auf die Mathematik als Werkzeug zur präzisen Darstellung intuitiven Wissens vorgestellt. Der Ausbau mathematischer Begriffe zu sogenannten semantischen Netzwerken spielt dabei eine zentrale Rolle. Was hierunter genau zu verstehen ist, wird im Folgenden weiter ausgeführt.

Um semantische Netzwerke näher zu beschreiben, bieten sich die Begriffe „frame" und „prozedure" an. Den Begriff „Frame" (Konzept, engl. frame) hat Minsky (1975) geprägt. Er versteht darunter ein Konstrukt zur Wissensrepräsentation. Man kann es sich als vernetzte Wissenselemente über Objekte, Situationen und Ereignisse vorstellen.

> „Here is the essence of the theory: When one encounters a new situation (or makes a substantial change in one's view of the present problem) one selects from memory a structure called a Frame. This is a remembered framework to be adapted to fit reality by changing details as necessary." (Minsky, 1975; zitiert nach Minsky, 1974[1])

Frames erfüllen demnach eine doppelte Funktion: Einerseits dienen sie als ein analytisches Instrument zur Interpretation einer gegebenen Situation. Andererseits kommt ihnen auch der Status kognitiver Konzepte zu, die als ein Format zur Wissensrepräsentation und -organisation wirksam werden.

Mit dem Begriff „Prozedur" wird ein kognitiver Mechanismus beschrieben, der zum Erreichen eines bestimmten kognitiven Ziels aufgerufen und ausgeführt wird: „A procedure is a definite sequence of steps, aimed at achieving some quite specific result" (Davis und McKnight, 1979, S. 95). Eine Prozedur kann durch einen Frame aufgerufen werden und auf unter- bzw. übergeordnete Prozeduren zugreifen.

Die Beschreibung mathematischen Wissens mit den Begriffen Frame und Prozedur ist das Verdienst von Davis und McKnight (1979).

Cohors-Fresenborg und Kaune (1993, S. 5) haben bestimmte Frames und Prozeduren identifiziert, die ihrer Meinung nach grundlegend für die Mathematik sind. Es handelt sich um den Funktionen- und um den Vertragswerkeframe. Beide sollen den Frame „formale Repräsentation intuitiven Wissens" benutzen.

Funktionenframe

Schon seit den Meraner Beschlüssen 1905 sollen der Funktionsbegriff und die mit der Benutzung von Funktionen verbundenen Denkweisen grundlegend für den Mathematikunterricht sein. In den Meraner Beschlüssen hat Felix Klein den Funktionsbegriff als Kern des Mathematikunterrichts hervorgehoben und „die Erziehung zur Gewohnheit des funktionalen Denkens[2]" als eine „Sonderaufgabe" des Mathematikunterrichts formuliert: „Die funktionale Betrachtungsweise soll von jedem Schüler als ein außerordentlich fruchtbares Denkprinzip verinnerlicht werden" (Inhetveen, 1976, S. 170). Diese Sonderaufgabe

[1]Bei Minsky (1974) handelt es sich um einen Online-Aufsatz mit nicht durchnummerierten Seiten. Das angeführte Zitat bleibt daher ohne die Seitennummerangabe.

[2]Die in den Meraner Beschlüssen beschriebene Auffassung des funktionalen Denkens ist von dem durch Schwank (1996) erforschten funktionalen Denken zu unterscheiden. Schwanks Theorie differenziert zwischen prädikativem und funktionalen Denken, welche durch Unterschiede in den kognitiven Strukturen bestimmt sind (mehr dazu im Abschnitt 3.2.3, S. 49).

besteht also darin, bei den Schülern die Fähigkeiten zum Entdecken und Beschreiben funktionaler Zusammenhänge zu entwickeln.

Im Sinne der Meraner Reform zeigt sich funktionales Denken u. a. darin, sich mit dem Einfluss veränderlicher Größen abfinden und funktionale Abhängigkeiten entdecken sowie beschreiben zu können (Inhetveen, 1976, S. 171). Für das funktionale Denken ist die Fähigkeit wesentlich, die umgebende Erscheinungswelt mathematisch zu betrachten, indem Sachverhalte und Umweltsituationen mit Hilfe von Funktionen formalisiert werden. Aus den so erhaltenen formalen Darstellungen können durch den Einsatz von mathematischen Lehrsätzen „problemklärende und -lösende Folgerungen“ gezogen werden (ebd., S. 156).

Diese Idee des funktionalen Denkens wird mit dem von Cohors-Fresenborg geforderten Aufbau des Funktionenframes aufgegriffen. Beim Ausbau des Funktionsbegriffs zu einem Frame sind zwei Aspekte zu beachten – sowohl der semantische als auch der formale. In der semantischen Dimension wird den Schülern der Funktionsbegriff als ein begriffliches Ausdrucksmittel bereitgestellt, mit dem sie komplexe funktionale Zusammenhänge (und damit auch die Komplexität einer Situation) versprachlichen können. Die formale Dimension gestattet es den Schülern, ihre Ideen formal zu repräsentieren und im Prozess der Analyse der formalen Repräsentation weitere Ansatzpunkte für noch zu klärende semantische Fragen zu gewinnen. Metaphorisch gesprochen soll das Werkzeug „Funktion“ wie eine geistige Schnittstelle zwischen intuitiv wahrgenommener und verstandener Welt und abstrakter, anwendungsorientierter Mathematik sein (Kaune, 1995).

Wenn der Funktionsbegriff als ein Werkzeug zur Darstellung auch komplexer funktionaler Zusammenhänge benutzt werden sollte, dann muss der Funktionsbegriff mehrerer Veränderlichen ins Zentrum des Funktionenframes gestellt werden. Die Eingrenzung, die mit der Einführung nur einstelliger Funktionen entsteht, ist z. B. bei der Behandlung geometrischer Begriffe zu sehen: Der Umfang eines Rechtecks oder der Flächeninhalt eines Dreiecks drücken funktionale Zusammenhänge aus, die mit einer Funktion einer Veränderlichen nicht dargestellt werden können. Bei der herkömmlichen Vorgehensweise im Mathematikunterricht versucht man solche Zusammenhänge mit Hilfe sogenannter Formeln auszudrücken. Dadurch wird den Lernenden der Funktionsbegriff als ein Ausdrucksmittel zum Beschreiben komplexer Zusammenhänge vorenthalten.

Durch eine frühzeitige Einführung des Funktionsbegriffs mehrerer Veränderlicher bekommt das Verständnis sogenannter Formeln also eine neue Qualität:

> „Das einfachste Naturgesetz, und wäre es nur die Formel $s = c \cdot t$, verlangt zu seinem Verständnis den F u n k t i o n s b e g r i f f, den die Math. (!) liefern muß.[3]“ (Simon, 1908, S. 439; zitiert aus Inhetveen 1976, S. 196)

In Kaune (2001a) werden die Begriffe Funktionenframe und Prozedur am Beispiel einer Schülerlösung verdeutlicht.

[3]Hervorhebungen vom Autor

Vertragswerkeframe

Mit dem Vertragswerkeframe soll in den Köpfen der Schüler eine Modellvorstellung der axiomatischen Auffassung der Mathematik aufgebaut und eine Grundlage für die wichtigsten Phänomene mathematischer Begriffsbildung, für die Freude an Theorie und die Fähigkeit ihrer Benutzung geschaffen werden. Eine Vertragsklausel ist dabei als Axiom aufzufassen. Die axiomatische Methode ist ein Mittel, das durch eine gewisse Darstellung von (mathematischen) Wissen aus einem Bereich die Überschaubarkeit dieses Gebiets fördert und das Wissen in ihm global ordnet. Durch die Bereitstellung geeigneter Unterrichtskonzepte, in welchen Verträge als Metaphern für Axiomensysteme genutzt werden (Cohors-Fresenborg et al., 1998; Cohors-Fresenborg et al., 2003), ist es möglich, das axiomatische Denken bei den Schülern zu fördern und eine auf lange Zeit tragfähige Rahmenvorstellung der axiomatischen Methode bei ihnen aufzubauen.

Um die grundlegende Bedeutung der beiden Frames zu verdeutlichen, nutzen Cohors-Fresenborg und Kaune die Metapher des „kognitiven mathematischen Betriebssystems". So wie das Betriebssystem eines Computers vor der Arbeit hochgefahren wird, so soll auch das kognitive mathematische Betriebssystem mit dessen zentralen Bestandteilen, dem Funktionen- und dem Vertragswerkeframe, im Mathematikunterricht „hochgefahren" werden. Dessen kognitive mathematische Werkzeuge und die mit ihrer Verwendung verbundenen geistigen Tätigkeiten sollen bei jeder mathematischen Aktivität zur Verfügung stehen (Cohors-Fresenborg, 1996, 2001; Kaune, 1995). Die wichtigste dieser geistigen Tätigkeiten ist die Formalisierung. Nach Cohors-Fresenborg ist sie als Kern des kognitiven mathematischen Betriebssystems aufzufassen.

Der Idee des Aufbaus eines kognitiven mathematischen Betriebssystems bei den Lernenden hat schon Eingang in die Konzeption eines entsprechenden Curriculums für das Gymnasium (Cohors-Fresenborg, 2001) und in Ansätzen auch für die Realschule (Schwank, 1987) gefunden.

3.2.3 Unterschiede in den kognitiven Strukturen der Schüler

Im Zuge der Forderung nach besonderer Aufmerksamkeit für Konstruktion, Organisation und Verwendung von Wissen verdienen Unterschiede in kognitiven Strukturen der Lernenden besondere Beachtung. Die Grundlagenforschung (Schwank, 1996, 2003) hat zur Erklärung dieser Unterschiede einen wesentlichen Beitrag geleistet.

Schwank unterscheidet zwischen einer prädikativen und einer funktionalen Wissensstruktur und damit auch zwischen einer prädikativen und einer funktionalen Denkweise. Diese Unterscheidung erklärt sie durch eine Analogie zu einer Situation der mathematischen Logik und Grundlagenforschung. Bei der Konstruktion einer formalen Sprache stehen dem Konstrukteur zwei Möglichkeiten zur Auswahl: Man kann sich entscheiden, ob man Eigenschaften und Beziehungen (Prädikate) sowie Operationen und Handlungen (Funktionen) unmittelbar zur Verfügung haben will, oder ob man sich für eine der

Möglichkeiten entscheidet und die jeweils anderen Begriffe durch Nominaldefinitionen einführt. Den Unterschied in den kognitiven Strukturen kann man sich dann so vorstellen: Bei einer prädikativen kognitiven Struktur sind die Beziehungen (Prädikate) die zentralen unzerlegbaren Bausteine, aus denen die Struktur aufgebaut ist. Soll etwas über eine Handlung (Funktion) ausgedrückt werden, so wird die Idee der Handlung beschrieben durch die Beziehung der beiden Zustände vor der Handlung und nach der Handlung. Bei einer funktionalen kognitiven Struktur ist es umgekehrt: Dort ist die Möglichkeit über Wirkungsmechanismen (Funktionen) zu verfügen unmittelbar vorhanden, Aussagen über Beziehungen (Prädikate) ergeben sich als abgeleitete Aussagen über die Prozesse, welche die Beziehungen herstellen (vgl. Schwank, 1993, S. 15).

Prädikatives Denken zeichnet sich demnach für die Empfänglichkeit des Gehirns für invariante Eigenschaften (oder für Ähnlichkeiten/Verwandtschaften) aus. Das Invariante funktioniert als ein Ordnungskriterium und wird genutzt, um Elemente in einen strukturellen Zusammenhang zu bringen. Bei einer Präferenz für eine prädikative kognitive Struktur wird also das Augenmerk auf die statische Beziehungshaftigkeit und auf die Strukturierung gerichtet. Prädikativ denkende Personen sind sensibel dafür, diese Beziehungen sehr präzise zu beschreiben.

Funktionales Denken zeichnet sich hingegen durch die Empfänglichkeit des Gehirns für Unterschiedlichkeiten aus, die genutzt werden, um die betrachteten Elemente in einen funktionalen Zusammenhang zu bringen. Die Unterschiedlichkeiten funktionieren als ein Herstellungskriterium – sie werden dadurch erklärt, dass geeignete Veränderungsprozesse angesetzt werden. Bei einer Vorliebe für die funktionale Denkweise steht das Denken in Wirkungsweisen und nicht in Relationen im Vordergrund. Das Interesse für präzise Beschreibungen von Beziehungen ist daher weniger ausgeprägt als bei prädikativ denkenden Personen.

Aus Schwanks Theorie über Unterschiede in den kognitiven Strukturen resultieren Implikationen für die Gestaltung von Unterricht. Diese Unterschiede wurden bei der Konzeption von Inhalten für das durchgeführte Projekt berücksichtigt:

Bei der Einführung neuer Begriffe ist darauf zu achten, dass sie bei den Lernenden verschiedene Vorstellungen aufrufen können. In einer Lernumgebung, die eine Grundlage für den Aufbau des Verständnisses eines mathematischen Begriffs bilden sollte, müssen folgende Aspekte einander ergänzen: die Idee des mathematischen Begriffs, seine Darbietung in Form von äußeren Repräsentationen und die dadurch aufgerufenen inneren Vorstellungen. Um die individuellen Unterschiede in den Denkweisen zu berücksichtigen, also den Präferenzen in der kognitiven Struktur der Lernenden gerecht zu werden, müssen solche Lernumgebungen verschiedene Repräsentationen des Begriffs bereitstellen sowie die individuellen Vorlieben ins Bewusstsein heben und daraufhin den Wechsel von Repräsentationen thematisieren. Die Lernenden sollen die Möglichkeit haben, ein Problem, an dem sie zunächst scheitern, durch die Übersetzung in eine andere Repräsentation zu lösen (Sjuts, 1999, S. 62).

Solche Lernumgebungen sollen zu einer dem Lernenden vertrauten Orientierungsgrundlage werden. Sie schaffen einen Rahmen für den Aufbau von Vorstellungen mit Hilfe von Modellen und für das Denken in Modellen, welches mit dem Benutzen von Analogien vertraut ist. Solche Lernumgebungen werden Mikrowelten oder Modellwelten genannt. „Der Mikrowelt kommt insofern eine Schlüsselrolle zu, als über sie der Lehr- und Lernprozess läuft" (Schwank, 1995, S. 119). Ihre Rolle in dem Lehr- und Lernprozess kann man sich so vorstellen, dass sie eine kognitive Schnittstelle zwischen äußeren Repräsentationen und den evozierten inneren Vorstellungen ist – ein mentaler Bezugsrahmen, in dem die Schüler eine Begriffsbildung vornehmen und Erfahrungen für einen souveränen Umgang mit diesen Begriffen sammeln.

3.3 Präzisierung von Grundlagen der Unterrichtsreihe

Setzt man als ein Ziel des Realschulmathematikunterrichts fest, die Formalisierungsfähigkeiten der Schüler im Zusammenhang mit dem Funktionsbegriff zu fördern, dann sind zunächst zwei Aspekte dieses Ziels zu beachten: Ein tiefes Verständnis des Variablen- und des Funktionsbegriffs sowie eine von Angst befreite Haltung der Schüler gegenüber Formalisierungen.

Die Unterrichtsreihe „Von Anweisungen zu Funktionen" zielt darauf ab, durch eine stoffdidaktische Ausrichtung der Inhalte des Anfangsmathematikunterrichts an Funktionen, den Aufbau des Funktionenframes bei den Lernenden zu unterstützen. Die zentrale Rolle kommt dabei also dem Funktionsbegriff, dessen Bedeutung im Unterricht kostituiert wird.

Durch die Bereitstellung zahlreicher Aufgaben, die explizit formale Darstellungen mit Hilfe von Funktionen anfordern, soll der Umgang mit dem Werkzeug „Funktion" eingeübt und damit die zu dessen Verwendung erforderliche Formalisierungsfähigkeit der Lernenden gefördert werden. Hier ist jedoch zu beachten, dass dieses Ziel starke Orientierung an den Denk- und Verstehensprozessen der Schüler erfordert. Insbesondere kommt auch den unterrichtenden Lehrkräften die Rolle zu, den Nutzen von Formalisierung (im Sinne von Cohors-Fresenborg) für das mathematische Verständnis zu verdeutlichen und diese geistige Tätigkeit des Formalisierens mit den Lernenden einzuüben.

Die zwei nächsten Abschnitte thematisieren die Einführung des Funktionsbegriffs im Mathematikunterricht. Zunächst werden die dabei auftauchenden Probleme angesprochen (3.3.1). Anschließend wird die Idee der Fundierung des Funktionsbegriffs in der Unterrichtsreihe „Von Anweisungen zu Funktionen" erklärt (3.3.2).

3.3.1 Probleme bei der Einführung des Funktionsbegriffs

Die Einführung des Funktionsbegriffs erfordert einen den Lernenden vertrauten Sprachrahmen. Die meisten Schulbücher, u. a. das Schulbuch „Schnittpunkt 8. Mathematik für Realschulen. Niedersachsen" (Backmann et al., 1996), wählen hierfür den Weg über den Zuordnungsbegriff:

> „Werden zwei Größenbereiche in Beziehung gesetzt, entstehen Zuordnungen. Ihre zeichnerische Darstellung in einem Koordinatensystem nennt man den Graphen einer Zuordnung.“ (Backmann et al., 1996, S. 150)

> „Unter einer Funktion versteht man eine Zuordnung, bei der zu jeder Größe aus einem ersten Bereich genau eine Größe aus einem zweiten Bereich gehört. Die zugeordneten Größen aus dem zweiten Bereich nennt man Funktionswerte.“ (Backmann et al., 1996, S. 152)

Hier ist das Problem zu sehen, dass bei dieser Vorgehensweise nur der statische Denkansatz berücksichtigt wird. Die Form des Denkens in Wirkungen (funktionale Denkstruktur) wird vernachlässigt. Zudem können die zur Handhabung des Funktionsbegriffs wichtigen Begriffe und technischen Aspekte – wie z. B. der Umgang mit Variablen und die Stellenzahl von Funktionen – bei dieser definitorischen Einführung des Funktionsbegriffs nur schwer in ihrer Nützlichkeit nahe gebracht werden. Die Begriffsexplikation und Anwendungssituationen bei der Handhabung des Formalismus von Funktionen sind zu weit getrennt.

3.3.2 Fundierung des Funktionsbegriffs auf einer handlungsorientierten Grundlage

Im diesem Abschnitt soll die didaktische Idee erläutert werden, die in dem durchgeführten Projekt der Konstruktion einer Lernumgebung für den Aufbau des Variablen- und Funktionsverständnisses zu Grunde liegt. In diese Überlegungen sind die in dem vorstehenden Abschnitt 3.2 erwähnten Folgerungen aus der kognitionstheoretischen Auffassung der Schulmathematik und aus Schwanks Theorie über die Unterschiede in den kognitiven Strukturen der Lernenden eingeflossen.

Um den beiden durch Schwank beschriebenen kognitiven Denkstrukturen gerecht zu werden, wird eine definitorische und stark an dem Zuordnungsbegriff orientierte Einführung des Funktionsbegriffs nicht gewählt. Stattdessen wird versucht, eine Evidenzbasis für den Funktionsbegriff zu schaffen, und dessen Bedeutungsumfang bei den Lernenden zu sichern. Das heißt also, dass der Begriffsumfang sozial vereinbart wird und dass in einer gegebenen Lehr-Lern-Situation keine expliziten Definitionen für Funktionen zur Verfügung stehen. In dem Sinne handelt es sich also um einen Grundbegriff einer zu unterrichtenden Theorie. Dieses didaktische Vorgehen kann mit Bezug auf die axiomatische Fundierung der Mathematik verdeutlicht werden:

In einer axiomatisch aufgebauten mathematischen Theorie sind Grundbegriffe solche Begriffe, deren Bedeutung im Rahmen dieser Theorie nicht weiter erklärt wird. In dem Axiomensystem wird nur die Verwendung dieser Grundbegriffe geregelt.

In einer nicht streng axiomatisch aufgebauten mathematischen Theorie stößt man beim Zurückverfolgen der Definitionen auf Begriffe, deren Bedeutung nicht präzise definiert ist, sondern bei denen die allgemeine Einsicht (Evidenz) vorausgesetzt wird, wie z. B. der Zahlbegriff oder der Mengenbegriff.

In der Unterrichtsreihe „Von Anweisungen zu Funktionen“ ist der Funktionsbegriff ein unerklärter Begriff. Den Lernenden wird eine Lernumgebung bereitgestellt, in der sie die Verwendung des Wortes und die Handhabung des Werkzeugs „Funktion“ einüben können. Auf diese Weise wird eine Evidenz für den damit aufgerufenen Funktionsbegriff geschaffen.

Eine weitere Konsequenz, die in die Unterrichtsreihe „Von Anweisungen zu Funktionen“ eingeflossen ist, zeigt sich darin, dass der Funktionsbegriff nicht nur als prädikativ verstandene Relation zwischen Input und Output angesehen wird, sondern auch als ein Grundbegriff der Formalisierung der Ideen von Handlungen und Prozessen. Geht man von dieser Position aus, dann besteht die Aufgabe der mathematisch-sprachlichen Darstellung eines funktionalen Zusammenhangs darin, eine bereits vorhandene Idee einer Wirkungsanalyse oder eines Handlungszusammenhangs präzise sprachlich zu repräsentieren. Die Aufgabe der Unterrichtsreihe „Von Anweisungen zu Funktionen“ ist es demnach, den Lernenden Lernumgebungen (Modellwelten) mit geeigneten Darstellungen für funktionale Zusammenhänge bereitzustellen.

Eine Besonderheit der Unterrichtsreihe „Von Anweisungen zu Funktionen“ ist, dass sie den Aufbau eines Sprachsystems (der Funktionensprache) zum Formulieren, Darstellen und Erklären funktionaler Zusammmenhänge ermöglicht. Eine wichtige Hilfe für das Verständnis des Funktionsbegriffs ist die Beherrschung des mathematischen Werkzeugs „Funktion“ aber auch der zu seiner Handhabung notwendigen Hilfsbegriffe (z. B. Variable, Argument, Funktionswert), die mit ihm zusammen ein Sprachsystem (Funktionensprache) darstellen. Die Lernumgebungen der Unterrichtsreihe „Von Anweisungen zu Funktionen“ unterstützen die Lernenden dabei, diese Begriffe mit Inhalt zu füllen und geeignete Vorstellungen für sie aufzubauen. Auf diese Weise wird der Aufbau der Funktionensprache bei den Schülern gefördert. Darauf wird im Abschnitt 3.4.1 genauer eingegangen.

Die Einführung des Funktionsbegriffs als Grundbegriff der Formalisierung der Ideen von Handlungen und Prozessen führt zur Idee des Algorithmisierens. Algorithmisierung lässt sich nämlich auffassen als mathematisch adäquate Form der Präzisierung des Begriffs „Organisieren von Handlungssequenzen“.

Genauso wie bei der Beschreibung des Handlungsbegriffs eine prädikative und eine funktionale Sichtweise möglich sind, können die Schüler bei der Beschäftigung mit Algorithmen – entsprechend ihrer kognitiven Vorlieben – mehr die Ergebnisse oder mehr die Prozesse ihres Zustandekommens in den Vordergrund stellen und die Idee der funktionalen Abhängigkeit darstellen. So wird eine Ausbalancierung beider kognitiven Strukturen realisiert.

Bevor ein Algorithmus geschrieben wird, müssen im Denken des Schülers Handlungen organisiert und präzisiert werden. Das Ergebnis mathematischen Denkens ist bei dieser Vorgehensweise eine Handlungsvorstellung, d. h. dass sich im Denken Vorstellungen über die benutzten Tätigkeiten herausbilden und zur Grundlage handlungsorientierter Begriffsbildung werden.

Im Folgenden soll noch genauer beschrieben werden, was im Rahmen der vorliegenden Arbeit unter der Redeweise „Fundierung des Funktionsbegriffs auf einer handlungsorientierten Grundlage“ zu verstehen ist, und wie bei dieser Fundierung eine Schnittstelle zwischen der mathematischen Idee des Funktionsbegriffs, äußeren Repräsentationen und den durch sie hervorgerufenen inneren Vorstellungen geschaffen wird.

Diese Redeweise geht von der Idee des Funktionsbegriffs als Grundbegriff der Formalisierung der Ideen von Handlungen und Prozessen aus. Sie ist damit zu unterscheiden von der Redeweise zur Bezeichnung einer Unterrichtsmethode, die auf Schüleraktivitäten basiert, sodass Lernende nach außen sichtbar aktiv am Unterrichtsgeschehen beteiligt sind. Schmidt (2009) stellt diese sogenannte „Handlungsorientierung“ im Sinne einer Unterrichtsmethode dem Frontalmathematikunterricht gegenüber. In seiner Examensarbeit zum Thema „Handlungsorientierte Zugänge zum Funktionsbegriff und Möglichkeiten zur Förderung des funktionalen Denkens“ thematisiert er Handlungsorientierung als „Konzept zur Umsetzung eines größeren Realitätsbezuges der Fachinhalte in den Unterricht“ (ebd., S. 5) und als eine handelnde Auseinandersetzung mit (mathematischen) Problemen, die zur Darstellungen von Funktionen führt. Der Fokus wird dabei nicht auf die aufzubauenden Schülervorstellungen gelegt.

Die Handlungsorientierung bei der Fundierung des Funktionsbegriffs – so wie sie in der vorliegenden Arbeit verstanden wird – geht hingegen von folgender Sichtweise aus: Der Funktionsbegriff soll sich als das Ergebnis eines Prozesses darstellen, in dem intuitive Vorstellungen von der Idee eines funktionalen Zusammenhangs präzisiert und mathematisiert werden.

Solche Prozesse sind an Handlungen gebunden. Diese können gegenständlich und geistig sein. Geistige Handlungen entwickeln sich aus gegenständlichen durch Verinnerlichungen realer Tätigkeiten mit Gegenständen. Diese Verinnerlichung vollzieht sich etappenweise und kann dann erfolgreich sein, wenn eine Orientierungsgrundlage geschaffen wird und dabei jene Bedingungen berücksichtigt werden, an die sich der Mensch bewusst oder unbewusst bei der Handlung orientiert. Ist diese Verinnerlichung abgeschlossen, kann die geistige Handlung auch auf solche Situationen übertragen werden, in denen eine konkrete Handlung mit Gegenständen nur fiktiv aber nicht konkret ausgeführt werden kann. Das Ziel ist dabei, eine Evidenzerfahrung aufzubauen, die auch für Verallgemeinerungen der geistigen Handlungen auf prinzipiel nicht greifbare Objekte tragfähig ist.

Diese Überlegungen werden ausgehend von folgender Situation erläutert: Auf einem Markt muss man für zwei Apfelsinen einen Euro bezahlen. Wenn man sich überlegen will, wie viel zehn Apfelsinen kosten, sieht man vor seinem geistigen Auge einen Tauschvorgang: Jedes Mal, wenn man zwei Apfelsinen nimmt, legt man einen Euro hin. Wenn man diese Handlungsfolge verinnerlicht hat, wird man die dahinter liegende Idee auf folgende Situation anwenden: Drei Obststücke kosten zwei Euro. Man muss jetzt für jeweils drei Obststücke zwei Euro hinlegen. Wenn man dann die Aufgabe gestellt bekommt, dass man beim Pflastern einer Terrasse statt großer Pflasterplatten auch kleine nehmen kann, dann legt man sich eine Aufgabe so zurecht: Für eine große Platte kann man zwei kleine Platten nehmen. Wie viele kleine Platten braucht man? Will man nun für drei Platten eines gewissen Formates zwei Platten eines geeigneten anderen Formats nehmen, so werden in einem fiktiv durchgeführten Tauschvorgang für je drei Platten der einen Sorte immer zwei Platten der anderen Sorte hingelegt. Bei diesen Beispielen ist es möglich, die Tauschprozesse auf der Ebene der konkret-gegenständlichen Anschauung zu verdeutlichen.

Die verinnerlichte geistige Handlung kann auch auf solche Situationen übertragen werden, die sich auf dieser Ebene nicht darstellen lassen.

Wenn man gefragt wird, wieviel man für ein Grundstück bezahlen muss (wenn der Grundpreis pro Quadratmeter des Grundstücks bekannt ist), dann muss man sich vorstellen – ohne es ausführen zu können –, dass man immer für einen Quadratmeter des Grundstücks einen Betrag bezahlen muss. Die verinnerlichte geistige Handlung wird also auf nur fiktiv ausführbare Prozesse angepasst (vgl. dazu die Lösung von Hendrik, Abb. 3.2, S. 58).

Hier kann man sich vorstellen, man würde Grundstücke mit dem Flächeninhalt ein Quadratmeter wie Teile eines Maßstabpapiers einzeln kaufen: In die Hand nehmen kann man sie nicht, aber man kann sie systematisch markieren. Mit dieser Überlegung wird aus dem Prozess des in die Hand Nehmens ein Verfahren der systematischen Aufzählung. Die Zuordnung von Grundstücken bestimmten Flächeninhalts zu Preisen wird auf diese Weise algorithmisiert.

Ein Handlungsparadigma wird also immer weiter auszudifferenziert, um den Lernenden zu zeigen, dass immer neue Anwendungssituationen durch Variationen des ursprünglichen Handlungsparadigmas bewältigt werden können. Der Gedanke ist also, sich zunächst immer abstraktere Arten von Zuordnung vorzustellen, bis dahin, dass der Funktionsbegriff als Synonym für Zuordnung verstanden wird. Die Grenze dieses Verfahrens liegt erst dann vor, wenn die Art der Gegenstände auch prinzipiell gedanklich nicht mehr systematisch „angefasst“ werden kann. Also mathematisch gesprochen: wenn die zu Grunde liegende Menge nicht mehr abzählbar ist. Philosophisch stellt sich allerdings die Frage, was dann unter einem Zuordnungsbegriff verstanden wird, wenn prinzipiell kein Verfahren benutzbar ist, um zu erklären, was man mit Zuordnung meint. Die Überschreitung der Grenze des Abzählbaren wird also für den Preis der auf der Handlungserfahrung beruhenden Evidenz erkauft.

Wenn man sich den Prozess der Gegenüberstellung von realer Kaufsituation und Mathematisierung nochmal mit der gängigen Begrifflichkeit von Anwendung der Mathematik und mathematischer Modellierung vor Augen führt, dann muss auf Folgendes hingewiesen werden: Bei dem skizzierten Vorgehen handelt es sich nicht um die klassische Sicht der mathematischen Modellierung, denn die sogenannte Mathematik existiert gerade nicht, bevor die konkrete Preisberechnungs-Aufgabe analysiert wird. Die Gewinnung eines Preises durch das geschilderte Austauschverfahren ist für einen Schüler unmittelbar evident. Seine Evidenzerfahrung ist tragfähig für Verallgemeinerungen, so wie es bereits vorgeführt wurde. Grundlegende Vorstellungen der Lernenden werden bei dieser Vorgehensweise präzisiert und mit der mathematischen Idee des Algorithmus in einen Theorierahmen eingefädelt, in dem das praktizierte Vorgehen auch strukturell einer Reflexion unterzogen wird. Es muss herausgearbeitet werden, woraus die Handlungsstrukturen bestehen, wie sie zu komplexeren Strukturen ausgebaut werden können und wie sie präzise in einem Notationssystem dargestellt werden können.

In der Unterrichtsreihe „Von Anweisungen zu Funktionen" wird die skizierte Idee des Handlungsparadigmas in mehreren Schritten nachvollzogen: Zunächst lassen die Lernenden verschiedenartige Stäbchen in einer Registerkiste (3.4.1.1) durch einen Roboter nach einem selbst konstruierten Algorithmus austauschen. Daran wird die Struktur von Algorithmen erklärt. Im nächsten Schritt werden im Sinne der klassischen Modellierung einige Stäbchen durch Äpfel und andere durch Münzen ersetzt, sodass Äpfel gegen Geld getauscht werden, analog wie die einen Stäbchen gegen die anderen Stäbchen getauscht wurden. In diesem Sinne ist es dann die klassische Modellierung, weil in dieser Unterrichtsreihe zunächst mit der Modellwelt der Registerkiste gearbeitet wird, bevor ein Warentausch im Sinne des Tauschens einer Ware gegen eine andere Ware oder einer Ware gegen Geld besprochen wird. Anschließend wird auch das Tauschen einer Ware mit einem bestimmten Gewicht (z.B. 1,2 Kg Äpfel und nicht 3 Äpfel) oder mit einem bestimmten Volumen (2,5 L Benzin) gegen Geld thematisiert.

Aus der Fundierung des Funktionsbegriffs auf einer Handlungsbasis ergeben sich Implikationen für den Aufbau der Unterrichtsreihe und für die Aufbereitung von Inhalten und Aufgaben. Die Umsetzung dieser Unterrichtsreihe muss verstärkt die (zunächst gegenständlichen, dann verinnerlichten und geistigen) Handlungen der Lernenden, die am Zustandekommen der jeweiligen Ergebnisse und an der Konstruktion neuer Algorithmen beteiligt sind, zum Gegenstand des Nachdenkens machen. Auf Seite 73 wird exemplarisch eine Aufgabe gezeigt, die einen Anstoß zur Reflexion über solche Handlungen gibt.

Für den Unterricht ist auch die folgende Konsequenz zu beachten: Der Prozess des Tauschens von Ware gegen Geld muss Gegenstand einer Analyse werden. Es bietet sich an, diesen Handlungsprozess zu präzisieren und zu strukturieren, mathematisch gesprochen: aus einem Handlungsprozess einen Algorithmus zu abstrahieren. Hierfür braucht man zunächst eine Strukturanalyse einfacher Algorithmen. Im nächsten Schritt ist eine formale Repräsentation solcher Algorithmen zu erarbeiten, die möglichst gut die erarbeitete Handlungsstruktur wiedergibt. Mit starker Beteiligung metakognitiver Aktivitäten ist zu reflektieren, welche Kernstücke des Algorithmus welchen Kernstücken der bisher nur verbal beschriebenen Handlung entsprechen, um so die beiden unterschiedlichen Repräsentationsformen aufeinander zu beziehen. Mit dieser Idee wurde die Konzeption des Einstiegs der Unterrichtsreihe begonnen (vgl. Seite 59). Ein besonderer Akzent ist darauf zu setzen, dass der Unterschied zwischen der Handlungsorganisation mit nonverbaler Repräsentation und dem Bewusstmachen von Handlungsrepräsentation unter Zuhilfenahme einer sprachlichen Repräsentation thematisiert werden muss. Hierbei sollte die Problematik herausgearbeitet werden, inwiefern das Gesagte (das Geschriebene) das Gemeinte und das Intendierte ist. Diese Beziehung ist in zwei Richtungen zu thematisieren: Der erste Fall liegt dann vor, wenn eine Idee sprachlich repräsentiert werden soll. Der zweite Fall, die umgekehrte Richtung, liegt dann vor, wenn eine sprachliche (formal aufgeschriebene) Repräsentation gegeben ist: Beim Lesen dieser Repräsentation wird im Kopf des Lesers eine Vorstellung generiert und dann stellt er sich die Frage, ob diese Vorstellung wohl die ist, die der Schreiber des Textes (des Algorithmus) intendiert hat. Weil es eine klassische Schwierigkeit für Lernende ist, präzise unterschiedliche Arten sprachlicher Repräsentation miteinander zu vergleichen, wurde dies mit einer Einstiegsgeschichte sofort zum Thema des Unterrichtsgesprächs und des Lehr-Lern-Prozesses gemacht.

Beispiel für eine Handlungsvorstellung bei der Bearbeitung einer Modellierungsaufgabe

Das folgende Beispiel aus einer Klasse 7 des Gymnasiums soll einen Einblick in die Vorstellung über benutzte Tätigkeiten bei der Begriffsbildung geben. Es handelt sich um eine Hausaufgabe, bei der die Schüler zum ersten Mal ihr Wissen über die Konstruktion der im Unterricht bisher gehandhabten Computerprogramme und der zugehörigen Funktionsgleichungen, die durch die Programme berechnet werden, zur Modellbildung einsetzen müssen.

Im Aufgabenteil a der Aufgabe (Abb. 3.1) sollen die Schüler ein RM-Programm schreiben. Die RM-Sprache wird für eine Register-Maschine (RM) geschrieben. Die mathematische Idee der Registermaschine wird in 3.4.1 ausführlich dargestellt. Zum Verständnis der Schülerlösung wird an dieser Stelle nur die Bedeutung des Elementarbefehls A_1 benötigt: Addiere eins in Speicher 1.

Aufgabe 1.16

Eine Gemeinde hat viele Grundstücke "auf Erbpacht" vergeben. Der Pachtpreis beträgt im Jahr 2 DM pro Quadratmeter. Ein Gemeindeangestellter ist damit beschäftigt, die Rechnung für die Pacht auszustellen.

a) Schreibe ein RM-Programm, das bei Eingabe der Grundstücksgröße die entsprechende Pacht berechnet.

b) Gib die zugehörige Funktionsgleichung an.

c) Berechne die Pacht für die Grundstücke aus folgendem Bebauungsplan.

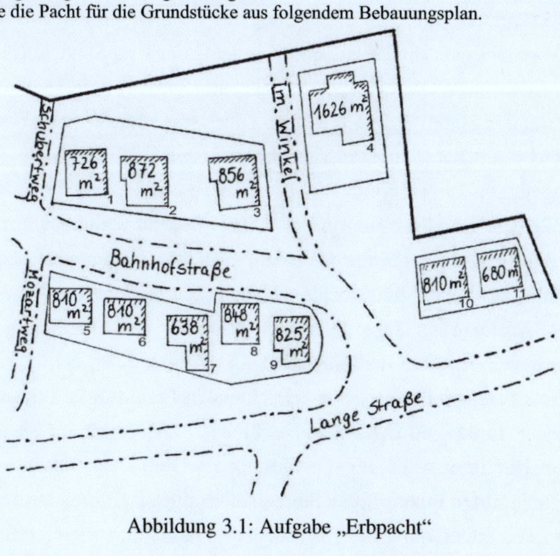

Abbildung 3.1: Aufgabe „Erbpacht“

Der Schüler Hendrik (Abb. 3.2) schreibt zum ersten Aufgabenteil kein Computerprogramm, sondern begründet die Vorgehensweise, die der Konstruktion eines Computerprogramms zu Grunde liegt:

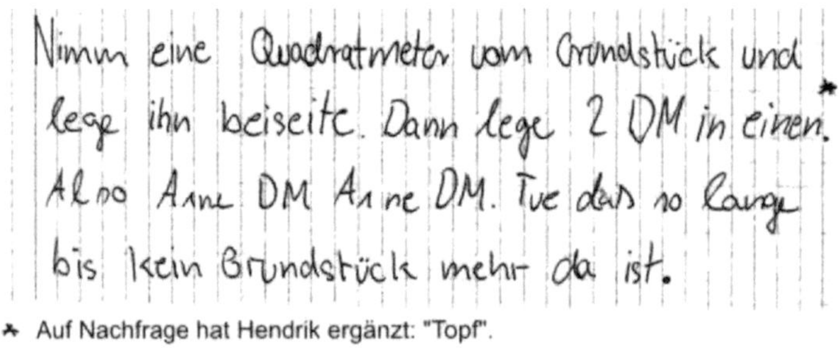

Abbildung 3.2: Aufgabe „Erbpacht“ – Lösung von Hendrik

Die Lösung gibt einen Einblick in die Vorstellungen des Schülers zu der gestellten Aufgabe. Die Aufforderung zum Schreiben eines Programms zum Berechnen der Preise ruft bei Hendrik die Vorstellung einer Handlung auf. Im Denken werden Handlungen durchgeführt und ineinander gesteckt: Grundstücke mit dem Flächeninhalt eines Quadratmeters werden von dem ganzen gepachteten Grundbesitz genommen und beiseite gelegt. Für je ein solches Grundstück werden insgesamt 2 DM (1 DM und 1 DM in Einzelschritten) in einen Topf gelegt. Wie werden die Handlungen organisiert und ineinander gesteckt? Zunächst hängt Hendrik folgende Handlungen aneinander: „Nimm eine Quadratmeter vom Grundstück und lege ihn beiseite. Dann lege 2 DM in einen Topf.“ Im nächsten Schritt erläutert er die zweite Handlung durch Einzelschritte. Bei der Versprachlichung seiner Vorstellungen bindet Hendrik Elemente der RM-Sprache (A_1) in die Umgangssprache („A_1ne“) ein. Das erweckt den Eindruck, dass er sein Denken beim Lösen dieser Aufgabe mit den Handlungsvorstellungen unterstützt, die er beim Umgang mit der RM-Sprache konstruiert hat. Seine Erläuterung zeigt die Sensibilität für die Komplexität der Handlungen. Das Legen von 2 DM in einen Topf präzisiert der Schüler dadurch, dass er es in einfachere Handlungen „zerlegt“. Abschließend verbindet er die zwei Arten von Handlungen mit Hilfe einer Kontrollstruktur: „Tue das so lange bis kein Grundstück mehr da ist.“ Dadurch wird die funktionale Abhängigkeit der Handlungen zum Ausdruck gebracht. Die Reihenfolge der Sätze in Hendriks Antwort lässt vermuten, dass er seine Denkschritte nacheinander plant und präzisiert.

Was zeigt dieses Beispiel? Von der unterrichtenden Lehrkraft ist bekannt, dass Hendrik ein schwacher, funktional denkender Schüler ist. Die gezeigte Sensibilität für die Komplexität von Handlungen ist für die funktionale Denkweise charakteristisch. Den Kern dieser Lösung bilden innere Vorstellungen eines durchzuführenden Prozesses. Diese Vorstellungen sind ein erwünschtes Ergebnis eines handlungsorientierten Ansatzes bei der Begriffsbildung. Bei diesem Beispiel soll noch betont werden, dass bei einem handlungsorientierten Ansatz die Struktur des Denkens in den Vordergrund gestellt wird. Es wird die Möglichkeit gegeben, dass sich im Denken Vorstellungen über die benutzten Tätigkeiten herausbilden und diese zur Grundlage handlungsorientierter Begriffsbildung werden.

Zum Abschluss soll noch angemerkt werden, dass ein Schüler wie Hendrik mit dieser Sichtweise viele andere Aufgaben, die proportionale Funktionen zur Modellierung verlangen, erfolgreich bearbeiten kann.

3.4 Aufbau der Unterrichtsreihe „Von Anweisungen zu Funktionen“

Die in den vorstehenden Abschnitten präzisierte Idee der Unterrichtsreihe „Von Anweisungen zu Funktionen“ soll in Inhalte und Methoden umgesetzt werden. Diese werden im Folgenden dargestellt.

Zunächst werden drei Repräsentationen von Algorithmen (Befehlsketten für einen Roboter, Rechenmaschinen, RM-Programme) (3.4.1) und damit auch drei Lernumgebungen (Modellwelten) dargestellt, die jeweils eine Grundlage für den Aufbau von Modellvorstellungen über Funktionen mehrerer Variablen schaffen. Für jede Modellwelt wird erklärt, welche Modellvorstellungen die Schüler von den Begriffen „Variable“, „funktionale Abhängigkeit“ und „Funktion“ ausbilden sollen. Im Abschnitt 3.4.2 wird erläutert, was durch die Analyse der Wechselwirkungen zwischen diesen Repräsentationsformen und den dadurch aufgerufenen mentalen Vorstellungen im Denken der Lernenden erreicht werden sollte. Der Abschnitt 3.4.3 zeigt die Einführung der Tupelschreibweise als Kernstück der Funktionensprache. Funktionen werden eingeleitet als spezielle Notationsformen zur Beschreibung der Wirkung von RM-Programmen auf die Eingabewerte (3.4.4). Im Abschnitt 3.4.5 wird exemplarisch gezeigt, welche Fertigkeiten aus dem syntaktischen und aus dem semantischen Bereich der Handhabung von Funktionen die Lernenden beim Lösen von Modellierungsaufgaben einzusetzen haben.

3.4.1 Drei Repräsentationsformen des Algorithmusbegriffs

Als mathematische Idee für den Algorithmusbegriff wird in der Unterrichtsreihe „Von Anweisungen zu Funktionen“ das Konzept der Registermaschine (Rödding, 1972) benutzt. Eine Registermaschine (RM) hat endlich viele Speicher, Register genannt. Inhalte der Speicher sind (beliebig große) natürliche Zahlen. Es gibt zwei Sorten von Elementarbefehlen für die RM: Vorwärts- und Rückwärtszählen in einem Register i (A_i und S_i). Programme für die RM werden konstruiert aus den Elementarbefehlen durch Hintereinanderhängen oder durch Iteration.

Die Unterrichtsreihe beginnt mit einer Bildergeschichte, die in einer Modellvorstellung die Schwierigkeiten thematisiert, welche mit der sprachlich formalen Repräsentationen von Handlungswissen verbunden sind. Sie veranlässt zu metakognitiven Gedanken über die Bedeutungsvermittlung mittels Sprache. Ein Ziel dieser Aufgabe ist es, dass sich Schüler in einer Modellwelt zurechtlegen können, vor welcher Schwierigkeit sie stehen, wenn sie intuitives Wissen präzise darstellen und formal repräsentieren wollen.

Aufgabe

Abbildung 3.3: Koch und Lehrling

a) Schreibe eine kleine Geschichte zu den Bildern.
b) Wer hat das Missverständnis verursacht?
c) Schildere oder zeichne eine ähnliche Situation.

(Cohors-Fresenborg und Kaune, 2008, S. 5)

Diese Bildergeschichte führt den Schülern vor Augen, was passiert, wenn sie jemandem einen Auftrag geben und dieser Auftrag die Leistungsfähigkeit des Auftragsnehmers nicht berücksichtigt.

Einige der Realschüler, die an dem durchgeführten Projekt teilgenommen haben, haben diese Bildergeschichte unter der Problematik des Gesagten und des Gemeinten betrachtet und diese mit ihren eigenen Worten zum Ausdruck gebracht. Das zeigt die Antwort von Peter zu den zwei ersten Aufgabenteilen:

> Kommt Hans zu Thomas und fragt: „Wie soll ich eine Spiegelei machen?" Thomas antwortet: „Nimm die Eier und schlag sie in die Pfanne!" Bernie hatte es ernst genommen und hat die Eier in die Pfanne geworfen. Der Koch ist schuld, weil er nicht verständlich erklärt hat.

Beachtenswert in der Geschichte von Peter ist die Anmerkung, dass Hans (der Lehrling) die Erklärung des Kochs Thomas ernst genommen hat.Peter drück aus, dass für Hans das Gesagte dem Gemeinten entspricht. Der Schüler merkt, dass der Koch das Mißverständnis verursacht hat. Er merkt, dass der Koch nicht verständlich erklärt hat, was der Lehrling machen soll. Mit dieser Erkenntnis egibt sich für diesen Schüler eine Unterstützung für seine Akzeptanz für die Genauigkeit bei mathematischen Darstellungen.

3.4.1.1 Befehlsketten für den Roboter

In der Modellwelt „Registerkiste“ werden Algorithmen für einen Roboter, genannt Robbi, geschrieben. Robbi arbeitet an der Registerkiste mit vier farbigen Fächern. Die Elementaroperationen Rückwärts- und Vorwärtszählen mit natürlichen Zahlen lassen sich in dieser Modellwelt in besonders anschaulicher Weise realisieren, wenn man die natürlichen Zahlen durch ein Haufen von Stäbchen repräsentiert, die in Fächern der Registerkiste gespeichert werden. Dann bestehen die Elementaroperationen aus dem Wegnehmen eines Stäbchens aus einem Fach bzw. aus dem Hinzufügen eines Stäbchens in ein Fach.

Der Roboter kann also ein Stäbchen aus einem Fach der Registerkiste herausnehmen sowie ein Stäbchen in ein Fach der Registerkiste hineinlegen. Er kann auch mehrere Elementarbefehle hintereinander, sogenannte Befehlskette, ausführen sowie Befehlsketten wiederholen bis ein Fach der Registerkiste leer ist. Die Elementarbefehle für den Roboter haben folgende Form: „Nimm ein Stäbchen aus Register 1.“, „Lege ein Stäbchen in Register 1.“ Die Iteration wird durch den Befehl

„Solange Register 1 nicht leer ist, wiederhole folgende Befehlskette:

Ende der Wiederholung.“

realisiert. Analog werden die Befehle für Register 2, für Register 3 und für Register 4 formuliert.

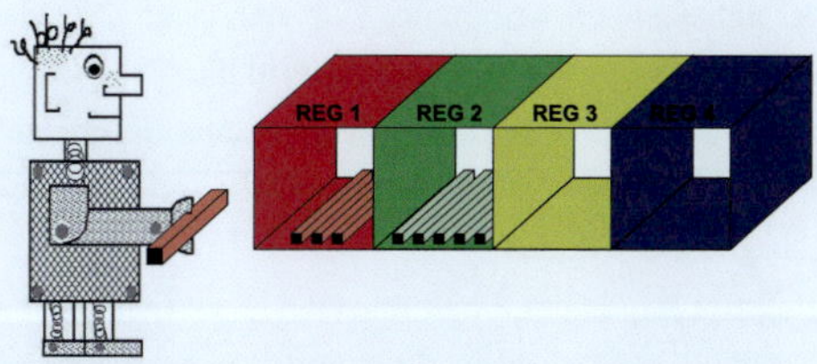

Abbildung 3.4: Robbi an der Registerkiste

Register: Farbiges Fach, verdeckt durch gleichfarbigen Vorhang (Abb. 3.4), dient als Speicherplatz

Registerinhalt: Haufen von farbigen Stäbchen in einem Fach

Algorithmus: Folge von Hinzufügen oder Wegnehmen eines Stäbchens, eventuell gesteuert durch „Leer-Test“

Ein Beispiel für einen Algorithmus stellt die folgende Befehlskette für die Addition zweier beliebiger natürlicher Zahlen dar:

Solange Register 1 nicht leer ist, wiederhole folgende Befehlskette:
    Nimm ein Stäbchen aus Register 1.
    Lege ein Stäbchen in Register 2.
Ende der Wiederholung.

Mathematisierung der Idee von Funktionen

Wie lassen sich nun in dieser Modellwelt Funktionen realisieren? Will man den Roboter dazu beauftragen, dass er Aufgaben löst, bei denen – abhängig von der Belegung der einzelnen Register – Ergebnisse „produziert" werden, muss man für ihn eine geeignete Befehlskette konstruieren. Soll mit Hilfe dieser Befehlskette eine Funktion realisiert werden, müssen funktionale Gesetzmäßigkeiten in Form einer Handlungsfolge ausgedrückt werden. Argumente der Funktion werden als Haufen von Stäbchen in einzelnen Fächern der Registerkiste gespeichert. Funktionswerte werden abhängig von der Belegung der Fächer als Ergebnis der Ausführung der Befehleskette in einem vorab vereinbarten Fach „erzeugt". Die Arbeitsweise des Roboters bei der Ausführung der ihm gegebenen Befehlskette entspricht dabei der Wirkungsweise einer Funktion. Eine wesentliche Anforderung an die Schüler besteht dabei darin, die Befehlskette so zu konstruieren, dass sie unabhängig von konkreten Zahlenbeispielen das richtige Ergebnis liefert. Das Denken der Schüler muss sich also vom Wissen über das Konkrete lösen. Hierfür ist eine Modellvorstellung von Variablen erforderlich. Diese wird dadurch konkretisiert, dass ein Haufen von Stäbchen in ein Fach hinter einen Vorhang gelegt wird. Die Stäbchen bleiben für den Schüler unsichtbar und deren Anzahl ist unbekannt. Der Schüler kann nun mit diesen Stäbchen operieren und mit der unbekannten Anzahl der Stäbchen seine ausgedachte Befehlskette für den Roboter testen. Bei dieser Vorgehensweise wird die Gültigkeit von Befehlsketten für beliebige Argumente nicht durch Abstraktion aus vielen Beispielen erreicht, sondern durch die Verallgemeinerung einer Werkzeugkonstruktion, die am beliebigen aber fest gewählten Beispiel ausgedacht wurde.

Die abstrakten Begriffe Argument, Funktionswert, Funktion und Variable, die einem semantischen Netz um den Funktionsbegriff zuzuordnen sind, werden bei der Konstruktion von Anweisungen für den Roboter mit Inhalt gefüllt. Die Schüler können dabei adäquate Vorstellungen von diesen Begriffen konstituieren.

Die Idee der funktionalen Abhängigkeit kann in dieser Modellwelt sowohl unter dem inhaltlichen als auch und unter dem formalen Aspekt thematisiert werden, um bei den Schülern die Einsicht in die Komplexität der Handlungsprozesse zu fördern. Bei einem Additionsalgorithmus hängt das Ergebnis der Addition von den Inhalten beider Register ab, in denen die Anfangswerte gespeichert sind (inhaltlicher Aspekt der funktionaler Abhängigkeit). Die Anzahl der Arbeitsschritte des Roboters hängt aber nur vom Inhalt desjenigen Registers ab, nach dem seine Arbeit gesteuert wird (formaler Aspekt der funktionaler Abhängigkeit). Werden zur Lösung eines vorgegebenen Problems verschiedene Befehlsketten vorgeschlagen, kann man diese unter dem Aspekt der Anzahl der Arbeitsschritte (Reinlegen- und Rausnehmen-Aktionen in den Registern), die zur Berechnung des Ergebnisses nötig sind, genauer betrachten. Diese Überlegungen können als Grundlage für die Einführung des Funktionsbegriffs mit Hilfe der Schrittzahlfunktion herangezogen werden. Bei der Schrittzahlfunktion handelt es sich um ein Komplexitätsmaß für Algorithmen.

Überlegungen zu der Einführung des Roboters

Die Einführung des Roboters zwingt die Schüler zur Trennung zwischen Objekt- und Metaebene. Bevor ein Schüler einen Algorithmus (Anweisung an Robbi) formuliert, passiert in seinem Kopf Folgendes: Zuerst muss er überlegen, welche Idee geeignet ist, um das zu lösende Problem zu bewältigen, und wie er diese Idee mit den zur Verfügung stehenden Werkzeugen und Methoden realisieren kann. Während der zu erstellende Algorithmus der Objektebene zuzuordnen ist, sind diese Überlegungen metakognitiver Natur und stellen Kernstücke des Algorithmus dar. Die Ideen der einen Welt, in der über das zu lösende Problem nachgedacht wird, werden in die zweite Welt überführt. Auch die Frage, ob der Algorithmus das macht, was gewünscht ist, wird in die metakognitive Frage transformiert, ob sich der Roboter wie gewünscht verhält.

Ein zweiter Aspekt, der mit der Einführung des Roboters verbunden ist, ist die Förderung der Akzeptanz für die Genauigkeit formaler Darstellungen bei den Lernenden. Diese wird unterstützt durch die Evidenz von Konsequenzen aus einer Ungenauigkeit beim Formulieren der Befehle. Das Nachdenken über das Fehlverhalten des Roboters veranlässt die Lernenden zur Unterscheidung von zwei Fehlerarten, die auf die durch die Schüler selbst formulierten Befehlsketten zurückzuführen sind: In der Schülersprache werden dafür die Begriffe „Formulierungsfehler“ bzw. „Error“ (Syntaxfehler) und „Rechenfehler“ (Semantikfehler) benutzt. Das Paradigma des Roboters verschärft bei den Schülern die zuvor mit der Bildergeschichte „Koch und Lehring“ (Seite 60) aufgerufene Modellvorstellung von Schwierigkeiten, die sich beim Präzisieren und Formulieren von Aufträgen ergeben. In einer anschaulichen Weise erleben die Schüler, was passiert, wenn sie sich beim Formulieren von Befehlsketten für den Roboter nicht an den streng begrenzten, vorab definierten Sprachrahmen halten oder wenn ihre Idee der Algorithmisierung eines Problems noch nicht richtig ist. Mit dem Aufbau passender Modellvorstellungen von den Begriffen Syntax- und Semantikfehler ist ein wesentlicher Beitrag für das Verständnis der Probleme, die sich bei der Formalisierung von intuitivem Wissen ergeben, und für die Akzeptanz der Genauigkeit bei mathematischen Darstellungen geleistet.

Einige der Lernenden rufen sogar beim Nachdenken über das Verhalten des Roboters die Einstiegsgeschichte nochmal bewusst auf und erkennen wieder das Problem der Genauigkeit und der Übereinstimmung zwischen Gesagtem und Gemeintem. Das zeigt die folgende Antwort eines Schülers aus dem realisierten Projekt. Die Frage, was er beachten muss, wenn er den Roboter programmiert, hat er schriftlich so beantwortet: „Man muss darauf achten, dass man Robbi alles ganz genau erklärt, nicht zum Beispiel wie ‘Nimm das Ei und schlag es in die Pfanne’“.

Beispiele aus dem inhaltliches Vorgehen

Die Befehlsketten werden zunächst nur für konkrete Additionsbeispiele geschrieben, d. h., beide Summanden sind bekann, wie z. B. bei 2+5. Die Algorithmisierung der Additionsaufgabe stellt für die Schüler ein Problem des Organisierens und Präzisierens von Handlungsabläufen dar. Aus ihnen wird eine äußere Repräsentation der Handlung in Form einer Befehlskette für den Roboter erschlossen. Eine entsprechende Befehlskette kann so aussehen:

Nimm ein Stäbchen aus Register 1.
Lege ein Stäbchen in Register 2.
Nimm ein Stäbchen aus Register 1.
Lege ein Stäbchen in Register 2.

Bei der Analyse von Befehlsketten für die Aufgabe 2+5 hinsichtlich deren Korrektheit entdecken die Schüler, dass ein richtiges Ergebnis auf verschiedene Weisen „erzeugt" werden kann.

Die Konstruktion von Algorithmen für den Roboter löst sich schrittweise vom Wissen über das Konkrete ab. Reflexion über Befehlsketten, die für konkrete Additionsaufgaben ausgedacht wurden, lässt deren Unabhängigkeit vom Wissen über den Inhalt eines der beiden Register erlebbar machen. Zu solcher Reflexion fordert die Schüler folgende Aufgabe auf. Die in der Aufgabenstellung erwähnte Befehlskette von Maria ist die gleiche wie die oben gezeigte Befehlskette für das Beispel 2+5. Diese wurde vorher in einer Aufgabe durch die Lernenden hinsichtlich der syntaktischen und der semantischen Korrektheit kontrolliert.

Aufgabe

Maria überlegt sich, ob sie ihre Befehlskette für Robbi aus Aufgabe 1.3 auch benutzen kann, um andere Additionsaufgaben richtig zu berechnen.

a) Teste dies an den Beispielen 2 + 6 und 3 + 5.

b) Kreuze die richtige Antwort an.

	ist richtig	ist falsch
Maria benutzt ihre Befehlskette für 4 + 2. Das Ergebnis		
Maria benutzt ihre Befehlskette für 6 + 2. Das Ergebnis		
Maria benutzt ihre Befehlskette für 2 + 7. Das Ergebnis		
Maria benutzt ihre Befehlskette für 2 + 0. Das Ergebnis		
Maria benutzt ihre Befehlskette für 3 + 4. Das Ergebnis		
Maria benutzt ihre Befehlskette für 2 + 4. Das Ergebnis		
Maria benutzt ihre Befehlskette für 5 + 2. Das Ergebnis		
Maria benutzt ihre Befehlskette für 3 + 6. Das Ergebnis		

c) Gib noch drei Additionsaufgaben an, für die Maria ihre Befehlskette benutzen kann.

d) Gib drei weitere Additionsaufgaben an, für die Maria ihre Befehlskette **nicht** benutzen kann, um das richtige Ergebnis zu berechnen.

(Cohors-Fresenborg und Kaune, 2008, S. 9)

Aufgabe

Maria und Anton diskutieren, wie sie Robbi dazu bringen könnten, das zu tun, was sie wollen.

Maria : Mir fällt nichts anderes ein, als für **jedes** Beispiel eine neue Befehlskette zu schreiben.

Anton : Nicht für jedes Beispiel eine neue. Die Stäbchen im grünen Register sind nicht das Problem.

Was meint Anton? Ergänze: Für jedes Beispiel, bei dem _______ Stäbchen im Register 1 liegen und ________ ________ Stäbchen im Register 2 liegen, funktioniert Marias Befehlskette.

(Cohors-Fresenborg und Kaune, 2008, S. 9)

Die Schüler kommen zur Einsicht, dass diese Befehlskette ein korrektes Additionsergebnis liefert, wenn im roten Register eine Zwei und im grünen Register „eine beliebige Zahl“ steht. Bereits bei diesem Verfahren wird eine Variablenvorstellung ausgelöst, die der üblichen Redeweise in der Mathematik „Sei x eine beliebige aber fest gewählte Zahl“ entspricht. In der Schülersprache fungieren für diese Redeweise die Bezeichnungen „eine beliebige grüne Zahl“ oder „eine beliebige Zahl in Register 2“. Mit der Befehlskette von Maria wird die Funktion $f(x_2) = x_2 + 2$ mit einer Veränderlichen aus dem Bereich der natürlichen Zahlen realisiert.

Die Unabhängigkeit des Additionsalgorithmus von beiden Summanden wird erst bei der Verwendung des Solange-Befehls realisiert. Folgenden Befehlskette realisiert die zweistellige Funktion $f(x_1, x_2) = x_1 + x_2$ für die Argumente x_1 und x_2 aus dem Bereich der natürlichen Zahlen:

Solange Register 1 nicht leer ist, wiederhole folgende Befehlskette:
    Nimm ein Stäbchen aus Register 1.
    Lege ein Stäbchen in Register 2.
Ende der Wiederholung.

Die Schüler erkennen, dass diese Befehlskette für beliebige Additionsaufgaben ein korrektes Ergebnis liefert. Das zeigt beispielsweise die Äußerung eines Realschülers während des realisierten Projektes:

Falk: Das ist ähm, also der [Roboter] soll dann so oft Stäbchen rausnehmen, wie insgesamt Stäbchen in in der Registerkiste drin sind. Und wenn die dann leer ist, dann ist die Befehlskette ja zu Ende, weil er keine Stäbchen mehr rausnehmen kann. (...) Das is gut, wenn man

> jetzt zum Beispiel nicht weiß, wie viele Stäbchen äh im roten oder
> 6 im grünen Register oder in irgendeinem anderen Register.

Falk erklärt zunächst die Arbeitsweise des Roboters bei der Ausführung der Befehlskette. Seine Ausdrucksweise ist dabei unpräzise. Der Roboter arbeitet nicht solange, bis die Registerkiste leer ist, sondern bis das Fach, aus dem er Stäbchen rausnimmt, leer ist. Hier ist zu vermuten, dass das Gesagte nicht das Gemeinte ist. Falk merkt vermutlich, dass bei dieser Befehlskette und bei der Arbeitswiese des Roboters das Wissen über die Inhalte der einzelnen Register nicht benutzt wird. Demnach erkennt er, dass diese Befehlskette für beliebige Registerinhalte (bei den Additionsaufgaben) verwendet werden kann.

3.4.1.2 Rechenmaschinen und Rechennetze

In der Modellwelt „Rechennetze" lernen die Schüler eine zweite Repräsentationsform von Algorithmen kennen. Diese stellen die mit dem Baukasten „Dynamische Labyrinthe" gebauten Rechenmaschinen dar.

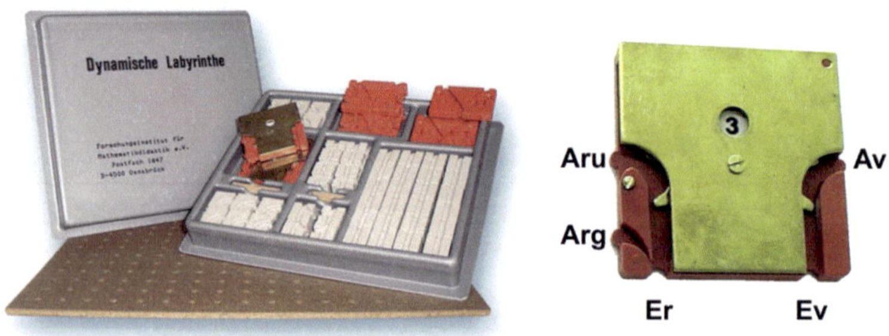

Abbildung 3.5: Baukasten „Dynamische Labyrinthe" und der Baustein „Zähler"

Register: Baustein Zähler aus dem Baukasten „Dynamische Labyrinthe"
Registerinhalt: Auf dem Zählerrad sichtbare Zahl
Algorithmus: Rechenmaschine, gebaut aus den Bausteinen des Baukastens „Dynamische Labyrinthe"

Der Baukasten „Dynamische Labyrinthe" (Abb. 3.5) wurde von Cohors-Fresenborg (1976) nach Ideen von Dieter Rödding zu Netzwerken endlicher Automaten entwickelt[4].

Der wichtigste Baustein für die Funktion des Algorithmus ist der Zähler (Abb. 3.5), der als Speicherplatz dient. Ein Zähler repräsentiert ein Register der Rechenmaschine. Jeder Zähler hat ein Zahnrad. Durch ein Fenster wird der aktuelle Inhalt des Zählers angezeigt. Auf dem Zahnrad sind die natürlichen Zahlen von Null bis Zehn dargestellt.

Beim Befahren des rechten Zählerwegs (Eingang Ev und Ausgang Av) wird der Zählerinhalt um eins größer (falls zuvor der Inhalt kleiner als Zehn war). Beim Befahren

[4]Ein Überblick über die Entwicklungsgeschichte findet man in Schwank (2005). Diesem Aufsatz sind auch die Abbildungen 3.5 und 3.6 entnommen

des linken Zählerwegs (Eingang Er) wird automatisch zuerst ein Nulltest durchgeführt. Falls der Zählerinhalt größer als Null ist, wird der Ausgang Aru erreicht. Dann wird um eins kleiner. Dieser Ausgang wird gesperrt, wenn der Zähler den Inhalt Null erreicht. Ist der Inhalt des Zählers gleich Null, dann wird beim Befahren des linken Zählerwegs der Ausgang Arg erreicht und der Zählerinhalt bleibt Null. Das Vorwärts- und das Rückwärtszählen in einem Zähler entsprechen den Elementaroperationen der Rechenmaschine. Mit weiteren Bausteinen wird dafür gesorgt, dass diese Elementaroperationen hintereinander ausgeführt sowie wiederholt werden können.

Der Baukasten beinhaltet noch folgende Bausteine: Geraden, Kreuzungen, Links- und Rechtskurven, Einmündungen von links und Einmündungen von rechts. Die Bausteine Geraden, Kreuzungen und Kurven ermöglichen die Fortsetzung eines einmal eingeschlagenen Weges. Mit ihnen können Wege gebaut werden, die verschiedene Zähler miteinander verbinden oder die wieder zu einem Eingang desselben Zählers führen. Auf diese Weise wird eine Verkettung von Elementaroperationen realisiert. Mit Einmündungen können zwei Wege zusammen geführt werden und dadurch kann etwa eine Wiederholung eingeleitet werden. Die Bausteine werden wie Steckbausteine auf ein Lochbrett gesteckt.

Rechenmaschinen, die mit dem Baukasten gebaut werden, lassen sich als funktionsfähige Flussdiagramme auffassen. Bei dieser Repräsentationsform kann sich der Schüler das Funktionieren und Organisieren von Funktionsabläufen sehr gut vorstellen. Die Handlungsorientierung beim Bau von Rechenmaschinen für ein gegebenes Problem ist dadurch gegeben, dass für die dem Problem zugrunde liegende mathematische Idee eine geeignete Handlungsabfolge erfunden werden muss.

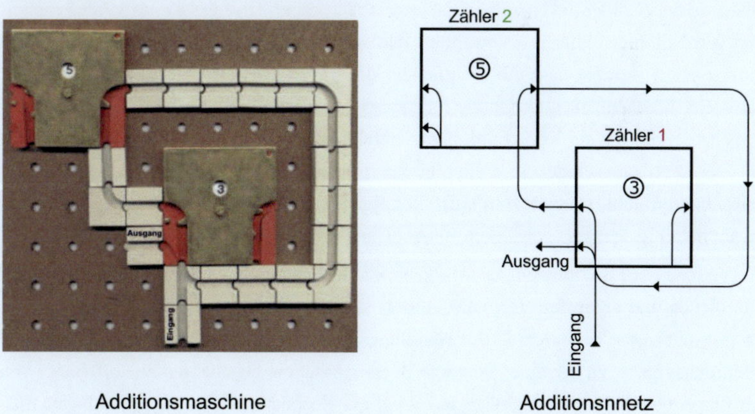

Abbildung 3.6: Rechenmaschine und Rechennetz für die Additionsaufgabe 5+3

Ein Beispiel für einen Algorithmus ist an der Abbildung 3.6 dargestellt. Die gebaute Rechenmaschine realisiert einen Algorithmus für die Additionsaufgabe 5+3. Ihre Funktionsweise entspricht der Wirkungsweise der Funktion $f(x_1, x_2) = x_1 + x_2$ mit x_1 und x_2 aus dem Bereich der natürlichen Zahlen: Beim Befahren des Zählers 1 wird die Elementaroperation Rückwärtszählen, beim Durchfahren des Zählers 2 wird hingegen die Elementatoperation Vorwärtszählen realisiert. Die Ausführung der Elementaroperationen ist durch den Inhalt des Zählers 1 gesteurt. Der Baustein Einmündung bei dem Eingang „Er“ des ersten Zählers ermöglicht die Wiederholung der beiden Elementaroperationen.

Die Zeichnung einer Rechenmaschine wird Rechennetz genannt. Um sich leichter über ein Rechennetz verständigen zu können, werden die Zähler durchnummeriert. Die Zeichen für die Nummer werden analog zu den Beschriftungen der Register in der Registerkiste bunt gefärbt.

Mathematisierung der Idee von Funktionen

Mit dem Baustein Zähler lassen sich Maschinen bauen, die abhängig von Anfangswerten Ergebnisse produzieren. Es ist also eine besondere Form der Mathematisierung der mathematischen Idee der Funktion. Soll eine Rechenmaschine eine Funktion realisieren, müssen funktionale Gesetzmäßgkeiten in Form eines Verfahrens ausgedrückt werden. Die Funktionsweise einer gebauten Rechenmaschine entspricht der Wirkungsweise der Funktion. Diejenigen Speicherplätze, die am Anfang mit konkreten Eingabewerten belegt sind, stehen für Variablen, auf die die Funktion zugreift. In diesen Speicherplätzen können beliebige, aber fest gewählte Argumente der Funktion gespeichert werden. Der Funktionswert ist in einem vorab vereinbartem Zähler abzulesen, und zwar nachdem der Ausgang der Rechenmaschine erreicht worden ist. Eine adäquate Modellvorstellung des Funktionsbegriffs in der Modellwelt „Rechennetze“ zeigt sich darin, dass die Schüler erkennen, dass ihre konstruierten Rechenmaschinen unabhängig davon funktionieren sollen, ob der Schüler die einzelnen Registerinhalte kennt. Hierfür ist eine Modellvorstellung von beliebigen aber fest gewählten Zählerinhalten notwendig. Diese kann dadurch konkretiesiert werden, dass die Sichtfenster der Zähler zugedeckt werden. Der Schüler kann seine Rechenmaschine für die ihm unbekannte Inhalte überprüfen. Analog zu der Vorgehensweise bei der Konstruktion von Befehlsketten für den Roboter wird die Gültigkeit von Rechenmaschinen für beliebige Argumente nicht durch Abstraktion aus vielen Beispielen erreicht, sondern durch die Verallgemeinerung einer Werkzeugkonstruktion, die am beliebig aber fest gewählten Beispiel ausgedacht wurde.

Die Idee der funktionalen Abhängigkeit kann in dieser Modellwelt wieder unter dem inhaltlichen und unter dem formalen Aspekt thematisiert werden, um bei den Schülern die Einsicht in die Komplexität der Handlungsprozesse zu fördern. Das Ergebniss einer Additionsaufgabe, zu der eine geeignete Rechenmaschine gebaut werden soll, hängt von den Eingabewerten in den Zählern, auf die diese Rechnemaschine zugreift, ab (inhaltlicher Aspekt der funktionalen Abhängigkeiten). Die Schüler erkennen schnell, dass die Anzahl der in einer Schleife der Additions-Rechenmaschine gefahrenen „Runden“ vom Inhalt desjenigen Zählers abhängt, nach dem die Schleife gesteuert wird (formaler Aspekt der funktionalen Abhängigkeiten).

Werden zur Lösung eines vorgegebenen Problems verschiedene Rechenmaschinen gebaut, kann man diese unter dem Aspekt der Anzahl der Rechenschritte (Vorwärts- und

Rückwärtszähl-Aktionen in den Zählern) zur Berechnung des Ergebnisses betrachten.

Beispiele für das inhaltliche Vorgehen
Ähnlich, wie in der Modellwelt „Registerkiste“ erfinden die Schüler zunächst Algorithmen für Additionsaufgaben mit konkreten Zahlenwerten. Eine Additionsmaschine zur Berechnung der Aufgabe 3+5 ist in der Abbildung 3.6 dargestellt.

Im nächsten Schritt werden die Lernenden zur Reflexion über das am konkreten Beispiel ausgedachte Verfahren aufgefordert. Die Schüler entdecken, dass ihre Additionsmaschinen beliebige Additionsaufgaben rechnen können und auf diese Weise kommen sie zur Einsicht, dass der Algorithmus unabhängig davon korrekt funktioniert, ob man vorher weiß, wie die einzelnen Zähler belegt sind. Diese Einsicht wird bei den Schülern besonders bei der Bearbeitung der Aufgabe „Aufschneider“ gefördert. Für die Schüler ist es erhellend, zu erleben, dass ihre Rechenmaschinen auch dann wie gewünscht funktionieren, wenn die Sichtfenster der Zähler zugedeckt sind. Man kann mit unbekannten, beliebig aber fest gewählten Zahlen operieren.

Aufgabe („Aufschneider“)

a) Uli behauptet: „Ich bin ein Rechenkünstler. Ich kann mit der Additionsmaschine selbst dann noch richtig addieren, wenn ich die beiden Summanden nicht kenne!“
Ist Uli ein Aufschneider? Begründe.

b) Peter stellt Uli auf die Probe. Er gibt ihm eine Additionsmaschine, bei der er Zahlen eingestellt und die Fenster zugeklebt hat. Nach dem Durchfahren sagt Uli: „Die Maschine hat fünf addiert.“
Erkläre, wieso Uli dies weiß.

c) Tobias erklärt, wie Uli auch die von Peter eingestellte Aufgabe angeben kann.

> Man braucht nur mitzuzählen, wie oft man durch den rückwärts zählenden Zähler gefahren ist. Dann probiert man bei dem vorwärts zählenden Zähler, wie oft man noch bis zur 10 durchfahren kann. Diese Zahl zieht man von der 10 ab. Das ist der zweite Summand.

Seine Erklärung ist nicht ganz richtig. Streiche den falschen Textteil durch und schreibe einen neuen.

(Cohors-Fresenborg und Kaune, 2008, S. 22)

Diese Aufgabe eignet sich sehr gut dazu, die Tiefe des bereits erworbenen Variablenverständnisses bei den Schülern zu diagnostizieren. Ähnlich wie in der Modellwelt „Registerkiste“ wird bei den Lernenden eine Variablenvorstellung aufgebaut, die der Redeweise „Sei x eine beliebige aber fest gewählte Zahl“ entspricht. Die Schüler drücken das so aus: „eine beliebige Zahl in Zähler 1“ (der Zählername dient hier nur als Referenz auf einen entsprechenden Speicherplatz).

Bei der Bearbeitung der Aufgabe ist darauf zu achten, dass sie nicht die Reflexion über die Schwierigkeit der Bedienung einer gebauten Additions-Rechenmaschine, sondern über den Additionsalgorithmus auslösen soll. Im Abschnitt 6.4 wird ein Einblick in die Bearbeitung der Aufgabe im Unterricht gegeben.

3.4.1.3 RM-Programme

Eine dritte Repräsentationsform von Algorithmen stellen Programme für eine Registermaschine dar. Um das Konzept der Registermaschine für die Schüler im Unterricht zugänglich zu machen, wird ihnen eine Simulation eines Modellrechners zur Verfügung gestellt. Diese wird mit Hilfe einer CD auf einem PC abgespielt. Auf dem Bildschirm erscheint ein Fenster (Abb. 3.7), in dem die in den einzelnen Registern gespeicherten Zahlen sichtbar werden. Die Eingabe einer Zeichenfolge für ein Programm sowie die Festlegung der Inhalte für die einzelnen Register erfolgt über die Tastatur. Die Schüler haben die Möglichkeiten, die bewirkte Veränderung der Registerinhalte während der Ausführung des Algorithmus am unteren Bildschirmrand zu verfolgen.

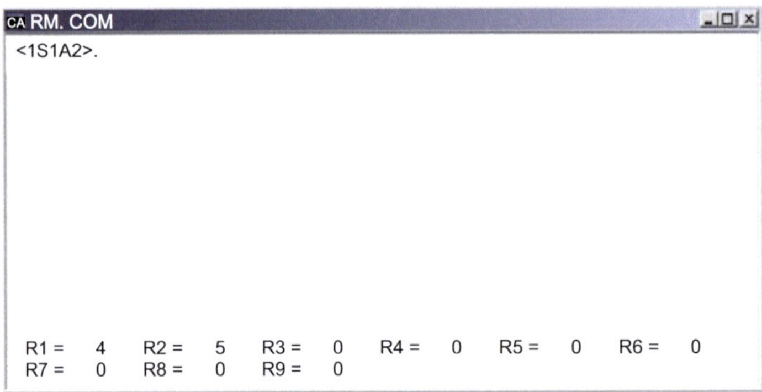

Abbildung 3.7: Rechenmaschine

Register: Speicher in einem Modellrechner RM, der am PC simuliert wird (Abb. 3.7)
Registerinhalt: Am Monitor sichtbare Zahldarstellung
Algorithmus: Programm, geschrieben in einer einfachen Programmiersprache für den Modellrechner

Mit der Repräsentation der Registermaschine (RM) wird den Schülern die RM-Sprache gegeben. Der Kern dieser Sprache besteht aus den Befehlen des Vorwärts- und des Rückwärtszählens in jedem der Register und aus den Kontrollstrukturen zur Wiederholung von Programmen:

S_i bedeutet subtrahiere eins in Register i,

A_i bedeutet addiere eins in Register i.

Für eine Wiederholung wird die Schreibweise $(_i P)$ eingeführt – diese besagt, dass das Programm P solange wiederholt wird, wie der Inhalt des Registers i ungleich Null ist. Da die RM nur für natürliche Zahlen programmiert ist, liefert der Befehl S_i bei der Anwendung auf Register i mit dem Inhalt Null das Ergebnis Null.

Mathematisierung der Idee der Funktionen

Mit der RM-Sprache lassen sich Programme konstruieren, die abhängig von den Anfangswerten in den Registern Ergebnisse liefern. Das Programmieren ist eine Form der Mathematisierung der mathematischen Idee der Funktion. Die Wirkungsweise eines kostruierten Programms entspricht der Wirkungsweise der Funktion. Soll mit einem RM-Programm eine Funktion realisiert werden, müssen die der Funktion zu Grunde liegenden funktionalen Gesetzmäßgkeiten algorithmisiert werden. Aus dem Organisieren und Präzisieren von Handlungen wird ein Programm erschlossen. Um die Funktionswerte zu gegebenen Argumenten zu berechnen, muss die Funktion auf die Argumente zugreifen. Diese werden in Registern der Registermaschine gespeichert. Diejenigen Register, die am Anfang mit konkreten Eingabewerten belegt sind, stehen für Variablen, auf die die Funktion zugreift. In diesen Registern können beliebige, aber fest gewählte Argumentenwerte der Funktion gespeichert werden. Der Funktionswert ist nach der Ausführung des Programms in einem vorab vereinbartem Register abzulesen. Eine adäquate Modellverstellung von dem Funktionsbegriff zeichnet sich beim Konstruieren von RM-Programmen dadurch aus, dass die Schüler erkennen, dass ihre ausgedachten Programme unabhängig von den konkreten Registerinhalten korrekte Ergebnisse liefern sollen. Soll ein RM-Programm an einem beliebigen aber fest gewählten Zahlenbeispiel getestet werden, werden die an dem Bildschirm dargestellten Inhalte der einzelnen Register mit einem Blatt Papier zugedeckt. Bei dieser Vorgehensweise ergibt sich ein Zugang zu dem Verständnis der Variable als einer beliebigen aber fest gewählten Zahl (in der Schülersprache fungieren dafür die Bezeichnungen „ein beliebiger Registerinhalt" oder „eine beliebige Zahl in Register *i*"). Analog zu der Vorgehensweise bei der Konstruktion von Befehlsketten für den Roboter und bei der Konstruktion von Rechenmaschinen kann die Gültigkeit von RM-Programmen für beliebige Argumente durch die Verallgemeinerung einer Werkzeugkonstruktion erreicht, die für ein beliebiges aber fest gewähltes Beispiel korrekt funktioniert.

Die Idee der funktionalen Abhängigkeit kann in dieser Modellwelt analog wie in den Modellwelten „Registerkiste" und „Rechennetze" unter dem inhaltlichen und unter dem formalen Aspekt thematisiert werden. Bei dem formalen Aspekt der funktionalen Abhängigkeit wird die Anzahl der Rechenschritte betrachtet, die zur Ausführung eines Programms benötigt werden.

Anmerkungen zur inhaltlichen Vorgehensweise

Bei der Einführung der RM-Sprache im Unterricht wird Bezug auf die Repräsentationsformen von Algorithmen aus den beiden bereits dargestellten Modellwelten genommen. Für die Kernstücke der RM-Sprache werden entsprechende Befehle für den Roboter und entsprechende Stellen in der Rechenmaschine gesucht, so wie es beispielsweise folgender Ausschnitt aus dem Schülerbuch zeigt:

> Auch die folgende Befehlskette für Robbi zum Addieren können wir als RM-Programm schreiben:
>
> Solange Register 1 nicht leer ist, wiederhole folgende Befehlskette:
>
> Nimm ein Stäbchen aus Register 1.
>
> Lege ein Stäbchen in Register 2.
>
> Ende der Wiederholung
>
> Das passende RM-Programm heißt: $({}_1S_1A_2)$
>
> Wenn wir Robbi mitteilen wollten, dass er eine Befehlskette wiederholen soll, solange Register 1 nicht leer ist, haben wir diese Befehlskette mit folgenden beiden Sätzen „eingeklammert“:
>
> Solange Register 1 nicht leer ist, wiederhole folgende Befehlskette:
>
> Ende der Wiederholung.
>
> Der RM teilen wir das so mit, dass wir das RM-Programm in Klammern setzen und an die „Klammer auf“ als Fußnote eine 1 schreiben. Genau so, wie du das von den Netzen gewohnt bist, reden wir auch bei RM-Programmen von Schleifen, die durch ein Register gesteuert werden. In diesem Beispiel ist Register 1 das **Steuerungsregister**.
>
> (Cohors-Fresenborg und Kaune, 2008, S. 23f.)

Die Schüler lernen, dass ihre bisher ausgedachten Verfahren in verschiedenen Formen dargestellt werden können (die Ähnlichkeiten und Unterschiede in den drei Modellwelten werden in 3.4.1.4 erwähnt). Im Anschluss an Übersetzungsaufgaben werden sie aufgefordert, die RM-Programme selbst zu konstruieren und gegebene RM-Programme für bestimme Eingabewerte zu testen.

Anders als in den Modellwelten „Registerkiste“ und „Rechenmaschinen“ ist bei der Begriffsbildung in der Modellwelt „RM-Programme“ die Komponente der Handlung am konkreten handgreiflichen Material weniger ausgeprägt. Es muss an dieser Stelle hervorgehoben werden, dass bei einer handlungsorientierten Begriffsbildung die Struktur des Denkens und eben nicht die Struktur der äußeren Lernumgebung eine entscheidende Rolle spielt. Beim Schreiben von RM-Programmen kommt dieser Struktur des Denkens eine wichtige Rolle zu, da sich das Programmieren in einer imperativen Programmiersprache als Organisieren von Handlungssequenzen auffassen lässt. Mit einem Computerprogramm werden Handlungsabläufe des Computers festgelegt. Durch Schreiben, Analysieren und Vergleichen von Programmen wird eine geeignete Lernumgebung für den Begriff der funktionalen Abhängigkeit geschaffen. Das Verfügen über die RM-Sprache erlaubt es, auf der Ebene der mittelbaren Anschauung (ohne die Programme laufen zu lassen) über die konstruierten Algorithmen nachzudenken.

Bei der Fundierung des Funktionsbegriffs auf einer Handlungsbasis sollen die Lernenden verstärkt über ihre geistigen Handlungen, die am Zustandekommen der jeweiligen Ergebnisse und an der Konstruktion neuer Algorithmen beteiligt sind, nachdenken. Mit folgender Aufgabe (Abb. 3.8) (Cohors-Fresenborg und Kaune, 2008, S. 23f.) wird beispielsweise die Reflexion der Lernenden über Handlungen, die an der Konstruktion eines Algorithmus beteiligt sind, angestoßen. Bei dem Algorithmus handelt es sich um das RM-Programm, mit dem die Funktion $f(x_1) = \frac{x_1}{2} \cdot 3$ realisiert wird. Die Aufgabe wird mit einer Lösung einer Schülerin, die an dem durchgeführten Projekt beteiligt war, gezeigt. Der Aufgabentext nimmt den Bezug auf eine frühere Aufgabe mit den folgenden Preisangaben: „2 Blumenkohl für 3 Euro“, „3 Wassermelone für 2 Euro“, „2 Schalen Erbeeren für 3 Euro“.

Aufgabe 3.8
Peter findet in seinem Hausheft folgendes RM-Programm: $({}_1S_1S_1A_2A_2A_2)$
Er fragt sich: „Zu welcher Aufgabe gehört denn bloß dies Programm: zum Blumenkohl, zu den Wassermelonen oder zu den Erdbeeren?“
Was meinst du dazu? Begründe deine Antwort.

Ich meine das dieses Tupelpelprotokoll
zum Blumenkohl gehört da ~~dieser~~ 2 Blumenkohl
3Euro kosten. Es könnte auch
zu den Erdbeeren gehören da
2 Schalen auch 3 Euro kosten.

Abbildung 3.8: Aufgabe zur Reflexion über Handlungen zur Konstruktion von Algorithmen – Lösung von Anabel

In der Schülersprache wird das RM-Programm $({}_1S_1S_1A_2A_2A_2)$ exemplarisch so erklärt: Im ersten Register befindet sich Blumenkohl, in das zweite Register wird das Geld reingelegt. Solange das erste Register nicht leer ist, wird aus diesem Register zweimal ein Blumenkohl rausgenommen und in das zweite dreimal eine 1-Euro-Münze reingelegt. Die Lernenden rufen also bei diesem RM-Programm die Vorstellung eines Tauschprozesses, der an der Registerkiste mit konkreten Objekten (Obst- bzw. Gemüsestücke und Geldmünzen) ausgeführt wird, auf. Mit der Vorstellung eines Handlungsablaufs erkennen sie, dass bei den Angeboten „2 Blumenkohl für 3 Euro“ und „2 Schalen Erbeeren für 3 Euro“ die gleichen Handlungen zum Berechnen der Preise beteiligt sind. Nur die Gegenstände, mit denen fiktiv gehandelt wird, ändern sich. Anabel verbalisiert in ihrer (korrekten) Antwort diese Erkenntnis nicht explizit. Für die Besprechung der Aufgabe im Unterricht ergibt sich die Konsequenz, gerade diese Handlungen, die am Zustandekommen des RM-Programms zum Berechnen der Preise beim Kauf von Blumenkohl und Erdbeeren beteiligt waren, zu fokussieren.

3.4.1.4 Mathematische Ideen bei den drei Repräsentationsformen

Der folgende Abschnitt gibt einen Überblick über die mathematischen Ideen, die in den drei Modellwelten thematisiert werden. Es werden auch die Vorteile dargestellt, die sich durch diese Auseinadersetzung für die individuellen kognitiven Präferenzen der Lernenden ergeben.

Der Variablenbegriff

In jeder der drei Repräsentationsformen von Algorithmen werden zwei Aspekte des Variablenbegriffs paradigmatisch eingeführt: „Platzhalter“ und „Unbekannte“. Die Schülervorstellungen zu diesen Variablenaspekten sind mit den Darstellungen der Algorithmen verbunden. So können die Vorstellungen zu dem Variablenbegriff beschrieben werden:

In der Modellwelt „Registerkiste“:
Platzhalter: Das Fach der Registerkiste, auf das der Roboter zugreift. Es ist in dem Sinne ein Platzhalter, als dass das Fach der Registerkiste den Platz für einen Haufen von Stäbchen frei hält.
Unbekannte: Der ungezählte Haufen von Stäbchen, die in das Fach der Registerkiste gelegt werden.

In der Modellwelt „Rechennetze“:
Platzhalter: Der Baustein Zähler, der im Rechennetz als Speicher benutzt wird. Er ist in dem Sinne ein Platzhalter, dass er den Platz frei für eine neue Zahl hält.
Unbekannte: Die Zahl, die im Sichtfenster des Zählers zwar zu sehen ist, aber für die Schüler zugedeckt wird.

In der Modellwelt „Registermaschine“:
Platzhalter: Der Register auf dem das Programm arbeitet. Der Register hält den Speicherplatz frei für eine unbekannte Zahl.
Unbekannte: Der Inhalt des Registers, der an dem Monitor der RM sichtbar ist, aber für die Schüler zugedeckt wird.

Idee der funktionalen Abhängigkeit

Mit Hilfe der in drei verschiedenen Repräsentationsformen geschriebenen Algorithmen werden Funktionen realisiert, sodass abhängig von den Anfangswerten in den Speichern (Fächer der Registerkiste / Zähler / Register der RM) Ergebnisse „erzeugt“ werden. Funktionale Abhängigkeiten werden durch die Schüler präzisiert und mathematisiert. Bei dieser Vorgehensweise konstituieren die Lernenden adäquate Modellvorstellungen von abstrakten Begriffen, die einem semantischen Netz um den Funktionsbegriff zuzuordnen sind.

Beim Erfinden eines Algorithmus müssen im Kopf des Schülers Handlungen organisiert und präzisiert werden. Mit dieser Art des Denkens wird der Aspekt der Handlungsorientierung bei der Begriffsbildung hervorgehoben. Zu beachten ist, dass bei einer Handlungsorientierung bei der Begriffsbildung genau solch eine Struktur des Denkens und nicht nur das Operieren an einem greifbaren Material eine zentrale Rolle spielt. Die Idee der funktionalen Abhängigkeit kann in jeder der Modellwelten unter dem inhaltlichen und unter dem formalen Aspekt betrachtet werden.

Datenstruktur bei der Konstruktion von Algorithmen

In den zusammenfassenden Überlegungen gilt die Aufmerksamkeit der Datenstruktur, die bei der Konstruktion von Algorithmen in den drei Modelwelten zu beachten ist. Ein Algorithmus ist ein Verfahren, mit dem die an wohlbestimmten Orten gespeicherten Daten schrittweise, unter Benutzung vorher verabredeten Elementaroperationen verarbeitet werden. Das Verfahren soll von der Situation der Eingabe zur gewünschten Situation der Ausgabe führen.

Bei der Konstruktion eines Algorithmus müssen die Datenstruktur der Eingabe- und der Ausgabewerte und die verabredeten Elementaroperationen zueinander passen. Die Eingabe- und Ausgabewerte in den drei Modellwelten sind natürliche Zahlen, die auf unterschiedliche Art und Wiese repräsentiert werden (ein Haufen von Stäbchen / eine im Sichtsfenster des Zählers gespeicherte Zahldarstellung / eine im Register der RM gespeicherte Zahldarstellung). Zu den Elementaroperationen gehören das Vorwärts- und das Rückwärtszählen, die durch Wegnehmen und Hinzufügen eines Stäbchens / Vorwärts- und Rückwärtszählen im Zähler / Vorwärts- und Rückwärtszählen im Register repräsentiert werden. Auf die Elementaroperationen werden Kontrollstrukturen für Algorithmen angewendet. Diese sind in den drei Modellwelten durch Verkettung von Teilalgorithmen und Wiederholung von Teilalgorithmen, bis der Inhalt eines Speichers leer ist, bestimmt.

Wenn Schüler vom Konstruieren einfacher Algorithmen für die Rechenaufgaben in den drei Modellwelten zum Konstruieren von RM-Programmen zur Beschreibung komplexer Zusammenhänge wechseln, dann ändern sich zwar die Datenstrukturen. Die Änderung ist aber offensichtlich so minimal, dass der Unterschied keine Rolle zu spielen scheint und sie in diesem Sinne als gleich anzusehen sind – mathematisch präzise gesprochen als strukturell isomorph.

Bei der Bearbeitung von Modellierungsaufgaben werden die RM-Programme z. B. als Werkzeuge zur Berechnung von den zu zahlenden Preisen in Abhängigkeit von der Anzahl der gekauften Ware (2 Schalen Erdbeeren für 3 Euro) / von dem Gewicht der gekauften Ware (Bananen: 1 Kilo für 2 Euro) / von der Größe der Ware (Der Pachtpreis im Jahr: 3 Euro pro Quadratmeter) aufgefasst. Auch bei dieser Auffassung werden im Denken der Schüler Handlungen organisiert und präzisiert. Aus diesen Handlungen werden passende Algorithmen erschlossen und formal dargestellt. Bei diesem Vorgehen wird also Bezug auf eine bereits vorhandene Idee der funktionalen Abhängigkeit genommen. Die Erfahrungen, die die Lernenden im Umgang mit Algorithmen in den drei Modellwelten gemacht haben, spielen bei der Bearbeitung der Modellierungsaufgaben die Rolle einer Orientierungsgrundlage für das Entdecken und Beschreiben von funktionalen Zusammenhängen.

Individuelle Präferenzen der Schüler bezüglich der drei Modellwelten

Eine Besonderheit beim Arbeiten mit den drei Repräsentationsformen ist, dass Schüler mit unterschiedlichen Vorlieben für prädikatives oder funktionales Denken unterschiedliche Modellwelten präferieren. Auf diese Besonderheit hat schon Kaune (1985) aufmerksam gemacht und Marpaung (1986) konnte zeigen, dass sie so weit gehen kann, dass vergleichbare Algorithmen in einer der drei Repräsentationsformen konstruiert, analysiert und verbessert werden können, in einer anderen aber nicht. Diese Präferenz erklärt Schwank (1993) mit den Unterschieden in den kognitiven Strukturen der Schüler. Während die Schüler mit prädikativen kognitiven Strukturen die Modellwelt „Robbi an der Registerkiste" präferieren, nehmen die funktional denkenden Schüler eher Vorliebe mit dem Arbeiten an den Rechenmaschinen. Das Hantieren mit Stäbchen in der Modellwelt „Registerkiste" kann eine Strukturierung auf der Ebene eines vorgegebenen Problems erleichtern. Besonders die Darstellung von Zahlen durch einen Haufen von Stäbchen kann den Schülern helfen, eine Handlungsabfolge zu erfinden, indem sie sich vorstellen, welche Zwischenergebnisse erreicht werden müssen. Das Augenmerk wird dann auf die Strukturierung der Eingangssituation und auf die Beschreibung der Beziehung zwischen Einsatz und Ergebnis gerichtet. Diese Besonderheiten sind für die prädikative Denkweise charakteristisch.

Bei der Auseinandersetzung mit den Dynamsichen Labyrinthen in der Modellwelt „Rechennetze" besteht die Möglichkeit, die Wirkungsweise eines ausgedachten Verfahrens zu analysieren und durch das Befahren einer gebauten Rechenmaschine deren Funktionsweise zu erfahren. Bei einer Vorliebe für eine funktionale Denkweise ist das Augenmerk gerade auf Prozesse und auf die Analyse der Wirkungsweise von Prozessen ausgerichtet. Die Strukturanalysen stehen nicht im Vordergrund.

Die didaktische Konzeption der Unterrichtsreihe bietet also für beide kognitive Strukturen der Schüler geeignete Lernumgebungen: In den Vorstellungen von prädikativ denkenden Schülern wird die Idee der funktionalen Abhängigkeit auf bloße Beziehung zwischen Input und Output reduziert. Funktional denkende Schüler fokussieren hingegen bei funkionalen Abhängigkeiten auf die Prozesse des Zustandekommens von Ergebnissen sowie auf die Wirkungen.

3.4.2 Wechselwirkung zwischen den drei Repräsentationsformen

Eine wichtige Rolle in der Unterrichtsreihe „Von Anweisungen zu Funktionen" kommt dem Wechsel zwischen den drei Repräsentationsformen von Algorithmen und den durch sie aufgerufenen mentalen Modellen zu. Das hat folgende Vorteile:

- Der Wechsel zwischen den Darstellungsformen ermöglicht es, mit den Schülern über den Prozess ihrer eigenen Begriffsbildung und individuellen kognitiven Vorlieben zu reden.

- Bei den Schülern soll dadurch die Akzeptanz dafür gefördert werden, dass sie nicht in jeder Modellwelt genauso schnell oder effektiv Anweisungen formulieren können.

- Schüler erfahren, dass sie Mitschüler haben, die eine Vorliebe für eine andere Repräsentationsform als sie ausgebildet haben. Diese können in einer anderen Modellwelt schneller oder effektiver Anweisungen formulieren oder analysieren. Bei der Konstruktion von Algorithmen benutzen die Schüler zur Erklärung Vokabeln, die aus der jeweiligen Repräsentationswelt stammen. Um eine Argumentation von Mitschülern beurteilen zu können, ist es notwendig, dass ein Schüler die Übersetzungprozesse eigenständig durchführt.

Es ist zu beachten, dass zwei Schüler mit verschiedenen kognitiven Vorlieben die Semantik der Funktionensprache auf eine unterschiedliche Evidenzbasis gründen werden. Im Überblick wird dargestellt, welche Aspekte (Unterschiede und Gemeinsamkeiten) der drei Modellwelten durch geeignete Aufgaben in dem Kapitel „Drei Welten: Befehlsketten – Netze – RM-Programme“ (Cohors-Fresenborg und Kaune, 2008) mit den Lernenden ausgearbeitet werden können:

- Analogien bei der Konstruktion von Schleifen in den drei Modellwelten.
- Die Einbettung der Modellwelt „Registerkiste“ in die Modellwelt „Registermaschine“: Jede Befehlskette an Robbi kann in die RM-Sprache übersetzt werden.
- Unterschiede zwischen den beiden Modellwelten „Registerkiste“ und „Registermaschine“ und der Modellwelt „Rechennetze“: In der Modellwelt „Rechennetze“ ist – anders als in den Modellwelten „Registerkiste“ und „Registermaschine“– an eine Nullabfrage stets das Rückwärtszählen gebunden. Dadurch entsteht z. B. das Problem, dass es für das Programm $({}_1A_2S_2)$ keine Rechenmaschine gebaut werden kann.
- In den Modellwelten „Registerkiste“ und „Registermaschine“ kann man Algorithmen konstruieren, die erlauben, ein Fach / ein Register mehrmals von einem Befehl anzusteuern: Der Roboter kann zwei mal nacheinander ein Stäbchen in ein Register legen (Lege ein Stäbchen in Register 1. Lege ein Stäbchen in Register 1); die Registermaschine kann das Programm A_1A_1 ausühren. Für diesen Fall gibt aber keine naheliegende Darstellung als Rechenmaschine. Erst mit der Anwendung des Bausteins „Weiche“ wird es möglich, die Idee in der Modellwelt „Rechennetze“ umzusetzen.

Inhaltlich betrachtet, werden in dem Kapitel „Drei Welten: Befehlsketten – Netze – RM-Programme“ neue Algorithmen für kompliziertere Probleme konstruiert: Kopieren, Addieren von mehr als zwei Zahlen, Subtrahieren und Algorithmen, mit denen linearen Funktionen realisiert werden. Für diese Aufgaben sollen Anweisungen in den drei Modellwelten erfunden werden. Des Weiteren werden die Begriffe „Endlosschleife“ und „Löschprogramm“ thematisiert und algorithmisch dargestellt. Im Unterkapitel „Additions- und Subtraktionsmaschine“ werden die Lernenden mit den Bausteinen „Dynamische Labyrinthe“ eine Rechenmaschine bauen, die wahlweise Addieren und Subtrahieren kann. Dazu ist die Einführung des Baustein „Weiche“ notwendig. Wie man sich Syntax- und Semantikfehler beim Bau von Rechenmaschinen vorstellen kann, wird in dem Unterkapitel „Regelgemäßes Konstruieren“ erläutert. Für diese Begriffe wurden bereits bei der Konstruktion von Anweisungen für den Roboter geeignete Modellvorstellungen ausgelöst. Beim Thematisieren dieser Begriffe beim Bau von Rechenmaschinen soll deren Verständnis vertieft werden.

Methodisch wird in diesem Kapiel bei Konstruktionsaufgaben so vorgegangen, dass dem Lernenden frei gestellt wird, in welcher Repräsentationsform er den gesuchten Algorithums konstruiert. Hat er das Problem in seiner bevorzugten Modellwelt gelöst, muss er die Lösung in die anderen Welten „übersetzen“.

Nach der Bearbeitung der Aufgaben aus dem Kapitel „Drei Welten: Befehlsketten – Netze – RM-Programme“ verfügen die Lernenden über geeignete Vorstellungen von proportionalen Funktionen, ohne dass sie den Begriff kennengelernt haben. Für die Idee der funktionalen Abhängigkeit können sie in ihrem Köpfen geeignete Handlungen organisieren, präzisieren und diese mit Hilfe von Algorithmen darstellen. Nach der Einführung der Funktionsschreibweise werden sie die bereits vorhandene Idee der funktionalen Abhängigkeit formal mit Hilfe einer Funktionsgleichung oder in einer Tupelschreibweise darstellen können. Es ist ersichtlich, dass die in den Köpfen der Schüler konstituierte Semantik der Funktionensprache ein solides kognitives Fundament darstellt, das die für den Anfangsmathematikunterricht der Realschule realisierten Inhalte effektiver behandeln lässt (z. B. Zuordnungen, proportionale Zuordnungen).

3.4.3 Einführung der Tupelschreibweise

Als Übergang von der Arbeit mit verschiedenen Repräsentationsformen von Algorithmen zu der Funktionsschreibweise wird im Unterricht durch Abstraktion aus der Darstellung der Registerkiste die Tupelschreibweise eingeführt. Der Ausgangspunkt dazu ist eine wiederholt auftretende Situation, in der zur Lösung einer Aufgabe ein Algorithmus an der Registerkiste beschrieben werden soll. Die Tupelschreibweise soll die aufwendige Arbeit der Darstellung der Registerkiste mit den Stäbchen für jedes neue Beispiel reduzieren.

Um die Abstraktion für die Schüler erlebbar zu machen, wird eine Klappfolie für den Overheadprojektor benutzt, wie von Schwank (1993, S. 25) beschrieben und in Cohors-Fresenborg et. al (1995, S. 33) methodisch ausgearbeitet. Auf den einzelnen Folien befinden sich die Deckfläche, die Seitenflächen, die Trennwände und der Boden der Kiste. Die einzelnen Folien der Klappfolie werden schrittweise weggeklappt, sodass man von der Darstellung der Registerkiste mit Stäbchen zu einer Tupeldarstellung mit Zahlzeichen kommt (Abb. 3.9). Der erste Abstraktionsschritt beim Wegklappen der ersten Folien besteht darin, dass jeder Haufen von Stäbchen durch ein farblich passenes Zahlzeichen ersetzt wird. In den nächsten Schritten entledigt man sich der perspektivischen Darstellung der Registerkiste, Deckel und Fußboden werden durch Wegklappen entfernt, die Trennwände werden durch Kommata ersetzt und die Außenwände zu Klammern reduziert. Die Unterrichtserfahrung hat gezeigt, dass der Prozess der Abstraktion von der Darstellung der Registerkiste zu der Tupeldarstellung bei den Schülern emotional einen großen Anklang findet. Es werden hier gezielt die Erkenntnisse der Forschung über die Wechselwirkung zwischen Darstellung und Vorstellung genutzt, bei den Schülern die Einsicht für die Notwendigkeit und die Sinnhaftigkeit formaler Darstellungen emotional zu fördern. Für die prädikativ denkenden Schüler ist die Tupeldarstellung ein Bezeichnungssystem zur Strukturierung ihrer Erfahrungen mit den Input- und Outputdaten. Für die funktional denkenden Schüler, die in der Regel keine Vorliebe für präzise Bezeichnungssysteme haben, wird mit der Tupeldarstellung ein geeignetes Instrument zur Beschreibung von Handlungssituationen bereitgestellt.

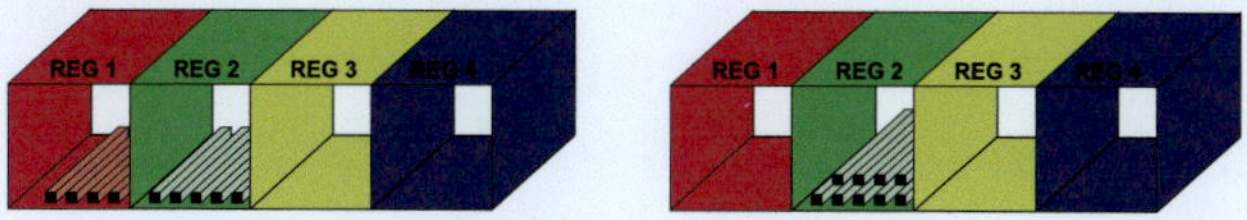

$$(4, 5, 0, 0) \longrightarrow (0, 9, 0, 0)$$

Abbildung 3.9: Darstellung der Registerinhalte in der Tupelschreibweise

Die Tupeldarstellung wird benutzt, um die Wirkungsweise von RM-Programmen zu beschreiben. Für diese Darstellung

$$(3,2,4) \xrightarrow{({}_1S_1A_2)} (0,5,4) \xrightarrow{({}_2S_2A_3)} (0,0,9)$$

wird diese Wirkungsweise durch die Schüler so beschrieben: Bei einer Ausgangssituation mit drei Stäbchen im ersten, zwei im zweiten und vier im vierten Register bewirkt das Programm auf dem ersten Pfeil, dass am Ende das erste Register leer ist und in dem zweiten Fach der Registerkiste so viele Stäbchen dazu gekommen sind, wie zu Beginn im ersten Fach der Registerkiste lagen. Das Tupel in der Mitte gibt den Zwischenstand an: Das rote Fach der Registerkiste ist leer, im zweiten befinden sich fünf Stäbchen, im dritten Fach nach wie vor vier. Mit diesem Zwischenstand arbeitet das zweite Teilprogramm: Es werden so viele Stäbchen, wie im zweiten Register liegen, in das dritte Register dazu gelegt. Das dritte Tupel gibt den Endstand wieder: die ersten beiden Fächer sind lerr, in dem dritten Fach liegen neun Stäbchen. Insgesamt bewirkt die Verkettung der beiden Programmteile, dass nach der Ausführung des Gesamtprogramms im dritten Register so viele Stäbchen liegen, wie beim Start in den ersten drei Registern zusammen.

Mit der Tupelschreibweise wird eine Darstellung für mehrstellige Funktionen bereitgestellt. Nun haben die Schüler in den drei Modellwelten nicht nur Algorithmen für konkrete Zahlenbeispiele entwickel, sondern auch Algorithmen, mit denen Funktionen realisiert werden. Um diese Ideen formal darzustellen, wird ein Bezeichnungssystem zur Darstellung beliebiger Registerinhalte benötigt. Die Schüler werde daher aufgefordert, über Möglichkeiten zur Darstellung der Wirkungsweise von RM-Programmen für beliebige Registerinhalte nachzudenken. Zur Diskussion werden den Schülern u. a. folgende

Vorschläge gestellt (Cohors-Fresenborg und Kaune, 2008, S. 53):

$$(\mathsf{Zahl}, \mathsf{Zahl}, \mathsf{Zahl}) \xrightarrow{({}_1\mathsf{S}_1\mathsf{A}_2)} (0, \mathsf{Zahl} + \mathsf{Zahl}, \mathsf{Zahl}) \xrightarrow{({}_2\mathsf{S}_2\mathsf{A}_3)} (0, 0, \mathsf{Zahl} + \mathsf{Zahl} + \mathsf{Zahl})$$

$$(\mathsf{e}, \mathsf{z}, \mathsf{d}) \xrightarrow{({}_1\mathsf{S}_1\mathsf{A}_2)} (0, \mathsf{e} + \mathsf{z}, \mathsf{d}) \xrightarrow{({}_2\mathsf{S}_2\mathsf{A}_3)} (0, 0, \mathsf{e} + \mathsf{z} + \mathsf{d})$$

$$(?, ?, ?) \xrightarrow{({}_1\mathsf{S}_1\mathsf{A}_2)} (0, ? + ?, ?) \xrightarrow{({}_2\mathsf{S}_2\mathsf{A}_3)} (0, 0, ? + ? + ?)$$

Will man mit den Schülern über die Nützlichkeit solcher Darstellungen reden, so merken sie schnell, dass die Farben eine zusätzliche Information beinhalten, die beim Anfertigen einer Schwarz-Weiss-Kopie verloren geht. Diese Information muss auch formal zum Ausdruck gebracht werden. In weiteren Vorschlägen wird daher die Einführung einer zusätzlichen Kennzeichnung für die Fragezeichen durch die explizite Angabe der Farbennamen ($?rot$, ?grün, $?gelb$) oder der Registernummern (?1, ?2, ?3) eingebracht, bevor die Variablen x_1, x_2, x_3, x_4 als Namen für beliebige Anzahlen von Stäbchen in den Registern eingeführt werden. Die Fußnote steht dabei für die Nummer des Registers. Die Umsetzung der Idee im Unterricht soll sich an den Vorstellungen der Schüler orientieren. Die im Schülerbuch dargestellten Vorschläge dienen für die Lehrkräfte als Richtschnur.

In der Gruppe der Realschüler, die an dem realisierten Projekt teilgenommen haben, haben einige selbst die Schreibweise mit den indizierten Variablen x_i entwickelt. Es gab auch Schüler, die eine andere Bezeichnung entworfen haben, z. B. mit R_i für den Inhalt des Registers i. Bei der letzteren Bezeichnung ist zu beachten, dass die Lernenden zwischen den Namen für die einzelnen Register und den Inhalten dieser Register unterscheiden können.

Ein Erfahrungsbericht einer Lehrkraft, die diesen Weg in ihrem Unterricht mit Schülern einer fünften Klasse eines Gymnasiums beschritten hat, findet sich in Hörnschemeyer (2006).

3.4.4 Einführung der Funktionsschreibweise

Nach der Einführung der Tupelschreibweise wird im Unterricht der Funktionsbegriff als ein Grundbegriff eingeführt. Deshalb lernen die Schüler für diesen Begriff keine Definitionen kennen. Funktionsschreibweisen werden als spezielle Notationsformen zur Beschreibung der Wirkung von Programmen auf die Eingabewerte eingeleitet. Im Umgang mit den Programmen lernen die Schüler die Handhabung des mathematischen Werkzeugs Funktion.

Der folgende Ausschnitt aus dem Schülerbuch zeigt, wie der Übergang zu Funktionsgleichungen realisiert wird. Die Einführung der Funktionsgleichung erfolgt in Anlehnung an eine bereits bearbeitete Aufgabe, in der ein RM-Programm geschrieben wird, mit dem man bei der Angabe der Grundstücksgröße den Wert des Pachtpreises pro Jahr berechnen kann (der Pachtpreis beträgt im Jahr 3 Euro pro Quadratmeter des Grundstücks).

> Ein mögliches Tupel-Protokoll für das von dir für die vorstehende Aufgabe entwickelte RM-Programm lautet: $(x_1) \xrightarrow{({}_1S_1A_2)} (0, 3 \cdot x_1)$.
>
> Für Kundige steht dort, wie man den Preis für ein gepachtetes Grundstück ausrechnen kann, wenn ein Quadratmeter drei Euro kostet. Wir sehen: Der Preis hängt von der Anzahl der Quadratmeter ab. Im Ausgabetupel steht, wie sich diese Abhängigkeit auswirkt.
>
> In der Mathematik ist dafür folgende andere Sprechweise üblich: „Der zu zahlende Preis ist eine Funktion der Anzahl der Quadratmeter.“ In der Tupel-Schreibweise sieht das wie folgt aus: $(x_1) \xrightarrow{p} (0, 3 \cdot x_1)$. Der Buchstabe p über dem Pfeil steht für „Preisfunktion p“. Diese Schreibweise ist dir vertraut: Zuerst hatten wir ein RM-Programm; das Tupel-Protokoll zeigte an, welches Ergebnis das Programm liefert, wenn man das Eingabetupel angibt:
> $(x_1) \xrightarrow{({}_1S_1A_2)} (0, 3 \cdot x_1)$.
>
> Dann hatten wir Aufgaben, bei denen ein geeignetes RM-Programm gesucht war, das zum vorgelegten Tupelprotokoll passt: $(x_1) \xrightarrow{p} (0, 3 \cdot x_1)$
> Jetzt legen wir durch ein Tupelprotokoll fest, wie der Preis von der Anzahl abhängt. Über den Pfeil schreiben wir danach einen Namen für die Preisfunktion: $(x_1) \xrightarrow{p} (0, 3 \cdot x_1)$. Als Kurzschreibweise für das Festlegen von Namen für Funktionen und deren Wirkungsweise hat sich durchgesetzt: $p(x_1) = 3 \cdot x_1$. Man nennt solch eine Gleichung eine Funktionsgleichung. Diese liest man so: „p von x_1 gleich $3 \cdot x_1$“.
>
> Will man in der Tupelschreibweise den Preis der Erbpacht für 1626 Quadratmeter berechnen, ersetzt man die Variable x_1 durch die Zahl 1626. Genau so gehen wir mit der Funktionsgleichung um: $p(1626) = 3 \cdot 1626$. So sieht jeder, dass man für 1626 Quadratmeter $3 \cdot 1626$ Euro, also 4878 Euro an Erbpacht im Jahr bezahlen muss.
> (Cohors-Fresenborg und Kaune, 2008, S. 66f.)

Nach der Einführung des Funktionsbegriffs werden in einem Rückblick die geschriebenen Programme unter einem anderen Blickwinkel betrachtet. Durch ein Programm wird den Eingabewerten eines Eingabetupels eindeutig ein Ausgabewert zugeordnet. Durch den Rückblick in die drei Modellwelten werden die mit der Handhabung von Funktionen verbundenen Begriffe mit Inhalt gefüllt: So sind beispielsweise in der Modellwelt der RM-Programme die Zahlen, die vor der Ausführung eines RM-Programms in die Register eingegeben werden die Argumente; der Funktionswert ist die Zahl, die am Ende der Rechnung in einem vorab festgelegten Register abzulesen ist. Auch Begriffe wie „Variable“ und „Stellenzahl“ verlieren für die Schüler den rein abstrakten Charakter. Durch die Handhabung von Funktionen entwickeln die Schüler ein Verständnis dafür, was eine Funktion ist. Durch das Handeln gewinnen sie geeignete Vorstellungen über die gehandhabten Begriffe.

Die Schüler sind in der Lage, Programme zur Beschreibung von Abbildungen der Art $f : \mathbb{N}^m \to \mathbb{N}^k; m > 0, k > 0$ mit $f(x_1, \ldots, x_m) = (f_1(x), \ldots, f_k(x)), x \in \mathbb{N}^m$ zu konstruieren. Als Funktionen werden die Abbildungen bezeichnet, deren Ausgabetupel einstellig ist. Argumente können dabei n-Tupel mit mehr als einer Komponente sein.

3.4.5 Modellbildung mit Funktionen

3.4.5.1 Modellierungsaufgaben mit einstelligen Funktionen

Mit Hilfe von Funktionen werden zunächst Preise (auch beim Kauf von mehreren unterschiedlichen Waren) und aus Alltag bekannte Zusammenhänge zwischen Größen (z. B. Vergleich der Anzahl von Getränkepackungen mit unterschiedlichen Volumenina) beschrieben. Im Blumschen Sinne (Blum, 2007) handelt es sich hier um einfache Modellierungsaufgaben: Ein gegebener realitätsnaher Sachverhalt wird in ein bekanntes mathematisches Modell überführt. Vom Schwierigkeitsgrad her sind es einfache Aufgaben, bei denen der Modellierungsprozess einschrittig (Neubrand, 2004, S. 243) ist. Sie gehören somit in der Mehrzahl zur PISA-Kompetenzklasse 2A. Vereinzelt werden auch Teilaufgaben, die zur Kompetenzklasse 1B (Neubrand et al., 2001) gehören, zur Bearbeitung vorgelegt.

Bei der Bearbeitung dieser Aufgaben ist die Handhabung von Funktionen und Funktionsgleichungen in den meisten Fällen mit der Handhabung von RM-Programmen verbunden. Durch Konstruieren, Analysieren und Vergleichen von RM-Programmen und Funktionsgleichungen sowie durch verbale Präzisierungen und schriftliche Formalisierung wird der Werkzeugcharakter von Funktionen geschärft. Die mit der Verwendung von RM-Programmen und den zugehörigen Funktionen verbundenen Vorstellungen und die zu organisierenden Denkhandlungen führen zum besseren Verständnis funktionaler Abhängigkeit. Um dieses Verständnis bei Lernenden aufzubauen, ist zu beachten, dass die konzipierten Modellierungsaufgaben nicht von alleine wirksam werden können. Bei der Analyse, Besperechung und Bearbeitung der Aufgaben ist der Fokus auf das Erkennen, Erklären und Darstellen funktionaler Zusammenhänge als auch auf das Thematisieren der mit diesen Zusammenhängen verbundenen (Modell-)Vorstellungen zu legen. Ein Klassengespräch zur Besprechung solcher Aufgaben sollte daher nicht auf eine unbegründete Bewertung der aufgestellten formalen Darstellungen eingeschränkt werden.

Zu den einfachen Modellierungsaufgaben gehört beispielsweise die folgende:

Aufgabe: Frau Müller möchte für den Ausflug Getränke kaufen. Sie benötigt 3 Liter Saft. Im Geschäft gibt es aber nur noch 0,25 Liter-Päckchen.

a) Schreibe eine Funktionsgleichung auf, mit der Frau Müller die Anzahl der benötigten kleineren Päckchen ausrechnen kann.
Ergänze: $\mathsf{a}(\mathsf{x}_1) =$ ____________________

a soll der Name der Funktion sein, mit der die Anzahl der kleinen Päckchen berechnet wird.

x_1: Anzahl der Liter, die Frau Müller kaufen will.

b) Berechne mit dieser Funktionsgleichung die von Frau Müller benötigte Anzahl. Ergänze: a(____________________

(Cohors-Fresenborg und Kaune, 2008, S. 77)

Die Aufgabenstellung verlangt von den Schülern nicht nur, die von Frau Müller benötigte Anzahl der Saftpackungen zu bestimmen, sondern zunächst eine Funktionsgleichung aufzustellen, mit der die funktionale Abhängigkeit zwischen der Anzahl der kleinen Saftpackungen und der in Litern bestimmten Saftmenge beschrieben wird. Mit dieser Funktionsgleichung soll dann die Anzahl der benötigten Saftpackungen bestimmt werden.

Die nach dem hier beschriebenen Konzept unterrichteten Schüler stellen mit Hilfe einer Funktionsgleichung ihre Vorstellungen dar, die sie beim Interpretieren des Aufgabentextes aufgerufenen haben. Eine Schülerlösung zu dem ersten Aufgabeteil kann so aussehen: $a(x_1) = 4 \cdot x_1$. Die von Frau Müller benötigte Anzahl der Saftpackungen wird im zweiten Aufgabenteil als der Funktionswert der Funktion a für das Argument 3 bestimmt: Für die Variable x_1 in der Funktionsgleichung ist der Wert 3 einzusetzen. So kommt man zu folgender Darstellung $a(3) = 4 \cdot 3$. Der Funktionswert beträgt 12 und ist als die Anzahl der benötigten Saftpackungen zu interpretieren.

Bei der Bearbeitung der zuvor dargestellten Aufgabe werden nicht nur einfache Rechentechniken gefordert. Um funktionales Denken der Lernenden – im Sinne der Meraner Reform – zu entwickeln, bedarf es Aufgabenstellungen, die die Sensibilität der Schüler für funktionale Abhängigkeiten und ihr Empfinden für die Komplexität funktionaler Zusammenhänge fördern. Im Sinne der Meraner Reform zeigt sich funktionales Denken u. a. darin, dass man sich mit dem Einfluss veränderlicher Größen abfinden, funktionale Abhängigkeiten entdecken und beschreiben kann (Inhetveen, 1976, S. 171). Das funktionale Denken beinhaltet die Fertigkeit, die umgebende Erscheinungswelt mathematisch zu betrachten, indem Sachverhalte und Umweltsituationen mit Hilfe von Funktionen mathematisiert und formalisiert werden. Aus den so erhaltenen formalen Darstellungen können durch den Einsatz von mathematischen Lehrsätzen „problemklärende und -lösende Folgerungen“ gezogen werden (ebd., S. 156). Die für das durchgeführte Projekt konzipierten Modellierungsaufgaben sind daher in der Mehrheit so gestaltet, dass sie von den Lernenden explizit eine präzise Darstellung funktionaler Zusammenhänge erfordern. Beim Bearbeiten solcher Aufgaben kommt Funktionen (mehrer Veränderlicher) die Rolle einer geistigen Schnittstelle zwischen intuitiv wahrgenommener und verstandener Welt und abstrakter, anwendungsorientierter Mathematik (vgl. Kaune (1995)) zu. In der folgenden Aufgaben sollen Lernende Funktionen und RM-Programme zum Berechnen von Preisen benutzen.

Aufgabe: Die Schwimm-Oase hat sich einen Eisautomaten für den Sommer gekauft. Im Angebot sind:

1 Maknum für 2 Euro
1 Kornettoh für 1 Euro
Pfutschfinger - im Doppelpack - für 2 Euro
Wassereis - im Dreierpack - für 1 Euro
1 Senioreis für 3 Euro

a) Verbinde jedes Angebot mit einem RM-Programm, das zum Berechnen des Preises geeignet ist. Im ersten Register steht die Anzahl der gekauften Eisportionen (nicht die der Eispackungen).

1 Maknum für 2 Euro	$({}_1S_1A_2)$
	$({}_1S_1S_1A_2)$
1 Kornettoh für 1 Euro	$({}_1S_1A_2A_2)$
	$({}_1S_1S_1S_1S_1A_2A_2A_2A_2)$
Pfutschfinger - im Doppelpack - für 2 Euro	$({}_1S_1S_1A_2A_2)$
	$({}_1S_1)A_2$
Wassereis - im Dreierpack - für 1 Euro	$({}_1S_1A_2A_2A_2)$
	$({}_1S_1S_1S_1A_2)$
1 Senioreis für 3 Euro	$A_2A_2A_2$

b) Die fünf Angebote legen jeweils eine Preisfunktion fest. Fülle die folgende Tabelle aus.

Eissorte	Funktionsgleichung	Tupelschreibweise
	$p(x_1) = x_1$	
		$(x_1) \xrightarrow{p} (0, \frac{x_1}{3})$
Pfutschfinger		
	$p(x_1) = 3 \cdot x_1$	

c) Schreibe zugehörige Tupelprotokolle auf:

- Herbert lädt seine Freundin Erika ein, indem er zwei Pfutschfinger kauft:
- Lilo kauft für ihre Klasse 30 Wassereis:

- Herr Müller kauft für seine Familie 4 Maknum:

d) Hans hat in der Schwimm-Oase Eis gekauft. Folgende Zeile beschreibt seinen Einkauf: $\mathsf{p}(4) = 4$. Was hat er am Eisautomaten gekauft? Erkläre.

(Cohors-Fresenborg und Kaune, 2008, S. 68f.)

Im ersten Aufgabeteil dieser Aufgabe sollen die gegebenen Angebote mit geeigneten RM-Programmen zum Berechnen der Preise verbunden werden. Beim Betrachten der einzelnen Angebote werden in den Köpfen der Schüler Handlungen aufgerufen und organisiert und dazu wird ein passendes RM-Programm gesucht oder umgekehrt: Es werden zunächst die RM-Programme interpretiert und dann wird untersucht, ob die dadurch aufgerufenen Handlungen zu einem gegebenen Angebote passen.

Soll ein Schüler ein geeignetes RM-Programm für das erste Angebot (1 Maknum für 2 Euro) finden, so ist zu vermuten, dass er zunächst in seinen Gedanken Handlungen zum Beschreiben des Angebots organisiert. Die Erfahrung zeigt, dass es Schüler gibt, die sich diese Art von Sachverhalten bildhaft an der Registerkiste vorstellen, bevor sie ein passende formale Darstellung finden: Im ersten Fach der Registerkiste liegt eine beliebig, fest gewählte Anzahl von Maknum, im zweiten Fach der Registerkiste wird das für diese Anzahl von Maknum zu bezahlende Geld gesammelt. Solange das erste Fach nicht leer ist, nimmt der Schüler aus diesem Fach ein Maknum raus und legt dafür in das zweite Fach der Registerkiste ein Euro und noch ein Euro. Diese erste bildhafte Überlegung steht im Widerspruch zu dem Konzept der Registerkiste, in der nur Stäbchen, und nicht unterschiedliche Objekte, gespeichert werden können. Sie wird aber nur als ein metaphorisches Bezugssystem aufgerufen, anschließend zu einer abstrakteren Form präzisiert und in einer Tupelschreibweise dargestellt. Diese in den Gedanken aufgerufenen und organisierten Handlungen sind ein gewünschtes Ergebnis der Handlungsorientierung bei der Fundierung des Funktionsbegriffs. Andere Schüler werden hingegen ihre Vorstellungen bildhaft in einem anderen Kontext organisieren, z. B. an dem Eisautomaten, dem man eine beliebig, fest gewählte Anzahl der zu kaufenden Eisportionen angibt und der für diese Anzahl den zu bezahlenden Preis berechnet und anzeigt. Die vorgestellten Handlungen bilden Kernstücke des RM-Programms, das so aussehen kann $({}_1S_1A_2A_2)$. Im ersten Register wird der Eingabewert für die Anzahl der Eisportionen gespeichert. Im zweiten Register ist nach der Ausführung des RM-Programms der für diese Anzahl der Eisportionen zu bezahlende Preis abzulesen. Das Programm bewirkt Folgendes: Solange das erste Register nicht leer ist, wird folgende Kette von Rechenschritten ausgeführt: Im ersten Register wird um eins rückwärtsgezählt, im zweiten Register wird zwei Mal nacheinander vorwärtsgezählt. Nach der Ausführung dieses Programms ist das erste Register leer, im zweiten Register steht als Ergebnis das Doppelte des Eingabewertes aus dem ersten Register.

Im zweiten Aufgabenteil sollen für jedes Angebot sowohl eine geeignete Funktionsgleichung geschrieben als auch die Wirkung dieser Funktion in der Tupelschreibweise dargestellt werden. Die Bearbeitung des Aufgabenteils b ist eine Fortsetzung des kognitiven Prozesses, der durch die Schüler im ersten Aufgabenteil initiiert wurde: Die Tupelschreibweise ist eine Darstellung der Registerinhalte vor und nach der Ausführung des RM-Programms, so wie es in 3.4.3 erläutert wurde. Nimmt ein Schüler in seinen Gedanken die Registerkiste zu Hilfe, um seine Vorstellungen über die gegebenen Angebote zu strukturieren – so wie es in den Anmerkungen zu dem ersten Aufgabenteil beschrieben wurde –, so ist für ihn die Tupelschreibweise eine formale Darstellung für den durchgelaufenen gedanklichen Prozes des Organisierens von Handlungen. Für das erste Angebot (1 Maknum für 2 Euro) sieht die Lösung zu dem zweiten Aufgabenteil in der Tupelschreibweise wie folgt aus: $(x_1) \xrightarrow{p} (0, 2 \cdot x_1)$, als Funktionsgleichung notiert: $p(x_1) = 2 \cdot x_1$, x_1 steht dabei für die Anzahl der Maknumportionen.

Die Tupeldarstellungen aus dem Aufgabenteil b werden im nächsten Aufgabenteil benutzt, um funktionale Abhängigkeiten zwischen der konkreten Anzahl der Eisportionen und dem zu bezahlenden Preis darzustellen. Von den Lernenden wird die Fertigkeit verlangt, Argumente für Variablen einzusetzen. Das zugehörige Tupelprotokoll für den Kauf von 4 Maknum sieht so aus: $(4) \longrightarrow (0, 2 \cdot 4)$.

Die Bearbeitung des Aufgabenteils f erfordert andere geistige Tätigkeiten als die vorstehenden Aufgabenteile: Die vorliegende Funktionsgleichung ist als Beschreibung einer Einkaufssituation zu interpretieren (für vier Stück gekaufter Eisportionen wurde vier Euro bezahlt). Für die der Einkaufssituation zu Grunde liegenden funktionalen Abhängigkeit muss eine geeignete Funktionsgleichung gewählt werden. Eine besondere Schwierigkeit liegt darin, dass die Lösung nicht eindeutig ist: Die Funktionsgleichung kann den Kauf von 4 Kornettoh oder von 4 Pfutschfingern beschreiben.

3.4.5.2 Darstellung mehrstelliger Funktionen

Im Anschluss an die oben gezeigte Aufgabe werden die Schüler aufgefordert, ein RM-Programm zur Berechnung der Preise aufzustellen, wenn man gleichzeitig von allen Eissorten Portionen kauft. Dieses kann nicht einfach durch das Aneinanderhängen der RM-Pogramme aus dem Aufgabenteil a erstellt werden, weil es notwendig ist, die Anzahlen der Eisportionen verschiedener Sorten in unterschiedlichen Registern zu speichern. Nimmt man für die fünf in der Aufgabenstellung genannten Eissorten fünf Register, so können im Register 1 die Anzahl von Maknum, im Register 2 die Anzahl von Kornettoh, im Register 3 die Anzahl von Pfutschfinger, im Register 4 die Anzahl von Wassereis und im Register 5 die Anzahl von Senioreis gespeichert werden. Der zu bezahlende Preise ist nach der Ausführung des zu erstellenden RM-Programms im Register 6 abzulesen. Ein geeignetes RM-Programm kann dann so aussehen:
$({}_1S_1A_6A_6)({}_2S_2A_6)({}_3S_3S_3A_6A_6)({}_4S_4S_4S_4A_6)({}_5S_5A_6A_6A_6)$
Die Teilprogramme werden nacheinander für jede Eissorte geschrieben. Bei der Ausführung des Programms werden die Teilprogramme nacheinander ausgeführt. Die Wirkung des RM-Programms beschreibt folgende Tupelschreibweise:

$$(x_1, x_2, x_3, x_4, x_5) \xrightarrow{({}_1S_1A_6A_6)({}_2S_2A_6)({}_3S_3S_3A_6A_6)({}_4S_4S_4S_4A_6)({}_5S_5A_6A_6A_6)}$$

$$(0, 0, 0, 0, 0, 2 \cdot x_1 + x_2 + 2 \cdot \tfrac{x_3}{2} + \tfrac{x_4}{3} + 3 \cdot x_5)$$

Nachdem in den Köpfen der Schüler zur Beschreibung der Einkaufssituation Handlungen aufgerufen, organisiert und präzisiert worden sind, kann die Wirkung des RM-Programms mit Hilfe einer 5-stelligen Funktion notiert werden. Die in der Aufgabe beschriebene Situation wird genutzt, um die Darstellung mehrstelliger Funktionen einzuleiten und deren Handhabung einzuüben:

> Wir hatten bisher eine Preisfunktion angegeben, wenn man **eine** Sache kauft. Du hast aber auch schon RM-Programme für den Kauf von **mehreren** Sachen geschrieben. Auch dazu kann man eine Preisfunktion aufschreiben. Für die vorstehende Aufgabe lautet die Preisfunktion:
> $p(x_1, x_2, x_3, x_4, x_5) = 2 \cdot x_1 + x_2 + 2 \cdot \frac{x_3}{2} + \frac{x_4}{3} + 3 \cdot x_5$
>
> Diese Preisfunktion erlaubt es, an **fünf** Stellen Anzahlen für Sachen einzutragen. Deswegen sagen wir, dass diese Preisfunktion **fünf**stellig ist.
>
> (Cohors-Fresenborg und Kaune, 2008, S. 71)

Diese Einführung mehrstelliger Funktionen greift die bereits vorhandenen Vorstellungen der Schüler von funktionalen Zusammenhängen und deren Erfahrungen im Darstellen dieser Zusammenhänge auf. Formale Darstellungen werden dadurch mit Inhalt gefüllt und in einer Art und Weise den Schülern bereitgestellt, die das Verstehen sowie eine sinnhafte Handhabung und Anwendung dieser Werkzeuge ermöglicht.

3.4.5.3 Modellierungsaufgaben mit mehrstelligen Funktionen

Die Sicherheit bei der Benutzung von mehrstelligen Funktionen erlaubt den Schülern, auch Modellierungsaufgaben zu bearbeiten, deren Schwierigkeitsgrad weit über dem üblichen Niveau des Realschulmathematikunterrichts liegt und bei denen der Modellierungsprozess mehrschrittig ist (Neubrand, 2004, S. 246), wie z. B. Aufgaben, bei deren Lösung gleiche Schritte mehrfach vorzunehmen oder zu kombinieren sind. Diese gehören demnach in der Mehrzahl zur PISA-Kompetenzklasse 2B (Neubrand et al., 2001).

Kennzeichnend für viele solche Aufgaben der Unterrichtsreihe „Von Anweisungen zu Funktionen“ ist, dass sie aus mehreren Aufgabenteilen bestehen. Der Kern dieser Aufgaben besteht aus einem komplexen, mathematischen, umgangssprachlich formulierten Aufgabentext. Bei der Bearbeitung dieser Aufgaben erfahren die Schüler, dass Funktionen tragfähige mathematische Modelle zum Erfassen und Verstehen komplexer Sachverhalte liefern. Folgende Aufgabe verlangt zur Lösung den Einsatz von mehrstelligen Funktionen.

Aufgabe: In den bevorstehenden Sommerferien möchte das Ehepaar Schulte mit ihren zwei erwachsenen Kindern und ihrem Labrador einen vierzehntägigen Urlaub auf einer Nordseeinsel verbringen. Sie haben sich für Borkum entschieden. Zwei Angebote kommen in die engere Wahl.[5]

Ferienwohnanlage Seeblick	*Appartments am Nordstrand*
Mietpreis pro Tag: 75 Euro	Mietpreis pro Woche: 504 Euro
Kosten für Endreinigung: 90 Euro	Kosten für Endreinigung: 100 Euro
Haustier pro Tag: 5 Euro	Haustier: einmalig 55 Euro

Für die Fähre von Eemshaven nach Borkum zahlen sie für die Hin- und Rückfahrt pro Erwachsenen 28 Euro; pro Kind unter 16 Jahren 15 Euro; die Überfahrt pro Haustier, ihren Hund, kostet 8 Euro.

a) Stell dir vor, die Kurverwaltung hat im Internet einen Preiskalkulator für Ferienwohnungen. Auf dem Kalkulator gibt es Leerstellen, in die man Zahlen eintragen kann:
x_1: Anzahl der Urlaubstage
x_2: Anzahl der Haustiere
Für jedes Angebot kann man den passenden Mietpreiskalkulator anklicken. Wenn man die Leerstellen ausgefüllt hat, zeigt er den Preis an. Hinter dem Preiskalkulator verbirgt sich eine Funktionsgleichung, in die Variablen werden die Werte eingesetzt, die der Interessent eingegeben hat, dann wird der Funktionswert ausgerechnet und auf dem Bildschirm als Mietpreis angezeigt.
Schreibe für beide Angebote die passende Funktionsgleichung:

Ferienwohnanlage Seeblick:
$p_{\text{Seeblick}}(x_1, x_2) =$ ______________________________

Appartments am Nordstrand:
$p_{\text{Nordstrand}}$ ______________________________

b) Ermittle mit deinen Funktionsgleichungen die Preise, die Familie Schulte zu zahlen hätte.
Preis für den Urlaub in der Ferienwohnanlage Seeblick:
$p_{\text{Seeblick}}(14, 1) =$ ______________________________

Preis für den Urlaub in einem Appartment am Nordstrand:
$p_{\text{Nordstrand}}$ ______________________________

[5] In der Darstellung dieser Aufgabe ist der für die Schülerantworten im Schülerbuch vorgesehene Platz nicht berücksichtigt.

c) Welches Angebot ist für diese Familie das günstigere? ____________

____

d) Frau Schulte bittet ihre Tochter auszurechnen, welches Angebot günstiger ist. Ihr Mann erwidert: „Das reicht noch nicht. Wir müssen die Kosten für die Überfahrt auch noch berücksichtigen.“ Ermittle wie viel die Familie für Überfahrt und Miete in beiden Fällen zahlen muss:
Seeblick ______________________________________

Nordstrand ____________________________________

e) Familie Schulte ist der Gesamtpreis zu hoch, daher erwägen sie, nur eine Woche nach Borkum zu fahren. Welches Angebot sollten sie wählen?

f) Überprüfe deine Empfehlung mittles der Funktionsgleichungen aus Aufgabenteil a:
Preis für den einwöchigen Urlaub in der Ferienwohnanlage Seeblick:
$\mathsf{p}_{\mathsf{Seeblick}}(7, 1) =$ ______________________________
Preis für den einwöchigen Urlaub in einem Appartment am Nordstrand:
$\mathsf{p}_{\mathsf{Nordstrand}}$ ______________________________

g) Auch die Fährlinie benutzt zur berechnung der Preise Computerprogramme. Entwickle eine passende Funktionsgleichung:
$\mathsf{p}_{\mathsf{Fahrt}}(\mathsf{x}_1, \mathsf{x}_2, \mathsf{x}_3) =$ ______________________________

x_1: Anzahl der Erwachsenen
x_2: Anzahl der Kinder unter 16 Jahre
x_3: Anzahl der Haustiere

h) Ermittle mit vorstehender Funktionsgleichung die Kosten für die Überfahrt von Familie Schulte:

i) Die Touristeninformation ist der Meinung, dass die Kunden einen einzigen Kalkulator wünschen, mit dem sie den Preis für die Wohnung einschließlich der Überfahrt ausrechnen können. Die Touristeninformation bittet die Softwarefirma, dies zu erledigen. Schreibe du dies für einen Aufenthalt in der *Ferienwohnanlage Seeblick* auf und teste deine Funktionsgleichung.

(Cohors-Fresenborg und Kaune, 2008, S. 75ff.)

Diese Aufgabe stellt an die Schüler die Anforderung, mittels Funktionsgleichungen mehrstelliger Funktionen gegebene Sachverhalte zu beschreiben, Werte für Variablen einzusetzen, mit den Funktionsgleichungen Preise für konkrete Argumente auszurechnen und diese Funktionswerte zu interpretieren. Bezogen auf den benötigten rechnerischen Aufwand ist diese Aufgabe komplex.

Im Aufgabenteil a besteht die Schwierigkeit, dass ein identisches Argumenttupel für zwei Funktionsgleichungen benutzt werden muss, wobei die mit diesen Funktionsgleichungen zu beschreibenden Sachverhalte durch unterschiedliche Maßstäbe bestimmt sind: Beispielsweise ist der Mietpreis in der Wohnanlage Seeblick pro Tag, in den Appartments am Nordstrand hingegen pro Woche festgelegt. Unterschiede bestehen auch bei den Preisen für die Mitnahme der Haustiere: in der Wohnanlage Seeblick hängt dieser Preis von der Anzahl der mitgenommenen Haustiere und von der Anzahl der Urlaubswochen ab, in den Appartments am Nordstrand hingegen nur von der Anzahl der mitgenommenen Haustiere. Eine Schülerlösung zu dem Aufgabenteil a kann so aussehen:

$$p_{Seeblick}(x_1, x_2) = 75 \cdot x_1 + 90 + 5 \cdot x_2 \cdot x_1$$
$$p_{Nordstrand}(x_1, x_2) = 504 \cdot \frac{x_1}{7} + 100 + 55 \cdot x_2$$

Bei diesen Darstellungen sind die Definitionsbereche für die Variablen x_1 und x_2 genauer zu erklären. Bei keiner der Aufgabenteile wird die Angabe der Definitionsbereiche explizit verlangt. Dennoch ist besonders bei der Besprechung der Aufgabe im Klassengespräch darauf einzugehen. Beispielsweise ist es im Aufgabenteil a zu beachten, dass im Angebot „Appartments am Seeblick“ der zu bezahlende Preis für die Miete in Abhängigkeit von der Anzahl der Urlaubswochen genannt aber in Abhängigkeit von der Anzahl der Urlaubstage formalisiert ist. Wird für x_1 die Anzahl der Urlaubstage eingesetzt, so kann es nur eine durch 7 teilbare Zahl sein. Für weitere Fälle (für eine unvollständige Urlaubswoche) ist das Angebot im Aufgabentext nicht präzisiert.

Im zweiten Aufgabenteil sollen mit den bereits aufgestellten Funktionsgleichungen die entsprechenden Preise für den Urlaub der Familie Schulte ermittelt werden. Für die Variablen in den Funktionsgleichungen in a müssen entsprechende Werte eingesetzt werden. Diese sind dem Aufgabentext zu entnehmen. Der Urlaub ist für 14 Tage geplant (für die Variable x_1 ist der Wert 14 einzusetzen), mitgenommen wird ein Haustier (für die Variable x_2 ist der Wert 1 einzusetzen). Nach dem Einsetzen der Werte für die Variablen erhält ein Schüler folgende Funktionsgleichungen:

$$p_{Seeblick}(14, 1) = 75 \cdot 14 + 90 + 5 \cdot 1 \cdot 14$$
$$p_{Nordstrand}(14, 1) = 504 \cdot \frac{14}{7} + 100 + 55 \cdot 1$$

Die Funktionswerte sind:

$$p_{Seeblick}(14, 1) = 1210$$
$$p_{Nordstrand}(14, 1) = 1163$$

Die zu zahlenden Preise für den vierzehntägigen Urlaub liegen bei dem ersten Angebot bei 1210 Euro und bei dem zweiten bei 1163 Euro. Das Angebot der Ferienwohnanlage Seeblick ist also für die Familie das günstigere ist.

Im Aufgabenteil d soll ermittelt werden, wie viel die Familie für die Überfahrt und Miete in beiden Fällen bezahlen muss. Die zu zahlenden Preise für die Miete sind dem vorstehenden Aufgabenteil b zu entnehmen. Es müssen noch die Kosten für die Überfahrt berechnet werden. Hierfür müssen für die Mitglieder der Familie Schulte und für ihren Hund entsprechende Kosten für die Fahrkarten ermittelt werden. Eine Schwierigkeit besteht darin, für die zwei erwachsenen Kinder der Familie Schulte Preise für „Erwachsene“ und nicht Preise für „Kinder unter 16 Jahre“ zu betrachten. Die Überfahrtkosten sind für 4 Erwachsene und ein Haustier zu berechnen. Diese betragen $(4 \cdot 28 + 8)$ Euro also 120 Euro. Insgesamt ergeben sich für die Familie Schulte folgenden Kosten für die Miete und für die Überfahrt:

$$Seeblick : 1210 + 4 \cdot 28 + 8 = 1210 + 120, \quad 1210 + 4 \cdot 28 + 8 = 1330$$

$$Nordstrand : 1163 + 4 \cdot 28 + 8 = 1163 + 120, \quad 1163 + 4 \cdot 28 + 8 = 1283$$

Die Kosten für die Miete für einen vierzehntägigen Urlaub und für die Überfahrt liegen bei dem ersten Angebot bei 1330 Euro und bei dem zweiten bei 1283 Euro.

Beim Aufgabenteil e ist es zu erwarten, dass die Schüler das Angebot in den Appartmens Nordstrand als das günstigere für einen siebentägigen Urlaub der Familie Schulte vorschlagen, und zwar mit der Überelgungen, dass die Kosten für einen siebentägigen Urlaub die Hälfte der Kosten für einen vierzehntägigen Urlaub ausmachen. Nun zeigen folgende Berechnungen im Aufgabenteil f, dass das nicht der Fall ist:

$$p_{Seeblick}(7, 1) = 75 \cdot 7 + 90 + 5 \cdot 1 \cdot 7, \quad p_{Seeblick}(7, 1) = 650$$

$$p_{Nordstrand}(7, 1) = 504 \cdot \tfrac{7}{7} + 100 + 55 \cdot 1, \quad p_{Nordstrand}(7, 1) = 659$$

Die zubezahlenden Preise für den siebentägigen Urlaub liegen bei dem ersten Angebot bei 650 Euro und bei dem zweiten bei 659 Euro.

Für einen 14-tägigen Urlaub ist für die Familie Schulte die Ferienwohnanlage Nordstrand das günstigere Angebot, aber für einen Urlaub von nur 7 Tagen ist dies nicht der Fall. Dies ist für die Schüler unerwartet und liefert einen kognitiven Konflikt. Eine Analyse der in dem Aufgabenteil a aufgestellten Funktionsgleichungen, in denen die wesentlichen Variablen der beiden Angebote erfasst sind, lässt diesen Konflikt verständnisvoll lösen. Die Funktionsgleichung stellt also einen problemklärenden Ansatz.

Die Bearbeitung des Aufgabenteils g erfordert wieder die Fertigkeiten der Lernden, einen komplexen Sachverhalt mit Hilfe eine Funktionsgleichung darzustellen. Eine Schülerlösung kann so aussehen:

$$p_{Fahrt}(x_1, x_2, x_3) = 28 \cdot x_1 + 15 \cdot x_2 + 8 \cdot x_3$$

Mit Hilfe dieser Funktionsgleichung sollen die Kosten für die Überfahrt der Familie ermittelt werden:

$$p_{Fahrt}(4, 0, 1) = 28 \cdot 4 + 15 \cdot 0 + 8 \cdot 1, \quad p_{Fahrt}(4, 0, 1) = 120$$

Der zu bezahlende Betrag für die Überfahrt ist 120 Euro.

Der Aufgabenteil i ist eine Fortsetzung des kognitiven Prozesses, den die Schüler beim Bearbeiten der Aufgabenteile a und g initiert haben. Um die Argumente der gesuchten Funktionsgleichung zu bestimmen, müssen die Lernenden nicht von Anfang an den Aufgabentext analysieren: Schüler, die die Fertigkeiten haben, formale Darstellungen zu analysieren und aus den formalen Darstellungen Informationen über die Komplexität der formal beschriebenen Sachverhalte zu entnehmen, nehmen die zu a und g formal notierten Funktionsgleichungen als Ansatzpunkte zur Bearbeitung des Aufgabenteils i. Die Formalisierungskompetenzen der Lernenden sind bei der Bearbeitung des Aufgabenteils hilfreich, denn sie entlasten den kognitiven Prozess wesentlich. Ein Rückgriff auf die in a und in g notierten Funktionsgleichungen führt die Schüler zu dem Schluss, dass die bei i aufzustellende Funktionsgleichung vierstellig ist. Eine Schülerlösung für das Angebot der Ferienwohnanlage Seeblick kann so aussehen:

x_1: Anzahl der Urlaubswochen

x_2: Anzahl der Haustiere

x_3: Anzahl der Erwachsenen

x_4: Anzahl der Kinder unter 16 Jahre

$p_{SeeblickFahrt}(x_1, x_2, x_3, x_4) = 75 \cdot x_1 + 90 + 5 \cdot x_2 \cdot x_1 + 28 \cdot x_3 + 15 \cdot x_4 + 8 \cdot x_2$

Diese Funktionsgleichung soll noch getestet werden. Eine Möglichkeit besteht darin, für die Argumente der Funktionsgleichung die Werte einzusetzen, die im Aufgabenteil d zum Ausrechnen der Preise für einen vierzehntägigen Urlaub gonommen wurden:

$p_{SeeblickFahrt}(14, 1, 4, 0) = 75 \cdot 14 + 90 + 5 \cdot 1 \cdot 14 + 28 \cdot 4 + 15 \cdot 0 + 8 \cdot 1,$

$p_{SeeblickFahrt}(14, 1, 4, 0) = 1330$

Der Funktionswert stimmt mit dem in d ausgerechneten Wert überein. Wäre das nicht der Fall, so müsste nach Fehlern gesucht werden. Ein Blick auf die zu den Aufgabenteilen d und i durchgeführten Rechnungen zeigt Vorteile einer formalen Darstellung zum Ermitteln der Kosten: Beim Formalisieren der beschriebenen Situation hat ein Schüler den Einfluss veränderlicher Größen erfasst und beschrieben. Der kognitive Aufwand zum Ermitteln der Kosten für konkrete Werte wird dadurch verringert.

Die Erfahrung aus dem Einsatz dieser Aufgabe im Unterricht zeigt, dass die Kompetenzen der Realschüler, die nach dem hier beschriebenen Konzept unterrichtet wurden, den Anforderungen der Aufgabe genügen. Diese für die Schüler zwar künstlich konstruierte Aufgabe (als Argumente treten nur natürliche Zahlen auf) erweckt bei ihnen einen realitätsnahen Eindruck. Sie kennen aus ihrer Lebensumwelt, dass Mietangebote unterschiedlich konstruiert werden. Durch die Modellvorstellung der Registermaschine haben sie auch eine mentale Modellvorstellung davon, was sich hinter einem Preiskalkulator im Internet verbirgt. Die Anforderung zum Formalisieren empfinden die Schüler nicht als aufgezwungen und ihre Erfolge bei der Bearbeitung dieser Aufgabe erleben sie mit Stolz.

3.4.5.4 Rechengeschichten

Ein anderes didaktisches Arrangement, in das Lernende versetzt werden, um ihre funktionale Sichtweise beim Präzisieren eines Aufgabentextes zu fördern und um Funktionen als ein nützliches Werkzeug zur Darstellung ihres intuitiven Wissens anwenden zu können, bilden die so genannten „Rechengeschichten“ wie z. B.:

Aufgabe: Ergänze:

(Cohors-Fresenborg und Kaune, 2008, S. 87)

Umgangssprachlich vorgelegte Rechengeschichten werden einerseits formal dargestellt und andererseits werden für gegebene formale Darstellungen geeignete Rechengeschichten gesucht. Anders als bei der üblicherweise im Mathematikunterricht realisierten Vorgehensweise, besteht hier – auf Grund der Verfügbarkeit von mehrstelligen Funktionen – die Möglichkeit, auch Rechengeschichten mit mehreren „gedachten Zahlen“ zu formalisieren. Die folgende Aufgabe zeigt eine Rechengeschichte, für die eine Funktionsgleichung mit zwei Variablen aufgestellt werden muss.

Die nach diesem Konzept unterrichteten Schüler zeichnen sich dadurch aus, dass sie auch in diesem Kontext indizierte Variablen benutzen: $(x_1 + 3) \cdot x_2$. Dabei haben sie den Vorteil, dass sie ein mentales Modell zu einer beschriebenen Rechengeschichte aufrufen können und in diesem Modell ihre Vorstellung von der Rechengeschichte zunächst strukturieren und sinnstiftend präzisieren können, bevor sie zur Formalisierung durchschalten: Die Registerkiste und ihre abstrakte Darstellung ermöglichen das gedankliche Hantieren mit unbekannten Zahlen. Wenn sich ein Schüler eine gedachte Zahl als Inhalt eines Registers vorstellt, kann er mit diesem Inhalt Rechenoperationen fiktiv ausführen. Dank der Benutzung indizierter Variablen ergibt sich auch der Vorteil, dass bei falscher Formalisierung Fehler leichter zu finden, zu analysieren und zu reflektieren sind (vergleiche dazu die Vor- und Nachteile unterschiedlicher Namen für Variablen, die auf Seite 80 diskutiert wurden).

Auch in den eingeführten Schulbüchern für den Realschulunterricht sind Rechengeschichten zu finden, vielfach in höherer Jahrgangsstufe. So findet man in dem an der Versuchsschule für den regulären Unterricht eingeführten Buch (Böttner et al., 2006, S. 88) solche Rechengeschichten natürlich nur einstellig.

3.4.5.5 Übergang zu Funktionen mit Argumenten aus $\mathbb{Q}$

Bei der Bearbeitung realitätsnaher Modellierungsaufgaben in der Jahrgangsstufe 6 werden oft für Argumente Dezimalzahlen eingesetzt. Da Funktionen zur Beschreibung der Wirkung von RM-Programmen eingeführt wurden, könnte man meinen, dass die Schüler nur Funktionen handhaben können, deren Definitionsbereich auf die natürlichen Zahlen eingeschränkt ist. Das ist aber nicht der Fall. Die in den Köpfen der Schüler bereits konstituierten Handlungsvorstellungen ermöglichen die Erweiterung des Bereiches bekannter Funktionen. Diese Handlungsvorstellungen werden weiter ausdifferenziert und auf weitere Bereiche angepasst.

Will man ein RM-Programm zum Berechnen des Preises beim Kauf von Bananen zum Preis 2,70 Euro pro Kilo konstruieren, dann kann man sich vorstellen, dass der Käufer nicht mit 1-Euro-Münzen, sondern mit 10ct-Münzen bezahlt. Die dazugehörigen RM-Programme würden aber sehr lang. Auf das Konstruieren von RM-Programmen wird daher verzichtet und es werden nur die Preisfunktionen angeben. Die Preisfunktion zum Kauf von Bananen kann man dann so aufschreiben: $p_{Bananen}(x_1) = 2,70 \cdot x_1$. Dabei steht x_1 für das Gewicht der Bananen in Kilogramm. Üblicherweise kauft man Bananen in einem Bündel, dieses wiegt der Händler aus und berechnet mit seiner – in der Waage eingebauten – Preisfunktion den Kaufpreis. Als Argumente der Preisfunktion können daher nicht nur die natürlichen Zahlen eingesetzt werden, sondern die den Realschülern bekannten rationalen Zahlen. Das erlaubt ihnen, Funktionen zur Bearbeitung komplexer Modellierungsaufgaben anzuwenden.

Aufgabe: Manuelas Mutter hat ihr einen Einkaufszettel geschrieben:

Sie kauft an folgendem Gemüsestand ein:

a) Schreibe eine Preisfunktion zum Kauf von Rosenkohl, Zuckerschoten und Brechbohnen auf und erkläre die benutzten Variablen:

$p_{R,Z,B}($ ____

b) Beschreibe Manuelas Einkauf mit deiner Preisfunktion:

$p_{R,Z,B}($ ____

c) Berechne nun den Kaufpreis:

(Cohors-Fresenborg und Kaune, 2008, S. 92f.)

Eine Schwierigkeit bei der Bearbeitung dieser Aufgabe besteht darin, die relevanten Informationen über die Kilopreise der unterschiedlichen Gemüsesorten aus dem Foto abzulesen. Der rechnerische Aufwand zum Berechnen des Funktionswertes im Aufgabenteil b ist komplex und erfordert insbesondere Kontrolltätigkeiten. Ein Schüler, der Erfahrungen mit der Registerkiste, Rechennetzen und Registermaschinen gemacht hat, wird sich bei diesem Foto sicherlich an viele Tauschsituationen aus der Unterrichtsreihe „Von Anweisungen zu Funktionen“ erinnern und in der Interpretation der dargestellten Situation im Bildhaften das Begriffliche sehen: RM-Programme zum Berechnen der Preise, Tupelprotokolle und mehrstellige Funktionen zum Beschreiben der Preisgestaltung.
Die im Aufgabenteil a zu erstellende Funktionsgleichung kann so aussehen:

$$p_{R,Z,B}(x_1, x_2, x_3) = 5,80 \cdot x_1 + 12,90 \cdot x_2 + 9,90 \cdot x_3$$

Die benutzten Variablen sollen erklärt werden:

x_1: Gewicht des gekauften Rosenkohls in Kilogramm

x_2: Gewicht des gekaufter Zuckerschoten in Kilogramm

x_3: Gewicht des gekaufter Brechbohnen in Kilogramm

Mit Hilfe dieser Funktionsgleichung ist im Aufgabenteil b Manuelas Einkauf zu beschreiben. Für die Variablen müssen dem Aufgabentext entsprechende Werte entnommen werden. Diese sind in die Funktionsgleichung einzusetzen:

$$p_{R,Z,B}(1,50,\ 0,5,\ 1,2) = 5,80 \cdot 1,50 + 12,90 \cdot 0,5 + 9,90 \cdot 1,2$$

Der im Aufgabenteil c zu berechnende Funktionswert beträgt 27,03. Demnach liegt ein Kaufpreis von 27,03 Euro vor.

3.5 Aufgabenformate

Aufgaben im Mathematikunterricht sollen einerseits an die inhaltlichen Ziele, andererseits an die erwünschten Änderungen im kognitiven mathematischen Betriebssystem der Lernenden angepasst werden. Als Ziele der konzipierten Unterrichtsreihe sind die Fundierung des Funktions- und des Variablenbegriffs sowie die Entwicklung der Formalisierungskompetenzen der Realschüler zu nennen. Diese sind nicht als rein inhaltliche Ziele zu verstehen. Sie sind immer mit den angestrebten kognitiven Änderungen der Schüler zu verbinden – mit dem Aufbau des Funktionen- und des Formalisierungsframes und damit u. a. mit der Förderung des Denkens in Funktionen. Bezogen auf die Formalisierung hat schon Freudenthal (1963, S. 28) darauf hingewiesen, dass es sich bei ihr um eine geistige Tätigkeit und nicht um einen Stoff handelt.

Im Mittelpunkt der Überlegungen zur Gestaltung von Aufgaben, die sowohl den inhaltlichen als auch den kognitiven Zielen angepasst sind, steht ein kognitiv-konstruktivistischer Ansatz, welcher die individuellen Denkprozesse von Schülern ins Zentrum stellt. Aus der Sicht der Kognitionswissenschaften soll sich der Unterricht an den Denk- und Verstehensprozessen von Schülern orientieren, die äußere und innere Repräsentationsformen von Wissen und ihren Resonanzzusammenhang in den Mittelpunkt rücken. Aus der Sicht des Konstruktivismus hingegen ist verstärkt auf die im Kopf eines Schülers individuell zu konstituierenden Vorstellungen zu achten. Für die Vorbereitung des Unterrichts folgt aus der letzteren Auffassung, dass Denk- und Verstehensprozesse der Lernenden bei der Konstruktion von Aufgaben in expliziter Weise berücksichtigt werden sollen. Dem kognitiv-konstruktivistischen Ansatz nach ist es nötig, Aufgabenstellungen in expliziter Weise auf (Fehl-)Vorstellungen, Kognition und Metakognition auszudehnen (Sjuts, 2001, S. 48). Die Aufgaben der Unterrichtsreihe „Von Anweisungen zu Funktionen“ operationalisieren dieses Ziel dadurch, dass sie explizit zur Analyse, Bewertung und Reflexion von Fehlern und (Fehl-)Vorstellungen auffordern.

Dadurch werden die Lernenden auf eine Metaebene hingeführt und zum Denken über das Denken anderer angeregt. Ein Ziel ist es, sich dabei Gedanken über die eigene Kognition zu machen. Beim Vergleichen und Analysieren mehrerer Vorstellungen können Schüler den Stand ihrer eigenen Vorstellung und ihres eigenen Lern- und Denkprozesses verändern, erweitern oder festigen. Für derartige Aktivitäten hat Flavell (1984) den Begriff „Metakognition“ geprägt. Nach ihm bezeichnet Metakognition das Wissen und Denken über das eigene kognitive System sowie die Fähigkeit, das eigene kognitive System zu kontrollieren und zu steuern. Dem Praktizieren von Metakognition wird auf Grund von zahlreichen Befunden eine bedeutsame Rolle für den Lernerfolg zugeschrieben (Spada und Wichmann, 1996). Daher wird versucht, metakognitive Aktivitäten verstärkt im

Unterricht zu praktizieren. Die Unterrichtsreihe „Von Anweisungen zu Funktionen“ versucht, durch geeignete Aufgabenstellungen metakognitive Aktivitäten zu provozieren und deren Nützlichkeit für den Lernprozess nahe zu bringen.

Ein besonderer Zugang zu Metakognition ergibt sich dabei durch das gezielte Nutzen der Wechselwirkung zwischen äußeren Darstellungen und inneren Vorstellungen zu mathematischen Ideen. Diese Besonderheit ist darin zu sehen, dass (Fehl-)Vorstellungen der Lernenden mit Hilfe der durch sie konstruierten Algorithmen nach außen gekehrt werden. Mit der Aufforderung zur Analyse von Befehlsketten, Rechennetzen, RM-Programmen werden die Schüler aufgefordert, über die in präzisierter Form nach außen verlagerte Kognition fiktiver Schüler oder ihrer Mitschüler nachzudenken. Diese Analyse ist dadurch erleichtert, dass es sich um einfache, in ihrer Wirkungsweise bekannte Befehle / Anweisungen / Handlungen handelt, sodass man beurteilen kann, ob eine Schülerlösung vordergründig falsch ist, oder ob ihr ein Denkfehler bzw. eine falsche Vorstellung zu Grunde liegt.

Eine weitere Form von Aufgaben, die zur Metakognition anregen und zur kritischen Auseinandersetzung mit der Kognition anderer Schüler auffordern, benutzt das Format von Dialogen zwischen fiktiven Schülern. Die Konstruktion solcher Aufgaben erklärt Kaune (2001b, S. 44): „In einem ersten Schritt wird einem fiktiven Schüler diese (Fehl-)-Vorstellung umgangssprachlich ‘in den Mund gelegt’. Damit wird zunächst einmal die (Fehl-)Vorstellung zum Gegenstand des Nachdenkens gemacht. In den meisten Fällen wird in einem zweiten Schritt durch die Präsentation eines zweiten Schülerbeitrags, der auf die (Fehl-)Vorstellung eingeht, ein Diskurs begonnen. Eventuell folgt in einem dritten Schritt eine zusätzliche Schüleräußerung, die eine Strategie beschreibt, wie ein Schüler mit einer der präzisierten Vorstellungen erfolgssteigernd umgehen kann.“ Ein solcher Dialog kann verschiedene Aspekte der Begriffsbildung oder (Fehl-)Vorstellungen, Irrwege und Umwege der Denkprozesse, intuitive Vorstellungen und Ideen thematisieren. Solche Aufgaben sollen die Einsicht fördern, dass es für mathematische Begriffe unterschiedliche Erklärungen und Vorstellungen geben kann und dass Fehler und Fehlvorstellungen integrierter Bestandteil des Lernprozesses sind, was u. a. Führer (2004) postuliert. Die Aufforderung, einen Dialog zwischen fiktiven Schülern zu analysieren und dazu Stellung zu beziehen, löst insbesondere Kontroll- und Reflexionsaktivitäten aus. Schülern muss bewusst sein, „dass in den einzelnen Äußerungen in diesen ‘Nimm-Stellung-Aufgaben’ unterschiedliche mathematische Sichtweisen präsentiert werden und es von ihnen verlangt wird, einen Vergleich mit der eigenen Sichtweise durchzuführen und eventuelle Unterschiede zu benennen. In der durchzuführenden Argumentation müssen deshalb Sachargumente benutzt werden, die sich auf den mathematischen Gegenstand oder aber auf die eigene Kognition, oder aber auf die eines durch die Aufgabe eingeführten Schülers beziehen. Dieser verkörpert nicht nur eine besondere individuelle Vorstellung, sondern ist oft ein Vertreter weitverbreiteter Vorstellungen“ (Kaune, 2001b, S. 45).

Aus jahrelangen (Unterrichts-)Erfahrungen bekannte Fehler, Vorstellungen und Fehlvorstellungen von Schülern werden also in Aufgaben eingespeist und mit Aufgabenstellungen verknüpft, die von den Lernenden metakognitive Fähigkeiten verlangen. Die Lernenden werden aufgefordert, Fehler und Fehlvorstellungen aufzudecken, zu erklären und zu begründen sowie über deren Ursachen nachzudenken und Strategien zur Vermeidung solcher Fehler bzw. zum Korrigieren falscher Vorstellungen zu formulieren. Hierfür werden u. a. folgende Aufgabenstellungen benutzt: „Bewerte den Vorschlag.“, „Nimm-Stellung!“, „Was hat sich der Schüler falsch vorgestellt?“, „Formuliere für den Schüler Tips, wie er solche Fehler in Zukunft vermeiden kann.“ Sie kommen den durch Prediger und Wittmann (2009) formulierten Anforderungen an einen fruchtbaren Umgang mit Schülerfehlern nach. Bei vielen der entwickelten Aufgaben ergänzen sich diese Fragestellungen zu einem ausgebauten didaktischen Arrangement. Leitlinien der Konstruktion solcher Aufgaben sind in Kaune (2001b) ausführlich erläutert. Mit Blick auf die im regulären Mathematikunterricht der Partner-Realschule eingesetzten Aufgaben zeigt sich hier ein wesentlicher Unterschied: Aufgaben zur Fehlersuche sind dort nur vereinzelt vertreten und auf die Aufforderung zum Aufdecken eines vorab angekündigten Fehlers begrenzt, wie beispielsweise in Böttner et al. (2005, S. 88).

Beachtenswert ist, dass die Bearbeitung bestimmter Aufgabenformate gewisse Anforderung an die Unterrichtskultur stellt und zur Entwicklung erwünschter Verhalten in Interaktionen beitragen kann. Nicht die Merkmale mathematischer Aufgaben selbst machen das Potential des Lehr-Lern-Prozesses aus, sondern auch die anschließende Bearbeitung, insbesondere die Art und Weise der Implementation der Aufgaben im Unterricht. Kaune (2001b) erklärt diese Anforderungen am Beispiel der „Nimm-Stellung!“ Aufgaben: Die „Nimm-Stellung!“ Aufgaben „nehmen die Erfahrung mit einem diskursiven Unterrichtsgespräch auf, ermöglichen die individuelle Arbeit (auch in Hausaufgaben) an der Vervollkommnung diskursiver Techniken, das Besprechen ihrer Lösungen ist oft Anlass für weitere präzise Diskussionen, andererseits erfordern sie auch positiv besetzte Vorerfahrung im Führen eines diskursiven Gespräches. [...] Andererseits verstärkt das frühzeitige Auftreten dieses Aufgabenformats in Leistungsüberprüfungen bei den Schülern den Eindruck, dass es der Unterrichtende mit seiner Beteuerung der Notwendigkeit und Nützlichkeit diskursiven Verhaltens für das Verstehen von Mathematik ‘ernst meint’“ (Kaune, 2001b).

Beispiel einer Aufgabe zur Analyse von Fehler und Fehlvorstellungen

> **Aufgabe:** Schreibe ein Programm, welches folgendes leistet: Die Zahl, die zu Beginn im ersten Register steht, soll am Ende der Rechnung im dritten Register stehen; und die Zahl, die zu Beginn im zweiten Register steht, soll am Ende im vierten Register stehen.
>
> a) Überlege dir, wie man vorstehenden Aufgabenteil mit unserer neuen Schreibweise[6] kürzer fassen kann.

[6]Die neue Schreibweise ist die Tupelschreibweise, mit der die Wirkung von RM-Programmen dargestellt wird, vgl. 3.4.3.

b) Paul schlägt vor: $(\mathsf{x}, \mathsf{x}) \longrightarrow (0, 0, \mathsf{x}, \mathsf{x})$
Bewerte Pauls Vorschlag.

c) Lotte schlägt vor: $(\mathsf{x}_1, \mathsf{x}_2) \longrightarrow (0, 0, \mathsf{x}_3, \mathsf{x}_4)$
Bewerte Lottes Vorschlag.

d) Überlege dir, was sich Lotte falsch vorgestellt hat. Schreibe Tipps, wie sie solche Fehler in Zukunft vermeiden kann.

(Cohors-Fresenborg und Kaune, 2008, S. 55)

Im Aufgabenteil a soll ein RM-Programm zum Lösen der im Aufgabentext beschriebenen Situation notiert werden. Eine Schülerlösung kann so aussehen:

$({}_1S_1A_3)({}_2S_2A_4)$

Nach der Ausführung des ersten Programmteils ist der Anfangsinhalt des ersten Registers in Register 3 gespeichert; Register 1 ist nach der Ausführung des Programmteils leer. Der zweite Programmteil bewirkt, dass der Anfangsinhalt des zweiten Registers in Register 4 gespeichert wird; Register 2 ist nach der Ausführung dieses Programmteils leer. Im Aufgabenteil b soll die Wirkung des RM-Programms in der Tupelschreibweise dargestellt werden:

$(x_1, x_2) \longrightarrow (0, 0, x_1, x_2)$

In den in c und d dargestellten Lösungen fiktiver Schüler sind Fehler und Fehlvorstellungen aufgenommen, die im Umgang mit Variablen oft auftreten: Der erste Vorschlag ist im allgemeinen Fall nicht angemessen, sondern nur, wenn der Spezialfall vorliegt, dass zu Beginn die Inhalte von Register 1 und Register 2 gleich sind. Der zweite Vorschlag ist falsch, weil man nicht erkennen kann, dass nach der Ausführung des RM-Programms im Register 3 der Anfangsinhalt des Registers 1 und im Register 4 der Anfangsinhalt des Registers 2 steht. Beide Vorschläge sind daher als inadäquat zu bewerten. Ist ein Schüler mit dem ersten Vorschlag einverstanden und bewertet ihn als korrekt, so ist bei ihm auf ein Defizit im Variablenverständnis zu schließen. Der Schüler hat nicht verstanden, dass für unterschiedliche unbekannte Größen unterschiedliche Namen für Variablen erforderlich sind. Bei Schülern, die den zweiten Vorschlag als korrekt bewerten, ist auf eine andere oft vertretene Fehlvorstellung zu schließen. Sie zeigt sich in der Überzeugung, dass eine Fußnote bei einer indizierten Variablen auf die Nummer des Registers deutet, in dem sich die mit dieser Variablen dargestellte unbekannte Größe gerade befindet und nicht auf die Nummer des Registers, in dem sie am Anfang stand.

Mit der Bewertung der Schülervorschläge ist die Bearbeitung der Aufgabe nicht abgeschlossen. Der letzte Aufgabenteil fordert die Schüler auf, sich in den Denkprozess der fiktiven Schülerin Lotte hineinzuversetzen und ihre Fehlvorstellung aufzudecken. Die Aufforderung lenkt die Denkprozesse der Lernenden nicht auf die Adäquatheit der formalen Darstellung, sondern auf die Kognition der fiktiven Schülerin und die Adäquatheit ihrer Vorstellungen. Formuliert ein Schüler Tipps für Lotte, wie sie in Zukunft solche Fehler vermeiden kann, so hat er sich auch für sich selbst eine Strategie ausgedacht, wie er sein kognitives Betriebssystem steuern kann, sodass ihm solche Fehler in Zukunft nicht passieren.

Die Leitideen eines kognitiv-konstruktivistischen Ansatzes werden auch bei der Konstruktion von Aufgaben zur Berichtigung von Fehlern aus Klassenarbeiten berücksichtigt. Mit der Aufforderung, eigene Fehler zu berichtigen und diese zu erklären, werden die Schüler angeregt, über ihr eigenes kognitives System nachzudenken. Griep (2001) und Kaune (2009) zeigen, dass bei der Bearbeitung solcher Aufgaben metakognitive Aktivitäten bei den Lernenden ausgelöst werden und die Schüler angestoßen werden, eine Fehleranalyse vorzunehmen. Fehler und Fehlvorstellungen, die in Schülerlösungen zu Klassenarbeitsaufgaben aufgedeckt werden, können durch die Lehrkäfte ausgewählt und wieder in eine neue Aufgabe für den Einsatz im Unterricht oder als Hausaufgabe eingespeist werden. Am Beispiel folgender Klassenarbeitsaufgabe wird gezeigt, wie solche Aufgaben für den Einsatz im Unterricht im Rahmen des durchgeführten Projektes entwickelt wurden:

Aufgabe: Herr und Frau Schmidt und ihre drei Kinder planen in den Sommerferien in die Schweiz zu fahren. Sie informieren sich über den aktuellen Währungskurs und über Angebote für Ferienwohnungen.

1 Schweizer Franken (SFR) entspricht 0,63255 Euro. Sie haben sich für die Ferienanlage in Leysin am Genfer See entschieden.

Ferienanlage Leysin	
Mietpreis pro Woche:	900 SFR
Kosten für Endreinigung:	75 SFR
Haustier pro Woche:	60 SFR

a) Familie Schmidt sucht nach einfachen Umrechnungsregeln, damit sie beim Einkaufen im Urlaub die Preise besser abschätzen können. Sie diskutieren folgende Vorschläge. Kreuze einen geeigneten Vorschlag an.

	geeignet
10 SFR entsprichen 12 Euro	
2 SFR entsprechen 3 Euro	
3 SFR entsprechen 2 Euro	

b) Schreibe für die geeignete Umrechungsregel ein RM-Programm, das bei Eingabe der Anzahl der SFR in Register 1 den Preis in Euro in Register 2 berechnet und gib die zugehörige Funktionsgleichung an.

RM-Programm: ____________________________________

Funktionsgleichung: ________________________________

c) Berechne mit deiner Funktionsgleichung aus b für die Ferienanlage Leysin die drei angegebenen Preise in Euro.

Mietpreis pro Woche: ______________________

Kosten für Endreinigung: ______________________

Preis für ein Haustier pro Woche: ______________________

d) Schreibe eine Funktionsgleichung, mit der sich der Gesamtpreis in SFR ausrechnen lässt:

x_1: Anzahl der Wochen, die man buchen möchte

x_2: Anzahl der Haustiere, die man mitnehmen möchte

$p_{Leysin}(x_1, x_2) =$ ______________________

e) Familie Schmidt möchte drei Wochen nach Leysin fahren und auch ihre beiden Hunde mitnehmen. Berechne, wie viel Familie Schmidt in SFR für ihren Urlaub bezahlen muss:

$p_{Leysin}($ ______________________

f) Herr Müller hat sich auch für diese Ferienanlage entschieden. Für seine Familie hat er folgende Berechnung durchgeführt:

$p_{Leysin}(3, 0) = 2775$

Notiere, welche Informationen du der Gleichung entnehmen kannst.

Diese Aufgabe wird als ein Teil der Klassenarbeit im Abschnitt 7.2.2 näher betrachtet. Es werden dazu Schülerlösungen analysiert und die erzielten Lernergebnisse ausgewertet. Im Weiteren wird daher nur einem Aufgabenteil die Aufmerksamkeit geschenkt – dem Teil d, der die Aufstellung einer Funktionsgleichung einer zweistelligen Funktion erfordert. Eine Schülerlösung zum Aufgabenteil d könnte so aussehen:

$p_{Leysin}(x_1, x_2) = 900 \cdot x_1 + 75 + x_2 \cdot 60 \cdot x_1$

Die zu d notierte Funktionsgleichung ist ein Ansatzpunkt für den Aufgabenteil f. Der Funktionsgleichung aus f kann man folgende Informationen entnehmen: Der Urlaub ist für 3 Wochen geplant, keine Haustiere werden mitgenommen, die Kosten für den geplanten Urlaub liegen bei 2775 SFR.

Folgende Aufgabe ist für den Einsatz im Unterricht zwecks der Berichtigung von Fehlern aus Schülerlösungen zum Aufgabenteil f der dargestellten Klassenarbeitsaufgabe entwickelt worden. Zu jeder Aufgabe aus der Klassenarbeit wurden fehlerhafte Schülerlösungen ausgewählt und in eine neue Aufgabe aufgenommen.

Aufgabe: Die drei folgenden Lösungen sind fehlerhaft oder unvollständig. Unterstreiche die fehlerhaften Stellen, berichtige sie und ergänze, falls nötig, die Lösungen.

a)

Ich kann entnehmen, wie viele Wochen sie dableiben, wie viele Hunde sie haben und den Endpreis.

b)

Er fährt mit 3 personen und kein Haustier

c)

Sie fahren 3 Wochen und sie nehmen kein Haustier mit.

Im Unterricht sollen Schüler diese Aufgaben in Gruppen bearbeiten und anschließend das Ergebnis der Gruppenarbeit ihren Mitschülern vorstellen, d. h. Fehler und ihre Korrektur der Fehler erklären und begründen.

Die drei in die Aufgabe aufgenommenen Schülerantworten sind fehlerhaft und unpräzise formuliert. Der Schüler, von dem die erste Antwort stammt, hat nicht beachtet, dass das zweite Argument der Funktion p_{Leysin} für die Anzahl der Haustiere und nicht für die Anzahl der *Hunde* bestimmt ist. Des Weiteren handelt es sich nicht um Haustiere, die Müllers *haben*, sondern um Haustiere, die in den Urlaub mitgenommen werden. Die Schülerantwort ist noch mit weiteren Angaben zu ergänzen – mit konkreten Werten für die Anzahl der geplanten Urlaubswochen, für die Anzahl der Haustiere, die in den Urlaub mitgenommen werden, und für die Kosten für diesen Urlaub. Auf den ersten Blick hat man den Eindruck, dass der Schüler eine abstrakte Sicht angenommen hat. Seine Antwort bezieht sich aber nicht präzise auf die angegebene Funktionsgleichung, sie passt auch beispielsweise zu der Funktionsgleichung $p_{Leysin}(1,1) = 1035$. Wird diese Schülerlösung im Unterricht analysiert, ist insbesondere auf die Präzision und auf die Adäquatheit der Antwort auf die gestellte Aufgabe zu achten. Der Schüler, von dem die zweite Antwort stammt, hat nicht beachtet, dass das erste Argument der Funktion p_{Leysin} für die Anzahl der geplanten Urlaubswochen und nicht für die Anzahl der *Personen*, die in den Urlaub fahren, bestimmt ist. In dieser Antwort fehlt die Information, dass die Kosten für den Urlaub 2775 SFR betragen. Diese Information fehlt auch in der dritten Schülerantwort. Mit dieser Aufgabe werden bei Lernenden insbesondere Monitoringaktivitäten motiviert. Diese sind in Nowinska (2008) näher analysiert worden.

Nachdem in diesem Abschnitt Aufgabenformate zur Förderung von Metakognition, insbesondere zum Umgang mit Fehlern, (Fehl-)Vorstellungen, und zur Förderung einer diskursiven Unterrichtskultur beschrieben worden sind, ist die Aufmerksamkeit nochmal dem Abschnitt 3.4.5 zu widmen. Dort wurden Aufgaben dargestellt, die besonders das funktionale Denkens der Lernenden fördern sollen. Es handelt sich um Modellierungsaufgaben, bei denen (auch sehr komplexe) funktionale Zusammenhänge mit Hilfe von

Funktionen darzustellen sind. Sie geben Einblick in weitere Aufgabenformate der Unterrichtsreihe „Von Anweisungen zu Funktionen“. Schülerlösungen zu solchen Aufgaben werden in den Abschnitten 7.1, 7.2.2 und 7.3.2 analysiert.

3.6 Unterrichtskultur

Nachdem Inhalte und Aufgabenformate der entwickelten Unterrichtsreihe erläutert worden sind, ist das Augenmerk auf die Merkmale der Unterrichtskultur zu richten, die für eine erfolgreiche Implementation der geplanten Maßnahmen in die Unterrichtspraxis geschaffen werden muss.

Das dargelegte didaktische Konzept der Unterrichtsreihe „Von Anweisungen zu Funktionen“ setzt nicht nur ein anderes inhaltliches Vorgehen (didaktische Materialien und Aufgaben) voraus, sondern auch eine andere Art des Unterrichtens auf der einen Seite und des Lernens auf der anderen Seite. Das besondere in dieser Vorgehensweise ist eine intensive Auseinandersetzung mit den mathematischen Inhalten, ihnen zu Grunde liegenden Ideen und den durch sie aufgerufenen Vorstellungen. Eine Umsetzung der konzipierten Inhalte und Aufgaben erfordert, dass Verstehensprozesse der Schüler ins Zentrum des Unterrichts rücken.

> „Wer nach Erklärungen für Unterrichtserfolge fragt, wird sie im Lehr-Lern-Prozess und innerhalb des Lehr-Lern-Prozesses bei den mentalen Konstruktionen suchen müssen. Dies bedeutet nicht, dass die Einstellung zum Lernen, die Ernsthaftigkeit seitens der Schüler und die methodischen Fähigkeiten des Lehrers keine Rolle spielen, sondern dass die unterrichtsmethodische Einflussnahme auf die mentalen Konstruktionen der Schüler und diese selbst in erster Linie die Qualität des Lernens ausmachen.“ (Kaune, 2001a, S. 4)

Folglich ist ein Unterrichtsarrangement zu schaffen, in dem sich individuelle Lernvorgänge entfalten können. Wodurch muss sich solch ein Unterrichtsarrangement auszeichnen?

Der Ansatz, der hier für erforderlich gehalten wird, ist ein kognitiv-konstruktivistischer Ansatz. Dieser Ansatz hat die Konstruktion von Aufgaben für die Unterrichtsreihe „Von Anweisungen zu Funktionen“ beeinflusst und soll sich auch in der Unterrichtskultur niederschlagen. Werden ins Zentrum der Aufmerksamkeit die Denk- und Verstehensprozesse der Lernenden gestellt, so ist darauf zu achten, dass diese nicht nur durch den Lehrer wahrgenommen werden, sondern dass sie auch ins Bewusstsein der Schüler rücken. Hierfür sind metakognitive Fähigkeiten der Schüler im Unterricht zu fordern und zu fördern. Aus einem kognitiv-konstruktivistischen Ansatz folgt für die Unterrichtkultur auch eine besondere Art und Weise des Umgangs mit Fehlern und Fehlvorstellungen der Lernenden. Dieser Aspekt wurde bereits bei der Erläuterung von Aufgabenformaten erwähnt. Im Folgenden wird er wieder aufgegriffen, um eine Sicht auf den Umgang mit Fehlern und Fehlvorstellungen, die in Echtzeit im Unterricht auftauchen, zu erläutern. Eine Unterrichtskultur, die Denk- und Verstehensprozesse der Schüler ins Zentrum stellt, muss sich auch dadurch auszeichnen, dass Unterschiedlichkeiten der Lernenden in den Schüler-Schüler und Schüler-Lehrer Interaktionen ernst genommen werden. Eine solche Unterrichtskultur muss diskursiv angelegt werden. Die drei Merkmale der Unterrichtskultur: Metakognition, ein verständnisfördernder Umgang mit Fehlern und Fehlvorstellungen sowie Diskursivität werden im Folgenden näher erläutert. Anschließend wird die angestrebte Unterrichtskultur vor dem Hintergrund kognitiver Aktivierung betrachtet, der in den aktuellen Debatten zur Verbesserung der Unterrichtsqualität eine wesentliche Rolle zugeschrieben wird.

Metakognition

Die Anforderung, verstärkt für die Entwicklung metakognitiver Aktivitäten der Schüler im Unterricht Sorge zu tragen, ist kein Gedanke, mit dem in dem durchgeführten Projekt Neuland betreten worden ist. Das Projekt nimmt einen schon seit Jahren in didaktischen Debatten präsenten Gedanken auf und setzt ihn auf eine besondere Art und Weise um. Die Besonderheit zeigt sich darin, dass Inhalte und Aufgaben so konstruiert sind, dass sie metakognitive Aktivitäten der Lernenden provozieren. Diese intendierte Metakognition muss im Unterricht aufgeriffen werden.

Der Begriff Metakognition wurde in den siebziger Jahren in der kognitiven Psychologie eingeführt (Brown, 1978; Flavell, 1976). Im Bereich der Mathematikdidaktik haben Ansätze über bewusst gesteuerte kognitive Aktivitäten im Problemlöseprozess (Pólya, 1949) Untersuchungen zur Verbesserung der mathematischen Kompetenz des Problemlösens der Lernenden angeregt. Pólyas Arbeiten wurden zum Ausgangspunkt mathematikdidaktischer Forschung über Nützlichkeit von Metakognition (Schoenfeld, 1992).

Bei dem Begriff Metakognition handelt es sich um ein sehr komplexes Konstrukt. Eingeschlossen in den Begriff sind zwei Aspekte: das (eigene) *Wissen* über die Kognition und die bewusste *Steuerung* (Kontrolle/Regulation) der (eigenen) Kognition. Flavell (1976, S. 232) benutze den Begriff Metakognition um u. a. Folgendes zu bezeichnen:

> „One's knowledge concerning one's own cognitive processes and products or anything related to them (...) [and] refers, among other things, to the active monitoring and consequent regulation and orchestration of these processes (...), usually in the service of some concrete goal or objective."

Heutzutage wird Metakognition meistens als Denken über das (eigene) Denken und als Steuerung des (eigenen) Denkens verstanden. Weinert (1987) definiert sie als „second-order cognitions: thoughts about thoughts, knowledge about knowledge, or reflections about actions" (Weinert, 1987, S. 8). Die Forderung, metakognitive Aktivitäten im Unterricht zu praktizieren, ist nicht als Lehren und Lernen einer Technik zu verstehen, sondern als eine Veränderung des kognitiven mathematischen Betriebssystems. Metakognitive Aktivitäten im Mathematikunterricht sollen – anders als es in der Tradition von Pólya, aufgegriffen durch Schoenfeld (1992), erläutert ist – nicht nur beim mathematischen Problemlösen praktiziert werden, sondern auch in den Phasen des Mathematikunterrichts zum Einsatz kommen, in denen neue Begriffe erarbeitet werden und ihr Begriffsumfang –

die damit verbundenen Darstellungen, Vorstellungen und Fehlvorstellungen – im Diskurs ausgeschärft werden soll (Cohors-Fresenborg und Kaune, 2007, S. 4).

Eine Abgrenzung metakognitiver Aktivitäten von „nur“ kognitiven Aktivitäten ist nicht einfach (Brown, 1987; Nelson und Narens, 1980). Flavell (1976) geht davon aus, dass sich Metakognition und Kognition vor allem durch ihre Inhalte und Funktionen unterscheiden, er selbst aber hält die Unterscheidung zwischen kognitivem und metakognitivem Denken für schwierig und beschreibt Metakognition als ein „fuzzy concept“ (Flavell, 1981, S. 37).

Metakognition umfasst ein auf Kognition bezogenes Wissen und auf Kognition bezogene Fähigkeiten, hat also einen geistigen, mentalen Inhalt. Im Gegensatz dazu kann sich Kognition sowohl auf geistige (mentale) als auch auf reale Objekte, Sachverhalte, Eigenschaften, Phänomene und Fähigkeiten beziehen. Das Wesentliche der Kognition sind Informationsprozesse zum Zwecke des Erkennens. Die Funktion der Kognition ist u. a. darin zu sehen, Probleme zu lösen und eigenes Vorhaben zu einem angestrebten Ende zu bringen. Der Metakognition wird dagegen eine regulative Funktion zugewiesen, die nötig ist, um die kognitiven Prozesse erfolgreich auszuführen. Diese Funktion zeigt sich in der Planung, Überwachung und Reflexion kognitiver Prozesse.

Die Bedeutung von Metakognition für den Lernerfolg ist unbestritten und empirisch nachgewiesen. In einer Metastudie konnten Wang, Haertel und Walberg (Wang et al., 1993, S. 272) nachweisen, dass die metakognitiven Aktivitäten der Schüler mit den wichtigsten Einfluss auf den Lernerfolg haben. Auch in der allgemein-didaktischen Literatur wird die Bedeutung der Metakognition betont (Meyer, 2004, S. 61). Da metakognitive Fähigkeiten keine natürliche Stufe in der kognitiven Entwicklung ist, ist es nicht überraschend, dass ein metakognitiver Ansatz, also ein Training zu metakognitiven Aktivitäten der Lehrenden und der Lernenden, eine Resonanz in der internationalen mathematikdidaktischen Forschung zur Verbesserung der Wirksamkeit des Unterrichts findet.

Mit dem Konzept der Unterrichtsreihe „Von Anweisungen zu Funktionen“ werden die Lernenden frühzeitig zu metakognitiven Aktivitäten angeregt. Bereits bei der Bearbeitung der Einstiegsaufgabe „Eine Bildergeschichte: Das missratene Spiegelei“ (siehe Seite 60) werden Überlegungen metakognitiver Natur, insbesondere Überlegungen über Unterschiede zwischen dem Gesagtem und dem Gemeinten und über deren Konsequenzen, angestoßen. Die nach dieser Bildergeschichte eingeführte Figur des Roboters soll auch zu metakognitiven Aktivitäten anregen, insbesondere zu metakognitiven Überlegungen, die auf das eigene kognitive System eines Schülers bezogen sind: Wenn ein Schüler zur Lösung einer Aufgabe eine Befehlskette für den Roboter konstruiert und der Roboter diese nicht (so wie erwünscht) ausführt, dann muss der Schüler auf eigene Fehler rückschließen – er hat die Befehlskette falsch formuliert. Im Abschnitt 3.5 wurden Aufgabenformate dargestellt, die Schüler zu metakognitiven Aktivitäten anregen sollen. Diese Aufgaben können im Unterricht nur dann zum erwünschten Verhalten der Lernenden führen, wenn Metakognition im Unterricht wertgeschätzt und praktiziert wird. Bei der Erfüllung dieser Voraussetzung kommt einer Lehrkaft – ihrem kompetenten Agieren und Reagieren – eine besondere Rolle zu. Die Lehrkraft sollte metakognitive Aktivitäten wertschätzen und praktizieren, die Aufmerksamkeit der Schüler nicht nur auf äußere Unterschiede in ihren Argumentationen und Meinungen richten, sondern ihre Kognition auf Unterschiede in Vorstellungen, Intuitionen und Ideen lenken und mit seinen Fragen und Kommentaren von der Sachebene ausgehend seine Schüler in die Metaebene hinführen. Ein Gelingen eines durch die Metakognition geprägten Unterrichts erfordert fachliche Kompetenzen der Lehrkräfte, stoffliche Sicherheit sowie den Willen und die Kompetenzen zu einer stoffbezogenen und stoffübergreifenden Lern-, Denk- und Verstehensprozessanalyse (Sjuts, 2003, S. 22). Dieses Lehrerverhalten zielt darauf ab, dass die Lernenden dazu motiviert werden und die Fähigkeiten dazu entwickeln, eigene Denkvorgänge wahrzunehmen und sich mit den Denkvorgängen anderer auseinander zu setzen.

Ein verständnisfördernder Umgang mit Fehlern und Fehlvorstellungen

In den folgenden Überlegungen werden Fehler aus einer kognitionspsychologischen Perspektive betrachtet. Diese nimmt solche Fehler in den Blick, die auf einem fehlerhaften mathematischen Verständnis beruhen, und nicht auf Konzentrationsmängel, Versprecher o. Ä. zurückzuführen sind.

Fehler sind nicht nur ein integrativer Bestandteil des Lernprozesses, sondern sogar ein notwendiger Bestandteil (Heinze, 2006, S. 251). Fehlern wird ein Lernpotential zugewiesen. Die Möglichkeit aus Fehlern zu lernen, wird in der Literatur durch Bezug auf die Theorie des Negativen Wissens erklärt (vgl. Oser et al., 1999). Negatives Wissen bezeichnet das Wissen darüber, welche Fehler vermieden werden müssen, damit ein Handlungsablauf gelingt. Es meint also einerseits deklaratives Wissen über falsche Fakten, andererseits prozedurales Wissen über falsche Prozesse. Für den Lernprozess wird der Erwerb negativen Wissens als bedeutungsvoll angesehen. Aus einer kognitionstheoretischen Perspektive gehört zu dem negativen Wissen nicht nur das Wissen darüber, was falsch ist, sondern vor allem das Wissen, warum etwas falsch ist, welche Vorstellungen hinter dem stehen, was als falsch zu bezeichnen ist, und warum sie nicht adäquat sind. Damit dieses Wissen erworben wird, muss beim Aufdecken und Erklären von Fehlern das Reflektieren über diese auf einer Metaebene provozieret werden.

Im Abschnitt 3.5 wurde gezeigt, dass man Fehler und Fehlervorstellungen der Lernenden durch die Konstruktion geeigneter Aufgaben produktiv für deren Lernprozess nutzen kann. Bei solchen Aufgaben wird mit Hilfe geeigneten Fragestellungen die Kognition der Lernenden nicht nur auf sachliche Korrektheit gelenkt, sondern auch auf die aufgerufenen Denkprozesse und Vorstellungen, die zu einem falschen Ergebnis geführt haben. Für den Aufbau einer solchen Metaebene beim Reflektieren über Fehler und Fehlvorstellungen ist auch im Unterricht zu sorgen.

In einem Unterricht, der dem Aufbau von Vorstellungen der Lernenden Vorrang gibt vor der Vermittlung von Wissen, sind Fehler als individuelle Lernspuren zu betrachten: Sie zeigen, wo sich ein Schüler bei der Konstruktion seiner Mathematik befindet. Die Schüler müssen erleben, dass Fehler zum Lernen gehören und dass das Gewinnen von

Einsicht durch Fehler wichtiger ist als Fehler zu vermeiden (Führer, 2004).

Aus einer kognitiv-konstruktivistischen Perspektive sind Fehler Lerngelegenheiten, die im Unterricht genutzt oder verpasst werden können. Das Fehlermachen muss demnach ohne Beschämung erlaubt werden, was u. a. durch die Bund-Länder-Kommission für Bildungsplanung und Forschungsförderung (BLK) eingefordert wird:

> „Im Aufeinandertreffen von Schülervorstellungen und Fachkonzepten vollzieht sich individuelles Lernen notwendigerweise auch als Prozeß des Fehlermachens und der kontinuierlichen Fehlerkorrektur. Verständnisfehler dokumentieren nicht nur Zwischenetappen im Lernprozeß, sondern sie sind auch Lerngelegenheiten, die genutzt oder verpaßt werden können. Lernen aus Fehlern setzt voraus, daß Fehler thematisiert werden – bei geübten Lernern häufig durch Selbstkontrolle, im Unterricht in der Regel über Rückmeldung durch andere – und daß es Gelegenheit zum Einhalten und Nachdenken über die Genese und Logik des Fehlers gibt. Daraus kann und soll sich eine Respezifikation und Rekonstruktion der Vorstellung entwickeln, die dem Fehler zugrunde liegt. Verständnisvolles Lernen aus Fehlern verlangt mit dem Nachdenken über Vorwissen und Entstehung des Fehlers metakognitive Kompetenzen und in der Korrektur und Neuordnung der Vorstellung kognitiv-elaborative Anstrengungen.“ (BLK, 1997, S. 24)

Ein erständnisvollen Lernens aus Fehlern erfordet, dass Fehler als eine fruchtbare Lerngelegenheit angesehen werden. Prediger und Wittmann (2009, S. 5) nennen drei Anforderungen bezüglich solcher Gelegenheiten. Deren Meinung nach kann ein Fehler als Lerngelegenheit genutzt werden, wenn Lernende:

> „1. den Fehler erkennen, also einsehen, dass etwas falsch ist und insbesondere auch, was falsch ist,
> 2. den Fehler erklären können, also verstehen, wie es dazu gekommen ist,
> 3. die Möglichkeit haben, den Fehler zu korrigieren, also eine richtige Vorgehensweise oder Vorstellung zu erwerben.“

Aufgedeckte Fehler und Fehlvorstellungen können also nur dann produktiv für den Lernprozess genutzt werden, wenn sie festgehalten werden. Das impliziert, dass Fehler weder sofort verbal korrigiert noch sofort von der Tafel abgewischt werden sollen. Mit der ersten richtigen Antwort kann ein Fehler nicht behoben werden. Es müssen Begründungen und Verständnishilfen mitgeliefert werden. Ein verständnisorientierter Umgang mit Fehlern und Fehlvorstellungen bedarf stoffbezogener und kognitionsbezogener Fragen und Argumente. Hierfür kommt der Lehrkraft eine Vorbildfunktion zu. Sie soll von der Sachebene ausgehend, ihre Schüler durch gezielt gestellte Fragen in die Metaebene hinführen. Hier sind nicht nur Fragen wie „Was hast du falsch gemacht?“ und „Wie bist du vorgegangen?“ gemeint, sondern „Was hast du dir dabei gedacht?“, „Wie sind deine Vorstellungen zustande gekommen?“, „Was hat sich dein Mitschüler falsch vorgestellt?“

(vgl. Kaune, 2001b). Solche Fragen sind deshalb bedeutsam, weil sie in den Köpfen der Schüler Denkprozesse aufrufen, die auf Denkvorgänge ausgerichtet sind. Dieser metakognitive Prozess trägt zum Verstehen und zum Erklären von Fehlern bei. Erst wenn Fehler verstanden und erklärt werden, können die dahinterliegenden Fehlvorstellungen im nächsten Schritt behoben werden. Bei einem verständnisfördernden Umgang mit Fehlern im Unterricht ist daher zu beachten, dass sowohl die Lehrperson als auch die Schüler lernen, sich in die Gedanken ihrer Mitschüler hineinzuversetzen.

Das Bemühen um eine lernfördernde Fehlerkultur fädelt sich in die didaktische Debatte um die Verbesserung der Unterrichtsqualität ein:

> „Falsche Argumentationen zu entlarven, Fehler aufzudecken und Sachverhalte richtig zu stellen, Standpunkte mit Mathematik zu begründen – all das bedeutet auch, sich mit Mitteln der Sprache kritisch auseinander zu setzen. So werden die Kompetenzen Argumentieren und Kommunizieren angesprochen.“ (Blum et al., 2006, S. 185)

Diskursivität

Ein Unterricht, in dem Denk- und Verstehensprozesse der Lernenden und die Unterschiedlichkeit der Vorstellungen der Lernenden ernst genommen werden, bedarf einer Gesprächgrundlage, auf der das Unsichtbare (im Kopf eines Schülers ablaufende Kognitionen und seine Vorstellungen) sichtbar gemacht werden kann. Solch eine Gesprächsgrundlage muss sich durch Präzision beim Argumentieren und beim Zuhören auszeichnen.

> „Zur Präzision beim Lesen (bzw. Aufschreiben) mathematischen Wissens und beim Zuhören (bzw. Argumentieren) in einer Diskussion im Mathematikunterricht gehört wesentlich die Fähigkeit, den Unterschied zwischen Dargestelltem (Gesagtem, Geschriebenem, Gezeichnetem) und Intendiertem erfassen, thematisieren und ausdrücken zu können, aber auch die Fähigkeit zum komplexen Argumentieren (schriftlich und mündlich) bei der Herausarbeitung mathematisch relevanter Ideen, sowohl im innermathematischen Kontext als auch bei der mathematischen Modellierung. Dazu ist wesentlich die Fähigkeit, Argumentationsstränge (z. B. auch beim Beweisen) zu verfolgen, die Tragfähigkeit von Argumenten einzuschätzen und Zweifel sowie Gegenargumente strategisch adäquat platzieren zu können. Wir haben diese Kompetenzen unter dem Begriff 'diskursive Kompetenz' subsumiert.“ (Cohors-Fresenborg und Kaune, 2007, S. 11)

Die Anforderung an die Präzision in diesem Zitat ist bewusst hervorgehoben, weil ein tieferes Verständnis von Begriffen, Vorgehensweisen und Werkzeugen nur möglich ist, wenn sich Monitoring und Reflexion präzise auf das beziehen, was zur Debatte steht (Cohors-Fresenborg und Kaune, 2007, S. 11). Diskursivität ist daher für eine Unterrichtskultur zentral, die die metakognitiven Aktivitäten der Lernenden fördern soll (Cohors-Fresenborg und Kaune, 2003). Ein diskursives Verhalten der Lernenden zeigt sich u. a.

darin, dass sie ihre Beiträge in der Sache oder bezüglich der Personen verorten, ihre Stellung bezüglich des bereits Diskutierten klar darstellen und erläutern und bei Zweifeln ihre Bedenken begründen.

Ein solches Verhalten muss frühzeitig wertgeschätzt und auf den Weg gebracht werden. Dabei kommt dem Lehrer eine Rolle zu, in der er weitgehend als nur das Aufeinanderbeziehen der Schülerbeiträge veranlassen muss. Durch eine kompetente Unterrichtsführung soll der Lehrer Sorge dafür tragen, dass die Schüler motiviert und erzogen werden, von alleine Stellung zu Beiträgen anderer nehmen, sich präzise auf die Beiträge anderer beziehen und durch exaktes Argumentieren den Mitschülern das Verstehen ihrer Ideen und Vorstellungen ermöglichen (Cohors-Fresenborg und Kaune, 2003).

Diskursives Verhalten zeigt sich nach außen durch soziale Formen des Verhaltens. Diese sind ein Ausdruck für die ablaufenden Kognitionen, für die Einstellung der Lernenden zu ihrem eigenen Lernprozess, ein Ausdruck für eine willentliche und aktive Auseinandersetzung mit Inhalten und Denkvorgängen. Ein diskursiver Unterricht nimmt also die Unterschiedlichkeit der Lernenden ernst, setzt sich intensiv mit den individuellen kognitiven Aktivitäten und Vorstellungen der Schüler auseinander und versucht individuelle Unterschiede in mentalen Konstrukten der Lernenden hervorzuheben. Dadurch verdient ein diskursiver Unterricht auch die Bezeichnung konstruktivistisch. „Die Lernenden haben ihre Wissenskonstrukte offen zu legen und sie einer Bewährung auszusetzen, gegebenenfalls zu differenzieren und zu modifizieren“ (Sjuts, 2003, S. 23). Das Verhalten der Lehrkraft dient als Vorbild, um solch ein Verhalten im Unterricht zu etablieren.

Kognitive Aktivierung

Mit Blick auf die in den vorstehenden Abschnitten hervorgehobenen Anforderungen an die Unterrichtskultur und auf neuere Ergebnisse der Lehr- und Lernforschung ist eine weitere Besonderheit der angestrebten Veränderungen im Mathematikunterricht zu betonen. Aus den Ergebnissen der Studie COACTIV (2.3.1) ist bekannt, dass die kognitive Aktivierung der Schüler als prädiktiv für ihren Lernerfolg gilt:

> „Schülerinnen und Schüler sollen im Fachunterricht 'kognitiv aktiviert' werden, der Unterricht soll demnach verständnisorientiert angelegt sein, und die Lehrerinnen und Lehrer sollen die Voraussetzungen und Möglichkeiten dafür besitzen.“ (Neubrand, 2006, S. 8)

Als ein Indikator für die kognitive Aktivierung der Schüler im Unterricht wurde bei COACTIV die kognitive Qualität von Aufgaben herangezogen, insbesondere deren Argumentationsniveau und innermathematisches Modellierungsniveau. Es wurde angenommen, dass die Art der eingesetzten Aufgaben – also ein tatsächlicher Unterrichtsmaterial – das kognitive Potential des Unterrichts abbilden kann. Dabei ist aber zu beachten, dass nicht die Aufgabenmerkmale selbst etwas über das kognitive Anregungsniveau des Unterrichts sagen, sondern auch die anschließende Bearbeitung (Aufgabenimplementation). Die Analysen aus TIMSS zeigen, dass es sinnvol ist, zwischen dem Potential einer Aufgabe und der anschließenden Aufgabenbearbeitung zu differenzieren, wiel ein typisches

Merkmal des deutschen Mathematikunterrichts zu sein scheint, dass auch komplexe Aufgaben kleinschrittig bearbeitet werden (Klieme et al., 2001). Ein Einsatz solcher kognitiv anregenden Aufgaben im Unterricht setzt Aktivität statt Passivität bei den Lernenden voraus und verlangt auch eine aktive Rolle der Lehrkraft, was Lipowsky (2007, S. 28) so beschrieben hat:

> „So kann angenommen werden, dass Mathematikunterricht dann kognitiv aktivierend ist, wenn die Schülerinnen und Schüler auf einem anspruchsvollen Niveau fachlich miteinander interagieren, wenn sie herausfordernde Aufgaben bearbeiten, wenn sie Meinungen und Konzepte austauschen und miteinander vergleichen, wenn sie Lösungswege und Ergebnisse begründen und sich aktiv mit inhaltlichen Fragen am Unterricht beteiligen. Die Lehrperson übernimmt in einem solchen Unterricht keine passive Rolle, im Gegenteil: Sie konfrontiert die Lernenden mit herausfordernden Aufgabenstellungen, provoziert kognitive Konflikte, hebt Unterschiede in Ideen und Positionen hervor, regt die Lernenden an, sich aufeinander zu beziehen und initiiert Gelegenheiten, um über den eigenen Lernprozess nachzudenken. Ein solches Lehrerverhalten setzt fachdidaktisches Wissen und Können und eine hohe Flexibilität im Denken voraus."

Bei einer genaueren Analyse dieses Gedankens ist festzustellen, dass ein solches Arrangement nur dann im Unterricht gelingt, wenn Metakognition und Diskursivität praktiziert werden. Der Austausch von Argumentationen, Konzepten und Meinungen setzt voraus, dass diese zum Gegenstand des Nachdenkens werden und dass ihnen zu Grunde liegende Vorstellungen thematisiert werden. Hierfür sind metakognitive Aktivitäten erforderlich. Ist ein solcher Austausch ernst gemeint, muss er diskursiv angelegt werden, um Unterschiede in Ideen, Konzepten und Meinungen präzise abgrenzen und auf den Punkt bringen zu können.

Diese Überlegungen zeigen, dass im dem realisierten Projekt solche Merkmale der Unterrichtskultur angestrebt wurden, welche in den (immer noch) aktuellen Debatten zur Verbesserung der Unterrichtsqualität als wesentlich und sogar prädiktiv für den Lernerfolg der Schüler gelten.

Es ist beachtenswert, dass die im Rahmen des durchgeführten Projektes angestrebte Unterrichtskultur in besonderem Maß die in den Bildungsstandards formulierten Reformbemühungen unterstützen sollte. Durch die Betonung diskursiver und metakognitiver Aktivitäten der Schüler sollten insbesondere ihre Kommunikations- und Argumentationskompetenzen in den Blick genommen werden. Im Sinne des niedersächsischen Kerncurriculums für das Unterrichtsfach Mathematik in den Schuljahrgängen 5–10 in der Realschule sind Kommunizieren und Argumentieren als Prozesskompetenzen zu verstehen. Sie sollen bei den Lernenden den Erwerb und die Anwendung von Wissen unterstützen sowie „zum rationalen Handeln und zum kritischen Vernunftgebrauch" befähigen (Kerncurriculum Niedersachsen, 2006, S. 7): Der Mathematikunterricht soll in einer diskursiven

Unterrichtskultur die intellektuelle Entwicklung der Schüler fördern und die Entwicklung der Wahrnehmungs- und Urteilshorizont sowie der Kritikfähigkeit und Urteilskompetenz unterstützen.

Mit der Anforderung, im Unterricht verstärkt für die Förderung metakognitiver Aktivitäten der Schüler Sorge zu tragen, ist die im Kerncurriculum (2006) formulierte Notwendigkeit aufgegriffen, bei den Lernenden Lernstrategien zur bewussten Gestaltung des eigenen Lernprozesses zu fördern. Hiermit sind im Kerncurriculum metakognitive Aktivitäten gemeint, wie z. B. Planung, Kontrolle und Reflexion als Begleitaktivitäten des Lernprozesses. Sie „ermöglichen die Einsicht darin, was, wie und wie gut gelernt wurde“ (2006, S. 6).

Fehler werden im Kerncurriculum für das Unterrichtsfach Mathematik in den Schuljahrgängen 5–10 in der Realschule als natürliche Begleiterscheinungen des Lernens angesehen. Sie „müssen von allen am Unterricht Beteiligten akzeptiert und konstruktiv genutzt werden“ (2006, S. 9). In dem realisierten Projekt wurde auch dieser Gedanke aufgegriffen.

3.7 Zusammenfassung

Die vorstehenden Abschnitte beschreiben die didaktische Konzeption der Unterrichtsreihe „Von Anweisungen zu Funktionen“ für den Anfangs-Mathematikunterricht in einer Realschule. Eingeflossen sind die in Kapitel 2 dargelegten Implikationen aus den einschlägigen Befunden der Lehr-Lern-Forschung hinsichtlich der bisher nur mangelhaften Kompetenzen von Realschülern. Diese Implikationen wurden mit Bezug zu einer kognitionstheoretischen Auffassung der Schulmathematik präzisiert. Im Folgenden sollen sie zusammengefasst werden.

Der Konzeption der Unterrichtsreihe liegt die Frage zu Grunde, wie man das Verständnis von Funktionen und Formalisierungfähigkeiten bei den Lernenden fördern kann. Nach einer kognitionstheoretischen Auffassung muss diese Frage die Prozesse der Konstruktion, Organisation und Verwendung mathematischen Wissens der Lernenden berücksichtigen. Dieses Wissen soll vernetzt und leicht zugreifbar sein. Metaphorisch gesprochen soll es wie ein „kognitives mathematisches Betriebssystem“ (Cohors-Fresenborg, 1996) aufgebaut werden und so bei jeder mathematischen Tätigkeit den Schülern zur Verfügung stehen. Den Aufbau eines solchen Betriebssystems in den Köpfen der Lernenden postuliert Cohors-Fresenborg als eine zentrale Aufgabe des Mathematikunterrichts. Der Funktionsbegriff und formale Darstellungen gehören nach seiner Auffassung zum Kern dieses kognitiven Systems. Sie sollen zu semantischen Netzen – so genannten Frames – ausgebaut werden.

Zu dem Funktionenframe gehören u. a. solche Begriffe wie Funktion, Variable, Stelligkeit einer Funktion, Argument und Funktionswert. Das Verständnis dieser Begriffe ist eine Voraussetzung für die Benutzung von Funktionen als ein Werkzeug zum Beschreiben und Darstellen funktionaler Zusammenhänge. Zusammen mit dem Funktionsbegriff sind diese Hilfsbegriffe Bestandteile der Funktionensprache, die zur Formalisierung benutzt wird. Die aufzubauenden Frames – sowohl der Funktionen- als auch der Formalisierungsframe – erfüllen eine doppelte Funktion: Einerseits dienen sie als ein analytisches Instrument zur Interpretation einer gegebenen Situation und zur Bestimmung und Beschreibung deren Bedeutung. Andererseits kommt ihnen auch der Status kognitiver Konzepte zu, die als ein Format bei der Wissensrepräsentation und -organisation wirksam werden.

Setzt man als ein Ziel des Realschulmathematikunterrichts fest, die Formalisierungsfähigkeiten der Schüler im Zusammenhang mit dem Funktionsbegriff zu fördern, dann sind zunächst zwei Aspekte dieses Ziels zu beachten: Ein tiefes Verständnis des Variablen- und des Funktionsbegriffs sowie eine von Angst befreite Haltung der Schüler gegenüber Formalisierungen.

Die neu konzipierte Unterrichtsreihe „Von Anweisungen zu Funktionen“ zielt darauf ab, durch eine stoffdidaktische Ausrichtung der Inhalte des Mathematikunterrichts an Funktionen, den Aufbau des Funktionenframes bei den Lernenden zu unterstützen. Die zentrale Rolle kommt dabei also dem Funktionsbegriff zu, dessen Bedeutung im Unterricht kostituiert wird.

Durch die Bereitstellung zahlreicher Aufgaben, die explizit formale Darstellungen mit Hilfe von Funktionen fordern, soll der Umgang mit dem Werkzeug „Funktion“ eingeübt und damit die zu dessen Verwendung erforderliche Formalisierungsfähigkeit der Lernenden gefördert werden. Dabei ist jedoch zu beachten, dass dieses Ziel starke Orientierung an den Denk- und Verstehensprozessen der Schüler erfordert. Insbesondere kommt auch den unterrichtenden Lehrkräften die Rolle zu, den Nutzen von Formalisierung für das mathematische Verständnis zu verdeutlichen und diese geistige Tätigkeit des Formalisierens mit den Lernenden einzuüben. Diese Rolle gewinnt auch deshalb an Bedeutung, weil es sich bei der Formalisierung um eine geistige Tätigkeit und nicht um einen Inhalt handelt Freudenthal (1963, S. 28).

Im Weiteren wird die Aufmerksamkeit auf die Besonderheiten der Unterrichtsreihe „Von Anweisungen zu Funktionen“ bei der Fundierung des Funktionsbegriffs gerichtet.

Damit der Funktionsbegriff seine Aufgabe als Werkzeug zum präzisen Darstellen intuitiven Wissens erfüllen kann, werden in der Unterrichtsreihe Funktionen mehrerer Veränderlichen fundiert.

Bei dieser Fundierung wird versucht, den von Schwank (1996, 2003) beschriebenen Unterschieden in den kognitiven Strukturen der Lernenden gerecht zu werden. Schwank unterscheidet zwischen einer prädikativen und einer funktionalen Wissensstruktur. Diese Strukturen implizieren Unterschiede in den Denkweisen der Lernenden, was sich am Beispiel des Funktionsbegriffs und der durch ihn aufgerufenen Vorstellungen verdeutlichen lässt: Beim Betrachten eines funktionalen Zusammenhangs steht für funktional denkende Schüler die Prozesshaftigkeit des Zustandekommens von Wirkungen im Vordergrund. Bei einer prädikativen Denkweise wird der Funktionsbegriff auf den Relationsbegriff zurückgeführt, die Wirkungsweise wird also auf bloße Beziehung zwischen Input und Output reduziert.

In der Unterrichtsreihe „Von Anweisungen zu Funktionen“ wird deshalb der Funktionsbegriff nicht nur als prädikativ verstandene Relation zwischen Input und Output angesehen (so wie es in den meisten Schulbüchern gemacht wird), sondern auch als ein Grundbegriff der Formalisierung von Handlungen und Prozessen. Den Lernenden werden drei Lernumgebungen (Modellwelten) mit unterschiedlichen Darstellungen für funktionale Zusammenhänge und damit auch unterschiedliche Sprachmuster zum Reden über Funktionen bereitgestellt.

Es wird versucht, eine Evidenzbasis für den Funktionsbegriff zu schaffen, und dessen Bedeutungsumfang bei den Lernenden zu sichern. Dieses didaktische Vorgehen kann mit Bezug auf die axiomatische Fundierung der Mathematik verdeutlicht werden: In einer axiomatisch aufgebauten mathematischen Theorie sind Grundbegriffe solche Begriffe, deren Bedeutung im Rahmen dieser Theorie nicht weiter erklärt wird. In dem Axiomensystem wird nur die Verwendung dieser Grundbegriffe geregelt. Den Lernenden wird daher eine Lernumgebung bereitgestellt, in der sie die Handhabung des Werkzeugs „Funktion" einüben können. Auf diese Weise wird eine Evidenz für den damit aufgerufenen Funktionsbegriff geschaffen.

Eine weitere Besonderheit der Unterrichtsreihe „Von Anweisungen zu Funktionen" liegt in der Fundierung des Funktionsbegriffs auf einer Handlungsbasis und in der Zuhilfenahme von Algorithmen, mit denen Funktionen realisiert werden. In drei verschiedenen Lernumgebungen (Modellwelten) arbeiten die Lernenden mit drei Repräsentationsformen von Algorithmen. Bevor ein Algorithmus geschrieben wird, müssen im Denken eines Schülers Handlungen organisiert und präzisiert werden. Das Ergebnis des mathematischen Denkens ist bei dieser Vorgehensweise eine Handlungsvorstellung, d. h. dass sich im Denken Vorstellungen über die benutzten Tätigkeiten herausbilden und zur Grundlage handlungsorientierter Begriffsbildung werden.

Genauso wie bei der Beschreibung des Handlungsbegriffs eine prädikative und eine funktionale Sichtweise möglich ist, können die Schüler bei der Beschäftigung mit Algorithmen – entsprechend ihrer kognitiven Vorliebe – eher die Ergebnisse oder eher die Prozesse ihres Zustandekommens in den Vordergrund stellen und die Idee der funktionalen Abhängigkeit darstellen. So wird eine Ausbalancierung beider kognitiven Strukturen realisiert.

Ein angemessenes Verständnis von Funktionen mehrerer Veränderlichen erlaubt es, Funktionen als ein Ausdrucksmittel zum Beschreiben der Komplexität einer Situation zu benutzen. Vorteilhaft erweist sich dies bei der Bearbeitung von Modellierungsaufgaben.

Mit Hilfe von Aufgaben der Unterrichtsreihe „Von Anweisungen zu Funktionen" werden sowohl inhaltliche als auch kognitive Ziele angestrebt. Die Besonderheit der im Projekt verwendeten Aufgaben besteht darin, dass sie Formalisierung mit Hilfe von Funktionen erfordern. In vielen Fällen handelt es sich um Modellierungsaufgaben mit komplexen funktionalen Zusammenhängen. Es wird angestrebt, dass Lernende dabei ihr Funktionenframe aufrufen und eine Präzisierung und Formalisierung des Aufgabentextes mit Hilfe von Funktionen vornehmen. Das Denken in Funktionen und die Fähigkeit zur Bewältigung der sprachlogischen Komplexität mathematischer Aufgaben werden so in besonderer Weise gefördert.

Zudem werden in die Aufgaben Fehler, Vorstellungen und Fehlvorstellungen, die mit der Benutzung von Funktionen verbunden sind, aufgenommen und zur Reflexion gestellt. Dadurch werden metakognitive, aber auch diskursive Aktivitäten der Schüler gefördert.

Das dargelegte didaktische Konzept der Unterrichtsreihe von „Anweisungen zu Funktionen“ setzt nicht nur ein anderes inhaltliches Vorgehen (didaktische Materialien und Aufgaben) voraus, sondern auch eine andere Art des Unterrichtens auf der einen Seite und des Lernens auf der anderen Seite. Es wird eine intensive Auseinandersetzung mit den mathematischen Inhalten, ihnen zu Grunde liegenden Ideen und den durch sie aufgerufenen Vorstellungen erwartet. Das erfordert eine Offenlegung von Denkprozessen der Lernenden. Werden die Denk- und Verstehensprozesse der Lernenden ins Zentrum der Aufmerksamkeit gestellt, so ist darauf zu achten, dass diese nicht nur durch Lehrkräfte wahrgenommen werden, sondern dass sie auch ins Bewusstsein der Schüler rücken. Hierfür sind metakognitive Fähigkeiten der Schüler im Unterricht zu fordern und zu fördern. Um Unterschiede in den Vorstellungen, Denkweisen und konstruierten Interpretationen der Lernenden deutlich zu machen, muss die Unterrichtskultur auch diskursiv angelegt werden.

Die eben postulierten Anforderungen an die Unterrichtskultur passen gut zu der aktuellen Debatte um die Verbesserung der Unterrichtsqualität. Sie greifen solche Unterrichtsmerkmale auf, die sich in den Bildungsstandards für den Mittleren Abschluss BLK (1997) wiederfinden lassen.

Kapitel 4

Zusammenarbeit mit den Lehrkräften

4.1 Einleitung

Die in den vorstehenden Abschnitten dargestellten Inhalte, Aufgabenformate und Anforderungen an die Unterrichtskultur ergänzen einander zu einem Konzept, das im Rahmen des durchgeführten Projektes der Gegenstand der Implementation im Anfangsmathematikunterricht in einer Partner-Realschule war. Bei einer Implementation geht es nicht darum, mit neuen Aufgaben und Materialien ausschließlich die „Sichtstruktur" (Oser und Baeriswyl, 2001) des Unterrichts zu verändern, d. h. die formalen Organisationsmerkmale, Muster der Unterrichtsinszenierung sowie methodische Elemente, sondern vielmehr muss eine Implementation die „Tiefenstruktur" (ebd.) des Unterrichts erreichen und diese positiv beeinflussen. Zu dieser Struktur gehören Merkmale der Interaktionsprozesse zwischen den Lehrenden und den Lernenden sowie der Lernenden untereinander. Das Nachdenken über die (Neu-)Gestaltung des Unterrichts muss mit dem Nachdenken über die zu fördernden Lernprozesse verbunden sein. Die Innovationseffekte sollen sich in den angestoßenen kognitiven Lerntätigkeiten der Schüler zeigen.

Die entwickelten Materialien und formulierten Implikationen für den Unterricht sind nicht per se produktiv, sondern nur, wenn sie durch die Lehrkräfte in kognitiv anregende und fachlich gehaltvolle Lerngelegenheiten für die Schüler umgesetzt werden. Die zentrale Rolle der Lehrkraft bei der Implementation ist demnach nicht darin zu sehen, den neuen Materialien und Inhalten den Eingang in den Unterricht zu verschaffen, sondern darin, mit diesen den Lernprozess ihrer Schüler in Gang zu setzen. Diesbezüglich ist aus der Implementationsforschung (2.4) bekannt, dass es unrealistisch ist, den Unterricht dadurch verändern zu wollen, dass man den Lehrkräften neue Materialien zur Verfügung stellt und darauf hofft, dass sie wie geplant eingesetzt werden (Gräsel und Parchmann, 2004b). Innovationen, die eine Veränderung des Unterrichts auf der Grundlage von wissenschaftlichem Wissen über die Lehr-Lern-Prozesse anstreben, sind auf die Zusammenarbeit mit Lehrkräften angewiesen und erfordern, dass auch von ihnen Lernprozesse vollzogen werden. Für die Unterstützung dieser vielfältigen Lernprozesse wurden für die beteiligten Lehrpersonen Fortbildungen organisiert. Diese Maßnahme war in das Projekt integriert.

Fortbildungen für Lehrkräfte zielen sowohl auf eine Veränderung ihres unterrichtlichen Repertoires, ihrer Überzeugungen und Handlungsroutinen als auch auf eine Veränderung ihres Wissens in Bezug auf das unterrichtete Fach oder in Bezug auf die Lernprozesse bei den Schülern. Übergeordnete Ziele dieser Maßnahme sind die Weiterentwicklung des Unterrichts sowie die Verbesserung der Lernprozesse und Lernergebnisse der Schüler.

Die Professionalisierungswissenschaft legt den Schwerpunkt wirksamer Änderungen durch Coachingmaßnahmen auf die Weiterentwicklung der Unterrichtsgestaltung und der Lehrerkompetenzen auf der Basis vom wissenschaftlichen Wissen über gelingende Lehr-Lern-Prozesse (Staub, 2005). Wie diesen Anforderungen in Fortbildungen Rechnung getragen werden kann, ist immer noch eine offene Frage. Trotz zahlreich praktizierter Fortbildungsarten für Lehrkräfte ist ein Defizit an Forschungsprojekten zur Untersuchung von Merkmalen besonders effektiver Fortbildungen zu konstatieren (Gräsel et al., 2004, S. 132).

Abhängig von einer intendierten Veränderung kann das Gewicht von Coachingmaßnahmen nur auf fachdidaktische oder zusätzlich auch auf pädagogische Elemente der Unterrichtsgestaltung gelegt werden. Bei dem durchgeführten Projekt wurde vorab keine Entscheidung bezüglich der Schwerpunkte der zu realisierenden Coachingmaßnahmen gelegt. Das Ziel war dabei, die Maßnahmen an den bestehenden Bedarf während der Implementation anzupassen. Ein Vorteil dieser Entscheidung war die Möglichkeit, eine individualisierte Unterstützung der beteiligten Lehrkräfte zu konzipieren. Dem Bedarf nach konnten die entsprechenden Komponenten und Ziele dieser Unterstützung auf das Fachwissen und auf die Fachdidaktik ausgerichtet werden. Zur Konzeption der Unterstützungsmaßnahmen für die Lehrkräfte wurde das Wissen aus der Implementationsforschung über Einflussvariablen auf den Erfolg von Implementation geplanter Maßnahmen (2.4) herangezogen. Die (erst) während der Realisierung des Projektes veröffentlichten Befunde aus COACTIV (2.3.1) wurden bei der Erweiterung der Coachingmaßnahmen für die Lehrkräfte berücksichtigt.

Beteiligte Lehrkräfte

Für die Teilnahme an dem Projekt haben sich zwei Lehrkräfte aus einer Partner-Realschule bereit erklärt. Nach Einschätzung des Schulleiters waren dies zwei der besten Lehrkräfte der Schule. Beide haben das Fach Mathematik studiert.

Die Lehrkräfte haben sich für die Teilnahme an dem Projekt freiwillig gemeldet und eine positive Einstellung zu dem zu implementierenden Unterrichtskonzept geäußert. Daher konnte man vermuten, dass es sich um zwei an der Verbesserung des Unterrichts und an der Entwicklung eigener Kompetenzen interessierte Lehrpersonen handle. Da ihnen die geplanten Maßnahmen nicht aufgezwungen wurden, wurde seitens der wissenschaftlichen Begleitung erwartet, dass diese Lehrpersonen die Maßnahmen mit besonderem Interesse und Engagement implementieren würden.

In den weiteren Abschnitten werden zunächst die geplanten Unterstützungsmaßnahmen für die Lehrkräfte erklärt (4.2). Der Abschnitt 4.3 widmet sich den Coachingsmaßnahmen, die im ersten Jahr der Realisierung des Projektes durchgeführt wurden. Die Erweiterung der Maßnahmen wird in 4.4 begründet und näher erläutert. Der Abschnitt 4.5 stellt die Unterstützungsmaßnahmen für die Lehrkräfte aus dem zweiten Jahr der Realisierung dar. Erfahrungen und Erkenntnisse aus der Zusammenarbeit mit den Lehrpersonen sowie eine Reflexion in Bezug auf ihre Wirksamkeit sind in der Zusammenfassung (4.6) dargelegt.

4.2 Unterstützungsmaßnahmen für die Lehrkräfte

Eine positive Einstellung der Lehrkräfte zu dem umzusetzenden Projekt, ihre Akzeptanz des zu implementierenden Gegenstandes und die Unterstützung der Lehrkräfte seitens des Schulleiters sind nicht ausreichend, um einen Erfolg bei der Implementation von Unterrichtskonzepten zu erzielen.

Eine notwendige Voraussetzung für eine erfolgreiche Implementation ist auf der Seite der Lehrkräfte das Verständnis des zu implementierenden Lerngegenstandes sowie des Wissens und des Könnens, das die Lernenden aufzubauen bzw. zu entwickeln haben. Für diesen Aufbau und für diese Entwicklung müssen im Unterricht lernförderliche Kontextbedingungen geschaffen werden. Diese werden durch die Merkmale der zu etablierenden Unterrichtskultur präzisiert. Demnach müssen Lehrkräfte u. a. im Prozess der Veränderung ihrer Handlungsroutinen unterstützt werden.

Lehrpersonen verfügen über bestimmte Handlungsroutinen, die leitend für ihren Unterricht sind. Die Umsetzung neuer Unterrichtskonzepte setzt meistens eine Veränderung von fest verankerten Handlungsmustern (Blömeke et al., 2003, S. 67) und eine Erweiterung didaktischer Gestaltungsmöglichkeiten der Lehrkräfte voraus. Im Abschnitt 3.6 wurde beschrieben, wodurch sich das unterrichtliche Handeln der Projekt-Lehrkräfte auszeichnen soll, um die angestrebte Unterrichtskultur zu praktizieren. Hierfür ist es unzureichend, wenn lediglich Veränderungen im Wissen und in den Einstellungen der Lehrer erzielt werden. „Handlungskompetenz ist erst mit einer Wissensform gegeben, die die flexible Nutzung der Kenntnisse in authentischen Situationen erlaubt“ (Blömeke et al., 2003, S. 66). Auf Seite der Lehrer muss also erreicht werden, dass die Unterrichtsabläufe tatsächlich durch neue Wissenselemente über die zu implementierenden Inhalte und über die mit ihnen angestrebten Ziele gesteuert werden. Eventuell nur vermeintliches, deklaratives Wissen, ohne dass die damit verbundenen Ideen verstanden werden, reicht demnach nicht aus. Im Abschnitt 5.3.1 wird dieser Gedanke am Beispiel einer Unterrichtssequenz verdeutlicht. In dieser Unterrichtssequenz fokusiert die Lehrkraft die Aufmerksamkeit ihrer Schüler auf die Anforderung, alle Befehle für den Roboter genau und präzise zu formulieren. Ihr Verhalten lässt vermuten, dass sie selbst diese Anforderung nicht verstanden hat. Sie reagiert nicht auf Verstöße gegen die verlangte Genauigkeit in den Schüleräußerungen und auch sie selbst ist in dieser Hinsicht kein Vorbild. Mehrere Beispiele von Unterrichtssequenzen, die auf ein solches Verständnisproblem in anderen Situationen – sowohl in Bezug auf die angestrebten Merkmale der Unterrichtskultur, als auch in Bezug auf die konzipierten Aufgaben – hinweisen, werden in Abschnitt 6 eingeführt.

Eine Vorbereitung der Lehrkräfte für eine erfolgreiche Umsetzung geplanter Maßnahmen muss mehr als nur Vermittlung von Wissen über die angestrebte Unterrichtsqualität leisten – sie muss den Lehrkräften einen Einblick in ihre eigene Unterrichtspraxis gewährleisten, ihnen ihre Handlungsmuster ins Bewusstsein rücken sowie helfen, alternative Handlungsmuster zu erarbeiten und Denk- und Verstehensprozesse der Schüler wahrzunehmen. Diese Forderungen können im Rahmen eines videobasierten Coachings erreicht werden. Diese Maßnahme hat Eingang in viele Fortbildungen für Lehrkräfte gefunden (Lipowsky, 2004). Der Gebrauch von Videoaufzeichnungen führt zur Bewusstmachung der Handlungsmuster und kann bei der Generierung von Handlungsalternativen für die Lehrpersonen helfen. Eine videobasierte Analyse von Unterrichtsprozessen bietet zudem die Möglichkeit, die an den Unterricht gestellten Anforderungen zu verdeutlichen und zu kontrollieren sowie die angestrebten Ziele zu spezifizieren. Das erleichtert den Aufbau des handlungsleitenden Wissens der Lehrpersonen. Das Sichtbarmachen von Implementationsprozessen mit Hilfe einer videobasierten Analyse ermöglicht auch, Diskrepanzen zwischen dem Intendierten und dem Realisierten aufzudecken und erfolgreiche Veränderungsprozesse wahrzunehmen.

Im Folgenden werden die Unterstützungsmaßnahmen für die Lehrkräfte näher erläutert. Es wird zwischen einem Vorbereitungscoaching und den im Laufe des Projektes durchgeführten situationsabhängigen Coachingmaßnahmen unterschieden.

4.2.1 Vorbereitungscoaching

Bei der Diskussion über die Einflussfaktoren auf die Top-down-Strategien im Abschnitt 2.4.2 wurde darauf aufmerksam gemacht, dass Klarheit der zu erreichenden Ziele und Mittel sowie Bewusstsein der Komplexität der Innovation eine notwendige Voraussetzung für eine erfolgreiche Implementation geplanter Maßnahmen darstellen. Um diese Klarheit bei den Lehrkräften auszuschärfen, wurde für sie vor Beginn des Projektes ein fachdidaktisches Vorbereitungscoaching organisiert. Dieses wurde um weitere fachdidaktische Coachingmaßnahmen zu Beginn des Projektes ergänzt. Insgesamt haben im Rahmen des Vorbereitungscoachings sechs Treffen (davon zwei ganztägig) der Fachdidaktiker mit den Lehrkräften stattgefunden. Besprochen und erläutert wurden folgende Aspekte:

- Ziele des Projektes,
- Auswahl der umzusetzenden Inhalte,
- Aufbau einer neuen Unterrichtsreihe und curriculare Einordnung ihrer Inhalte,
- Aufgabenformate und ihre didaktische Funktion sowie daraus resultierende Anforderungen an die Lehr-Lern-Kultur,
- organisatorische Maßnahmen (Verteilung der Unterrichts- und der Entlastungsstunden für die Lehrpersonen).

Im Abschnitt 2.4.2 wurde auch ein drittes Merkmal von Interventionen erwähnt, das als eine notwendige Voraussetzung für eine erfolgversprechende Implementation zu gewährleisten ist: die Praktikabilität geplanter Maßnahmen. Diese Voraussetzung wurde in dem durchgeführten Projekt erfüllt: Die Inhalte der entwickelten Unterrichtsreihe wurden zuvor in einer Realschule eingesetzt. Aus dieser Erfahrung war bekannt, dass diese Inhalte auf einem Realschul-Niveau erfolgreich unterrichtet werden können. Des Weiteren wurde das entwickelte Konzept des kognitionsorientierten Mathematikunterrichts bereits in einem Schulversuch im Gymnasium erfolgreich umgesetzt (Integration algorithmischer und axiomatischer Denkweisen in den gymnasialen Unterricht der Klassen 7 und 8 als Beitrag zur informations- und kommunikationstechnologischen Bildung (1987-1993)). Bis dato wird das Konzept in vielen Partner-Gymnasien des Instituts für Kognitive Mathematik (Universität Osnabrück) praktiziert, seit einigen Jahren auch an zwei Gymnasien zu Beginn von Klasse 5. Zu beachten ist, dass dieses Konzept nicht an gymnasiale Inhalte und an einen bestimmten Schwierigkeitsgrad von Aufgaben gebunden ist, sondern an Implikationen aus einer kognitionstheoriegeleiteten Auffassung der Schulmathematik, die Schülerkognitionen ins Zentrum stellt. Den an dem durchgeführten Projekt beteiligten Lehrpersonen waren ausgewählte Aspekte der theoretischen Grundlage dieses Konzeptes sowie zum Teil seine Inhalte bereits vor der Planung des Projektes bekannt. Da ihre Teilnahme an dem Projekt freiwillig war, kann man vermuten, dass auch sie selbst die geplanten Maßnahmen als praktikabel eingeschätzt haben.

4.2.2 Tandem-Zusammenarbeit der Lehrkräfte

Um die Lehrpersonen bei der Umsetzung geplanter Maßnahmen zu unterstützen, wurde ihre Arbeit in Form einer Tandem-Zusammenarbeit geplant. Beide Lehrkräfte sollten in einer Klasse abwechselnd unterrichten und möglichst auch an allen im Rahmen des Projektes durchzuführenden Unterrichtstunden des Tandem-Partners teilnehmen. Die Bildung von Tandems hat sich bereits bei verschiedenen Qualitätsmaßnahmen bewährt (Gräsel et al., 2004), besonders als eine transferunterstützende Maßnahme in den Lehrerfortbildungen. So wie auf einen Tandem zwei Personen gemeinsam ein Ziel ansteuern, so sollen auch in einer Tandem-Zusammenarbeit die Kräfte beider Lehrkräfte zum Erreichen eines gemeinsamen Ziels investiert werden. Hierfür ist es notwendig, sich auf ein Ziel zu einigen und hin und wieder ein Wechsel am Steuer vorzunehmen. Die Bildung von Tandems ist mit dem Gedanken verbunden, dass Planung und Reflexion des Unterrichts durch Kooperation der Lehrkräfte einfacher sind. Die Tandem-Zusammenarbeit reduziert den Zeitaufwand für die Vorbereitung des Unterrichts und lässt die Reflexion des Unterrichts in einem diskursiven Austausch von Gedanken effektiver werden, um so Konsequenzen für die Planung weiterer Unterrichtsstunden zu ziehen. Für eine gemeinsame Planung und Reflexion des Unterrichts und für die Teilnahme an Fortbildungsmaßnahmen wurden für die Lehrkräfte zwei Stunden Unterrichtsentlastung pro Woche bewilligt.

4.2.3 Zusammenarbeit der Lehrkräfte mit den Fachdidaktikern

Die Effektivität einer Tandem-Zusammenarbeit der Lehrkräfte ist dann zu erwarten, wenn sie klare Ziele und Erwartungen bezüglich des Unterrichts haben und wenn sie ihren Unterricht mit einer gewissen Distanz analysieren können. Um dieses zu erreichen, wurde die Tandem-Zusammenarbeit der Lehrkräfte durch die Zusammenarbeit mit den Fachdidaktikern ergänzt. Die Zusammenarbeit sollte nicht auf die regelmäßigen Coachingmaßnahmen begrenzt werden, sondern sich an dem Bedarf der Schule und der Lehrkräfte vor Ort orientieren. In der Praxis bedeutete dies, dass die Fachdidaktiker dauerhafte Ansprechpartner für die Lehrkräfte waren. Sie sollten u. a. den Unterricht der beiden Lehrkräfte hospitieren und Anregungen zur Vorbereitung des Unterrichts geben. Seitens der wissenschaftlichen Begleitung wurde die Bereitschaft erklärt, die bei der Implementation auftretenden Probleme mit den Lehrkräften gemeinsam anzugehen.

4.3 Coachingmaßnahmen im ersten Jahr der Realisierung des Projektes

Bei der Planung des Projektes wurde vereinbart, dass während seiner Realisierung für die zwei Lehrkräfte situationsabhängige (u.a. videobasierte) Coachingsmaßnahmen organisiert werden. Es wurde vorab kein Plan mit Terminen und Themen der einzelnen Sitzungen festgelegt. Die Maßnahmen sollten an den Kontext der Partner-Schule angepasst werden. Um den Bedarf an Maßnahmen zu diagnostizieren, war ein Monitoring der Implementation erforderlich.

Monitoring der Implementation
Intensives Monitoring soll eine Grundlage bilden für die Einschätzung der Übereinstimmung zwischen dem Intendierten und dem Realisierten, für die Diagnose auftretender Implementationsschwierigkeiten und für Aussagen über die Wirkung implementierter Maßnahmen. Bei dem durchgeführten Projekt bezog sich das Monitoring sowohl auf den Unterricht als auch auf die Schülereigenproduktionen. Nach Absprache mit den Lehrpersonen wurden regelmäßig ihre Unterrichtsstunden gefilmt und analysiert sowie Schülereigenproduktionen (Kontrollaufgaben, Hausaufgaben, Unterrichtsaufgaben) gescannt und ausgewertet.

Situationsabhängige Coachingsmaßnahmen im ersten Jahr der Projektlaufzeit
Im Folgenden werden die im ersten Jahr der Realisierung des Projektes geplanten und durchgeführten Coachingmaßnahmen dargestellt.

- **Coaching zur Stärkung der Diagnosefähigkeit der Lehrkräfte**

Die Entscheidung, ein Coaching zur Stärkung der Diagnosefähigkeit für die Lehrkräfte zu organisieren, war die Konsequenz einer durch die Fachdidaktiker vorgenommenen

Analyse der durch diese Lehrpersonen korrigierten Schülerlösungen zu Aufgaben aus zwei Klassenarbeiten, die im Schuljahr 2006/2007 geschrieben wurden. Diese Analyse hat Probleme der Lehrkräfte bei der Diagnose von Schülerleistungen aufgedeckt: Viele Fehler und Fehlvorstellungen der Schüler in ihre Eigenproduktionen waren nicht aufgedeckt, falsch korrigiert oder nicht angemessen bewertet worden.

Die erste Fortbildungsmaßnahme begann also mit einem Impuls zur Reflexion über Leistungen und Schwierigkeiten der Schüler sowie zur Reflexion über das realisierte Verfahren bei der Korrektur von Schülereigenproduktionen.

- **Videobasiertes Lehrercoaching**

Als empirische Grundlage des Coachings wurden eine videografierte Unterrichtsstunde aus dem Schuljahr 2006/2007 sowie Schülereigenproduktionen zu einer dazu thematisch passenden Aufgabe aus der ersten Klassenarbeit aus diesem Schuljahr gewählt. Die Unterrichtsstunde ist ein Beispiel für eine nicht gelungene Implementation der in diesem Unterricht einzusetzenden Inhalte. Einerseits deckt sie Mängel beim Fachwissen, beim fachdidaktischen Wissen und an Diagnosefähigkeiten der unterrichtenden Lehrkraft sowie einen negativen Einfluss dieser Mängel auf die Lernprozesse der Schüler auf. Andererseits lässt die Unterrichtsstunde vermuten, dass die Schwierigkeiten der Lehrkraft auch durch die zu implementierenden Inhalte hervorgerufen wurden. Aus der Implementationsforschung ist bekannt, dass die Lehrerkompetenzen den Erfolg der Implementation beeinflussen. Die Erfahrung aus dem durchgeführten Projekt zeigt, dass die Effizienz der Implementation durch eine adaptive Änderungen der zu implementierenden Inhalte (u.a. durch eine Weiterentwicklung von Aufgaben) und durch die Reflexion über die Änderung im Rahmen eines videobasierten Coachings wesentlich gesteigert werden kann. Einer detailierten Analyse der Wirksamkeit der Maßnahmen ist Abschnitt 5.3.3 gewidmet.

- **Weitere Unterstützungsmaßnahmen für die Lehrkräfte**

Das intensive Monitoring des Unterrichts ermöglichte es, weitere Unterstützungshilfen für die Lehrkräfte zu etablieren. Erwähnenswert sind: Rückmeldungen zu den hospitierten Unterrichtsstunden und zu den durch die Lehrkräfte selbst entwickelten Aufgabenzetteln, Hilfe bei der Planung von Unterricht sowie die Entwicklung von Aufgaben für die Schüler, die an die im Unterricht diagnostizierten Leistungen und Schwierigkeiten der Lernenden angepasst wurden.

Konsequenzen aus der Planung und Durchführung der Coachingmaßnahmen

Das Vorbereitungscoaching für die Lehrkräfte wurde planmäßig durchgeführt.

Im ersten Schuljahr der Realisierung des Projektes haben nur zwei – nämlich die oben beschriebenen – situationsabhängigen Coachings für die Lehrkräfte stattgefunden. Für die geringe Anzahl gibt es mehrere Gründe: Die Vorbereitung von Coachingmaßnahmen ist ein langer und komplexer Prozess, der einer vertiefenden Analyse des Lehr-Lern-Prozesses bedarf. Hinzu kommt, dass das Coaching nicht in die Arbeitsprozesse der Lehrkräfte integriert wurde, sodass sich die Vereinbarung gemeinsamer Termine als problematisch erwiesen hat. Aus dieser Erfahrung wurden für die Planung des Projektes für das darauffolgende Jahr Konsequenzen gezogen: Für die geplanten Coachingmaßnahmen im zweiten Jahr der Realisierung des Projektes wurden die zwei Stunden Unterrichtsentlastung fest in den Wochen-Arbeitsplänen der Lehrpersonen berücksichtigt.

Aus Sicht der Projektleiter war im ersten Jahr der Realisierung des Projektes die Einstellung der Lehrkräfte zu einer langfristiger Fortbildung kritisch. Bei den Lehrkräften war stärker die Erwartung ausgeprägt, fertige Unterrichtsmaterialien für ihren Unterricht zu gewinnen, als den Unterricht zu reflektieren. Die Lehrkräfte haben in den erwarteten Unterrichtsmaterialien ein Potential zur Förderung der Motivation der Lernenden gesehen. Die didaktische Funktion der Materialien stand dabei oft im Schatten. Dieser Befund ist in der Unterrichtsforschung bekannt (Gräsel et al., 2004). Auch die Schwierigkeit, die Lehrkräfte für eine langfristige Fortbildung zu gewinnen, wird immer häufiger diskutiert (Zedler et al., 2004). Man könnte fragen, ob diese Erkenntnisse bei der Planung des Projektes ernst genommen worden waren. Die Antwort wäre „ja“, denn die Fortbildung für die beteiligten Lehrkräfte war als ein integrierter Teil des Projektes dargestellt worden, was die Lehrkräfte akzeptiert hatten. Es war daher verwunderlich, dass während der Implementation ihre Bereitschaft trotzdem sehr gering war.

Für die Durchführung des Projektes im zweiten Jahr der Realisierung sollten die Fortbildungsmaßnahmen intensiviert werden. Zu dieser Entscheidung haben neben der Erfahrung aus dem ersten Jahr auch die Erkenntnisse aus COACTIV (2.3.1) bezüglich des Fachwissens und des fachdidaktischen Wissens der Realschulerlehrkräfte sowie die Erkenntnisse über den Einfluss des fachdidaktischen Wissens der Lehrpersonen auf den Lernerfolg ihrer Schüler geführt. Insbesondere wurden die ergänzenden Erkenntnisse aus COACITV zu dem bisherigen Forschungsstand über den eindeutig positiven Einfluss der Klarheit der Instruktion, effektiver Zeitnutzung und Störungsprävention auf den Lernfortschritt der Schüler berücksichtigt:

> „Die mathematikdidaktisch ausgerichteten Teile von COACTIV zeigen nun ergänzend, dass auch das fachdidaktische Wissen der Lehrerinnen und Lehrer einen Effekt in vergleichbarer Stärke hat.“ (Neubrand und Jordan, 2007, S. 426)

In COACTIV wurde zudem ein deutlicher Zusammenhang zwischen dem Fachwissen und dem fachdidaktischen Wissen der Lehrkräfte belegt. „Der Effekt auf den Lernfortschritt der Schülerinnen und Schüler ist jedoch vollständig über das fachdidaktische Wissen vermittelt“ (Neubrand und Jordan, 2007, S. 426).

Die COACTIV-Ergebnisse können zur Erklärung der Schwierigkeiten bei der Implementation der geplanten Maßnahmen beitragen: Die Schwierigkeiten, die in der Partner-Realschule auftraten, zeigten sich während einer jahrelangen Realisierung des Unterrichtskonzeptes in vielen Partner-Gymnasien (mit angepassten Inhalten an das gymnasiale Niveau) nicht. Es drängt sich daher die Hypothese auf, dass die in COACTIV belegten Unterschiede in den Kompetenzen der Lehrpersonen an Realschulen und an Gymnasien eine Erklärung für die Hindernisse bei der Implementation darstellen. Mit diesen Schwierigkeiten haben die Projektleiter (auf Grund ihrer jahrelangen Erfahrung mit Gymnasiallehrkräften) nicht gerechnet.

4.4 Erweiterung der Unterstützungsmaßnahmen für die Lehrkräfte

Die erweiterten Fortbildungsmaßnahmen für die Lehrkrfäte umfassen eine wöchentliche fachdidaktische Beratung bei der Planung und Reflexion des Unterrichts und ein intensives videobasiertes fachdidaktisches Coaching.

4.4.1 Wöchentliche Beratung der Lehrkräfte

Die wöchentliche Beratung der Lehrkräfte wurde in ihren Stundenplan integriert, um die Belastung durch ein zusätzliches Engagement in Fortbildungsveranstaltungen zu reduzieren. Es wurde davon ausgegangen, dass eine solche praxisnahe Beratung durch einen erfahrenen Coach wertvoller und effektiver sei als praxisferne und einmalige Fortbildungsmaßnahmen.

Die Planung von Unterricht kann leichter bewusst verändert werden als das Interaktionshandeln im Klassenzimmer (Gärtner, 2007, S. 92). Daher war die wöchentliche Beratung der Lehrpersonen zunächst auf die Unterstützung der Lehrkäfte bei der Planung und bei der Vorbereitung des Unterrichts ausgerichtet. Mit dieser Maßnahme sollten auch das Fachwissen der Lehrkräfte und ihre fachdidaktischen Kompetenzen erweitert werden. Die Idee war, dass beim Reden über konkrete Unterrichtsmaßnahmen auch über mögliche Fehlvorstellungen der Schüler gesprochen wird und somit unter diesem „Deckmantel" die fachlichen Fehlvorstellungen der Lehrkräfte korrigiert werden können.

Bei dem Coach handelte es sich um eine gymnasiale Mathematiklehrerin, die bei der Entwicklung der Unterrichtsreihe für das Projekt beteiligt war, seit vielen Jahren nach einem Konzept einer kognitionstheoretischen Auffassung der Schulmathematik im Gymnasium unterrichtete und sich aktiv an den Forschungsarbeiten des Instituts für Kognitive Mathematik beteiligte. Vor dem Hintergrund der Forschung- und Unterrichtserfahrung verfügte er über eine hohe Expertise in dem zu implementierenden Konzept.

Der Coach hat einmal in der Woche den Unterricht hospitiert. Anschließend an die Hospitation haben die Nachbesprechung zu dem hospitierten Unterricht und die Planung nächster Unterrichtsstunden stattgefunden.

4.4.2 Videobasiertes Coaching

Das reguläre videobasierte Coaching sollte eine Zwischenbilanz über das gemeinsame Bemühen um die Verbesserung der Unterrichtsqualität ermöglichen und die Nachbesprechung der einzelnen Unterrichtsstunden erweitern. Der Fokus bei diesen Coachingmaßnahmen wurde auf den Lehr-Lern-Prozess, auf das unterrichtliche Handeln der Lehrkräfte und auf die Lernergebnisse der Schüler gelegt. Da die Coachingmaßnahmen an den Kontext der Schule vor Ort angepasst werden sollten, sollten die Ziele und Inhalte jedes Treffens mit den Lehrpersonen erst während der Realisierung des Projektes festgelegt und an den Förderbedarf angepasst werden

Im Folgenden wird ein Überblick über die für das zweite Jahr der Projektlaufzeit geplanten Coachingmaßnahmen gegeben. Nicht alle der geplanten Maßnahmen wurden realisiert. Die angedachten regulären videobasierten Coaching-Treffen konnten in der Praxis nicht so wie geplant durchgeführt werden. Dafür gaben die Lehrkräfte verschiedene Gründe an: insbesondere arbeitsorganisatorische Rahmenbedingungen wie z. B. die Schwierigkeit der Vereinbarung des für das Coaching notwendigen Zeitaufwands mit sonstigen täglichen Arbeitsaufgaben oder familiäre Grunde. Einige unserer Coachingmaßnahmen wurden durch die Lehrkräfte deshalb nicht akzeptiert, weil sie die Notwendigkeit der Änderungen eigener Handlungsroutinen nicht als wichtig angesehen haben. Dies betrifft das Coaching zur Stärkung der Diagnosefähigkeiten der Lehrkräfte durch Analyse und Interpretation von Fehlern und Fehlvorstellungen der Schüler und durch anschließende Analyse ihrer Korrektur von Schülereigenproduktionen. Damit sollte noch einmal Einfluss auf die fachliche Kompetenz der Lehrpersonen gewonnen werden. Diese Maßnahme hat keine Akzeptanz bei den beteiligten Lehrkräften gefunden. Ihre Absage wurde kurz vor dem geplanten Treffen erteilt.

4.5 Coachingmaßnahmen im zweiten Jahr der Realisierung des Projektes

- **Videobasiertes Coaching mit der Analyse und Reflexion von Handlungsroutinen der Lehrkräfte**

Das Ziel des Coachings war eine Analyse und Reflexion von Handlungsroutinen der Lehrkräfte, die Zeitverlust im Unterricht bewirkten und die nicht auf kognitive Aktivierung der Schüler ausgerichtet waren. Zur Analyse wurden Unterrichtssequenzen ausgewählt, die solche Handlungsmuster bei der Kontrolle und Besprechung von Hausaufgaben, bei der Bearbeitung von Aufgaben und bei der Einführung neuer Begriffe zeigen. Eine genaue Analyse und Reflexion der Handlungsmuster und ihrer Konsequenzen für den Unterricht und für die Denkprozesse der Schüler sollte das Ausarbeiten alternativer Handlungen im Verhalten der Lehrkraft ermöglichen.

Das geplante Coaching hat nicht stattgefunden. Eine Woche vor dem Coaching haben die Lehrkräfte wegen anderer Schulalltagsaufgaben ihre Absage erteilt (ohne einen alternativen Terminvorschlag).

- **Coaching zur Analyse und Reflexion erzielter positiver Änderungen im Verhalten der Lehrkräfte und in den Lernergebnissen der Schüler**

Das Coaching sollte den Lehrkräften (und dem Schulleiter) eine Rückmeldung zu den erzielten positiven Änderungen sowohl in Bezug auf die praktizierte Unterrichtskultur, als auch in Bezug auf die Lernergebnisse der Schüler geben. Die Rückmeldung sollte durch eine videobasierte Unterrichtsanalyse ergänzt werden, um gelungene Unterrichtssequenzen mit den Lehrpersonen zu reflektieren. Ein Zusammenhang zwischen einer positiven Änderung der Kompetenzen der Lehrkräfte und einer positiven Änderung der Lernergebnisse der Schüler sollte verdeutlicht und im Diskurs mit den Lehrpersonen und mit dem Schulleiter reflektiert werden.

Die geplante videobasierte Unterrichtsanalyse wurde nicht durchgeführt und auf das nächste Treffen verschoben, weil die Lehrkräfte für dieses Treffen weniger Zeit eingeplant haben, als es für die Reflexion der erzielten Verbesserung nötig war.

- **Videobasiertes Coaching zur Analyse metakognitiver und diskursiver Aktivitäten der Schüler und der Lehrkraft**

In den Fokus des geplanten Coachings wurden positive Änderungen in der Unterrichtsqualität gestellt. Die Lehrkräfte sollten einen Einblick in wissenschaftliche Erkenntnisse aus der Lehr-Lern-Forschung bezüglich der Unterrichtsqualität bekommen, Werkzeuge zur Analyse der Qualität des Unterricht kennenlernen und diese in Bezug auf eigenen Unterricht anwenden.

Den Lehrkräften wurde ein Werkzeug zur Analyse metakognitiver und diskursiver Aktivitäten im Unterricht präsentiert (Kategoriensystem „Metakognitive Aktivitäten bei schrittweise kontrolliertem Argumentieren im Mathematikunterricht“ (Cohors-Fresenborg und Kaune, 2007)), die Anwendung des Werkzeug wurde erläutert und am Beispiel eines Unterrichtsausschnittes erklärt.

Mit diesem Werkzeug hatten die Lehrkräfte sowohl gelungene als auch nicht gelungene Unterrichtssequenzen aus ihrem eigenen Unterricht analysiert und ihre dabei gewonnenen Erkenntnisse erläutert. Mit dieser Cochingmaßnahme ist es gelungen, die Lehrkräfte zur Reflexion ihres unterrichtlichen Handelns anzuregen, positive Änderungen in ihrem Verhalten hervorzuheben und sie in dem Veränderungsprozess zu unterstützen. Die Lehrpersonen haben eine positive Rückmeldung bezüglich der durchgeführten Analyse der Unterrichtssequenzen gegeben. Es hat sich gezeigt, dass die Arbeit mit einem Werkzeug zur Analyse ausgewählter Merkmale der Unterrichtsqualität auf Seiten der Lehrkräfte zu einem besseren Verständnis der unterrichtlichen Situationen geführt hat. Die Lehrkräfte haben Interesse daran gezeigt, alternative Handlungsmuster zur Förderung diskursiver Unterrichtskultur auszuarbeiten. Hierfür wurden Vorschläge gemacht und die Möglichkeiten ihrer Umsetzung diskutiert.

- **Coaching zur Stärkung der Diagnosefähigkeiten der Lehrkräfte**

Das Coaching sollte der Stärkung der Diagnosefähigkeit und der Sensibilität der Lehrer für differenzierte Interventions- und Fördermöglichkeiten gewidmet werden. Im Fokus des geplanten Coachings sollten die in einer Klassenarbeit aufgedeckten Fehler und Fehlvorstellungen der Schüler stehen. Durch Analyse von Schülereigenproduktionen sollten die Lehrkräfte zur Reflexion über Denk- und Verstehensprozesse ihrer Schüler angeregt werden. Es sollten Möglichkeiten eines produktiven Umgangs mit Fehlern und mit Fehlvorstellungen besprochen und als Anregung für das unterrrichtliche Handeln dargestellt werden.

Die Analyse der Fehler und Fehlvorstellungen der Schüler sollte ein Ausgangspunkt zur Reflexion der Vorgehensweise bei der Korrektur von Schülereigenproduktionen sein.

Dieses Coaching hat nicht stattgefunden. Drei Tage vor dem geplanten Treffen wurde seitens der Lehrer der Wunsch geäußert, das Thema des Coachings zu ändern. Da der Prozess der Vorbereitung geeigneter Coachingmaßnahmen lang und komplex ist, konnte der Bitte der Lehrkräfte nicht spontan nachgekommen werden.

4.6 Zusammenfassung und Diskussion der Ergebnisse

Innovationen, die eine Veränderung des Unterrichts auf der Grundlage wissenschaftlicher Erkenntnisse über die Lehr-Lern-Prozesse anstreben, sind auf die Zusammenarbeit mit Lehrkräften angewiesen und erfordern, dass auch von ihnen Lernprozesse vollzogen werden. Um diese Lernprozesse zu unterstützen, wurden für die am Projekt beteiligten Lehrpersonen Fortbildungen organisiert.

Die Überzeugung der Lehrkräfte über die Notwendigkeit der Teilnahme an langfristigen Fortbildungsmaßnahmen hat sich allerdings während der Realisierung des Projektes wenig ausgeprägt gezeigt. Trotz der Vereinbarung von regelmäßigen Fortbildungen hat sich die Festlegung gemeinsamer Treffen immer wieder als problematisch erwiesen. Die Erfahrung aus dem Projekt zeigt, dass die Lehrkräfte über subjektive Theorien verfügen, die ihre Entscheidungen bezüglich der Akzeptanz der konzipierten Fortbildungsmaßnahmen beeinflussen.

Trotz vieler Bemühungen, die Lehrkräfte bei der Implementation zu unterstützen, ist es nicht gelungen, alle flankierenden Coachingmaßnahmen umzusetzen. Bei den erfolgreich durchgeführten Coachingmaßnahmen können positive Effekte sowohl im Bezug auf das Verhalten der Lehrkräfte als auch auf die Leistungen der Schüler nachgewiesen werden. Darauf wird im Abschnitt 5.3.3 eingegangen.

Die Konsequenz der Coachingmaßnahmen ist, dass sich der Mathematikunterricht in der Partner-Realschule unter denjenigen Aspekten geändert hat, die im Rahmen von Fortbildungen für die Lehrkräfte explizit angesprochen, am Videomaterial verdeutlicht und reflektiert worden waren.

Für nachfolgende Innovationen, die eine Verbesserung des Realschumathematikunterrichts anstreben, kann daraus die Schlussfolgerung gezogen werden, dass die individuellen Voraussetzungen der Lehrpersonen, insbesondere ihre Überzeugungen eine besondere Beachtung durch die Projektleiter erfordern. Das durchgeführte Projekt hat gezeigt, dass solche Verbesserungen erreichbar sind, aber sie erfordern, dass durch die Lehrpersonen Lernprozesse vollzogen werden und dass sie den Willen dazu zeigen, ihre Kompetenzen für die Qualitätsverbesserung ihres Unterrichts zu entwickeln und Verständnis dafür haben, dass es sich dabei um einen langfristigen Prozess handelt.

Es drängt sich die Hypothese auf, dass die Lehrkräfte ihre eigenen Vorstellungen von Zielen der Innovation konstruiert haben, sodass sie die Notwendigkeit ihrer Teilnahme an Fortbildungsmaßnahmen nicht eingesehen haben. Da diese Vorstellungen nicht mit den intendierten Zielen des Projektes übereinstimmte, war die Implementation in einigen Aspekten nur scheinbar gelungen: Die Aufgaben und Materialien wurden so im Unterricht eingesetzt, wie die Lehrpersonen sie verstanden haben. Das Kapitel 6 belegt an zahlreichen Beispielen das Verständnisproblem, das die Implementation beeinflusst hat.

Rückblickend betrachtet ist der Schluss zu ziehen, dass es bereits in der Vorbereitungsphase versäumt wurde, das Verständnis der Innovationsmaßnahmen bei den Lehrkräften sicherzustellen. Betonenswert ist, dass es sich dabei um einen Schluss aus der Unterrichtsanalyse handelt. Die Wirksamkeit von Coachingmaßnahmen wurde bei dem realisierten Projekt nicht mit Hilfe von Fragebögen erfasst. Es wäre aber zu erwarten, dass das fehlende Verständnis der Innovation auf den Seiten der Lehrkräfte so nur schwer hätte sichtbar gemacht werden können. Da die Lehrkräfte ihre eigene Vorstellung zu den einzusetzenden Maßnahmen konstruiert haben, hätten sie vermutlich auch bei einer schriftlichen Befragung diese Vorstellungen aufgerufen. Die Frage danach, ob sie Fehlvorstellungen der Schüler zum Gegenstand des Klassengesprächs machen, oder ob sie diskursives Verhalten im Unterricht verankert haben, hätten sie vermutlich bejaht. Dabei wäre es nicht sichtbar, dass sie den Unterschied zwischen einem Fehler und einer Fehlvorstellung sowie Merkmale und Wirkmechanismen des diskursiven Verhaltens nicht verstanden haben. Das Kapitel 6 bestärkt diese Vermutung. Es zeigt Beispiele, die dieses fehlende Verständnis bei den Lehrkräften dokumentieren.

Kapitel 5

Ein steiniger Weg zum Implementationserfolg

5.1 Einleitung

Mit dem durchgeführten Projekt wurde ein Versuch unternommen, den Mathematikunterricht in der Realschule von Beginn an kognitionstheoriegeleitet auszurichten. Hierfür wurde ein Konzept entwickelt, das stoffdidaktische und kognitionstheoriegeleitete Anforderungen an die Unterrichtsinhalte, an die Aufgabenformate und an die Unterrichtskultur präzisiert.

Bevor in den weiteren Abschnitten die Aufmerksamkeit auf die Implementation und die Wirksamkeit des entwickelten Unterrichtskonzeptes gelenkt wird, soll zunächst der Fokus auf den Begriff „Implementation" und den damit gemeinten Prozess im Allgemeinen gerichtet werden. Das Ziel ist dabei, eine Voraborientierung für die nächsten Teile der vorliegenden Arbeit zu konstituieren.

In der Einleitung zu Kapitel 4 wurde betont, dass der Schwerpunkt bei einer Implementation auf die Lernprozesse gesetzt werden soll, die mit neuen Materialien und Inhalten im Rahmen einer vorab präzise beschriebenen Unterrichtskultur in Gang zu setzen sind. Hier setzt ein weiterer Gedanke bezüglich der Implementation an:

Bei der Implementation kann folgender Fall auftreten: Die andersartigen Aufgaben werden eingesetzt und die Anforderungen an die angestrebte Unterrichtskultur (insbesondere an das Verhalten der Lernenden) werden im Unterricht offengelegt, aber die Qualität der Schüler-Schüler und Schüler-Lehrer Interaktionen ändert sich nicht. Zum Beispiel wird angekündigt, dass man etwas genau nimmt oder dass man reflektiert, ohne dieses im Nachhinein zu tun; Schüler werden zum genauen gegenseitigen Zuhören und zum Eingehen auf die Beiträge ihrer Mitschüler aufgefordert, ohne dass das Verhalten der Lehrkraft hierfür eine Vorbildfunktion spielt und ohne dass Verstöße gegen diese Aufforderungen geahndet werden; die Wichtigkeit vom Lernen aus Fehlern wird betont, ohne dass die im Unterricht begangenen Schülerfehler tatsächlich zum Gegenstand des Nachdenkens gemacht werden; es werden gegenteilige Positionen bezogen, darauf wird aber nicht eingegangen. Es handelt sich dann um eine dem Format nach metakognitiv-diskursive Unterrichtskultur, aber dem Inhalt nach liegt diese nicht vor. Im Folgenden wird dieses Phänomen als eine „vermeintlich metakognitiv-diskursive Unterrichtskultur" bezeichnet.

In der Unterrichts- und Implementationsforschung wird von dem steinigen Weg einer Unterrichtsveränderung berichtet (Gräsel und Parchmann, 2004b). Auf Grund der Erfahrungen aus dem durchgeführten Projekt in der Partner-Realschule wird in den weiteren Abschnitten die Hypothese begründet, dass eine Schwierigkeit einer erfolgreichen Unterrichtveränderung und die dabei auftretenden Phänome dadurch zustande kommen, dass wichtige Verbesserungen in der Unterrichtskultur im o. g. Sinne nur vermeintliche Veränderungen sind: Die Sichtstruktur des Unterrichts (insbesondere die Inszenierungsmuster einer Lehrkraft) wird ohne eine wirksame Veränderung der Tiefenstruktur des Unterrichts geändert. Die didaktische Qualität des Lehr-Lernprozesses wird dadurch nicht beeinflusst. Mit neuen Inszenierungsmustern im sichtbaren Verhalten einer Lehrkraft und ihrer Schüler wird der Kern der Denkprozesse der Lernenden nicht erreicht.

Die Unterscheidung zwischen der Sicht- und der Tiefenstruktur des Unterrichts ist bei der Planung, Durchführung und Analyse einer Implementation von theoretischer und praktischer Bedeutung: Das Nachdenken einer Lehrkraft bezüglich der geplanten Schritte beim Unterrichten sowie bezüglich gewählter Unterrichtsinhalte, -formen und -methoden muss sehr eng mit ihrer Überlegung bezüglich der zu fördernden Lernprozesse ihrer Schüler verbunden sein und sogar aus dieser Überlegung resultieren.

Am Beispiel der Befunde aus einem in der Literatur beschriebenen Projekt zur Unterrichtsentwicklung (Gärtner, 2007, 2008) wird gezeigt, dass das Bemühen um die Verbesserung der Lernprozesse und Lernergebnisse der Schüler positive Effekte im Unterrichtsgeschehen erzielen kann (z. B. verstärktes Praktizieren anspruchsvoller Übungsformen oder Einsatz kognitiv anregender Aufgaben), ohne dass die übergeordneten Ziele – die angestrebten Effekte im Lernverhalten und in Kompetenzen der Schüler – erreicht werden:

Gärtner (2007, 2008) stellt in seinen Arbeiten Ergebnisse aus der Implementation eines Konzeptes zur nachhaltigen Unterrichtsentwicklung dar. Sein Konzept basiert auf einer langfristigen Kooperation zwischen Lehrkräften und kann als ein videobasierter Qualitätszirkel bezeichnet werden. Das Hauptziel des Konzeptes war, die Mathematiklehrkräfte besser darin zu unterstützen, eine Veränderung des Unterrichts (u. a. entsprechend der Vorgaben eines neuen Rahmenlehrplans) zu bewirken. Durch die angestrebte Unterrichtsentwicklung sollten insbesondere folgende Fähigkeiten der Lernenden gefördert und verbessert werden: methodische (Selbsteinschätzung, Reflexion, Arbeitsorganisation), personale (Interesse an Mathematik, Selbstkonzept, Selbstwirksamkeit in Mathematik) und soziale (Kooperations-, kommunikations- und Kritikfähigkeiten). Als ein Ergebnis der Implementation hat Gärtner signifikante Veränderungen in der Selbsteinschätzung der Lehrkräfte bezüglich relevanter Aspekte des Unterrichtsgeschehens festgestellt: Diese Veränderungen betrafen „einen signifikanten Anstieg an modernen Formen der Unterrichtsgestaltung, Formen anspruchsvollen Übens, Formen der Leistungsermittlung und Differenzierung sowie eine Verstärkung der Aufgabenkultur. Des Weiteren fand sich eine signifikante Verringerung an repetitiven Formen des Übens und an traditionellen Formen der Unterrichtsgestaltung“ (Gärtner, 2008, S. 146). Diese Änderungen standen sogar im Einklang mit den von den beteiligten Lehrkräften deklarierten Veränderungen in ihren Überzeugungen über „richtiges“ Vorgehen im Mathematikunterricht. Im Sinne der auf den Seiten 129f. dargelegten Unterscheidung zwischen der Form und dem Inhalt sowie zwischen der Sicht- und der Tiefenstruktur des Unterrichts fällt in diesem Zitat die Häufung des Wortes „Formen“ auf. Es drängt sich die Hypothese auf, dass es in zu vielen Fällen bei der Veränderung der Form (also nur der Sichtstruktur des Unterrichts) geblieben ist. Wenn in dem Qualitätszirkel nicht erreicht werden konnte, dass die beteiligten Lehrkräfte die mit diesen Formen intendierten „inhaltlichen“ Veränderungen in der Tiefenstruktur des Unterrichts verstanden haben, ist es auch nicht verwunderlich, dass ihr Urteil über die praktizierten Neuerungen positiv ausgefallen ist, da sie den Unterschied zwischen Form und „Inhalt“ nicht bemerkt haben. Entgegen der getroffener Annahme bezüglich der Wirksamekeit der angestrebten Unterrichtsveränderung auf die Schülerkompetenzen hat sich in dem Projekt von Gärtner der erwünschte Effekt auf der Schülerseite nicht gezeigt: Bezüglich der methodischen, personalen und sozialen Kompetenzen entwickelten sich die Lernenden der Projektgruppe und diejenigen der Kontrollgruppe über ein Schuljahr hinweg fast identisch – darauf deuten die Ergebnisse des Fragebogens, den die Lernenden beider Gruppen bei der Evaluation zu erfüllen hatten. Der einzige Kompetenzbereich, in dem sich die Schüler der Qualitätszirkel-Lehrkräfte besser entwickelten als diejenigen der Kontroll-Lehrkräfte, war die subjektive Einschätzung der traditionellen mathematischen Fachkompetenz, was in dem Projekt nicht vorgesehen war (Gärtner 2008, S. 147; 2007, S. 160). Der Autor des Projektes vermutet, dass sichtbare Effekte auf der Schülerebene nicht innerhalb eines Schuljahres erwartet werden dürfen, sondern mehr Zeit benötigen (Gärtner, 2007, S. 204). Seine Schlussfolgerung, dass mit den angeleiteten Veränderungen in den Überzeugungen der Lehrkräfte in der Zukunft verstärkt positive Effekte auf der Schülerebene zu erwarten seien (Gärtner, 2008, S. 147), ist nicht präzise begründet. Nach den vorgetragenen Überlegungen sind Zweifel angebracht, denn es ist zwar wichtig, eine Veränderung im Verhalten der Lehrkräfte und in der Gestaltung ihres Unterrichts zu bewirken, aber der Mechanismus, wie aus der veränderten Einstellung und aus der subjektiv erfahrenen, vermeintlichen Verbesserung des Unterrichts tatsächlich wirksame Verbesserungen der unterrichtlichen Lernprozesse und der zu fördernden Schülerkompetenzen entstehen, wird nicht ausführlich thematisiert. Diese Implementationsergebnisse fordern zur Reflexion auf und werfen viele Fragen bezüglich des Implementationsprozesses auf.

Wurden mit dem Praktizieren der neuen Unterrichtsformen wirklich die intendierten Ziele der Innovationen verfolgt und realisiert und die intern ablaufenden Lernprozesse der Schüler ins Zentrum gestellt oder handelt es sich nur um neue Erscheinungsformen alter Unterrichtsskripte? Um diese Frage beantworten zu können, müsste der Implementationsprozess genauer analysiert werden und der Fokus einer solchen Analyse auf die wirklich angestoßenen Lernprozesse gelegt werden. Diese Frage stellt sich auch in Bezug auf die Unterrichts- und Aufgabenkultur: Wurden beim Einsetzen neuer Aufgabenformate wirklich deren intendierten Ziele berücksichtigt und umgesetzt oder lediglich bei den neuen Formaten alte Handlungsroutinen praktiziert?

Die Ergebnisse aus dem Projekt von Gärtner waren ein Impuls dazu, im Rahmen dieser Arbeit die Implementation in dem durchgeführten Projekt zur Verbesserung der Qualität des Realschul-Mathematikunterrichts unter Berücksichtigung der oben genannten Fragen zu analysieren. Die Ergebnisse des durchgeführten Realschul-Projektes legen nämlich die Hypothese nahe, dass das „Steinige" an dem Weg, Unterricht zu entwickeln, gerade darin besteht, von der vermeintlichen Veränderung der Unterrichtskultur zu einer wirklichen Veränderung zu gelangen. Zahlreiche Beispiele in Kapitel 6 dokumentieren eine Diskrepanz zwischen den intendierten und den realisierten Zielen der Intervention, obwohl bei diesen Beispielen zunächst der Eindruck entsteht, als wäre das Gelernte aus den Coachingtreffen in den Unterricht getragen worden.

Zu den Fragen, denen in dieser Arbeit nachgegangen werden soll, gehört die nach der Wirksamkeit des entwickelten Unterrichtskonzeptes. Eine Darstellung von Inputmaßnahmen und Outputprodukten gibt den Prozess der Weiterentwicklung des Unterrichts mit allen dazu gehörenden Problemen nicht in ihrer Komplexität wieder und kann einen trügerischen Eindruck bezüglich der erreichten Lernergebnisse wecken. Die weiteren Abschnitte sollen daher einen Einblick in den Implementationsprozess und in die mit ihm verbundenen Hindernisse geben. Dies soll u. a. zur Einschätzung der mit einem Vortest-Nachtest Vergleich nachgewiesenen Wirksamkeit des Konzeptes beitragen. An dieser Stelle sei nochmal darauf hingewiesen, dass die Frage, ob eine Innovation die erwünschten Effekte erreicht und sich positiv auf die Lernergebnisse auswirkt, nur dann beantwortet werden kann, wenn die Implementation geplanter Maßnahmen tatsächlich zu einem bestimmten Grad gelingt. Der Implementationserfolg ist eine Voraussetzung für die Evaluation der Wirksamkeit der Innovation (vgl. Gräsel und Parchmann, 2004a, S. 199).

Ein zweites Ziel, das mit dem Einblick in den Implementationsprozess verfolgt wird, hat den folgenden Hintergrund: Innovationen, die auf eine Änderung des Unterrichts abzielen, erfordern ein Prozesswissen, das ihre Steuerung und Umsetzung ermöglicht: Das Wissen über Gelingensfaktoren der Implementation eines Vorhabens und über notwendige flankierende Maßnahmen zur Optimierung der Implementation. Dieses Wissen kann erst rückblickend sichtbar gemacht werden. Dessen Darstellung und Reflexion sind erforderlich, um (auch in den nachfolgenden Implementationsprozessen) Qualitätsverbesserungen auf Input- und Prozessebene der Innovation anstoßen zu können. In den folgenden Abschnitten werden solche Erkenntnisse aus dem realisierten Projekt (aus den vorgenommenen Adaptionen und aus den durchgeführten Coachingmaßnahmen für die Lehrkräfte) dargestellt. Damit wird der Gedanke von Gräsel und Parchmann (2004a) aufgegriffen. Die Autorinnen sind der Meinung, dass die Bemühung, Unterrichtskonzepte, Handreichungen und Materialien zu entwickeln, wie sie in einzelnen Fächern durch gewisse Lernumgebungen realisiert werden können, systematisch mit der Implementation und mit der Forschung zu diesen Lernumgebungen verbunden sein sollte. Sie heben deshalb hervor:

> „Es wäre dringend erforderlich, in weiteren Forschungen verstärkt zu untersuchen, wie Qualifizierungen gestaltet werden müssen, um sowohl das Unterrichtshandeln der Lehrkräfte als auch die Qualität des Unterrichts auf der Schülerebene (z. B. Leistungen, Motivation) zu verbessern." (Gräsel und Parchmann, 2004a, S. 178)

Im Folgenden werden am Beispiel einer Unterrichtsstunde aus dem ersten Jahr der Realisierung des Projektes zunächst Hindernisse beschrieben, auf welche die Implementation gestoßen ist (5.3.1). Hier werden Sequenzen aus einem Unterricht analysiert, in dem die Inhalte der konzipierten Unterrichtsreihe zwar eingesetzt, aber ihre intendierten Ziele nicht verfolgt wurden. Vor dem Hintergrund dieser Hindernisse sind die Konsequenzen für die Steigerung der Effizienz der Implementation zu betrachten (5.3.2). Zu diesen Konsequenzen gehören ein videobasiertes Lehrercoaching und die Weiterentwicklung der zu implementierenden Aufgaben. Im Abschnitt 5.3.3 werden exemplarisch Indizien für die Wirksamkeit der Maßnahmen dokumentiert. Es kann gezeigt werden, dass durch eine Verzahnung der eingesetzten Maßnahmen die Implementation erfolgreicher wurde.

5.2 Anmerkungen zur Implementationsanalyse

Soll der Implementationsprozess analysiert werden, dann besteht die erste Schwierigkeit darin, Ansatzpunkte der Analyse festzulegen und für sie dann geeignete Werkzeuge und Methoden heranzuziehen. Im vorstehenden Abschnitt wurde darauf aufmerksam gemacht, dass bei einer Implementationsanalyse nicht nur das von außen beobachtbare Unterrichtsgeschehen in den Blick genommen werden soll.

Bei dem durchgeführten Projekt wurde die Implementationsanalyse in Form einer interpretativen Unterrichtsanalyse durchgeführt. Dies ist eine geeignete Methode zur Untersuchung und Erklärung von Phänomenen, die sich bei der Implementation ergeben und die eventuell dazu führen, dass Innovationsabsichten nicht erreicht werden. Dieses Anliegen fügt sich in die Ziele einer (fach-)didaktisch motivierten Interpretation von Unterricht ein, die u. a. darauf fokussiert, „bei der Untersuchung von Ausschnitten aus dem Unterrichtsalltag Verfestigungen und Unreflektiertheiten sowie als problematisch erachtete Erscheinungen im Unterrichtsalltag aufzudecken, zu beschreiben und auf sie hinzuweisen" (Krummheuer und Naujok, 1999, S. 17). Eine interpretative Unterrichtsanalyse lässt detaillierte Aufschlüsse über das Unterrichtsgeschehen gewinnen. Sehr oft können sie nur in einem „narrativen" Stil dargestellt werden (vgl. Krummheuer und Naujok, 1999, S. 9). Dieser Stil wird in den weiteren Teilen dieser Arbeit besonders bei der Interpretation der Transkriptausschnitte sichtbar.

Wie es bereits an mehreren Stellen angemerkt wurde, liegt der Schwerpunkt einer Implementation auf den Lernprozessen, die in Gang gesetzt werden sollen. Da sich Lernprozesse nicht unmittelbar beobachten lassen, kann die verbale Interaktion im Unterricht als Indikator genutzt werden, um das Potenzial der (durch eine Lehrkraft) gegebenen Gelegenheiten für diese Lernprozesse einschätzen zu können. Dabei ist jedoch zu beachten, dass solche Gelegenheiten nicht nur zu schaffen sind, z. B. in dem Sinne, dass Aufforderungen zu anspruchsvollen kognitiven, metakognitiven oder aber diskursiven Aktivitäten gestellt werden. Diese Lerngelegenheiten sollen tatsächlich genutzt werden. Der Lehrkraft kommt dabei eine unterstützende Rolle zu. Sie muss wissen, welche Denk- und Argumentationsprozesse dabei bei den Lernenden initiiert werden sollen, sowie einschätzen können, inwieweit die Schüler diesen Aufforderungen nachkommen. Im Unterricht kann Folgendes passieren: Anspruchsvollle Aufforderungen werden (durch eine Lehrkraft) gestellt, aber (durch Lernende) nicht (in einem ausreichenden Maße) umgesetzt, und das Nichtbeachten dieser Aufforderungen wird nicht kritisiert. In solchen Fällen wird im Folgenden von einer scheinbaren Veränderung der Tiefenstruktur des Unterrichts gesprochen.

Bei dem realisierten Projekt wurde untersucht, ob beim Einsetzen neuer Inhalte und Aufgaben die intendierten Ziele wirklich verfolgt und umgesetzt werden. Große Aufmerksamkeit galt dabei dem Praktizieren von Metakognition und Diskursivität sowie dem Umgang mit Fehlern. Es wurde analysiert, ob eine von außen beobachtbare Unterrichtsveränderung (praktizierte Arbeitsformen, eingesetzte Aufgaben und Materialien) mit einer von innen heraus veränderten Unterrichtsgestaltung verbunden war. Das Interesse bei der Unterrichtsanalyse galt daher in erster Linie der Offenlegung des Lehr-Lern-Prozesses. Es sollten Erkenntnisse über die wirklich praktizierten (kognitiven, metakognitiven und diskursiven) Aktivitäten der Lehrpersonen und der Schüler gewonnen werden. Dies wurde mit Hilfe des Werkzeugs „Kategoriensystem zur Klassifizierung metakognitiver und diskursiver Aktivitäten im Mathematikunterricht“ analysiert. Es wird in dem nächsten Abschnitt genauer dargestellt.

5.2.1 Das Kategoriensystem zur Klassifizierung metakognitiver und diskursiver Aktivitäten im Mathematikunterricht

Entstehungsgeschichte des Kategoriensystems

Das Kategoriensystem (Abb. 5.1 auf den Seiten 136f.) zur Klassifizierung metakognitiver und diskursiver Aktivitäten im Mathematikunterricht wurde im Institut für Kognitive Mathematik der Universität Osnabrück im Rahmen des von DFG geförderten Projektes "Analyse von Unterrichtssituation zur Einübung von Reflexion und Metakognition im gymnasialen Mathematikunterricht der SI“ entwickelt. Es trägt den Namen „Kategoriensystem für metakognitive Aktivitäten beim schrittweise kontrollierten Argumentieren im Mathematikunterricht“ (Cohors-Fresenborg und Kaune, 2007) und ist als Ergebnis umfangreicher und detaillierter Analysen von Gesprächen im Mathematikunterricht bezüglich Metakognition und Diskursivität entstanden. Der Name dieses Werkzeugs ist mit seiner Entstehung verbunden:

Der Ausgangspunkt der Untersuchung von metakognitiven und diskursiven Aktivitäten war die Videoanalyse von Mathematikunterricht-Stunden aus demjenigen Teilbereich der Mathematik, der sich unter dem Namen „Schulalgebra" subsumieren lässt. Hiermit sind solche Teilgebiete der Mathematik gemeint, die sich mit mathematischen Notationen, dem Rechnen, dem Termumformen und dem Gleichungslösen beschäftigen. In ihnen sind mathematische Tätigkeiten schrittweise zu kontrollieren und mit Regeln zu begründen. Unter diese Sichtsweise fallen auch Beweise, wenn ihnen ein abgegrenztes System von Regeln, Definitionen und Sätzen zu Grunde liegt. Damit ist das Spektrum der Unterrichtsstunden, die mit diesem Werkzeug kategorisierbar sind, auch auf solche Bereiche erweitert, die sich nicht direkt mit der sogenannten „Schulalgebra" beschäftigen.

Wird mit dem Werkzeug eine Geometriestunde klassifiziert, ist es nötig, die Kategorien auf geistige Aktivitäten, die im Geometrieunterricht praktiziert werden, analog anzuwenden. Geht man z. B. davon aus, dass Kontrolle einer Konstruktion im Geometrieunterricht eine fachspezifische Tätigkeit ist, die eine ähnliche metakognitive Leistung erfordert, wie Kontrolle einer Rechnung im Algebraunterricht, können Kontrolle einer Rechnung sowie Kontrolle einer Konstruktion mit den Teilaspekten der Unterkategorie M1 klassifiziert werden. Aus diesem Grund wurde in der Fassung des Kategoriensystems vom September 2008 der Name der Unterkategorie M1 von „Kontrolle: Rechnung prüfen" zu „Kontrolle: fachspezifische Tätigkeit" geändert.

Der Aufbau und die Anwendung des Kategoriensystems

Das Kategoriensystem soll zur Analyse von Unterrichtsgesprächen bezüglich Metakognition und Diskursivität eingesetzt werden. Das Konstrukt „Metakognition" ist in dem Aufbau des Werkzeugs in drei Kategorien dekomponiert: Planung, Monitoring und Reflexion. Jede von ihnen hat Unterkategorien und diese haben meistens auch verschiedene Teilaspekte. Die Unterkategorien präzisieren die unter den drei Begriffen Planung, Monitoring und Reflexion subsumierten Aktivitäten. Durch die Teilaspekte der Unterkategorien werden diese Aktivitäten noch genauer erklärt. Eine genaue Analyse der drei Komponenten von Metakognition sowie die Erklärung und die Abgrenzungen der einzelnen Kategorien und ausgewählter Unterkategorien findet man in Cohors-Fresenborg und Kaune (2007).

Die Kategorie Planung erfasst die Aktivitäten Planen von Problemlöseschritten, Werkzeuganwendungen und Denkprozessen. Die Kategorie Monitoring umfasst die Aktivitäten Kontrollieren und Überwachen von Problemlöseschritten, Argumentationen und Terminologie. Die Kategorie Reflexion umfasst die Aktivitäten Evaluieren, Bewerten, Beurteilen von Zwischenergebnissen, Begriffen, Werkzeugen, Methoden und Argumentationen.

In den meisten Situationen ist Planung als eine metakognitive Aktivität des Vorausschauens erfasst. Sie bezieht sich auf auszuführende geistige Tätigkeiten. Im Gegensatz dazu wird Monitoring in solchen Situationen erfasst, in denen eine metakognitive Aktivität zeitnah der Information, auf die sie sich bezieht, angesetzt wird. Reflexion setzt hingegen bei komplexen Strukturen oder Situationen an, die eher rückblickend betrachtet werden.

		Planung		Monitoring		Reflexion		Diskursivität
1	P1	Feststellen der **Ausgangslage**	M1	Kontrolle: **fachspezifische Tätigkeit**	R1	Reflexion über **Begriffe**	D1	**Einleitung** eines Diskurses
			M1a	lokal (evtl. Fehler finden)	R1a	Gegenstand / Sachverhalt einem Begriff zuordnen	D1a	Einladung zu einem „begrenzten" Diskurs (z.B. Frage nach Zustimmung / Vergewisserung)
			M1b	schrittweise (lückenlos) prüfen	R1b	Begriff in eine Begriffshierarchie einordnen	D1b	Einladung zu (Einleitung von) einem ausgedehnten Diskurs
			M1c	Kontrolle einer fiktiven Tätigkeit	R1c	Adäquatheit einer Begriffsbildung oder Subsumption beurteilen	D1c	... durch Aufdecken einer Diskrepanz zwischen Gesagtem und Gemeintem
							D1d	... zur Vermeidung einer Fehlvorstellung/ Verständnisdefizits
							D1e	..., um einen Sachverhalt allgemein darzustellen
							D1f	... zur Überprüfung einer Planung / eines Planungsschritts / Strategie
2	P2	Benennen einer Abfolge von **Werkzeug**anwendungen	M2	Kontrolle: (vermeintlichen) **Fehler** feststellen (bei Rechnung oder Umformung)	R2	**Methodenbewusstsein** (evtl. falsche) Anwendung / Benutzung mathematischer Werkzeuge kommentieren	D2	**Verankerung** eines Diskursbeitrages
	P2a	einschrittig	M2a	Nennung	R2a	im konkreten Fall Wirken eines allgemeinen Werkzeugs gesehen	D2a	Nennen von Bezugspunkten oder -personen
	P2b	mehrschrittig	M2b	Aufdecken eigener / fremder Fehlvorstellungen	R2b	verkettete Anwendung von Werkzeugen	D2b	Absichtlicher (präziser) Bezug auf einen früheren Beitrag, nicht auf den unmittelbar voraus gehenden
	P2c	alternative Werkzeuganwendung(en) benennen	M2c	Aufdecken eigener / fremder grundsätzlicher oder häufig vorkommender Fehlvorstellungen	R2c	Erkannt, dass nach Werkzeuganwendung eine bessere Ausgangsposition für weitere Schritte erreicht ist	D2c	Sicherstellung der Gesprächsgrundlage / Verorten der folgenden oder vorhergehenden Äußerung
	P2d	wie a oder b oder c, um Fehlvorstellungen aufzudecken					D2d	Wiederholung des Gesagten als Grundlage der weiteren Argumentation
							D2e	Vergewissern über Gesagtes/Geschriebenes
							D2f	einen Beitrag von einem anderen (Teil-) Beitrag zeitnah absetzen
3	P3	Benennen einer Abfolge von zu erreichenden **Zwischenergebnissen**	M3	Kontrolle: **Terminologie** und **Notation**	R3	**Strukturanalyse** eines Terms / mathematischen **Ausdrucks**	D3	Diskursivität **mit sich selbst**
	P3a	einschrittig			R3a	ohne Berücksichtigung von Umformungen		
	P3b	mehrschrittig			R3b	unter Berücksichtigung von Umformungen		
	P3c	alternative Zwischenergebnisse benennen						
	P3d	wie a oder b oder c mit der Nennung von Anschlussstrategie						

Abbildung 5.1: Kategoriensystem zur Klassifizierung metakognitiver und diskursiver Aktivitäten im Mathematikunterricht (Stand: September 2008)

4	P4	Planung einer **Darstellung** (Formel, Grafik, Term, Textstelle,etc.), um Einsicht zu befördern	M4	Kontrolle: **Argumentation**	R4	**Strukturanalyse** einer **Argumentation** / eines **Diskurses**	D4	**Erziehung** zum Diskurs
	P4a	Kennzeichnung / Markierung	M4a	lokal prüfen	R4a	Durchführen	D4a	Regeln des Diskurses offen legen / verabreden
	P4b	spezielle (Term)-Darstellung	M4b	mehrschrittig / global prüfen	R4b	Festellen eines falschen Bezuges oder Widerspruches	D4b	Einhaltung von Regeln des Diskurses
	P4c	Mikrowelt / Repräsentationsform	M4c	Fehler in der Argumentation aufdecken	R4c	Veränderung von Standpunkt, Wortwahl, Begriff, Argumentationsführung feststellen		
5	P5	Planung **metakogn. Aktivitäten**	M5	Positionsbestimmung: **Verständnisdefizit** nennen	R5	Bewusste Wahl einer **Darstellung** (Formel, Grafik, Term, Textstelle,etc.)	D5	**Negative** Diskursivität
	P5a	Monitoring organisieren	M5a	abgegrenzter Schritt	R5a	Kennzeichnung / Markierung	D5a	Wiederholung von bereits Gesagtem, ohne dass ein neuer Gesichtspunkt dazu kommt
	P5b	Reflexion organisieren	M5b	global	R5b	spezielle (Term)-Darstellung	D5b	Einbringen alternativer Behauptungen oder Vorschläge, ohne dass diese abgesetzt werden
	P5c	Diskurs organisieren			R5c	wie a oder b, um gezielt Einsicht zu befördern	D5c	Äußerungen / Fragen sind nicht erkennbar auf das Geschehen oder das Gesagte bezogen
					R5d	wie a oder b, um Abstraktionsprozesse anzuregen oder zu unterstützen	D5d	unkommentierter Wechsel von Bezugspunkt / Wortbedeutung
					R5e	wie a oder b, um Metakognition anzuregen	D5e	inadäquate Wortwahl zur Beschreibung oder Kommentierung
							D5f	keine Intervention gegen gravierenden Verstoß der Regeln eines Diskurses ergriffen
							D5g	Suggestivfrage stellen
6			M6	Positionsbestimmung: **Planungsdefizit** nennen	R6	**Reflektierende Einschätzung / Bewertung**		
			M6a	nächster Schritt bzw. nächste Schritte	R6a	(eigenes) Vorgehen, (Zwischen-)bilanz ziehen		
			M6b	global	R6b	(eigene) Stärken, Schwächen, Fehler, Fehlvorstellungen		
					R6c	wichtige Stellen, Ideen, allgemeine Schwierigkeiten		
7			M7	Überwachung des **Sach- und Zielbezuges**	R7	Zusammenspiel zwischen **Darstellung** und **(Fehl-) Vorstellung** thematisieren		
8			M8	**Selbstüberwachung**				
			M8a	eigene Rechnung				
			M8b	Ausdruck oder Terminologie				
			M8c	Argumentation				

Möglichkeit zum Herunterladen des Kategoriensystems:
http://www.ikm.uni-osnabrueck.de/reddot/kategoriensystem_2008.pdf

Das Kategoriensystem bleibt nicht dabei, nur metakognitive Aktivitäten zu erfassen. Cohors-Fresenborg und Kaune (2007, S. 11) sind der Auffassung, dass für eine Unterrichtskultur, die die metakognitiven Aktivitäten der Lernenden fördern soll, Diskursivität von zentraler Bedeutung ist: „Ein tieferes Verständnis von Begriffen, eingeschlagenen Vorgehensweisen und benutzten Werkzeugen durch die Lernenden ist nur möglich, wenn sich Monitoring und Reflexion präzise auf das beziehen, was zur Debatte steht. Zur Präzision beim Lesen (bzw. Aufschreiben) mathematischen Wissens und beim Zuhören (bzw. Argumentieren) in einer Diskussion im Mathematikunterricht gehört wesentlich die Fähigkeit, den Unterschied zwischen Dargestelltem (Gesagtem, Geschriebenem, Gezeichnetem) und Intendiertem erfassen, thematisieren und ausdrücken zu können, aber auch die Fähigkeit zum komplexen Argumentieren (schriftlich und mündlich) bei der Herausarbeitung mathematisch relevanter Ideen, sowohl im innermathematischen Kontext als auch bei der mathematischen Modellierung. Dazu ist wesentlich die Fähigkeit, Argumentationsstränge (z.B. auch beim Beweisen) zu verfolgen, die Tragfähigkeit von Argumenten einzuschätzen und Zweifel sowie Gegenargumente strategisch adäquat platzieren zu können." Diese Kompetenzen haben Cohors-Fresenborg und Kaune unter dem Begriff „diskursive Kompetenz" subsummiert. Die vierte Kategorie des Kategoriensystems ist für die Klassifizierung diskursiver Aktivitäten vorgesehen.

Für Untersuchungen zu Lehreraktivitäten zur Förderung diskursiver Unterrichtskultur ist es nützlich, Verstöße gegen Regeln diskursiver Unterrichtskultur zu erfassen. Diese Verstöße werden als Negative Diskursivität klassifiziert. Es sollte für eine diskursive Unterrichtskultur selbstverständlich sein, dass zumindest die Lehrkraft solches Verhalten aufdeckt und Erziehungsmaßnahmen zur Verhaltensänderung (D4) der Lernenden ergreift. Wenn sie dies aber nicht tut, ist es nicht einfach zu entscheiden, zu welchem Zeitpunkt ihre Intervention hätte stattgefunden haben müssen. Spätestens dann, wenn die Lehrkraft mit anderem Ziel interveniert, lässt sich das Fehlen ihrer Intervention feststellen. Dann wird an dieser Stelle das Fehlen klassifiziert, sofern es sich um einen gravierenden Verstoß handelt. Negative Diskursivität ist in dem Kategoriensystem als Unterkategorie der Diskursivität verankert. Zur Unterscheidung von der (eigentlichen) Diskursivität ist für diese Unterkategorie eine graue Einfärbung vorgesehen.

Die Zuweisung von Kategorien, Unterkategorien und Teilaspekten richtet sich nach der Intention der Äußerungen und nicht danach, ob die Aussagen wahr oder falsch sind. Diese Anmerkung ist z. B. in solchen Situationen zu beachten, in denen ein Schüler einen vermeintlichen Fehler in einer Argumentation moniert, obwohl der angemahnte Fehler in Wirklichkeit kein Fehler ist. Die Aktivität des Schülers wird als die Nennung eines Fehlers klassifiziert.

Jede der Kategorien in dem Kategoriensystem hat eine andere Farbe. Bei der Kategorisierung von Äußerungen werden in einem Transkript diese Textstellen identifiziert, denen eine Kategorie zugewiesen werden soll. Es kann sich dabei um ganze Beiträge, um Teilbeiträge oder sogar um einzelne Wörter sowie Handlungen (die mit Hilfe von Kommentaren im Transkript beschrieben sind) handeln. Eine zu klassifizierende Textstelle wird in der Farbe der entsprechenden Kategorie gefärbt. Klassifizierte Lehreraktivitäten werden in dem Transkript zusätzlich durch Unterstreichen hervorgehoben.

Den klassifizierten Textstellen im Transkript werden Kurzbezeichnungen für die erfasste metakognitive oder (/und) diskursive Aktivität zugeordnet. Im Transkript erscheinen sie in einer separaten Spalte und sind passend zu dem Kategoriensystem gefärbt. Das erste Zeichen jeder Kurzbezeichnung ist der Anfangsbuchstabe des Namens der Kategorie. An zweiter Stelle steht ein „S“, wenn es sich um eine Schüleraktivität handelt und ein „L“, wenn es sich um eine Lehreraktivität handelt. An dritter Stelle steht eine Ziffer als Kennzeichnung für eine Unterkategorie und ihr folgt ein Buchstabe als Bezeichnung für einen Teilaspekt dieser Unterkategorie.

Falls eine klassifizierte Aktivität eine Erklärung oder eine Begründung beinhaltet, wird vor die entsprechende Kurzbezeichnung der Buchstabe „*b*“ geschrieben.

Wenn ein Sprecher nicht selbst eine metakognitive oder diskursive Aktivität ausübt, sondern jemanden zu einer solchen Aktivität auffordert, wird diese Aufforderung so klassifiziert, dass vor die entsprechende Kurzbezeichnung der Tätigkeit, zu der aufgefordert wird, der Buchstabe „*f*“ gesetzt wird.

Möglich sind auch Präfixzeichen „*bf*“ und „*fb*“ als Kennzeichnung von Begründung einer Forderung oder Forderung nach einer Begründung.

Falls in einem Beitrag zwei aufeinanderfolgende Textstellen mit derselben Kategorie klassifiziert werden sollen, werden die zweite Textstelle und die ihr zugeordnete Kurzbezeichnung zur Unterscheidung fett geschrieben.

Es kann vorkommen, dass eine Aktivität doppelt klassifiziert werden muss, weil z. B. eine diskursive Aktivität mit einer metakognitiven Aktivität verbunden ist. Die Doppelklassifizierung wird technisch so gelöst, dass solche Textstellen in der Farbe einer der Kategorien gefärbt und in der Farbe der anderen unterpunktet werden.

Zur Darstellung klassifizierter Aktivitäten in einem Transkript[1] wurde im Institut für Kognitive Mathematik ein Programm entwickelt. Mit dessen Hilfe können in einem Transkript entsprechende Stellen gefärbt und die ihnen zugewiesenen Kurzbezeichnungen neben dem Text in einer Spalte geschrieben werden. Bei Doppelklassifizierung erscheint die zweite Kategorie am Rand eine Zeile tiefer. Der folgende Ausschnitt zeigt beispielsweise, wie eine Kodierung aussieht:

Carmen:	Wenn er sich die Befehle merkt, dann kann er die auch hintereinander ausführen.	
L.:	Mhm. Was meint sie da? (5 sec)	*f*RL7
L.:	Deik!	
Deik:	Dann muss *[betont]* er sich die (...). Er muss die sich ja erst mal merken, weil er hat ja eigentlich gar kein Gehirn, wo er sich das speichern kann.	DS5c

[1]Die Transkriptionsregeln für die in dieser Arbeit gezeigten Transkripte sind im Anhang auf Seite 351 aufgelistet.

L.: Mhm. Falk!

Falk: Aber Carmen meint jetzt so, dass ähm dass dann dass Robbi dann genauso viele Stäbchen dann da rein legen muss, dass er dann schon alle Befehle im Kopf hat und die dann schon von alleine nacheinander ausführt. RS7 DS2a

Zur Auswertung der Aktivitäten steht zudem eine graphische Darstellung (Speer) mit diesen im Transkript gesetzten Kurzbezeichnungen für metakognitive und diskursive Aktivitäten zur Verfügung. Für jeden geleisteten Beitrag sind am Speer in blassgrauer Farbe Informationen kodiert: der Name der sprechenden Person und die Nummer der ersten Zeile des Transkriptes, in der der Beitrag dieser Person beginnt. Die Darstellung berücksichtigt die Reihenfolge der Beiträge im Transkript.

Am folgenden Speer sind Kurzbezeichnungen für den angeführten Transkriptausschnitt dargestellt.

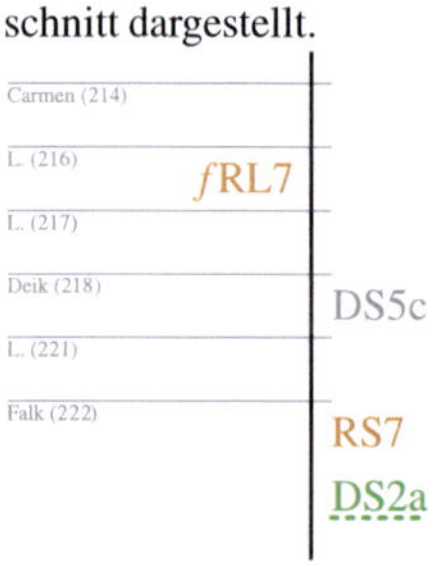

Auf der linken Seite des Strahls sind die Kurzbezeichnungen für klassifizierte Lehreraktivitäten zu sehen. Auf der rechten Seite des Strahls sind die Kurzbezeichnungen für klassifizierte Schüleraktivitäten dargestellt. Eine unterpunktete Kurzbezeichnung weist darauf hin, dass die mit ihr kodierte Aktivität doppelt klassifiziert wurde: In dem Beispiel-Transkript wurde DS2a zusätzlich zu RS7 klassifiziert.

Interessiert der Wortlaut bzw. der Inhalt einer Äußerung, dann muss das Transkript herangezogen werden. Die Suche nach dem Wortlaut eines klassifizierten Beitrages wird durch die Angabe der Zeilennummer erleichtert. Ein Speer kann unter verschiedenen (sowohl quantitativen als auch qualitativen) Aspekten analysiert werden. In den Blick können die Art und die Verteilung von dargestellten Kurzbezeichnungen genommen werden. Daraus lassen sich u. a. Erkenntnisse über die unterrichtlichen Interaktionen in Bezug auf Metakognition und Diskursivität gewinnen. Aus der Analyse der Abfolge der dargestellten Kurzbezeichnungen können z. B. Informationen darüber gewonnen werden, ob eine Aufforderung zu einer diskursiven oder metakognitiven Aktivität umgesetzt wurde (auf *f*RL7 folgt RS7), inwieweit Lernende ohne Aufforderung metakognitiv aktiv werden und ob das Praktizieren von metakognitiven Aktivitäten mit dem Praktizieren von Diskursivität verbunden ist.

Zwei weitere Speer-Beispiele sind in der Abbildung 5.2 dargestellt.

Dem Speer 1 kann man folgenden Ablauf des Klassengesprächs entnehmen: Die Lehrkraft fordert die Lernenden in einem Beitrag zu zwei metakognitiven Aktivitäten auf: zu einer reflektierenden Einschätzung (in Bezug auf Stärken / Schwächen / Fehler / Fehlvorstellungen) (*f*RL6b) und zur Nennung eines Fehlers (*f*ML2a). Aus dem Fehlen der Kurzbezeichnung RS6b auf der Seite der Lernenden kann man schließen, dass die erste Aufforderung der Lehrkraft nicht umgesetzt wurde. Der zweiten kommt ein Schüler nach

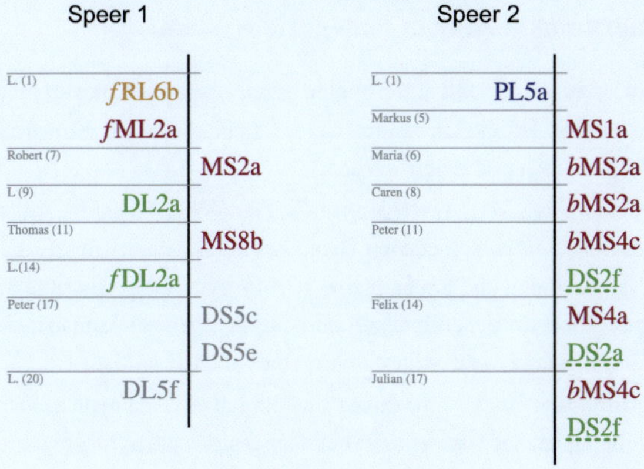

Abbildung 5.2: Speere – Beispiele

(MS2a). Nicht umgesetzt wurde auch die Aufforderung der Lehrkraft zu einer diskursiven Aktivität – zur Nennung eines Bezugspunktes oder einer Bezugsperson (*f*DL2a): Nach *f*DL2a folgen am Speer die Kodierungen für Verstöße gegen die Diskursivität in einem Schülerbeitrag: DS5c und DS5e. Die Äußerung des Schülers ist also nicht erkennbar auf das bereits Gesagte (vermutlich auf die gestellte Aufforderung) bezogen und sie ist mit inadäquater Wortwahl formuliert. Gegen diese Verstöße fehlt jegliche Intervention der Lehrperson (DL5f).

Am Speer 2 (Abb. 5.2) ist zunächst eine Planungsaktivität kodiert – die Lehrkraft plant Monitoring (PL5a). Die anschließend auf der Seite der Schülerseite dargestellten Kurzbezeichnungen deuten darauf hin, dass die Lernenden tatsächlich Monitoring praktizieren. Sie kontrollieren fachspezifische Tätigkeiteiten und Argumentationen (MS1a, MS4a) und nennen begründet Fehler sowohl in einer „Rechnung" (*b*MS2a) als auch in einer Argumentation (*b*MS4c). Beachtenswert ist das Auftreten der Kurzbezeichnungen DS2f und DS2a: Bei der Argumentationskontrolle setzen die Lernenden ihre Beiträge von dem bereits Gesagten ab oder sie verankern ihre Äußerungen in den Diskurs. Das Klassengespräch, das an dem Speer 2 hinsichtlich metakognitiver und diskursiver Aktivitäten abstrakt dargestellt ist, beginnt also mit einer Anregung zum Praktizieren metakognitiver Aktivitäten. Diese Anregung gelingt, denn die Lernenden praktizieren Kontrollaktivitäten, sogar mit Begründungen, und verhalten sich dabei diskursiv.

Ein mit Hilfe des erwähnten Werkzeugs klassifiziertes Transkript macht metakognitive und diskursive Aktivitäten schnell wiedererkennbar und einer weiteren Analyse zugänglich. Die graphische Darstellung – der Speer – hilft dabei, nach evenutellen Mustern hinsichtlich der Metakognition und der Diskursivität in den Schüler-Schüler oder Schüler-Lehrer Interaktionen zu suchen und diese Muster auf eine überschaubare Art und Weise zu präsentieren.

5.2.2 Anmerkungen zu dem Kategoriensystem

Im Folgenden wird an ausgewählten Beispielen gezeigt, wie das Kategoriensystem für die Klassifizierung solcher Aktivitäten benutzt werden kann, die bei der Konstruktion und der Analyse von Algorithmen praktiziert werden.

Die Unterrichtsreihe „Von Anweisungen zu Funktionen“ beginnt mit der Behandlung von Algorithmen in verschiedenen Repräsentationsformen (Befehlsketten für den Roboter, Rechenmaschinen und Rechennetze, RM-Programme). Algorithmen können als Werkzeuge interpretiert werden, mit denen für eine vorgegebene Aufgabenstellung unterschiedlicher Ausgangslage das gewünschte Ergebnis erzeugt wird.

Bei der Konstruktion eines Algorithmus sind einmal die Adäquatheit für die vorgegebe Aufgabenstellung, bei der Darstellung aber auch festgelegte Syntaxregeln zu beachten. Sollen für eine Aufgabe Algorithmen konstruiert werden, dann spiegelt sich in der Vielfalt der Lösungen die Vielfalt der Vorstellungen von der vorgegebenen Aufgabe und der Denkwege bei der Organisation von Handlungen wieder. Ein Schüler, der unterschiedliche Algorithmen kontrollieren soll, steht daher vor der Herausforderung, sich mit einer Vielfalt von algorithmischen Ideen auseinanderzusetzen. Soll ein Algorithmus kontrolliert werden, dann muss dessen komplexe Struktur unter verschiedenen Aspekten betrachtet werden.

Wird z. B. bei der Kontrolle von einem Algorithmus das Augenmerk auf die syntaktische Korrektheit der Notation der Elementarbefehle gelenkt, dann fallen diese Kontrollaktivitäten in die Unterkategorie M3 (Kontrolle der Notation).

Bei der Analyse der Struktur von einem Algorithmus kann ein Schüler sein Augenmerk auf ausgewählte Aspekte lenken, indem er z. B. die Schleifensteuerung, die Verkettung von Schleifen oder das Aneinanderhängen von Elementarbefehlen untersucht. Seine Aktivitäten sind dann als Reflexion über eine komplexe Struktur zu klassifizieren und sie fallen in die Unterkategorie R3. Es handelt sich in diesem Fall um die Strukturanalyse eines mathematischen Ausdrucks, da der zu analysierende Algorithmus in einer spezifischen Repräsentationsform (Befehlskette für Robbi, Rechennetz, RM-Programm) dargestellt ist.

Das Auftreten von Fehlern und Fehlvorstellungen bei der Konstruktion von Algorithmen ist ein integrativer Bestandteil des Lernprozesses. Um die Fehler und Fehlvorstellungen aufzudecken, sind Monitoringaktivitäten (M2, M4) erforderlich. Wird z. B. ein (vermeintlicher) Fehler in einem Algorithmus aufgedeckt und begründet, dann ist diese Monitoringaktivität mit der Kurzbezeichnung *b*MS2a beim Schüler oder *b*ML2a beim Lehrer zu klassifizieren. Aufgedeckte Fehler und Fehlvorstellungen können zum Gegenstand des Reflektierens gemacht werden (R6b).

Während bei der Begründung für einen aufgedeckten Syntaxfehler ein Verstoß gegen festgelegte Regeln erklärt werden muss, können bei der Begründung für die syntaktische Korrektheit von einem Algorithmus die bewusst eingehaltenen Regeln thematisiert und verdeutlicht werden. Eine solche Begründung ist ein Indiz für das Methodenbewusstsein.

Es erfordert, dass im konkreten Fall das Wirken bestimmter Regeln erläutert wird. Diese Aktivitäten sind daher mit den Teilaspekten der Unterkategorie R2 zu klassifizieren.

Thematisiert ein Schüler die Wirkungsweise eines Algorithmus (Befehlskette für Robbi / Rechenmaschine / RM-Programm) oder erklärt er das Ergebnis der Ausführung von diesem Algorithmus in einer konkreten Situation (in der bekannt ist, wie viele Stäbchen in der Registerkiste liegen / wie die Zähler einer Rechenmaschine belegt sind / wie die Register der Registermaschine belegt sind), dann sind seine Aktivitäten ebenso ein Zeichen für sein Methodenbewusstsein und sie fallen in die Unterkategorie R2.

Die Wirkungsweise einer Befehlskette für Robbi kann aus der Perspektive der Handlung des Roboters betrachtet werden, auch wenn diese Handlung nur im Kopf des Schülers aufgerufen und nicht wirklich ausgeführt wird. Bei der Analyse eines Rechennetzes kann im Kopf eines Schülers ein Bild einer entsprechenden Rechenmaschine aufgerufen werden. Obwohl sich der Schüler auf das gezeichnete Netz bezieht, analysiert er dann die Struktur oder die Wirkungsweise der gebauten Rechenmaschine, die er vor seinem geistigen Auge sieht.

Die Wirkungsweise von Algorithmen kann auch für einen allgemeinen Fall untersucht werden (wenn die Fächer der Registerkiste mit einem Vorhang zugedeckt sind / wenn die Sichtfenster im Zähler zugedeckt sind / wenn die Anfangsinhalte der RM-Maschine nicht bekannt sind). Diese kognitiven und metakognitiven Aktivitäten sind als noch anspruchvoller als die Kontrolle der Wirkungsweise von einem Algorithmus am konkreten Beispiel einzustufen. Abhängig davon, worauf der Schwerpunkt der Analyse gesetzt wird, können die entsprechenden Aktivitäten wieder mit den Teilaspekten der Unterkategorie R2 oder R6 klassifiziert werden.

Im Klassengespräch fließen Vorstellungen und Sichtweisen anderer Schüler mit ein. Eine besondere metakognitive Leistung wird eingebracht, wenn sich ein Schüler bei der Kontrolle von einem Algorithmus in die Vorstellungen und Denkweisen des Schülers, der den Algorithmus konstruiert hat, hineinversetzt oder die Vorstellungen seiner Mitschüler, die sich zu dem Algorithmus bereits geäußert haben, thematisiert. Wird dabei das Zusammenspiel zwischen der sichtaberen äußeren Darstellung vom Algorithmus und der durch sie aufgerufenen (eigenen oder der eines Mitschülers) Vorstellung thematisiert, dann fallen diese Erklärungen in die Unterkategorie R7. In diese Unterkategorie fällt auch das Thematisieren einer Diskrepanz zwischen dem, was mit einer vorgegebenen Darstellung ausgedrückt werden sollte und was tatsächlich ausgedrückt wurde. Ein Beispiel dafür wäre, wenn ein Schüler aus der Analyse aufgedeckter Fehler in einem falschen Additionsnetz Rückschlüsse auf eine Fehlvorstellung bezüglich der Schleifensteuerung zieht.

5.3 Ein steiniger Weg zur Verbesserung der Implementation

Im Abschnitt 5.3.1 wird exemplarisch der Gedanke aus der Einleitung zu diesem Kapitel erklärt: Es wird gezeigt, dass gewisse Veränderungen des Unterrichts in dem Sinne nur vermeintlich sind, dass sie lediglich die Sichtstrukturen des Unterrichts, also dessen Form, und nur scheinbar dessen Tiefenstruktur, also die didaktische Qualität des Lehr-Lern-Prozesses, beeinflussen. Bei der Implementation geht es jedoch um eine wirkliche Veränderung der Letzteren. Im nächsten Abschnitt (5.3.2) werden Maßnahmen zur Verbesserung der Implementation dargestellt. Der Abschnitt 5.3.3 zeigt Indizien für eine mit diesen Maßnahmen erzielte Verbesserung bei der Implementation.

5.3.1 Ein Beispiel für das Implementationsscheitern

5.3.1.1 Unterrichtsanalyse

Die Unterrichtsstunde stammt aus dem ersten Jahr des durchgeführten Projektes und sie ist die erste, die gefilmt wurde. Sie behandelt ein mathematisches Problem, das für die Unterrichtsreihe „Von Anweisungen zu Funktionen" grundlegend ist. Bei der Auseinandersetzung mit Befehlsketten für den Roboter sollen die Lernenden zum einen in einer Modellwelt eine Vorstellung über die syntaktische und semantische Korrektheit mathematischer Darstellungen gewinnen. Zum anderen soll ihr Verständnis für die Notwendigkeit der Präzision bei diesen Darstellungen gefördert werden. Betrachtet man den Unterricht an ausgewählten Stellen, dann könnte man meinen, dass sich die Lehrkraft mit ihren Fragen und Aufforderungen darum bemüht, dass die Lernenden durch ihre Handlungen an der Registerkiste und durch das Reflektieren über das Verhalten des Roboters die angestrebten Modellvorstellungen über die syntaktische und semantische Korrektheit mathematischer Darstellungen erwerben und dass sie die Notwendigkeit der Korrektheit dieser Darstellungen tatsächlich verstehen. Darauf lässt beispielsweise folgende Frage der Lehrperson schließen: „Warum müssen wir Robbi denn alles so genau erklären?" Mit dieser Frage werden die Lernenden auf eine Metaebene hingeführt und zur Reflexion aufgefordert. Im Folgenden wird analysiert, inwieweit der Fokus beim Reden über das Verhalten und die Fähigkeiten des Roboters tatsächlich auf die Verstehensprozesse der Lernenden gelegt wird. Denn nicht die Frage selbst ist ein Indiz für dieses Bemühen, sondern die didaktische Qualität der anschließenden Debatte. Folgende Antworten zeigen, dass die Lernenden mit einem passenden Vokabular auf diese Frage reagieren: „Weil er [der Roboter] ansonsten sich nicht die richtigen Befehle ausführt, weil er das sonst nicht versteht. Man muss ihm immer im Genausten alles erklären." „Der [Roboter] braucht immer ganz genaue Befehle (...)." „Er hat kein Vorwissen." Was passiert aber in einer Kommunikation, in der trotz der deklarierten Notwendigkeit, dem Roboter alles genau erklären zu müssen, gravierende Fehler bei der Nennung der Befehle für den Roboter nicht geahndet und nicht korrigiert werden? Auf diese Frage wird in der Analyse der Unterrichtsstunde eingegangen.

Um die im Gespräch angestoßenen metakognitiven Aktivitäten „sichtbar“ zu machen, ist das Transkript zu dieser Unterrichtssequenz mit dem auf Seite 134 angeführten Kategoriensystem klassifiziert worden. Das Klassengespräch wird zunächst bezüglich der erfassten metakognitiven und diskursiven Aktivitäten analysiert. Aus dieser Analyse werden Schlüsse bezüglich des Implementationserfolgs gezogen.

Transkript (Szene „Robbi“, Teil Ia)

L.:	Jetzt sind wir mal bei Robbi. Warum müssen wir Robbi denn alles so genau erklären? (6 sec)	DL2c *fb*RL6a
L.:	So jetzt nehm ich ja mal jemanden dran. Janik!	
Janik:	Weil er ansonsten sich nicht die richtigen Befehle ausführt, weil er das sonst nicht versteht. *[L.: „Aha.“]* Man muss ihm immer im Genausten alles erklären.	*b*RS6a
Thomas:	Das ist auch ne Lernmaschine. Also die lernt ja von uns, was wir ihm sagen.	*b*RS6a
L.:	Nimm mal selber jemand dran, bitte!	
Thomas:	Deik!	
Deik:	Er hat ja kein Vorwissen. (3 sec)	*b*RS6a
L.:	Mhm. Aha. Und jetzt wollen wir mal ganz kurz wiederholen die Befehle. Welche Befehle kennen wir denn für Robbi? (3 sec) Fabian!	
Fabian:	Nimm eine rotes Stäbchen aus dem roten Register. Und ja oder l- lege ein grün nimm äh nehme ein grünes Stäbchen aus der Vorratskammer und lege es in den grüne Register.	MS8b
L.:	Mhm, mach das gleich mal eben vor hier vorne. Dann können wir es vielleicht auch nen bisschen besser (. . .) Zeig mal die Registerkiste. Ich leg die mal hier drauf. Den Overheadprojektor stell ich aus in der Zeit. Fabian, komm mal nach vorne. Wir haben hier unsere Vorratskiste. Leg mal einfach was rein wahllos. Also nur zwei Register bestücken. *[Fabian holt mehrere Stäbchen aus der Vorratskiste und legt sie in das gelbe Fach der Registerkiste]* (5 sec)	
L.:	So und das ins gelbe Fach. So was was willst du jetzt Robbi sagen?	
Fabian:	Lege ähm nehm ein gelbes Stäbchen aus der Register- aus der aus der Vorratskammer und lege es in den gelben Register.	MS8b

L.:	So jetzt mach mal einer das vor. Also das ist genau (. . .) . Und jetzt versuch mal achso. Moment Karl, ne ne gar nicht wahr ähm äh. *[Markus: „Markus.“]* Markus, genau ach!	DL5c
Markus:	Also eigentlich geht das dann doch gar nicht, weil ja ja immer erst ein aus dem Registerkästchen rausnehmen muss und dann erst wieder reinlegen muss.	*b*MS2a
Fabian:	Muss gar nicht.	MS4a
L.:	Was meint ihr dazu? Thomas!	*f*ML4a
Thomas:	Da war aber noch gar keins drin.	MS4b
L.:	Mhm. (4 sec)	DL5f
L.:	Wollste dich erst wieder hinsetzen? Bevor du dich noch unwohl fühlst, kannst du dich auch hinsetzten. Klar. Deik! *[Fabian setzt sich.]*	
Deik:	Und wenn da keins drin ist, dann muss er das ja irgendwo hernehmen und man kann das ja entweder aus der Vorratskammer oder aus dem Register irgendwas (herkriegen).	MS4b DS2d
L.:	Mhm. Ja solln wir mal gucken (. . .) ? Ich zeig euch mal ne andere Aufgabe. Und zwar da werden (. . .) Da ist ja schon was drin und da nehmen wir mal rot, da nehmen wir mal. Upps. *[L. holt rote Stäbchen aus der Vorratskammer und legt sie in den Register]*	DL5c
L.:	So und zwar solls jetzt Robbis Aufgabe sein (. . .) . Moment so (. . .) . Also Robbis Aufgabe ist es jetzt, die roten Stäbchen in das gelbe Register zu bringen. Was macht er dann erst mal grundsätzlich? Das haben wir ja schon besprochen. Carmen!	DL5e
Carmen:	Er nimmt ein Stäb (. . .) . Er leg (. . .) . Er nimmt ein Stäbchen aus dem rote Reg roten Register raus.	
L.:	Ja. Mach mal vorne. Komm mal her! *[Carmen kommt nach vorne und nimmt ein rotes Stäbchen aus dem roten Register]* (14 sec)	
L.:	Wie heißt der Befehl, den gerade Carmen ausgeführt hat? Einmal von euch. Jutta!	*f*RL2a
Jutta:	Nimm ein rotes Stäbchen aus der roten Registerkiste und lege es in die Vorratskammer.	RS2a
L.:	So, jetzt hören wir mal von den anderen den nächsten Befehl, den Robbi ausführen muss. Deik!	*f*PL2a DL5c

Deik: Nimm ein rotes Stäbchen aus der Registerkis, ach aus der Vorratskiste, und lege es in das gelbe Register. PS2a MS8b

Schüler: Was?

L.: Sag es noch mal laut.

Deik: Nimm ein rotes Stäbchen aus der Vorratskiste und lege es in das gelbe Register. (3 sec) Was aber eigentlich gar nicht geht. (7 sec) MS8b

L.: Mmm Donat oder Fritz? *[Fritz: „Fritz.“]* Fritz!

Fritz: Das geht nicht, weil der kann kein rotes Stäbchen in das gelbe Register legen. (5 sec) *b*MS2a

L.: Fritz!

Fritz: Weil das darf der eigentlich gar nicht, weil man den ja dazu, sagen wir mal, programmiert- programmiert, äh dass wenn man das gelb äh ins rote Kästchen zu tun, das rote Stäbchen, dann darf ders ja eigentlich gar nicht machen. (4 sec)

L.: Carmen!

Carmen: Aber das ist vielleicht so gemeint, dass er einfach (. . .) . Der hat halt statt rot die Farbe dann sozusagen in gelb umgewandelt und dann gelbe Stäbchen ohne dass ers ins gelbe Register tut. RS7

L.: Wie heißt denn dann unser neuer Befehl? (4 sec) *f*PL2a DL5f

L.: Thomas!

Thomas: Nimm ein gelbes Stäbchen aus dem Vorratsschrank und leg es in die gelbe Registerkiste. PS2a
[Carmen nimmt gelbes Stäbchen aus der Vorratskiste und legt es in das gelbe Register]

L.: Wie würden wir das kurz formulieren? Guckt mal auf eure Befehlskette! Macht mal eben eure Mappen auf! (11 sec) DL5e

L.: So, Markus!

Markus: Lege ein rotes Stäbchen in das rote Register. Äh ein nimm ein gelbes Stäbchen. Tu es in das gelbe Register. MS8b

L.: Ja, wie würdet ihr (. . .) ? Jetzt gucken wir nochmal, wie würden wir das, was Carmen (. . .) Zeigt nochmal, was du gerade gemacht hast! Insgesamt.

Carmen: Ich hab ein gelbes Stäbchen aus der aus der Vorratskiste *[zeigt]* genommen und in das gelbe Register *[zeigt]* getan .

L.: Und davor? Bevor du das gemacht hast, da hast du doch noch was anderes gemacht.

Carmen: (Da hab ich) (. . .). Da hab ich ein rotes Stäbchen aus der äh aus dem Registerkasten in die in die Vorratskammer gelegt.

L.: Mhm. Jetzt guckt mal eure Befehlskette an. Wie heißt der Befehl? fRL2a
(6 sec)

L.: Robert!

Robert: Ähm nimm ein Stäbchen aus dem roten Register. RS2a

L.: Und der Folgenbefehl heißt? Was folgt darauf? (8 sec) fRL2a

L.: Ähm Fabian!

Fabian: Lege ein gelbes Stäbchen in das gelbe Register. RS2a

L.: Super. Danke schön. Kannst dich auch wieder hinsetzen. DL5c

Im Folgenden werden metakognitive und diskursive Aktivitäten der Schüler und der Lehrkraft in der Wiederholungsphase analysiert. Da Negative Diskursivität ein Schlüssel bei der Analyse dieses Transkriptes ist, wird vorab deren Klassifikation erklärt.

Anmerkungen zur Vergabe der Teilaspekte Negativer Diskursivität

Mit den Teilaspekten der Unterkategorie D5 (Negative Diskursivität) sollen Verstöße gegen eine diskursive Unterrichtskultur sowie mangelnde Interventionen gegen gravierende Verstöße der Regeln eines Diskurses klassifiziert werden. Zu den Letzteren schreiben Cohors-Fresenborg und Kaune (2007, S. 26): „Es kommt vor, dass die Lehrkraft Verstöße gegen eine diskursive Gesprächskultur nicht anmahnt. In einem solchen Fall ist nicht einfach zu entscheiden, zu welchem Zeitpunkt eine Intervention hätte stattgefunden haben müssen. Spätestens dann, wenn die Lehrkraft mit anderem Ziel interveniert, lässt sich das Fehlen der anderen Intervention feststellen. Dann wird an dieser Stelle das Fehlen klassifiziert, sofern es sich um einen gravierenden Verstoß handelt.“ Das Heranziehen des Teilaspektes DL5f muss also dadurch begründet werden, dass zuvor in der Debatte ein gravierender Verstoß gegen eine diskursive Gesprächskultur aufgetreten ist, wie z. B. das Auseinanderfallen der Diskursbeiträge durch einen unkommentierten Wechsel von Bezugspunkten. Der Teilaspekt DL5f (keine Intervention gegen gravierenden Verstoß der Regeln des Diskurses ergriffen) ist aber nicht zur Kennzeichnung mangelnder Kontrollaktionen der Lehrperson angesichts eines Fehlers oder einer Fehlvorstellung in einem Schülerbeitrag gedacht.

In der gezeigten Unterrichtsszene sollen die Schüler herausfinden, welche Konsequenzen für den Roboter ein Verstoß gegen festgelegte Regeln beim Konstruieren von Befehlsketten nach sich zieht. Sie sollen auch die Schwierigkeiten reflektieren, vor welchen sie stehen, wenn sie ihr intuitives Wissen formal repräsentieren wollen. Die Präzision beim Formulieren von Befehlen für den Roboter hat also in dieser Unterrichtsstunde einen besonderen Stellenwert. Das intendierte Ziel kann nur dann erreicht werden, wenn die Präzision auch tatsächlich eingehalten wird und wenn aus Verstößen gegen sie Konsequenzen für den Lernprozess der Schüler gezogen werden. Die Lehrkraft macht die Präzision zum Thema der Debatte (vgl. im Transkript die Passage von Zeile 1 bis Zeile 10). Nun tritt im Klassengespräch folgendes Phänomen auf: Die Schüler weisen der Genauigkeit beim Formulieren der Befehle für den Roboter eine besondere Bedeutung zu („Man muss ihm [dem Roboter] immer im Genausten alles erklären." „Der braucht immer ganz genaue Befehle, weil er die sonst falsch ausführt."). Anschließend wird eine Sachaufgabe gestellt, die von den Lernenden die Genauigkeit und die Präzision im Sinne von Einhalten eines begrenzten Sprachrahmens für den Roboter erfordert. Es wird im Verlauf aber gerade gegen diese Genauigkeit und Präzision verstoßen: Die Lernenden formulieren Anweisungen für den Roboter mit gravierenden Syntaxfehlern. Die Lehrkraft moniert diese Fehler nicht. Es ist zunächst einmal ein sachlicher Fehler, der nicht mit dem Kategoriensystem zum Klassifizieren metakognitiver und diskursiver Aktivitäten klassifiziert wird, weil fehlendes Monitoring (fehlende Selbstüberwachung) nicht erfasst wird.

In diesem speziellen Fall könnte eine Klassifizierung mit einem Teilaspekt der Unterkategorie „Negative Diskursivität" vorgenommen werden: Der Diskurs erfordert (sowohl von den Lernenden als auch von der Lehrperson) die präzise Verwendung von Sprache; man muss sich darauf verlassen können, dass das Gesagte ohne weitere Überlegungen auch mit dem Gemeinten übereinstimmt. Wenn also ein Schüler vorgibt, dem Roboter alles genau sagen zu sollen, dieses aber nicht tut, dann entspricht die Wortbedeutung von „genau sagen" nicht dem, was sich ein Zuhörer darunter vorstellt. Deshalb könnte beim Eintreten eines solchen Falles die Kategorie D5e zur Klassifizierung gewählt werden.

Wenn die Lehrkraft einen solchen Verstoß gegen die Regeln des Diskurses nicht anmahnt und dieser deshalb nicht aufgedeckt wird, müsste anschließend kenntlich gemacht werden, dass sie nicht erkennbar auf die Anforderung an die Genauigkeit reagiert. Ihre mangelnde Intervention müsste dann also mit dem Teilaspekt DL5c erfasst werden.

Im Folgenden wird bei der Klassifizierung der Beiträge in solcher Situationen beachtet, dass sich die Lernenden in einem Lernprozess befinden. Fehler und Fehlvorstellungen der Schüler bilden einen integrierten oder sogar einen notwendigen Teil des Lernprozesses (vgl. Seite 106 im Abschnitt 3.6). Wenn ein Schüler in einer Lernsituation in seinem Befehl für den Roboter durch eine unpräzise Formulierung einen (Syntax-)Fehler macht, dann können dieser Fehler und die inadäquate Wortwahl in dem Beitrag des Schülers nicht als Verstoß gegen eine diskursive Unterrichtskultur gewertet werden. Mangelnde Kontrolle der Lehrkraft in diesem Fall wird aber nach den vorgeführten Argumenten mit DL5c erfasst.

Interpretation der klassifizierten metakognitiven und diskursiven Aktivitäten

In Zeile 1 lenkt die Lehrkraft die Aufmerksamkeit der Schüler auf den Roboter. Auf diese Weise verortet sie das folgende Klassengespräch (DL2c). Sie fordert zu metakognitiven Überlegungen bezüglich der Vorgehensweise beim Formulieren von Anweisungen für den Roboter auf. Die Aufmerksamkeit der Schüler richtet sie auf die Notwendigkeit, dem Roboter alles genau sagen zu müssen. Da die Lehrperson zur Begründung dieser Notwendigkeit auffordert, ist ihrer Frage die Kurzbezeichnung *fb*RL6a zugeordnet.

Janik (Z. 4-6) kommt der Aufforderung der Lehrkraft nach (*b*RS6a). Seine Antwort beinhaltet ein bemerkenswertes Argument. Janiks Äußerung legt folgenden Gedanke nahe: Gibt man dem Roboter Befehle, die unpräzise sind, dann werden sie durch den Roboter nicht ausgeführt, weil er sie nicht versteht. Damit werden auch „die richtigen Befehle" – also die entsprechenden richtig gemeinten Befehle, die jedoch falsch formuliert wurden – nicht ausgeführt. Im letzten Satz ist die Forderung nach Genauigkeit durch den Lernenden selbst noch zugespitzt („Man muss ihm immer im Genausten alles erklären"). Dadurch ist Janiks Empfinden der Wichtigkeit dieser Forderung betont.

Thomas (Z. 7-8) ergänzt die Äußerung von Janik. Die Entscheidung, diesen Beitrag als eine metakognitive Aktivität zu klassifizieren, erfolgt im Wissen darüber, welche Vorstellung mit der Vokabel „lernen" hier gemeint sein kann: Ein Befehlsgeber kann dem Roboter Befehlsketten zum Lösen neuer Aufgaben geben. Mit dieser Tatsache verbindet Thomas die Vorstellung, dass Robbi lernt, neue Aufgaben zu bewältigen. So wie in der Eingangsgeschichte der Unterrichtsreihe „Von Anweisungen zu Funktionen" (Seite 59) der Koch seinem Lehrling einen Arbeitsauftrag erteilt, so kann ein Befehlsgeber für den Roboter Befehle formulieren. So wie der Lehrling vom seinem Koch lernt, wie er Spiegelei zu machen hat, so lernt der Roboter von seinem Befehlsgeber, wie er z. B. zwei Zahlen addieren kann. Die Handlungsanweisungen für den Roboter müssen also genau formuliert sein, damit er weiß, wie eine Aufgabe zu erledigen ist. Thomas' Beitrag liefert also eine weitere Antwort auf die Frage der Lehrkraft und daher ist ihm die Kurzbezeichnung *b*RS6a zugeordnet.

Deik (Z. 11) gibt eine weitere Begründung dafür, dass man dem Roboter alles genau erklären muss, und deshalb ist sein Beitrag ebenso mit *b*RS6a klassifiziert. Die Feststellung, dass Robbi kein Vorwissen hat, meint, dass er nur kontextfrei arbeiten kann.

Die Klassifizierung der Beiträge von Thomas in den Zeilen 7 bis 8 und von Deik in Zeile 11 bedarf einer Anmerkung: Beide Schüler gehen auf wichtige Merkmale der Figur des Roboters ein, sodass man ihre Äußerungen als Reflexion über wichtige Ideen RS6c klassifizieren könnte. Die Entscheidung, hier jedoch nicht mit RS6c sondern mit *b*RS6a zu klassifizieren ist dadurch begründet, dass die beiden Äußerungen als Antworten auf die zuvor gestellte Frage der Lehrkraft zu verstehen sind; sie beinhalten Begründungen für die Anforderung, beim Formulieren der Befehle für den Roboter genau und präzise zu sein. Sie nehmen also die Vorgehensweise beim Formulieren der Anweisungen für den Roboter in den Blick.

Die Frage nach Befehlen für Robbi in den Zeilen 12 bis 13 erfordert nicht die Reflexion über den Begriff „Befehl" sondern das Rekapitulieren bekannter Anweisungen und deshalb sind diese Frage sowie die Antwort von Fabian nicht als Reflexion über Begriffe klassifiziert.

Fabian (Z. 15-17) formuliert eine Anweisung für den Roboter. Dabei überwacht und korrigiert er seine Ausdrucksweise (MS8b). Seine Anweisung ist syntaktisch falsch, aber der aufgetretene Fehler ist kein Grund für die Klassifizierung mit dem Teilaspekt DS5e sein (vgl. Anmerkungen auf der Seite 148).

Trotz dieses Fehlers fordert die Lehrperson Fabian auf, seinen Befehl an der Registerkiste auszuführen. Für diese Aufforderung sind zwei Interpretationen denkbar: Die erste geht davon aus, dass die Lehrkraft den Fehler von Fabian erkannt hat und am Verhalten des Roboters – den Fabian selbst an der Registerkiste spielen sollte – die Konsequenzen dieses Fehlers verdeutlichen will. Die zweite Interpretation geht hingegen davon aus, dass die Lehrperson den Fehler nicht bemerkt hat. In beiden Fällen handelt es sich zunächst um eine Aufforderung zur Ausführung einer fachspezifischen Tätigkeit und nicht explizit zum Praktizieren metakognitiver Aktivitäten. Aus diesem Grund bleibt diese Textstelle im Transkript unklassifiziert.

In den Zeilen Z. 27-28 formuliert Fabian einen anderen Befehl, aber auch dieser ist syntaktisch falsch. Der Schüler korrigiert seine eigene Terminologie und Ausdrucksweise (MS8b), aber den Syntaxfehler deckt er nicht auf. Seine inadäquate Wortwahl in dem formulierten Befehl ist auch an dieser Stelle nicht mit dem Teilaspekt DS5e klassifiziert; wegen der fehlenden Intervention der Lehrperson ist aber in Zeile 29 die Kurzbezeichnung DL5c zugewiesen.

Die Behauptung, dass die Lehrkraft die Fehler in den formulierten Befehlen von Felix bemerkt hat, ist nicht stichhaltig. An keiner Stelle geht sie auf die fehlerhaften Anweisungen ein und sie kann mit dem anschließenden Einwand eines Schülers nicht umgehen. Die Aufforderung, die falsche Anweisung an der Registerkiste auszuführen, ist kritisch zu betrachten. Zuvor haben die Lernenden und die Lehrkraft die Notwendigkeit betont, Befehle für den Roboter genau zu formulieren. Diese Notwendigkeit zeigt sich aber nicht in ihren Verhaltensweisen. Das Wissen über diese Genauigkeit ist also ein Teil des nur deklarativen Wissens der Schüler und der Lehrperson; es hat aber keine handlungsleitende Funktion. Man ist versucht zu sagen, dass die Handlungen der Lernenden und die fehlende Intervention der Lehkraft nicht zu dem passen, was als notwendig für ihr Verhalten beurteilt und begründet wurde. Da das nicht die einzige Stelle im Transkript mit dieser Diskrepanz und mit der fehlenden Intervention der Lehrkraft ist, ist zu vermuten, dass hier nicht nur ein inkonsistentes Handeln, sondern vielmehr ein Verständnisproblem zu Tage kommt.

Markus (Z. 32-34) wendet sich der Äußerung von Fabian zu, er kontrolliert die genannte Anweisung für Robbi. Er stellt in dieser einen Fehler fest und begründet ihn (*b*MS2a). Markus moniert, dass der genannte Befehl nicht ausgeführt werden kann, weil Robbi immer zuerst ein Stäbchen aus einem Register herausnehmen muss, und dann ein Stäbchen in ein Register legen muss. Hier kommt eine Fehlvorstellung des Schülers zu Tage: Bezüglich der Reihenfolge der Befehle, die der Roboter ausführen kann, ist in der Unterrichtsreihe „Von Anweisungen zu Funktionen“ keine Verabredung festgelegt. Dieser Fehlvorstellung kann der (falsche) Gedanke zu Grunde liegen, dass in der Vorratskiste Stäbchen (die zuvor aus der Registerkiste rausgenommen wurden) nur „getauscht“ werden können.

Fabian (Z. 35) kontrolliert die Argumentation von Markus und äußert eine Gegenposition bezüglich des durch ihn angebrachten Arguments. Seine Äußerung ist deshalb mit MS4a klassifiziert. Hier ist nicht MS4c gewählt worden, weil Fabian nicht einen Fehler in der Argumentation von Markus aufdeckt und seine Behauptung als falsch beurteilt, sondern sich lediglich lokal auf den Beitrag seines Mitschülers konzentriert.

In Zeile 36 fordert die Lehrkraft zur lokalen Kontrolle der Argumentation von Fabian auf (*f*ML4a). Soll ein Schüler diese Aufforderung umsetzen, dann muss er beurteilen, ob es sich bei dem durch Markus genannten Argument um eine festgelegte Regel für das Verhalten des Roboters handelt.

Thomas (Z. 37) kontrolliert die Argumentation global (MS4b): Für ihn ist die Ausgangslage in der Registerkiste diejenige vor dem Reinlegen der gelben Stäbchen in die Registerkiste („Da war aber noch gar keins drin."). Den Befehl aus den Zeilen 27-28 betrachtet er vermutlich als solchen, der dem Roboter gegeben werden muss, damit er die durch Fabian vorgeführte Tätigkeit ausführen kann. Thomas und die Lehrkraft haben also eine unterschiedliche Sicht von dem, was die Ausgangslage in der Registerkiste war, und interpretieren den Befehl von Fabian ganz unterschiedlich: Während Thomas diesen Befehl auf die bereits ausgeführte Tätigkeit bezieht, bezieht ihn die Lehrkraft auf das, was erst gemacht werden sollte. Die Diskussionsstränge gehen an dieser Stelle auseinander. Die Lehrperson interveniert nicht gegen diesen gravierenden Verstoß gegen die Regeln eines Diskurses (hier gegen das Auseinanderfallen der Diskursbeiträge). Deshalb ist ihre Äußerung in Zeile 38 mit DL5f klassifiziert. Zunächst trifft sie nur unterrichtsorganisatorische Maßnahmen, die im Transkript unklassifiziert bleiben.

Deik (Z. 42-44) nimmt die Äußerung von Thomas als Ausgangspunkt seiner Argumentation (DS2d) und verankert damit seinen Beitrag. Der Schüler kommentiert die Situation in der Registerkiste vor dem Hineinlegen der gelben Stäbchen in das gelbe Register: Die Registerkiste war leer. Fabian konnte also keine Stäbchen aus der Registerkiste nehmen. Zunächst musste er welche aus der Vorratskister holen. Deik führt den Kommentar von Thomas aus Zeile 37 weiter und – weil sich seine Anmerkung auf die ganze Debatte zu dem Befehl von Fabian bezieht – ist sein Beitrag als globale Kontrolle der Argumentation (MS4b) klassifiziert. Indirekt stellt Deik fest, dass Markus eine Fehlvorstellung hat. Dies sagt er aber nicht direkt, und deshalb ist sein Beitrag nicht als Aufdecken einer Fehlvorstellung in einer Argumentation erfasst.

Auf den Beitrag von Deik geht die Lehrkraft nicht ein. Ihre Äußerung in den Zeilen Z. 45-46 („Mhm. Ja, solln wir mal gucken(...)? Ich zeige euch mal ne andere Aufgabe.") ist nicht erkennbar auf das Geschehen und auf das Gesagte bezogen (DL5c). Die Lehrperson distanziert sich von dem diskutierten Problem – ohne es zu kommentieren –, indem sie eine Aufgabe formuliert und die Aufmerksamkeit der Lernenden von diesem Problem ablenkt.

Die Lehrperson formuliert eine Aufgabe, die unlösbar ist, weil der Roboter keine Stäbchen aus einem Register in ein anderes transportieren kann. Die Wortwahl in der formulierten Aufgabenstellung kann nicht als Grund genommen werden, den Beitrag als

Verstoß gegen die Diskursivität zu klassifizieren. Die sachliche Korrektheit von Äußerungen ist nämlich kein Kriterium für das Zuweisen der Teilaspekte Negativer Diskursivität. Hinsichtlich der Intention der Lehrkraft sind zwei Interpretationen denkbar: Die erste geht davon aus, dass die Lehrkraft absichtlich eine unlösbare Aufgabe diktiert, um den Lernenden die Notwendigkeit von Monitoring- und Reflexionaktivitäten beim Bearbeiten dieser Aufgabe deutlich zu machen. Die zweite Interpretation geht hingegen davon aus, dass das Gesagte nicht das Gemeinte ist: Die Lehrkraft meint eine Additionsaufgabe (Der Roboter soll dafür sorgen, dass sich am Ende seiner Arbeit im gelben Register so viele Stäbchen befinden, wie am Anfang im gelben und im roten Register insgesamt waren.) Erst das anschließende Klassengespräch zeigt, dass die letztere Interpretation zutreffend ist. Hier stellt sich wieder die Frage, welche Bedeutung für das Verhalten der Lehrkraft die Genauigkeit beim Formulieren und Kommunizieren ihrer Anweisungen für die Lernenden sowie derjenigen für den Roboter hat.

Mit der Frage „Was macht er [Robbi] dann erst mal grundsätzlich?“ lenkt die Lehrkraft die Aufmerksamkeit der Schüler auf den Roboter. Bevor eine Befehlskette konstruiert wird, sollen die Schüler über die Handlungen des Roboters nachdenken. Die inadäquate Wortwahl („*grundsätzlich*?“) in der gestellten Frage (DL5e) ist als ein Verstoß gegen die Diskursivität klassifiziert. Es ist unklar, was die Lehrkraft von den Lernenden erwartet. Vermutlich will sie mit dieser Frage das Nachdenken über die zu organisierenden Handlungen des Roboter anstoßen. Da die gestellte Aufgabe unlösbar ist, stellt sich hier die die Frage, was der Roboter „grundsätzlich“ machen soll.

Carmen (Z. 54-55) beschreibt eine Handlung, die der Roboter ausführen soll. Ihrer Äußerung kann man nicht entnehmen, wie sie die diktierte Aufgabe interpretiert hat. Sie formuliert weder ein Zwischenergebnis, das zu erreichen ist, noch Befehle, die auszuführen sind. Ihre Äußerung ist daher nicht als Planung klassifiziert, sondern der Sachebene zugerechnet.

Die Aufforderung der Lehrkraft zur Ausführung der beschriebenen Handlung („Mach mal vorne“) sowie die Umsetzung der Aufforderung sind der Sachebene und nicht der Metaebene zuzuordnen. Nach der Äußerung in Zeile 56 drängt sich die Vermutung auf, dass die Lehrkraft ihre Aufgabe nicht absichtlich falsch formuliert hat.

Die Lehrkraft fordert auf, einen entsprechenden Befehl für die durch Carmen ausgeführte Handlung zu nennen, also in dieser Tätigkeit die Wirkung eines Werkzeugs zu erkennen (*f*RL2a).

Jutta (Z. 61-62) nennt einen Befehl und versucht damit die Aufforderung der Lehrkraft umzusetzen (RS2a). Leider ist aber dieser Befehl syntaktisch falsch. Der Syntaxfehler ist ein sachlicher Fehler. Deshalb wird nicht die Kurzbezeichnung DS5e für inadäquate Wortwahl zugeordnet.

Die Lehrkraft beanstandet diesen Fehler nicht. Ihre mangelnde Intervention ist mit der Kurzbezeichnung DL5c in Zeile 63 erfasst. In den Zeilen 63-64 fordert die Lehrkraft zur Planung einer Werkzeuganwendung (*f*PL2a) für den nächsten Schritt der Erfindung einer Befehlskette für die (gemeinte Additions-) Aufgabe.

Deik (Z. 65-66) versucht die Aufforderung der Lehrkraft umzusetzen (PS2a), aber genauso wie Jutta nennt er einen syntaktisch falschen Befehl. Die Textstelle, an der Deik seine Ausdrucksweise korrigiert, ist im Transkript rot markiert. Es handelt sich dabei um eine Monitoringaktivität, die unter den Teilaspekt „Selbstüberwachung“ (MS8b) fällt.

Die Passage von Zeile 67 bis 68 bleibt im Transkript schwarz, weil es sich um unterrichtsorganisatorische Tätigkeiten handelt.

Auf den Beitrag von Deik in den Zeilen 69 bis 70 ist eine besondere Aufmerksamkeit zu richten. Die von ihm zuvor genannte Anweisung („Nimm ein rotes Stäbchen aus der Vorratskiste und lege es in das gelbe Register.“) ist syntaktisch falsch – sie verstößt gegen die Regel, dass sich in jedem Register nur Stäbchen passender Farbe befinden können. Dieses Verstoßes ist sich der Schüler selbst bewusst, weil er anschließend den Befehl so kommentiert: „Was aber eigentlich gar nicht geht.“ Deik orientiert sich an der durch die Lehrkraft gestellten Aufgabe, deshalb sucht er nach einer Anweisung, mit der der Roboter rote Stäbchen in das gelbe Register legen kann. Der Beitrag von Deik zeugt von seiner beachtenswerten Leistung: Er überwacht eigene Denkprozesse in Bezug auf das Ziel der *gesagten* Aufgabe sowie in Bezug auf fachliche Korrektheit seiner Äußerung, was ein Zeichen für seine metakognitive Kompetenz ist. Diese Kontrollaktivität ist als Monitoring – Überwachung eigener Ausdrucksweise und Terminologie (MS8b) – klassifiziert. Deik merkt, dass die durch ihn beschriebene Anweisung syntaktisch falsch ist und nicht ausgeführt werden kann.

Fritz (Z. 72-73) begründet den bereits monierten Fehler in der beschriebenen Handlungsanweisung (*b*MS2a). Seine Begründung ergänzt er in den Zeilen 75 bis 78. Eine neue Sichtweise kommt dabei nicht hinzu, und es sind keine weiteren metakognitiven Aktivitäten des Schülers erkennbar. Das Vokabular „programmieren“ im Beitrag von Fritz ist vermutlich als Formulieren von Anweisungen für den Roboter zu verstehen.

Carmen äußert sich implizit zu dem Beitrag von Fritz. Sie geht auf das Zusammenspiel zwischen Gesagtem und Gemeintem (RS7) ein. Sie interpretiert die durch die Lehrkraft gestellte Aufgabenstellung als eine Additionsaufgabe. Die Formulierung „Farbe umwandeln“ ist in dem Beitrag von Carmen so zu verstehen, dass Stäbchen einer Farbe gegen Stäbchen einer anderen Farbe getauscht werden: Aus dem roten Fach der Registerkiste werden rote Stäbchen rausgenommen. Diese werden in die Vorratskiste gelegt und gegen gelbe Stäbchen getauscht. Die aus der Vorratskiste geholten gelben Stäbchen werden in das gelbe Fach der Registerkiste gelegt. Mit dieser Interpretation ändert Carmen den Sinn der ursprünglich unlösbaren Aufgabe so, dass diese in der interpretierten Version gelöst werden kann.

Eine Kontrolle, inwieweit der Vorschlag von Carmen zu der ursprünglich formulierten Aufgabe passt, ist in der Diskussion weder in den Aktivitäten der Lernenden noch in denen der Lehrkraft zu beobachten. Die Lehrkraft akzeptiert diesen Vorschlag und fordert die Schüler zur Nennung eines „neuen“ Befehls zur Lösung der gestellten Aufgabe (unter Berücksichtigung von Carmens Interpretation) auf. Diese Aktion ist als Aufforderung zur Planung einer Werkzeuganwendung klassifiziert (*f*PL2a). Diese Aufforderung bestätigt in der Überzeugung, dass in den Zeilen 51 bis 52 das Gesagte mit dem Gemeinten nicht übereinstimmt. Wegen fehlender Intervention der Lehrperson bewirkt diese Diskrepanz das Auseinanderfallen der Diskursbeiträge, was nicht auf den ersten Blick bemerkbar ist: Deik hat zuvor (Z. 65-66, Z. 69-70) einen Befehl zum Lösen der diktierten Aufgabe formuliert und diesen jedoch als falsch beurteilt. Er hat sich auf die wörtliche Formulierung der diktierten Aufgabe verlassen. Nach Carmens Beitrag wird unbegründet und ohne jegliche Erklärung gerade das Gemeinte und nicht das Gesagte für den weiteren Bearbeitungsprozess herangezogen. Die Schülervorstellungen von der Aufgabe und somit auch ihre Bearbeitungsprozesse fallen also auseinander. Dagegen interventiert die Lehrperson nicht, was in der Zeile 83 mit dem Teilaspekt DL5f erfasst ist.

Die Aufforderung zur Formulierung eines „neuen" Befehls kann suggerieren, dass ein – den Lernenden bisher nicht bekannter – Befehl ausgedacht werden soll. Es handelt sich um die zentrale Stelle in dem Bearbeitungsprozess der gestellten Aufgabe, an der Maßnahmen zur Präzisierung der Aufgabenstellung ergriffen werden sollten.

Diese Aufforderung versucht Thomas (Z. 85-88) umzusetzen (PS2a). Sein Befehl ist syntaktisch falsch. Die Ausführung dieser Anweisung durch Carmen ist der Sachebene zuzuordnen.

Die Schüler sollen die Anweisung von Thomas „kurz" formulieren (Z. 89). Auch in dieser Formulierung der Lehrkraft stimmen das Gesagte und das Gemeinte nicht miteinander überein: Mit „kurz" ist hier vermutlich „korrekt" gemeint. Eine „kurze" Form von Handlungsanweisungen für den Roboter gibt es nicht. Der Arbeitsauftrag an die Schüler ist also mit einer inadäquaten Wortwahl formuliert (DL5e). Mit der inadäquaten Wortwahl der Lehrkraft wird den Lernenden die Möglichkeit vorenthalten, in ihren falschen Anweisungen schwerwiegende Fehler aufzudecken.

Markus (Z. 92-93) formuliert kurze Anweisungen für die durch Carmen ausgeführte Handlung. Damit verlässt er nicht die Sachebene. Eine metakognitive Aktivität ist in seinem Beitrag bei der Überwachung seiner Ausdrucksweise (MS8b) erkennbar. Seine Anweisung für den Roboter ist syntaktisch falsch.

Die Lehrkraft fordert Carmen zur Wiederholung ihrer zuvor ausgeführten Handlung auf, was der Sachebene zuzurechnen ist, und ebenso die Beschreibung der Handlung durch Carmen in den Zeilen 97-98.

In der durch Carmen beschriebenen Handlung sollen die Schüler die Wirkung einer Handlungsanweisung für den Roboter erkennen (fRL2a). Die Aufforderung der Lehrkraft setzen zwei Schüler um RS2a: Robert in Zeile 106 und Fabian in Zeile 109.

Die Schüler werden zur korrekten Formulierung geführt, ohne dass bei ihnen die Einsicht für die Fehler bei der Formulierung von Anweisungen für den Roboter gefördert wird und ohne dass die Unterschiede zwischen einer umgangssprachlichen Beschreibung von Handlungsanweisungen und der Formulierung der korrekten Befehle zur Ausführung dieser Anweisungen reflektiert werden.

Die Lehrkraft schließt die Besprechung dieser Aufgabe mit den Worten „Super. Dankeschön" ab (Z. 148). Mit dem Lob erweckt sie den Anschein, dass die Schüler die von ihr gestellte Aufgabe gelöst haben. Weder die durch die Lehrkraft formulierte Aufgabe, noch deren interpretierte Version, die Carmen genannt hat, sind gelöst worden. Es wurden insgesamt zwei Befehle an der Registerkiste ausgeführt: Aus dem roten Register wurde ein Stäbchen genommen und ein Stäbchen wurde in das gelbe Register gelegt. Da am Anfang im roten Register mehrere Stäbchen lagen, ist das Endergebnis noch nicht das Gewünschte. An dieser Stelle unterbricht die Lehrkraft unbegründet und unkommentiert den Prozess der Bearbeitung der gestellten Aufgabe. Ihr Verhalten ist nicht erkennbar auf das Geschehen bezogen, was mit DL5c klassifiziert ist.

Analyse des Unterrichtsprozesses unter dem Aspekt metakognitiver und diskursiver Aktivitäten

Aus der Analyse der Art und Verteilung der Kurzbezeichnungen kann man einen ersten Einblick darüber gewinnen, ob die Lehrkraft ihre Schüler zu anspruchsvollen metakognitiven Aktivitäten auffordert und ob diese im Klassengespräch überhaupt vorkommen. Eine besondere Aufmerksamkeit ist darauf zu lenken, ob eventuell auch Verstöße gegen eine diskursive Unterrichtskultur kodiert sind und – mit Bezug auf das Transkript – sind ihre Konsequnezen für den Lernprozess zu beachten.

An dem Speer (S. 157) sind nach jeder Kurzbezeichnung für eine Aufforderung zu metakognitiven Aktivitäten auf der Seite der Lehrkraft solche Kurzbezeichnungen auf der Seite der Lernenden dargestellt, die suggerieren, dass diese Aufforderungen umgesetzt wurden. Besonders beachtenswert sind die Kodierungen in der ersten Hälfte des ersten Speerabschnitts: Nach *fb*RL6a folgt dreimal *b*RS6a. Das Transkript zeigt hier ein Klassengespräch auf einem hohen Niveau metakognitiver Aktivitäten der Lernenden.

Auch im weiteren Teil des Speers befinden sich solche Stellen, an denen nach einer Kurzbezeichnung für eine Aufforderung zu einer metakognitiven Aktivität auf der Lehrerseite eine Kurzbezeichnung zu einer Schüleraktivität, zu welcher aufgefordert wurde, dargestellt ist. Dennoch fällt es dabei auf, dass auf der Seite der Lehrkraft an acht Stellen Verstöße gegen Regeln einer diskursiven Unterrichtskultur kodiert sind. Mit DL5c ist an vier Stellen kodiert, dass Äußerungen oder Interventionen der Lehrperson nicht erkennbar auf das Gesagte oder auf das Geschehen des Unterrichts bezogen sind. Das Transkript zeigt an diesen und an den beiden mit DL5e klassifizierten Stellen Indizien für gravierende sachliche Fehler und damit Fehler bei der Implementation des Unterrichtskonzeptes. Diese fallen bei der Gesprächsanalyse nicht auf den ersten Blick auf, weil sie nicht den Unterrichtsablauf betreffen, sondern die didaktische Qualität der inhaltlichen Instruktionen der Lehrkraft und ihrer Interventionen.

An dem Speer ist zu erkennen, dass die Lehrkraft Gelegenheiten für eine anspruchsvolle Auseinandersetzung mit inhaltlichen Fragen des Unterrichts initiiert. Das Misslingen der Implementation ist also nicht auf die Passivität der Lehrkraft oder der Lernenden zurückzuführen. Die Ursache hierfür ist ein bei der Lehrkraft fehlendes Verständnis dessen, wie die ausgelösten Argumentationen der Schüler die Verhaltensweisen der Schüler beeinflussen sollen und wie das Veständnis dieser Argumentationen bei den Lernenden sicherzustellen ist. Darauf wird im Abschnitt 5.3.1.2 genauer eingegangen.

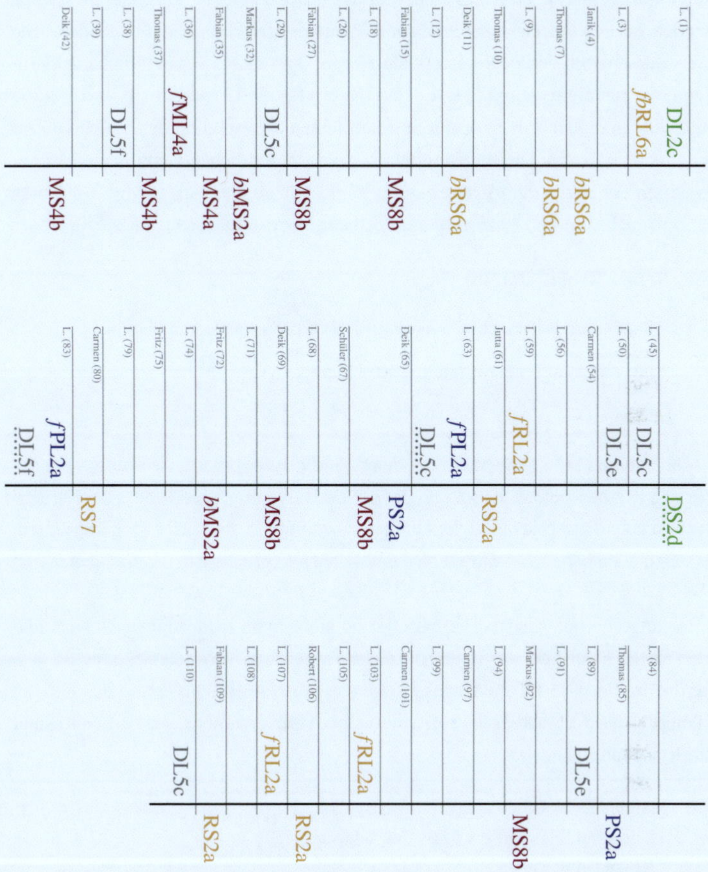

5.3.1.2 Implementationserfolg

Betrachtet man das Klassengespräch rückblickend, dann fällt auf, dass die zu Beginn dieser Unterrichtsszene als notwendig beurteilte Genauigkeit beim Formulieren der Befehle für den Roboter in den tatsächlichen Verhaltensweisen der Lehrkraft und der Lernenden nicht wiederzufinden ist. Auf den ersten Blick erscheint diese Diskrepanz als ein inkonsistentes Handeln. Da aber auch an zentralen Stellen im Bearbeitungsprozess der diktierten Aufgabe Verstöße gegen die als notwendig deklarierte Genauigkeit nicht moniert werden und auch keine Konsequenzen aus diesen Verstößen gezogen werden, ist ein Verständnisproblem zu vermuten: Die Lehrkraft passt sich mit den gestellten Fragen und Aufforderungen an die Lernenden an die Form der Innovation an. Sie weiß, dass es wichtig ist, dem Roboter alles genau sagen zu müssen, und das thematisiert sie im Klassengespräch. Die Lernenden werden darüber informiert und können sogar Gründe dafür nennen. Erst die weiteren Handlungen an der Registerkiste zeigen, dass dieses vermeintliche deklarative Wissen keine handlungsleitende Rolle hat, sowohl für die Lernenden als auch für die Lehrkraft, sodass man hier von einer nur vermeintlichen Veränderung der Tiefenstruktur des Unterrichts reden kann. Diese Diskrepanz wird noch deutlicher, wenn nach dem bereits analysierten Transkript der folgende Unterrichtsausschnitt betrachtet wird. Das kurze Gespräch ergibt sich wenige Minuten später nach der letzten Äußerung auf Seite 148:

Transkript (Szene „Robbi“, Teil Ib)

L.:	Was müssen wir machen, wenn wir Robbi programmieren? Donat!
Donat:	Alles einzelnd und sorgfältig ähm erklären.
L.:	Genau.

Hier ist noch einmal die Notwendigkeit einer sorgfältigen, präzisen Formulierung der Befehle für den Roboter betont. Es scheint der Lehrkraft wichtig zu sein, dass die Lernenden das Wissen über diese Notwendigkeit haben. Es gelingt ihr aber nicht, sicherzustellen, dass sie es verstanden haben. Sie nimmt also nicht die Denkprozesse der Lernenden in den Fokus.

Nach der angeführten Analyse verwundert es nicht, dass in derselben Unterrichtsstunde gravierende Fehler bei der Beurteilung der Korrektheit von Befehlsketten für den Roboter auftreten. So wird Beispielsweise folgende, korrekte Befehlskette eines fiktiven Schülers Peter für die Aufgabe 3+5[2], auf Grund einer Fehlvorstellung der Lernenden und der Lehrkraft, als falsch beurteilt:

Peter: :	Nimm ein Stäbchen aus dem roten Register.
	Nimm ein Stäbchen aus dem roten Register.
	Nimm ein Stäbchen aus dem roten Register.
	Lege ein grünes Stäbchen in das grüne Register.
	Lege ein grünes Stäbchen in das grüne Register.
	Lege ein grünes Stäbchen in das grüne Register.

Es handelt sich dabei um eine „Nimm-Lege“ Fehlvorstellung: Die Lehrkraft ist davon überzeugt, dass eine korrekte Befehlskette für Robbi die „Nimm-Lege“ Reihenfolge der Elementarbefehle haben muss, also dass Robbi erst ein Stäbchen aus einem Register herausnehmen muss, und anschließend ein Stäbchen in ein Register hineinlegen muss. Die Überzeugung der Lehrkraft ist falsch. Wäre sie richtig, könnte z. B. kein Algorithmus für das Verdoppeln konstruiert werden. Jedoch nicht die Fehlvorstellung sondern eine Erklärung der Lehrkraft zu dieser Befehlskette zeigt ein weiteres Indiz für einen gravierenden

[2] Die Befehlskette von Peter stammt aus der Aufgabe „Befehlsketten“. Der vollständige Aufgabentext befindet sich im Anhang auf Seite 347.

Fehler in der Implementation des Unterrichtskonzeptes. Darauf wird im Weiteren eingegangen.

Zum Zeitpunkt der Beurteilung dieser Befehlskette wissen die Lernenden nichts über die Unterscheidung zwischen Syntax- und Semantikfehlern. Durch die Auseinandersetzung mit korrekten und fehlerhaften Anweisungen für Robbi sollen diese zwei Arten von Fehlern ausgearbeitet werden. Die Beurteilung dessen, ob eine Befehlskette korrekt ist, muss nämlich beide Aspekte berücksichtigen: Der Roboter muss die Befehlskette der Form nach verstehen (syntaktische Korrektheit) und diese muß das gewünschte Ergebniss liefern (semantische Korrektheit).

Im Folgenden wird der kurze Transkriptausschnitt aus der Besprechung der Korrektheit der Befehlskette von Peter analysiert, um wieder einen Fehler in der Implementation zu verdeutlichen:

Transkript (Szene „Befehlsketten“, Teil Ia)

Falk: Ich meine Peter, dass er das falsch hat, weil Robbi kann er immer nur ein äh eins äh rausnehmen und eins wieder reinlegen. *[Schüler: „Aha.“]* Und so nimmt er ja einfach ähm mehrere auf einmal raus, also drei Stück, und legt dann drei rein. Das geht nicht.

[Nach wenigen Minuten:]

L.: Da hat Falk Recht. Erst muss Robbi eins nehmen und eins legen. Dann hat er seinen Arbeitsgang abgeschlossen, er ist fertig damit. Und dann kommt erst das nächste Stäbchen, weil sonst kommt der ganz durcheinander. Das kommen wir ja manchmal auch. Okay, also soweit zu Peter. Dann ist das also so: Robbi muss immer nehmen und legen. Deswegen ist das falsch. Grundsätzlich kommt aber das Richtige raus. Ja, das hast du gut gemacht.

Falk beurteilt – auf Grund seiner Fehlvorstellung – die Befehlskette von Peter als falsch. Die Lehrkraft teilt sein Urteil und auch seine Fehlvorstellung. Hier ist beachtenswert, dass sie eine Befehlskette, die ihrer Meinung nach (syntaktisch) falsch ist, gleichzeitig als solche bewertet, bei der „grundsätzlich“ das Richtige rauskommt. Der Lehrkraft ist nicht klar, dass syntaktisch falsche Befehlsketten auf ihre semantische Korrektheit hin nicht beurteilt werden können, weil vom Robbi ja gerade kein sonstiges Wissen herangezogen werden kann.

Hier handelt es sich zunächst „nur“ um einen sachlichen Fehler des Schülers und der Lehrkraft. Vergegenwärtigt man sich an dieser Stelle nochmal die Ziele der Auseinandersetzung mit korrekten und falschen Anweisungen für Robbi, bei der die Lernenden eine Modellvorstellung über syntaktische und semantische Korrektheit mathematischer Darstellungen erwerben sollen, dann werden auch die Konsequenzen dieses Fehlers in Bezug auf die Denk- und Verstehensprozesse der Schüler deutlicher: Die Ziele wurden nicht erreicht. Eine andere Sichtweise des Fehlers ergibt die Analyse der Unterrichtssequenz, indem das zuvor analysierte Klassengespräch betrachtet wird. Es wurde deklariert, dem Roboter alles genau erklären zu müssen. Das kognitive Potential von Aufgaben, in denen Befehlesketten auf ihre Korrektheit zu kontrollieren sind, ist darauf ausgerichtet, diese Genauigkeit auf eine syntaktische und semantische Korrektheit zu spezifizieren und einen Zusammenhang zwischen ihnen zu verdeutlichen. Der Kommentar der Lehrkraft, mit dem sie die Befehlskette von Peter als (syntaktisch) falsch und trotzdem (semantisch) „grundsätzlich" korrekt bewertet, zeigt dass auf ihrer Seite das Verständnis ihrer Instruktionen an die Lernenden – insbesondere der Aufforderung zur Reflexion über die Genauigkeit beim Formulieren der Befehle für Robbi – fehlt.

5.3.2 Maßnahmen zur Verbesserung der Implementation

Die gescheiterte Implementation verdeutlicht die Bedeutung der Anmerkung von Gräsel und Parchmann (2004a, S. 178): Die Bemühung um die Entwicklung von Unterrichtskonzepten solle systematisch mit der Implementation und mit der Forschung zu diesen Lernumgebungen sowie Qualifizierungen der Lehrkräfte verbunden werden. Das Misslingen der Implementation hat die Projektleiter zur Konzeption von Maßnahmen für die Qualitätsverbesserung der Implementation auf der Input- und auf der Prozessebene veranlasst. Für die Lehrkräfte wurde ein videobasiertes Lehrercoaching organisiert (vgl. auch Seite 121). Die Idee des Coachings war, die im Unterricht aufgetretenen sachlichen Fehler und die Diskrepanz zwischen den Äußerungen und den Verhaltensweisen der Schüler aus der Sicht der Lernenden zu besprechen und dadurch den Lehrkräften ihr eigenes Verständnisproblem klarzumachen. Des Weiteren wurde die Aufgabe „Befehlsketten" (Seite 347), die aus der die Befehlskette von Peter (Seite 158) stammt, weiterentwickelt. Dadurch wurde den Lehrkräften eine Möglichkeit gezeigt, wie man im Unterricht eine Lernumgebung für den Aufbau der Modellvorstellungen über die syntaktische und semantische Korrektheit konstruieren und umsetzen kann. Es war das Ziel des Coachings, die intendierten inhaltsspezifischen Lernprozesse der Schüler zu erklären und daraus Konsequenzen für das unterrichtliche Handeln zu besprechen. Beide Aufgaben – die erwähnte Aufgabe „Befehlsketten" und deren weiterentwickelte Form – sind im Anhang dieser Arbeit auf den Seiten 347ff. dargestellt.

Bei der Weiterentwicklung dieser Aufgabe wurden auch Änderungen im Textbuch für die Schüler gemacht: Die syntaktische Form der Befehle für Robbi wurde vereinfacht. In der ursprünglichen Form der Elementarbefehle für den Roboter wurde die Farbe von Stäbchen nur in den Lege-Befehlen genannt (z. B. „Lege ein rotes Stäbchen in das rote Register."). Bei den Nimm-Befehlen wurde auf die Nennung der Stäbchenfarbe verzichtet, da sich in jedem bunten Fach der Registerkiste nur Stäbchen passender Farbe befinden können; eine Auswahlmöglichkeit bezüglich der Farbe besteht in diesem Fall nicht. Eine weitere Änderung der Form der Elementarbefehle betrifft die Bezeichnung der Register. Es ist die Entscheidung getroffen, die Register zu nummerieren und die Nummernzeichen in passender Farbe darzustellen (Register 1, Register 2, Register 3, Register 4). Diese Änderung soll erleichtern, eine Analogie zwischen den Elementarbefehlen der Robotersprache und den Elementarbefehlen der RM-Sprache (3.4.1.3) zu erkennen. Die veränderten Befehle für den Roboter haben die Form: „Nimm ein Stäbchen aus Register 1.“ (analog für die Register 2, 3 und 4) und „Lege ein Stäbchen in Register 1.“ (analog für die Register 2, 3 und 4).

5.3.3 Monitoring und Wirksamkeit dieser Maßnahmen

Anhand ausgewählter Szenen aus einer Unterrichtsstunde werden Indizien für die Wirksamkeit der dargestellten Maßnahmen gezeigt.

5.3.3.1 Unterrichtsanalyse

Die Unterrichtsanalyse stammt aus dem zweiten Jahr der Realisierung des Projektes. Thematisch entspricht sie der Stunde, die im Abschnitt 5.3.1.1 analysiert wurde.

Transkript (Szene „Robbi“, Teil IIa)

L.:	Was müsste ich denn jetzt erstmal wissen, was ihr da denn überhaupt alles besprochen habt und was ihr da Neues gemacht habt? (6 sec) Ach, das wissen noch mehr. Du bist Anabel, ne?	PL5b
Anabel:	Ja. Also wir äh, haben äh, mit der, äh, dem, mit dem Register gearbeitet und dann äh haben wir daraus so Matheaufgaben gemacht. Zum Beispiel, äh, die erste Aufgabe, die wir zusammen gemacht haben, war zwei puls zwei gleich vier. Und dann sollten wir aufschreiben, welche Befehle wir Robbi geben müssen, damit er, äh, damit er die Befehle dann so ausführt, wie wir die haben möchten. *[L. ruft John mit einer Handbewegung auf.]*	RS6a
John:	Und äh, die hat auch gesagt, äh paar Aufgaben und dann mu- sollten wir sagen, obs richtig oder falsch ist.	
L.:	Ähm, was meinst du jetzt mit richtig oder falsch?	*f*RL1a DL2a
John:	Also, zum Beispiel, äh nimm nimm ein Stäbchen aus Register 1 *[betont:]* und lege es in Register 2. Das geht ja nicht. Und dann sollten wir sagen “Das geht nicht“.	RS1a
L.:	Okay. Könntet ihr dazu noch was sagen zu so Befehlen, die, die nicht gehen? Wie meint der das, der John: “Gehen nicht“? Hm? Äh Darek!	*f*RL7 DL2a
Darek:	Kann Robbi nicht akzeptieren, kann nicht ausführen.	RS7
L.:	Warum nicht?	*fb*RL1a
Darek:	„und“. Äh, ähm (...) .	
L.:	“und“ – versteht er nicht das Wort. Mhm, Karen!	

Sprecher	Äußerung	Kode
Karen:	Error!	MS3
L.:	"Error", was meinst du damit?	fRL1a DL2a
Karen:	Ja, das klappt nicht, das versteht der nicht.	RS1a
L.:	Okay, wir hatten so ganz bestimmte Befehle, hatten wir gesagt, andere versteht er überhaupt nicht, die akzeptiert er gar nicht erst, da zuckt der Robbi noch nicht mal (...) und er, und er befolgt nur ganz bestimmte Befehle. Welche sind das? Ganz bestimmte. Stefan!	
Stefan:	"Lege ein Stäbchen in Register eins" Das mit zwei, drei und vier und äh "nimm ein Stäbchen aus Register eins" und das auch Register drei und vier (...)	
L.:	Ja. So, so hießen die.	ML3
Stefan:	Und äh das können die auch noch (...) also als Kette so machen, das wäre dann: "Lege ein Stäbchen in Register 1. Nimm ein Stäbchen aus Register 2" und dann immer so weiter. Das geht auch so.	RS1a
L.:	Was meint der Stefan jetzt hier? Mit der, mit einer Kette? Kann da jemand was von euch zu sagen? (4 sec) *[Die Lehrkraft ruft Tim durch Nicken auf.]*	fRL7 DL2a
Tim:	Äh, dass mehrere Befehle hintereinander gehen.	RS1a DS5e
L.:	Ja, kannst du noch n bisschen was zu sagen? (3 sec) Nimm mal ein Beispiel.	fRL1a
Tim:	Äh, nimm ein Stäbchen aus Register 4, lege ein Stäbchen in Register 3, lege ein Stäbchen in Regis (...) Register 2. *[Die Lehrkraft ruft Hans durch Nicken auf.]*	RS1a
Hans:	Man kann auch so viele, wie man will, hintereinander hängen und dann macht Robbi das auch, auch in der richtigen Reihenfolge, wie mans aufgetragen hat, also nicht durcheinander.	bRS1a
L.:	Das ist so ne Verabredung, die ihr mit Robbi getroffen habt, ne? Robbi bef (...) Wie war das noch mit der Reihenfolge? In der Robbi das abarbeitet? Wenn ihr ihm so eine Befehlskette gibt, zwei, drei, vier verschiedene solcher Befehle, die er versteht, hintereinander. Albin!	DL2c DL5g
Albin:	Ähm, wenn, dann macht er sie auch immer in der gleichen Reihenfolge.	
L.:	Ne, das sucht der Robbi sich nicht aus oder so, sondern das ist fest mit Robbi verabredet, er macht die nacheinander, in der Reihen-	DL5a

folge die ihr, wie ihr sie ihm nennt. Gut, das war eine Beantwor (...) äh, eine Verabredung. Gibts noch eine andere? (7 sec) Ja, noch eine wichtige Verabredung, die haben wir aber eben eigentlich schon besprochen. ML8b

[Der Lehrer ruft Reiner durch Nicken auf.]

Reiner: Wir dürfen nur bestimmte Wörter benutzen.

L.: Mhm, was meinst du damit? Welche? ML3

Reiner: Ja, also zum Beispiel "Nimm ein Stäbchen aus Register 1." Lege (...).

L.: Und wenn ich jetzt höflich sein möchte? "Robbi, nimm bitte *[betont:]* ein Stäbchen aus Register 1"? Was sagt er dann? DL1a *f*ML3

Reiner: Error. MS3

L.: Error – macht er nicht, ja. Okay, ich glaub das habt ihr soweit verstanden, ja? ML3

Interpretation der klassifizierten metakognitiven und diskursiven Aktivitäten

Die unterrichtende Lehrkraft ist hier eine der beiden Tandemlehrkräfte. In der Einleitung ihres ersten Beitrages nimmt sie einen Bezug auf das, was die Lernenden in der letzten Unterrichtsstunde mit der anderen Lehrperson gemacht haben. Sie beginnt die Unterrichtssequenz, indem sie die Schüler zur Reflexion über ihren eigenen Lernprozess auffordert. Ihre Äußerung in den Zeilen 1 bis 2 ist als Planung metakognitiver Aktivitäten (PL5b) klassifiziert und nicht als eine unterrichtsorganisatorische Maßnahme gewertet, da das Vergegenwärtigen des eigenen Lernprozesses von der Zusammenfassung des Unterrichtsablaufs zu unterscheiden ist.

Anabel (Z. 4-9) bleibt mit ihrem Beitrag zunächst in der Sachebene und dann wechselt sie in die Metaebene: Sie reflektiert über die Vorgehensweise beim Formulieren von Befehlsketten für den Roboter. Beachtenswert ist ihre Unterscheidung zwischen dem, wie ein Schüler eine Aufgabe bearbeitet haben möchte, und dem wie der Roboter diese Aufgabe bearbeiten sollte. Sie betrachtet also den Prozess der Algorithmisierung einer Aufgabe aus einer Metaebene. Ihre Äußerung ist daher als Reflexion über diese Vorgehensweie zu werten (RS6a).

Der Beitrag von John in den Zeilen 11 bis 12 ist der Sachebene zuzuordnen. Der Schüler sagt, was die Schüler gemacht haben.

Die Lehrkraft geht auf den Beitrag von John ein (Z. 13). Sie greift aus ihm die Begriffe „richtig" und „falsch" auf und stellt diese in den Mittelpunkt der weiteren Diskussion. Ihr Beitrag ist dadurch präzise in das bereits Gesagte verankert (DL2a). Die Lehrperson fordert John zur Reflexion über die benutzten Begriffe auf (*f*RL1a). Der Schüler hat zu erklären, welche Sachverhalte mit „richtig" oder „falsch" gemeint sind. Im Kontext des genannten Beispiels hat der Schüler die Begriffe als solche benutzt, mit denen die Lernenden die syntaktische Korrektheit von Befehlen für den Roboter beurteilen. Dieser Aspekt ist von einem weiteren – von der semantischen Korrektheit der Befehlsketten – zu trennen.

John (Z. 14-15) versucht, seine Überlegung am Beispiel zu erklären. Er nennt eine syntaktisch falsche Anweisung für den Roboter und kommentiert diese als solche, die nicht geht. Er nennt nicht explizit die zu erklärenden Begriffe „falsch" und „richtig", aber aus dem Kontext der zuvor gestellten Frage ist zu erkennen, dass er den unter dem Begriff „falsch" gemeinten Sachverhalt zu erklären versucht. Seine Äußerung ist daher als Reflexion über Begriffe klassifiziert (RS1a).

Die Lehrkraft (Z. 17-18) fordert zur Reflexion über das auf, was John mit „gehen nicht" meint. Im Gegensatz zu der Frage in Zeile 13 ist diese in Zeile 18 nicht als Aufforderung zur Reflexion über Begriffe klassifiziert. Ein Schüler, der erklären soll, was John mit „gehen nicht" gemeint haben kann, muss dem Gesagten das Gemeinte entnehmen. Hier ist also auf das Zusammenspiel zwischen der Darstellung (dem Gesagten) und Vorstellung (dem Gemeinten) einzugehen. Aus diesem Grund ist die Frage in Zeile 18 mit *f*RL7 klassifiziert. Die Lehrkraft nimmt wieder einen präzisen Bezug zu dem, was gerade gesagt wurde, und dadurch verankert sie ihren Beitrag in das Klassengespräch. Diese Aktivität fällt in den Teilaspekt DL2a.

Darek kommt der Aufforderung der Lehrkraft nach (Z. 20). Befehlsketten, die „nicht gehen", erklärt er als solche, die Robbi „nicht akzeptieren" und „nicht ausführen" kann. Dieser Erklärung ist der Teilaspekt RS7 zugewiesen, weil der Schüler implizit erläutert, welchen Sachverhalt John gemeint haben kann. Auf den Beitrag von John geht Darek nicht explizt ein, und daher ist in seiner Äußerung keine Verankerung im Sinne einer diskursiven Aktivität erfasst.

In dieser Antwort vermisst die Lehrkraft (Z. 21) eine genauere Erläuterung für den genannten Sachverhalt, daher fordert sie dazu auf, diese nachzuliefern. Ihre Frage ist also als eine Aufforderung zur Begründung des genannten Sachverhaltes (*fb*RL1a) klassifiziert. Mit dieser Intervention zeigt die Lehrkraft, dass sie von den Lernenden nicht nur rein assoziative Formulierungen erwartet.

Die Antwort von Darek (Z. 22) ist nicht vollständig und daher nicht klassifiziert. Vermutlich nennt er das Wort „und" aus dem zuvor genannten Befehl, um auf einen Syntaxfehler aufmerksam zu machen.

Die Lehrperson (Z. 23) formuliert den Ansatz von Darek weiter. Mit dieser Reaktion wechselt sie nicht in die Metaebene.

Die kurze Antwort von Karen (Z. 24) zeigt, dass sie die zuvor duch John genannte Anweisung kontrolliert hat. Ihre Reaktion ist deshalb als Kontrolle der Terminologie (MS3) klassifiziert. Mit dem Begriff „Error" beurteilt sie die Anweisung von John aus den Zeilen 14 bis 15 als syntaktisch falsch.

Die Lehrkraft (Z. 25) wendet sich an Karen mit der Aufforderung zur Erklärung des benutzten Begriffs. Noch einmal stellt sie also eine Aufforderung zur Reflexion über Begriffe (*f*RL1a). Das Wort „Error" ist in dem Transkript doppelt klassifiziert, weil es einerseits ein Teil der Reflexionsaktivität ist, andererseits aber ein Teil einer diskursiven

Aktivität: Die Lehrperson macht deutlich, dass sie sich direkt der Antwort von Karen zuwendet (DL2a).

Karen (Z. 26) setzt die Aufforderung um (RS1a). Mit dem Begriff „Error" sind solche Anweisungen gemeint, die der Roboter nicht versteht. Es ist also eine Bezeichnung für syntaktisch falsche Anweisungen.

In Zeile 13 hat die Lehrkraft zur Erklärung dessen aufgefordert, was mit „richtig" und was mit „falsch" gemeint ist. Mit Hilfe des Vokabulars von Karen richtet sie in den Zeilen 27 bis 31 die Aufmerksamkeit der Schüler auf die syntaktische Korrektheit der Befehle für Robbi. Mit ihrer Anmerkung verlagert sie die Debatte gezielt in die Sachebene. Vermutlich tut sie dies, um sicherzustellen, dass die Lernenden syntaktisch korrekte Befehle kennen. Ihre Aufforderung zur Nennung bekannter Befehle erfordert das Rekapitulieren des Gelernten und ist daher nicht als Aufforderung zu einer metakognitiven Aktivität klassifiziert.

Auch Stefan, der in den Zeilen 32 bis 34 der Aufforderung der Lehrkraft nachkommt, bleibt mit seiner Erklärung in der Sachebene. Er nennt die Befehle, die der Roboter ausführen kann.

Die Äußerung der Lehrkraft in Zeile 35 deutet darauf hin, dass sie die genannten Befehle kontrolliert hat. Da es sich hier um die Kontrolle der syntaktischen Form dieser Anweisungen handelt, ist ihrem Kommentar die Kurzbezeichnung ML3 zugeordnet.

Stefan ergänzt seinen Beitrag (Z. 36-38) mit einem Beispiel für eine „Kette" und am Beispiel verdeutlich er, welchen Sachverhalt er mit dem Begriff „Kette" (Befehlskette) meint. Sein Beitrag ist daher als Reflexion über Begriffe (RS1a) klassifiiert. Anders als bei der Nennung von Befehlen für den Roboter, erfordert die Nennung von Befehlsketten das selbstständige Konstruieren von Beispielen auf Grund einer Erklärung dessen, was eine Befehlskette ist. In dem Beitrag von Stefan ist daher eine Reflexionsaktivität erfasst.

In Zeile 39 verankert die Lehrkraft noch einmal ihren Beitrag in das bereits Gesagte, was als eine diskursive Aktivität erfasst ist (DS2a): Aus dem Beitrag von Stefan greift sie einen Begriff auf und fordert Stefans Mitschüler zur Reflexion auf. So wie in Zeile 18 ist hier wieder mit *f*RL7 und nicht mit *f*RL1a klassifiziert, weil sich die Aufforderung auf das Gesagte (die Äußerung von Stefan) und auf das damit Gemeinte bezieht.

Tim kommt der Aufforderung der Lehrperson nach (RS7). In Zeile 42 erklärt er, welcher Sachverhalt mit dem Begriff „Kette" gemeint ist: „dass mehrere Befehle hintereinander gehen". Die inadäquate Wortwahl „gehen" in dem Beitrag ist mit dem Teilaspekt DS5e klassifiziert. Hier handelt es sich um keinen gravierenden Fehler, der zu Verständnisschwierigkeiten führen könnte. Das Fehlen einer expliziten Intervention der Lehrkraft gegen diesen Verstoß ist daher nicht mit DL5f erfasst.

Die Lehrperson fordert den Schüler zu weiteren Reflexionsaktivitäten auf. Ihre Aufforderung zur Nennung eines Beispiels für eine Kette ist mit *f*RL1a klassifiziert. Bei der Klassifizierung ist wieder berücksichtigt worden, dass die Nennung eines Beispiels für eine Befehlskette nicht nur das Rekapitulieren von Faktenwissen fordert, sondern metakognitve Aktivitäten: Der unter dem Begriff „Befehlskette" subsumierte Sachverhalt muss an einem selbstständig konstruierten Beispiel verdeutlicht werden.

Tim setzt die Aufforderung der Lehrkraft in den Zeilen 45 bis 46 um (RS1a).

Hans (Z. 48-50) reflektiert auch über den Begriff „Befehlskette“. Er gibt zu diesem Begriff eine Erklärung, wie eine Befehlskette durch den Roboter ausgeführt wird, und beurteilt diese Ausführungsweise aus einer Metaebene. Seinem Beitrag ist daher die Kurzbezeichnung *b*RS1a für die Reflexion über Begriffe mit einer Erklärung zugeordnet.

In Zeile 51 verortet die Lehrkraft die Erklärung von Hans, indem sie diese als eine Verabredung mit Robbi betont. Diese Aktivität ist mit dem Teilaspektt DL2c erfasst. Anschließend formuliert sie eine suggestive Frage (DL5g). Sie erfordert von den Schülern das Rekapitulieren dessen, was Hans gerade gesagt hat.

Da es sich um eine Wiederholung des bereits Gesagten handelt, ist der Antwort von Albin keine Kategorie für metakognitiven Aktivitäten zugeordnet. Die Reaktion der Lehrperson in den Zeilen 58 bis 60 ist als negative Diskursivität klassifiziert. An dieser Stelle wiederholt sie das, was Hans bereits (Z. 48-59) gesagt hat, ohne dass ein neuer Gesichtspunkt hinzukommt (DL5a). Anschließend fordert sie auf, andere Verabredungen zu nennen. Ihre Auffordrung erfordert von den Schülern das Rekapitulieren von Faktenwissen und ist daher nicht klassifiziert.

Reiner (Z. 65) kommt dieser Aufforderung nach und formuliert mit eigenen Wörten eine der Verabredungen mit Robbi. Mit dieser Antwort wechselt er nicht in die Metaebene. Die Formulierung „bestimmte Wörter“ bezieht sich vermutlich auf die festgelegten Befehle, die der Roboter verstehen kann. In dem Sinne handelt es sich auch um bestimmte Wörter(ketten) und daher ist hier nicht mit DS5e klassifiziert.

Die Lehrperson kontrolliert die Terminologie in der Antwort von Reiner (ML3). Ihre Frage in Zeile 66 ist nicht mit *f*RL1a klassifiziert, denn sie verlangt keine Begriffserklärung. Hier handelt es sich um einen impliziten Impuls zur Präzisierung der Äußerung von Reiner.

Reiner (Z. 67-68) setzt die Aufforderung der Lehrperson um, indem er ein Beispiel für einen Befehl für den Roboter gibt. Seine Äußerung ist der Sachebene zuzuordnen.

Die Wiederholungsphase schließt die Lehrkraft mit einer Frage nach Vergewisserung (DL1a) und mit einer – implizit gestellten – Aufforderung zur Kontrolle der syntaktischen Korrektheit eines Befehls (*f*ML3). Sie versucht sicherzustellen, dass die Lernenden das verstanden haben, worüber sie gerade diskutiert haben. Insbesondere eignet sich ihre Frage gut, um die Sensibilität der Schüler für die syntaktische Korrektheit zu kontrollieren. Der genannte Befehl ist wegen des Wortes „bitte“ syntaktisch falsch. Der Befehl ist so mit dem Roboter nicht vereinbart. Er kann ihn also nicht verstehen.

Reiner setzt die Aufforderung der Lehrperson um. Als Ergebnis seiner Monitoringaktion meldet er mit dem Begriff „Error“, dass es sich um eine Anweisung handelt, die der Roboter nicht versteht und deshalb nicht ausführen kann. Seine Antwort beinhaltet also Indizien für seine Monitoringaktivität, die mit MS3 erfasst ist.

Die Lehrkraft wiederholt und ergänzt das Urteil von Reiner in Zeile 72. Sie kontrolliert also die Terminologie von Reiner und gibt dem Schüler eine Rückmeldung bezüglich der Korrektheit seiner Antwort. Ihr Beitrag ist deshalb als Monitoring – Kontrolle der Terminologie – mit ML3 klassifiziert. Der abschließende Kommentar der Lehrperson „Ok, ich glaub das habt ihr so weit verstanden, ja?“ kann ein Indiz dafür sein, das sie ihr Bemühen bewusst nicht nur auf die Abfrage von Faktenwissen ausgerichtet hat, sondern auch gezielt auf die Sicherstellung, dass die Schüler es verstanden haben.

Analyse des Unterrichtsprozesses unter dem Aspekt metakognitiver und diskursiver Aktivitäten

An dem Speer auf Seite 167 wiederholt sich ein Muster: Auf der Seite der Lehrperson ist eine Aufforderung zu einer metakognitiven Aktivität kodiert und auf der Seite der Schüler folgt ihr eine Kurzbezeichnung für die metakognitive Aktivität, zu welcher aufgefordert wurde. Die Lehrkraft führt die Lernenden auf eine Metaebene hin und die Lernenden folgen ihr, indem sie metakognite Aktivitäten praktizieren.

Die Lehrkraft beginnt die Diskussion mit einer Planungsaktivität – sie plant Reflexion (PL5b). Die gelb gefärbten Kurzbezeichnungen auf beiden Seiten des Speers weisen darauf hin, dass sowohl die Lehrperson als auch die Schüler Reflexion betreiben. Die Lehrkraft fordert zur Reflexion auf und die Lernenden reflektieren.

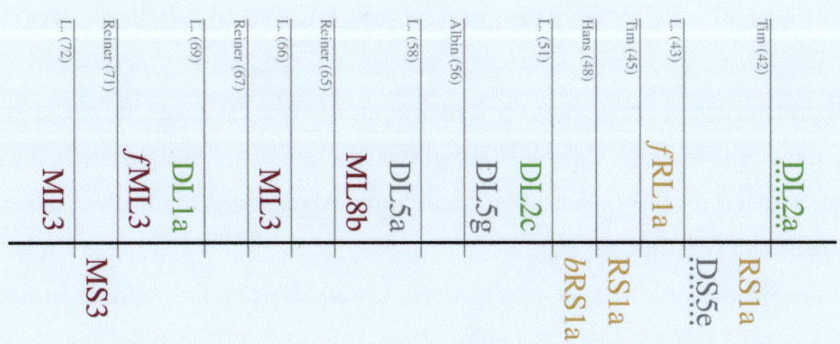

Nur eine Passage an dem Speer zeichnet sich dadurch aus, dass auf der Lehrerseite zwei Verstöße gegen die Diskursivität kodiert sind. Ein Blick auf das Kategoriensystem zeigt, dass es sich nicht um gravierende Verstöße handelt, die den Lernprozess der Schüler verhindern könnten: Die Lehrkraft stellt eine Suggestivfrage (DL5g) und wiederholt das, was bereits gesagt wurde (DL5a). Auf der Seite der Schüler ist nur ein (ebenso nicht gravierender) Verstoß gegen eine diskursive Unterrichtskultur kodiert (DS5e).

Ein wesentlicher Unterschied in dem Klassengespräch in dieser Unterrichtssequenz im Vergleich zu dem aus der Unterrichtssequenz, die im Abschnitt 5.3.1.1 bezüglich metakognitiver und diskursiver Aktivitäten analysiert wurde, ist darin zu sehen, dass hier in diesem Klassengespräch Interventionen fehlen, die nicht erkennbar auf das Geschehen oder das Gesagte bezogen sind und die auf mangelndes Verständins der Intervention auf den Seiten der Lehrkraft hindeuten. An dem oben gezeigten Speer erkennt man es daran, dass keine Passage vorhanden ist, in der vermehrt Kurzbezeichnungen für Verstöße gegen eine diskursive Unterrichtskultur dargestellt sind.

5.3.3.2 Implementationserfolg

Ein Rückblick auf das Transkript auf den Seiten 161ff. zeigt Indizien dafür, dass die inhaltlichen Instruktionen der Lehrkraft auf die Klarheit der Kommunikation ausgerichtet sind. Sie fordert zur Erklärung wenig präzise formulierte Äußerungen sowie zur Erläuterung der benutzten Begriffe.

Besonders beachtenswert ist die Frage danach, was ein Schüler mit „richtig“ und „falsch“ meint, sowie die Abgrenzung dessen, welche Anweisungen für den Roboter (syntaktisch) korrekt sind und welche nicht. Den Worten „richtig“ und „falsch“ kommt in der Unterrichtsreihe „Robbi an der Registerkiste“ eine besondere Bedeutung zu, weil sie sich sowohl auf die Syntax als auch auf die Semantik der Befehlsketten für Robbi beziehen können.

Eine Antwort auf die in Zeile 37 gestellte Frage danach, was mit „richtig oder falsch“ gemeint ist, wird zwar zunächst nicht auf den Punkt gebracht, aber die Lehrkraft zeigt, dass sie diese Frage nicht aus den Augen verliert. Mit dem Kommentar in den Zeilen 52-54 verschärft sie bildhaft den Aspekt der syntaktischen Korrektheit der Anweisungen für den Roboter: „Okay, wir hatten so ganz bestimmte Befehle, hatten wir gesagt, andere versteht er überhaupt nicht, die akzeptiert er gar nicht erst, da zuckt der Robbi noch nicht mal“.

Die Reaktion der Lehrperson in den Zeilen 69 bis 70 zeigt, dass sie nicht nur dafür sorgt, dass Äußerungen der Schüler präzisiert werden, sondern auch darfür, dass sie verstanden werden und dass sich das Verstehen dessen, was thematisert wird, in den Verhaltensweisen der Schüler zeigt.

Ein Indiz für die erwünschte positive Wirksamkeit der Maßnahmen in Bezug auf den Implementationserfolg ist darin zu sehen, dass es den Lehrkräften gelungen ist, ihre Schüler dahin zu bringen, dass sie die Notwendigkeit der Genauigkeit der Befehle für den Roboter einsehen. Nach der Analyse des Transkriptes zur Szene „Robbi“, Teil IIa (Seite 161) ist es nicht sehr überraschend, dass sich der Erfolg der Implementation auch in einer aktiven Beteiligung der Lernenden an inhaltlichen Fragen der Unterrichtsreihe zeigt:

Transkript (Szene „Robbi“, Teil IIb)

Bastian: Ich hab noch ne Frage!
L.: Ja?
Bastian: Kann man eigentlich bei, kann man Robbi auch sagen: „Lege drei Stäbchen in Register zwei“?
L.: Frage an alle. Melden! So, wer soll dir antworten?
Bastian: Äh, John!
John: Äh, du ich?
Bastian: Ja.
John: Äh, das geht nicht, weil der versteht ja nur n paar Befehle, zum Beispiel “Lege ein Stäbchen in Register zwei“, nicht alle, da musst du dreimal hinternander sagen.
Nils: Sag doch einfach “Error“!
L.: Das gehört nicht zu den Befehlen. Ja? Nur die, keine anderen. Auch keine Abweichungen davon.

Die Frage von Bastian zeigt, dass er seinen Lernprozess überwacht. Vermutlich ist ihm klar, dass sein Befehl nicht zu diesen gehört, die er bisher gelernt hat. John kontrolliert die Anweisung. Bei der Erklärung, warum diese falsch ist, stützt er sich auf sein Wissen über die Befehle für den Roboter („der versteht ja nur n paar Befehle“), zieht aus diesem Wissen eine Schlussfolgerung („das geht nicht“) und in seiner anschließenden Anmerkung macht er einen Vorschlag, wie man den Fehler beheben kann („da musst du drei mal hintereinander sagen“). John nutzt hier flexibel sein Wissen über die Befehle für den Roboter.

Eine weiteres Indiz für eine erfolgereiche Implementation der Inhalte dieser Unterrichtsstunde sind dem Transkriptausschnitt aus der Besprechung der Aufgabe „Befehlsketten“ in der weiterentwickelten Form (Aufgabentext auf den Seiten 348f.) zu entnehmen. Das zeigt der folgende Transkriptausschnitt aus der Besprechung der Korrektheit der Befehlskette von Corinna für die Aufgabe 2 + 5. Die Befehlskette von Corinna ist syntaktisch korrekt aber semantisch falsch:

Corinna: : Nimm ein Stäbchen aus Register 1.
Lege ein Stäbchen in Register 2.
Nimm ein Stäbchen aus Register 1.

Transkript (Szene „Befehlsketten“, Teil IIa)

Bastian: Also er versteht das schon, aber das Endergebnis ist falsch.

L.: So, jetzt müssen wir mal (...) mal überlegen, ne? Es gibt sozusagen zwei Dinge, die man falsch machen kann. Darek!

Peter: Ich bin Peter!

L.: Peter, Tschuldigung.

Peter: Äh (...) einmal wenn man etwas zu sagen vergessen hat und dass man (...)

L.: Ey, ihr seid zu laut! Und du musst lauter reden, Peter.

Peter: Dass man Wörter nimmt, die Robbi nicht versteht.

L.: Das wäre der eine Fehler, ne?

Peter: Ja, und der andere, dass man das wie da macht *[zeigt auf Befehlskette von Corinna]*.

L.: Zum Beispiel. Ja? Das wäre ein Beispiel dafür. Für den zweiten Fehler sozusagen. Tim!

Tim: Dass äh, man äh die falsche Aufgabe zum Rechnen stellt. Dass der äh, dass dann das falsche Ergebnis rauskommt.

L.: Wer kann das noch mal zusammenfassen? Welche zwei Fehler haben wir? Welche kann man machen sozusagen? Wenn man irgendwie zwei plus vier oder drei plus acht oder irgendwas anderes rechnet. Oder Robbi das rechnen lässt, sagen wir mal. John! John!

John: Ach so. Ähm, also einmal ein falsches Wort oder Wörter, oder wenn man das falsche Ergebnis hat.

Der Ausgangspunkt dieser Reflexionsphase ist die Äußerung von Bastian, der zum ersten Mal in der Unterrichtsstunde zwei Aspekte der Korrektheit (Syntax und Semantik) einer Befehlskette auf den Punkt bringt: „Also er versteht das schon, aber das Endergebnis ist falsch“. Die Lehrkraft greift den Gedanken von Bastian auf. Ihre Feststellung in den Zeilen 2 bis 3 ist ein Impuls und eine Aufforderung zur Reflexion über den Begriff „falsch“ und zur Erklärung des unter ihm subsumierten Sachverhaltes. Peter versucht, mit eigenen Worten zuerst folgende Fehler zu erklären: „Ähm, einmal wenn man etwas zu sagen vergessen hat und dass man (...) Dass man Wörter nimmt, die Robbi nicht versteht“. Hier sind zwei Interpretationen denkbar: Die erste geht davon aus, dass sich der erste Satzteil auf die Befehlskette von Corinna bezieht, in der ein Befehl fehlt, und diese Befehlskette daher semantisch falsch ist. Der zeite Satzteil beschreibt hingegen einen Syntaxfehler. Da es in der Klasse sehr laut ist, hat der Lehrer den ersten Satzteil möglicherweise nicht mitbekommen. Die zweite Interpretation geht davon aus, dass beide Satzteile solche Sachverhalte beschreiben, die als Syntaxfehler zu erfassen sind, da man einen Syntaxfehler auch dadurch machen kann, dass z. B. ein Wort in einem Befehl nicht genannt wird. Anschließend verweist Peter auf die syntaktisch korrekte, aber semantisch falsche Befehlskette von Corinna, um an diesem Beispiel einen Semantikfehler zu verdeutlichen: „und der andere, dass man das wie da macht“. Die Lehrperson betont, dass die genannte Befehlskette nur ein Beispiel für den zweiten Fall ist. Anschließend erklärt Tim einen weiteren Sachverhalt, der zu einem semantischen Fehler führt: „Dass äh, man äh die falsche Aufgabe zum Rechnen stellt. Dass der äh dass dann das falsche Ergebnis rauskommt“. Mit dieser Äußerung trifft er den Kern der semantischen Fehler in den Befehlsketten für Robbi. Mit der Formulierung „eine falsche Aufgabe zum Rechnen“ ist eine Befehlskette gemeint, die Robbi ausführen kann (syntaktisch korrekt) und die nicht das gewünschte Ergebnis liefert. Der Roboter löst also eine andere Aufgabe als die zu lösende.

Diese Reflexionsphase ist ein erster Schritt dazu, eine Modellvorstellung von syntaktischer und semantischer Korrektheit bei den Schülern aufzubauen.

5.4 Zusammenfassung und Diskussion der Ergebnisse

Im Abschnitt 5.3.1 ist exemplarisch ein Phänomen in der Implementation des entwickelten Unterrichtskonzeptes gezeigt worden. Die angeführte Unterrichts- und Implementationsanalyse zeigt, dass die Implementation des entwickelten Unterrichtskonzeptes nur scheinbar den Unterricht und die Schülerkognitionen verändert hat. Der Lehrkraft ist es gelungen, nur das vermeintliche deklarative Wissen der Lernenden zum Thema eines Klassengesprächs zu machen. Die Implementation ist auf einen Fluss von Informationen im Sinne von Abfrage und vom Abruf des neu gelernten Faktenwissens ausgerichtet. Durch viele Fragen und Aufforderungen zu metakognitiven Aktivitäten gibt die Lehrkraft den Schülern viele Gelegenheiten zur aktiven Auseinandersetzung mit den Inhalten des Unterrichts. Ihr gelingt es aber nicht, die Lernenden dahingehend zu unterstützen, dass sie diese Gelegenheit zu einem anspruchsvollen Lernprozess tatsächlich nutzen können. In diesem Fall kann man deshalb von einer nur vermeintlichen Veränderung der Tiefenstruktur des Unterrichts reden.

Eine Ursache für diese Vernachlässigung im Unterricht ist im fehlenden Verständnis der Innovation auf der Seite der Lehrkraft zu sehen. Vermutlich war schon bei der Planung und Vorbereitung der Unterrichtsstunde das Nachdenken der Lehrkraft über die Gestaltung ihres Unterrichts nicht ausreichend mit ihrem Nachdenken über die zu induzierenden Lernprozesse der Schüler verbunden. Sie konnte sich nicht vorstellen, welche Konsequenzen aus der Äußerung „Wir müssen dem Roboter alles genau sagen“ für den Lernprozess der Schüler und für ihre eigenen Handlungen im Unterricht zu ziehen sind.

Das Verständnisdefizit wird im Unterricht durch ein sprachliches Problem bei den Schülern und das damit korrespondierende sprachliche Problem der Lehrkraft verstärkt: Die Schüleräußerungen sind nicht elaboriert und nicht präzise. Das Gesagte entspricht nicht genau dem Gemeinten und Unterschiede dazwischen werden nicht präzise thematisiert. Das Verhalten der Lehrkraft zeigt Mangel an Handlungsmechanismen, die das Gesagte und das damit Intendierte explizit einer präzisen Kontrolle unterziehen.

Im Abschnitt 5.3.2 sind Maßnahmen zur Unterstützung der Implementation auf der Input- und Prozessebene dargestellt worden. Vor der Evidenz der mangelhaften Lernergebnisse der Schüler war die Einstellung der Lehrkräfte gegenüber diesen Maßnahmen – insbesondere gegenüber dem angebotenen Lehrercoaching – durchaus positiv.

Mit den Maßnahmen konnte die Implementation dahingehend verbessert werden, dass das unterrichtliche Handeln der Lehrkräfte auf das Verständnis und auf die Sicherstellung des Verständnisses bei den Schülern ausgerichtet war. Die im Abschnitt 5.3.3 analysierte Unterrichtssequenz zeigt, dass es auch mit Realschülern möglich ist, das Gesagte und das damit Intendierte zu thematisieren sowie auf das Zusammenspiel zwischen diesen beiden Aspekten einzugehen, auch wenn die Schüleräußerungen dabei nicht elaboriert sind.

Die vorstehenden Abschnitte zeigen also, dass eine Schwierigkeit bei der Implementation wissenschaftlicher Erkenntnisse in die Unterrichtspraxis, und somit auch eine Schwierigkeit der Unterrichtsentwicklung, darin besteht, von einer vermeintlichen zu einer wirklichen Veränderung der Tiefenstruktur des Unterrichts zu gelangen.

Aus der Unterrichts- und Implementationsanalyse in den Abschnitten 5.3.1 und 5.3.3 ist für weitere Projekte zur Unterrichtsentwicklung folgende Konsequenz zu ziehen: Die Vorbereitung der Lehrkräfte auf eine erfolgreiche Implementation bedarf Maßnahmen, die die Aufmerksamkeit der Lehrpersonen verstärkt auf die Schülerkognitionen lenken. Für die Lehrkräfte ist die Implementation von Unterrichtskonzepten mehr als nur eine Aufgabe der Gestaltung der Form des Unterrichts, also dessen Sichtstrukturen. Es ist vielmehr eine Aufgabe der Organisation des Lernprozesses – also der Tiefenstrukturen des Unterrichts. Hierfür ist ein theoriebezogenes Verständnis von inhaltsspezifischen Lehr-Lern-Prozessen nötig.

Wie bereits im Abschnitt 4.6 erwähnt wurde, haben nicht alle für die Lehrkräfte konzipierten Qualifizierungsmaßnahmen ihre Akzeptanz gefunden. Die unterrichtsbezogenen Lehrerbeliefs spielen anscheinend eine wesentliche Rolle beim Bemühen um die Entwicklung der Unterrichtsqualität. Dies ist ein Grund dafür, dass sich die Qualität des Unterrichts im durchgeführten Projekt nur lokal unter diesen Aspekten ändern konnte, zu denen die Lehrkräfte auch ihre Bereitschaft gezeigt haben, sich selbst weiterzubilden. Mit lokalen Änderungen sind solche gemeint, die sich nur auf die Sachebene und auf die Merkmale der Unterrichtskultur zu ausgewählten Unterrichtsstunden beziehen und nicht unbedingt auf weitere Unterrichtsstunden übertragen werden.

Kapitel 6

Hindernisse bei der Implementation

6.1 Einleitung

Im vorstehenden Kapitel wurde gezeigt, dass eine Schwierigkeit bei der Implementation wissenschaftlicher Erkenntnisse in die Unterrichtspraxis, und somit auch eine Schwierigkeit der Unterrichtsentwicklung, darin besteht, eine wirkliche Veränderung der Tiefenstruktur des Unterrichts zu erzielen. Diese Hypothese wurde exemplarisch erläutert. Es wurde auch gezeigt, dass man die Implementation dadurch verbessern kann, dass Maßnahmen eingesetzt werden, die sowohl auf Veränderungen in der Inputebene (Verbesserungen der konzipierten Aufgaben) als auch in der Prozessebene (Wissen der Lehrkräfte über Ziele der Innovation sowie über Lernprozesse, die mit der Innovation zu bewirken sind) abzielen.

Im Folgenden werden an weiteren Beispielen Schwierigkeiten angesprochen, die sich während der Realisierung der Innovation erst auf den zweiten Blick dargestellt haben. Deren Analyse soll einen Beitrag zur Herausarbeitung hypothetischer Mechanismen leisten, die diese Implementationsschwierigkeit erklären.

Eine nachträgliche Analyse zeigt folgende Problematik: Beim Sprechen und Hören von Worten wird davon ausgegangen, dass an die Erscheinungsform (Syntax) gewisse Bedeutungen (Semantik) geknüpft sind; es wird davon ausgegangen, dass die Semantik der gesprochenen Worte wichtig ist, diese Verknüpfung zunächst aber nicht problematisiert wird, weil sie von den Gesprächsteilnehmern als offenkundig angesehen wird. Was geschieht nun in einer Kommunikation, wenn folgende Analyse tragfähig ist?

Vom Sprecher werden Sätze gesagt, deren Semantik er nicht versteht, von einem Kundigen der Semantik werden sie aber als situationsadäquat angesehen, die Zuhörer antworten darauf mit passendem Vokabular, aber die Handlungen der Beteiligten passen nicht zur Semantik? Man ist versucht zu urteilen, dass die Beteiligten sich in ihren Handlungen nicht an das halten, was sie angekündigt oder eingefordert haben. Ein Verhaltenstraining würde daran ansetzen. Wenn aber die obige Deutung Bestand hat, dann liegt ein komplexes Verständnisproblem und kein inkonsequentes Handeln vor. Darauf müsste mit andersartigen Coaching-Maßnahmen reagiert werden.

Mit dieser Voraborientierung werden in den folgenden Unterkapitel Unterrichtssequenzen analysiert, die zeigen, dass bei der durchgeführten Innovation in vielen Fällen lediglich eine Veränderung der Erscheinungsform des Unterrichts – dessen Sichtsstruktur und nur scheinbar auch dessen Tiefenstruktur – erzielt wurde. Der Unterricht zeigte Indizien für eine Orientierung an den Denk- und Verstehensprozessen der Lernenden, z. B. durch das Format der gestellten Fragen und verbalisierten Aufforderungen, aber ohne jegliche Wirkmechanismen:

– „Jetzt erklär nochmal eben, wo gerade dein Gedankenfehler war.“, „Wer kann das einmal mit kurzen Worten sagen: Was hat Erik eben falsch verstanden? Das ist ja auch für euch auch wichtig. Daraus könnt ihr euch nur lernen [sic!].“ (6.2)

– „Was hat denn derjenige, der sich das jetzt, der das Netz gebaut hat, falsch vorgestellt dabei, wo ist der Fehler, bei ihm?“ (6.3)

– „Also hört euch gegenseitig gut zu, damit ihr das auch diskutieren könnt, miteinander diskutieren könnt.“ (6.4)

– „Wie findet ihr Carmens Vorschlag?“ (6.5)

– „So jetzt stellt mal euer RM-Programm dazu vor, das, was ihr da so geschrieben habt, und erklärt auch, wie ihr drauf gekommen seid.“ (6.6)

Rückblickend betrachtet drängt sich die Hypothese auf, dass die Lehrkräfte nicht verstanden haben, welche Denk- und Argumentationsprozesse der Lernenden mit dieser neuen Erscheinungsform des Unterrichts induziert werden sollten. Diese Hypothese wird im Weiteren anhand von Unterrichtsausschnitten verdeutlicht. Die entsprechenden Transkripte sind mit dem Kategoriensystem zur Klassifizierung metakognitiver und diskursiver Aktivitäten (Seite 134) kategorisiert worden und werden in der kategorisierten Form eingefügt. Das erleichtert einige Phänomene im Unterrichtsgeschehen auf eine überschaubare Art und Weise darzustellen.

Eine nähere Analyse des erwähnten Phänomens soll einen Einblick in die Schwierigkeiten der Realisierung des durchgeführten Projektes geben. Zum einen soll sie zur Einschätzung der mit einem Vortest-Nachtest-Vergleich (7.5) eingeschätzten Wirksamkeit des Konzeptes beitragen, zum anderen aber sollen daraus Konsequenzen für nachfolgende Projekte gezogen werden.

Die Letzteren können in Form von Hypothesen formuliert werden. Dies ist ein Beitrag, den eine Interpretative Unterrichtsforschung für die Unterrichtsverbesserung leisten kann. Krummheuer und Naujok (1999, S. 17ff.) und Naujok (1999, S. 23ff.) erklären solch einen Beitrag wie folgt: Ein Ziel von Unterrichtsforschung sei u. a. die Veränderung bzw. Verbesserung von Unterricht mit wissenschaftlich fundierten Mitteln voranzutreiben. Eine Interpretative Unterrichtsanalyse komme dem Ziel der Unterrichtsänderung näher, indem sie ihren Blick auf die Unterrichtsprozesse ausrichte, diese detailliert analysiere und beschreibe und die Ergebnisse dieser Analyse darstelle. Diese „erscheinen somit in Form von Hypothesen, die überraschende Phänomene zu erklären imstande sind“ (Naujok, 1999, S. 25). Eine (fach-)didaktisch motivierte Interpretative Unterrichtsforschung hat als Ziel u. a. „bei der Untersuchung von Ausschnitten aus dem

Unterrichtsalltag Verfestigungen und Unreflektiertheiten sowie als problematisch erachtete Erscheinungen im Unterrichtsalltag aufzudecken, zu beschreiben und auf sie hinzuweisen" (Krummheuer und Naujok, 1999, S. 17).

6.2 Szene I

„Wer kann das einmal mit kurzen Worten sagen: Was hat Erik eben falsch verstanden? Das ist ja auch für euch auch wichtig. Daraus könnt ihr euch nur lernen."

Mit dieser Frage und Aufforderung verlässt die Lehrkraft die Sachebene des Unterrichts und führt die Lernenden in die Metaebene. Sie scheint einen Wert des Lernens aus begangenen Fehlern sowie einen Wert der metakognitiven Aktivitäten der Lernenden für deren Lernprozesse eingesehen zu haben. Ihre Äußerung zeigt Indizien dafür, dass sie ihr Wissen über das Lernen aus Fehlern bewusst zum Anstoßen von Denkprozessen der Schüler nutzen will. Wie kann man sich die anschließenden Reaktionen der Schüler vorstellen? Inwieweit gelingt es der Lehrkraft, die angestoßenen Denkprozesse der Lernenden mit ihrem kompetenten Handeln zielführend zu begleiten?

Im Weiteren wird eine Unterrichtssequenz analysiert, in der ein vermeintlicher Schülerfehler geklärt werden sollte. Das Format der Lehrerfragen zeigt deutlich Indizien für das Bemühen um eine an den Denk- und Verstehensprozessen der Lernenden orientierte Unterrichtskultur. Das Format der Schülerantworten („Ich dachte jetzt ...", „Dass er dachte, dass ...") passt zu den gestellten Aufforderungen. Man könnte daher der Meinung sein, dass mit den angestoßenen anspruchsvollen kognitiven und metakognitiven Aktivitäten ein vertieftes oder verändertes Verständnis bei den Lernenden erreicht wurde. Erst eine detaillierte Analyse der Schülerbeiträge zeigt das Auseinanderfallen der Form und des Inhalts des Klassengesprächs. Mangels Monitorings fällt es den Beteiligten nicht auf, dass sie an zentralen Stellen aneinander vorbei reden und unterschiedliche Sichtweisen des analysierten Gegenstands darstellen, in der Überzeugung, dass sie sich aufeinander beziehen.

Zu Beginn der Unterrichtsstunde bauen die Schüler mit den Bausteinen des Baukastens „Dynamische Labyrinthe" Additionsmaschinen für die Aufgabe 7+2. Zu jeder gebauten Rechenmaschine zeichnen sie ein entsprechendes Netz. Die Lehrperson wählt zwei Netze, die in der Klasse besprochen und auf die Korrektheit kontrolliert werden sollen (Abb 6.1). Beide Rechennetze repräsentieren denselben (korrekten) Additionsalgorithmus. Sie unterscheiden sich nur durch äußere Merkmale der Zeichnung, mit der die gebauten Rechenmaschinen veranschaulicht wurden. In Szene I, die im Weiteren analysiert wird, wird das Netz 1 besprochen.

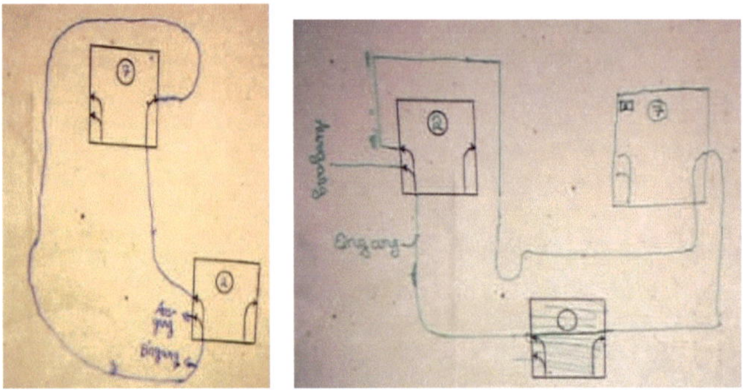

Abbildung 6.1: Additionsnetze: Netz 1 (links) und Netz 2 (rechts)

Analyse des Netzes 1

Das Netz 1 veranschaulicht eine gebaute Rechenmaschine mit zwei Zählern. Zweck leichterer Referenz seien die beiden Zähler wie folgt bezeichnet:

der untere Zähler mit dem Inhalt 2 (Steuerungszähler) – Zähler 1,

der obere Zähler mit dem Inhalt 7 (Ergebniszähler) – Zähler 2.

Nach dem Befahren des Eingangs des Netzes wird die eingebaute Schleife abgearbeitet: Solange der Inhalt des Zählers 1 ungleich Null ist, wird im Zähler 1 rückwärts gezählt und anschließend im Zähler 2 vorwärts gezählt. Mit diesem Netz wird ein Algorithmus repräsentiert, der mit dem RM-Programm $({}_1S_1A_2)$ beschrieben werden kann. Die Wirkung dieses Programms auf die Inhalte der beiden Zähler beschreibt das Tupelprotokoll:

$(2,7) \xrightarrow{({}_1S_1A_2)} (0,7+2).$

Nach der Ausführung des Algorithmus steht im Zähler 1 die Zahl Null und im Zähler 2 die Zahl Neun. Nach zwei Runden in der Schleife wird der Zähler 1 nochmal befahren, ohne dass sich dessen Inhalt ändert, und so wird der Ausgang des Netzes erreicht. Der Algorithmus realisiert die zweistellige Funktion f mit $f(x_1, x_2) = x_1 + x_2$ mit den Argumenten und Werten in den natürlichen Zahlen. Mit der gebauten Rechenmaschine kann für jede Additionsaufgabe mit zwei Summanden, deren Summe nicht größer als 10 ist, das Ergebnis ermittelt werden. Diese Begrenztheit ist durch das Material bedingt: Im Sichtfenster des Bausteins Zähler sind Zahlen von 0 bis 10 dargestellt.

Im Folgenden wird zunächst das Tranksript zur Besprechung des Netzes 1 dargestellt. Anschließend werden die erfassten metakognitiven und diskursiven Aktivitäten erklärt. Dabei wird auch auf ein Phänomen in der Kommunikation hingewiesen.

Transkript

Folgende Äußerungen beziehen sich auf das Netz I, das auf einer Folie projiziert wurde.

Erik: Das geht nicht, weil wenn das unten bei Null ist, dann ist es ja bei oben (...) und un- also oben (...) wenns bei oben bei Neu- *b*MS2a DS5e

	äh Null ist und oben, nee, unten dann bei Neun ist, dann kanns ja eigentlich noch ne Runde fahren. Dann ist es ja bei Zehn.	
Schüler:	Nein, ich meine, (die) fährt ja auch los.	DS5c
Erik:	Nein.	DS5c
Schüler:	Doch.	DS5c
Erik:	Du musst doch runter zählen, oder nicht?	RS3a DS5c DS1a
Schüler:	Nein, ich kann auch hoch zählen.	DS5c
Erik:	Ach so *[ohne Überzeugung in der Stimme]*.	
L.:	*[zu Erik]* Jetzt erklär nochmal eben, wo gerade dein Gedankenfehler war.	*f*RL6b
Erik:	Ich dachte jetzt, weil das unten runter zählt wie oben, (...) also oben runter zählt und o unten hoch zählt, dass es dann unten noch bei Neun ist *[deutet mit dem Finger hin Richtung des unteren Zählers]* und unten *[deutet mit dem Finger hin Richtung des oberen Zählers]* bei Null ist.	DS5c DS5e MS8b
L.:	*[verunsichert]* Ja. Habt ihr verstanden, was gerade ähm *[Falk: „Ja."]* der Erik erklärt hat? Falk, dann erklärs mit eigenen Worten.	*f*RL7
Falk:	Nicht wirklich. *[Gelächter]*	MS5a
L.:	Dann muss man auch nicht „ja" schreien.	DL4b
Falk:	Ja so, ich habs so halb verstanden.	
L.:	So also so was (...)? Kann (...)? Wer kann das einmal mit kurzen Worten sagen: Was hat Erik eben falsch verstanden? Das ist ja auch für euch auch wichtig. Daraus könnt ihr euch nur lernen. Carmen!	*bf*RL7
Carmen:	Dass ähm wir keine Ausgänge haben, wo – wenn er auf Null ist – der dann nen anderen Weg benutzt. Dass er dachte, dass wir dann einfach weiter fahren können, weil der nicht blockiert.	RS7
L.:	*[verunsichert]* Mhm. Ja. Gut. OK. Also jetzt wollen wir noch ne zweite Maschine uns anschauen.	DL5f

Interpretation der klassifizierten metakognitiven und diskursiven Aktivitäten

In den Zeilen 1-4 analysiert Erik das vorliegende Netz. Bereits in der Einleitung seines Beitrages moniert und begründet er einen vermeintlichen Fehler im Ergebnis, das mit Hilfe der entsprechenden Rechenmaschine berechnet wird (*b*MS2a). An mehreren Stellen verbessert er seine Ausdrucksweise (MS8b). Durch die unvollständigen Satzteile und eingeschobenen Passagen mit den Wortwahländerungen ist der Zuhörer kaum in der

Lage, seinen Gedankengang nachzuvollziehen. Seinem Beitrag wird daher die Kurzbezeichnung DS5e zugeordnet. Hier ist anzumerken, dass der Teilaspekt D5e (inadäquate Wortwahl zur Beschreibung oder Kommentierung) dann zur Klassifizierung kompliziert formulierter Äußerungen herangezogen wird, wenn das Gesagte in der Wortwahl nicht für das passend ist, was ausgedrückt werden soll, oder aber die sprachliche Äußerung insgesamt unverständlich ist. Dieser letztere Fall liegt insbesondere auch dann vor, wenn wegen unvollständiger Sätze der Sinn nicht erschlossen werden kann. Insgesamt bezieht sich also diese Kategorie auf gravierende, die Sinnerschließung deutlich erschwerende Schwächen in der sprachlichen Darstellung. Das ist in dem Beitrag des Schülers der Fall.

Der Schüler interpretiert das vorliegende Netz falsch: Er geht davon aus, dass im Zähler 1 vorwärts und im Zähler 2 rückwärts gezählt wird. In seinem Kopf ruft das Netz einen Algorithmus auf, der mit dem RM-Programm $A_1({}_2S_2A_1)$ beschrieben werden kann: Am Anfang wird im Zähler 1 vorwärts gezählt und anschließend wird in der Schleife der Inhalt des Zählers 2 zu dem Inhalt des Zählers 1 zugezählt. Nach der Ausführung des Algorithmus bei der Belegung der Zähler mit den Anfangswerten 2 und 7 (so wie es an dem Bild des Netzes dargestellt ist) steht im Zähler 2 die Zahl Null und im Zähler 1 die Zahl Zehn. Die Wirkung des Algorithmus, der im Kopf des Schülers aufgerufenen wurde, auf die Zählerinhalte beschreibt das Tupelprotokoll: $(2,7) \xrightarrow{A_1} (2+1,7) \xrightarrow{({}_2S_2A_1)} ((2+1)+7,0)$.

Der Schülerbeitrag in Zeile 5 ist nicht erkennbar auf das Gesagte bezogen (DS5c). Die Intention des Schülers ist nicht ersichtlich.

Auch die zwei Kommentare in den Zeilen 6-7 sind nicht in die Debatte verankert. Die Bezugspunkte der Äußerungen fehlen und deshalb sind die Intentionen der Schüler auch nicht klar (DS5c).

In Zeile 8 redet Erik über das Runterzählen ohne den Bezug zu einem konkreten Zähler. Erst nach einer detaillierten Analyse seines vorstehenden Beitrages kann man vermuten, dass er sich auf den unteren Zähler des Netzes bezieht. Er behauptete zuvor, dass in diesem Zähler vorwärts gezählt wird, obwohl es rückwärts gezählt werden sollte. Wegen der Komplexität seiner vorstehenden Äußerung ist der Bezugspunkt zu dem unteren Zähler des Rechennetzes in seinem Beitrag in Zeile 8 in der Echtzeit des Unterrichts kaum zu merken. Aus diesem Grund ist die Äußerung in Zeile 8 als ein Verstoß gegen die Diskursivität mit dem Teilaspekt DS5c (Frage / Äußerung nicht erkennbar auf das Gesagte / auf das Geschehen bezogen) klassifiziert. Erik reflektiert über die Organisation der Rechenschritte bei der Addition von zwei Zahlen, also über die Struktur des Additionsalgorithmus. Aktivitäten dieser Art fallen in die Unterkategorie R3 (Strukturanalyse eines mathematischen Werkzeugs). Der erste Teil der Äußerung von Erik ist daher mit der Kurzbezeichnung RS3a klassifizieret. Der Nachsatz „oder nicht?“ zeigt, dass sich Erik seiner Überlegung vergewissern will (DS1a).

In Zeile 9 äußert sich ein Schüler direkt nach der Frage von Erik, ebenso ohne Bezug zu einem konkreten Zähler. Das Format seiner Äußerung lässt vermuten, dass er die Frage von Erik beantworten will. Es ist aber nicht erkennbar, dass sich diese Antwort auf das Rechennetz bezieht. Mangels eines präzisen Bezugs zu dem bereits Gesagten oder zu dem Netz ist die Intention des Schülers nicht klar und deshalb kann diesem Beitrag der Teilaspekt RS3a nicht zugeordnet werden. Der fehlende präzise Bezug zu dem bereits Gesagten ist mit dem Teilaspekt DS5c erfasst.

Das „Ach so“ von Erik in Zeile 10 erweckt den Anschein, dass Erik an dieser Stelle seinen Fehler in der Interpretation des Netzes eingesehen hat. Die Art und Weise, wie er seine Antwort betont, lässt jedoch vermuten, dass seine Äußerung eher ein Ausdruck für die Akzeptanz der Antwort von seinem Mitschüler ist, ohne dass Erik diese Antwort kontrolliert und von ihr selbst überzeugt ist. Im Transkript bleibt die Antwort daher unklassifiziert. Wenn diese Interpretation zutreffend ist, dann kann man davon ausgehen, dass Erik die Äußerung in Zeile 9 als eine Antwort auf seine Frage verstanden hat und deshalb das, was er vorher als einen Fehler im Netz moniert hat, jetzt nicht mehr als einen Fehler wertet. Erik wäre dann sogar in der Überzeugung bestärkt, dass in dem unteren Zähler (Zähler 1) vorwärts gezählt wird.

Die Lehrkraft (Z. 11-12) fordert Erik zur Erklärung seines Gedankenfehlers auf. Es ist zu beachten, dass Erik seinen Denkfehler nicht nur nennen, sondern ihn auch erklären sollte. Das erfordert von ihm, sich in den eigenen Gedankengang hineinzuversetzen und das, was er als falsch beurteilt hatte, mit einer Begründung vom Richtigen abzugrenzen. Es ist also eine Aufforderung zur Reflexion über einen Denkfehler (*f*RL6b). Diese Aufforderung ist nicht mit *f*ML2a klassifiziert, weil es sich nicht nur um die Nennung eines Fehlers handelt. Vielmehr geht es um die Offenlegung falscher Denkwege oder Vorstellungen, die zu einem Fehler geführt haben. Aktivitäten dieser Art fallen in den Teilaspekt R6b. Gegen die Verstöße von Diskursregeln interveniert die Lehrperson nicht, aber ihrem Beitrag in den Zeilen 11-12 wird der Teilaspekt DL5f nicht zugeordnet, weil sie mit der Frage an Erik implizit die Fortsetzung des Diskurses erleichtert. Eventuelle Interventionen gegen die Verstöße der Diskursregeln könnten auch später ergriffen werden.

Die Aufforderung der Lehrkraft setzt Erik nicht um (Z. 13-17). In der Einleitung seines Beitrages benutzt er zwar ein Vokabular, das eine Erklärung des Denkfehlers ankündigt („Ich dachte jetzt“), dennoch passen seine Handlungen nicht zu der Semantik der Aufforderung der Lehrperson. Erik erklärt nicht, was er sich falsch zurechtgelegt hat. Aufgrund seiner Formulierung kann man nicht erkennen, ob er überhaupt weiß, was sein Fehler war. Seine Antwort entspricht nicht der gestellten Aufforderung und deshalb ist sie mit DS5c als Verstoß gegen die Diskursivität klassifiziert. Das Nachvollziehen des Beitrags von Erik erschwert die Tatsache, dass seine Gestik und seine Worte nicht zueinander passen: Während er über den unteren Zähler redet, zeigt er mit seiner Hand auf den oberen Zähler. Zudem ist seine Äußerung wieder so kompliziert formuliert, dass deren Sinn (trotz Vorliegen des Transkriptes) schwer erkennbar ist. Aus diesem Grund ist seinem Beitrag die Kurzbezeichnung DS5e zugewiesen. Die Verbesserung eigener Ausdrucksweise ist in dem Beitrag von Erik ein Indiz für die Selbstüberwachung und ist dementsprechend mit MS8b erfasst.

Die Lehrkraft (Z. 18-19) verlangt von Erik keine weitere Erklärung. Nach seiner Antwort ist sie verunsichert. Ihre Frage, ob die Lernenden die Äußerung von Erik verstanden haben, und die anschließende Aufforderung zur Paraphrasierung dieser Äußerung verlangen von den Lernenden, dass sie ihre Vorstellung von dem Gesagten thematisieren (*f*RL7).

Falk (Z. 20) setzt die Aufforderung der Lehrperson nicht um. Noch während die Lehrperson ihre Frage nach Vergewisserung formuliert, beantwortet Falk diese mit „Ja", aber anschließend äußert er sein Verständnisdefizit (MS5a). Sein Verhalten wird deshalb durch die Lehrkraft in Zeile 22 kritisiert. Die Anmerkung der Lehrperson hat die Funktion einer Erziehungsmaßnahme (DL4b) – implizit wird damit eine Diskursregel, die nicht beachtet wurde, angesprochen.

Falk (Z. 23) wiederholt sein zuvor geäußertes Verständnisdefizit mit anderen Worten. Da er auf diese Weise der Aufforderung der Lehrperson nachkommt, ist diese Wiederholung nicht mit DS5a als Verstoß gegen die Diskursivität klassifiziert.

In den Zeilen 24-26 formuliert die Lehrkraft ihre zuvor gestellte Aufforderung um, sodass sie jetzt die Aufmerksamkeit der Schüler gezielt auf Eriks Denkfehler fokussiert. Auf diese Weise gibt sie einen Anstoß zur Reflexion über den Fehler von Erik und sie begründet ihre Aufforderung mit der Anmerkung „ist ja auch für euch auch wichtig. Daraus könnt ihr euch nur lernen". Da der Fehler von Erik noch nicht präzise genannt wurde, sondern auf Grund dessen, was Erik gesagt hat, zunächst seine falsche Denkweise erschlossen werden muss, ist die Äußerung der Lehrperson mit *bf*RL7 und nicht mit *bf*RL6b klassifiziert. Die explizit geäußerte Begründung ist beachtenswert, da mit ihr direkt der Lernprozess der Schüler angesprochen wird. Es ist eine der sehr wenigen begründeten Aufforderungen dieser Lehrkraft (in allen videographierten Unterrichtsstunden) zu metakognitiven Aktivitäten.

Das Vokabular in dem Beitrag von Carmen (Z. 29-31) lässt darauf schließen, dass sie einen Denkfehler von Erik erklären oder ihn zumindest näher erläutern will („Dass er dachte, dass"). Carmen schreibt zwar ihrem Mitschüler eine falsche Interpretation des Rechennetzes zu, aber diese ist nicht präzise auf den Beitrag von Erik bezogen. Sie behauptet, dass Erik keinen Netzausgang gefunden hat, der erreicht wird, wenn ein Zähler den Inhalt Null hat. Ihrer Ansicht nach war das der Grund, warum Erik meinte, dass man in dem Netz weiter fahren kann. Sie geht nicht darauf ein, dass Erik bei dem vorliegenden Netz das Vorwärts- und das Rückwärtszählen in den beiden Zählern umgekehrt interpretiert hat. Vermutlich ist ihr Beitrag eine Schlussfolgerung aus der Feststellung von Erik „dann kanns ja eigentlich noch eine Runde fahren. Dann ist es ja bei Zehn." Diese Feststellung ist aber nicht in die Äußerung von Erik verankert. Da Carmen auf ein Zusammenspiel zwischen Darstellung des Algorithmus und einer durch diese Darstellung hervorgerufenen, vermeintlichen Vorstellung ihres Mitschülers eingeht, ist ihr Beitrag als Reflexion über Darstellung und Vorstellung (RS7) klassifiziert. Der bei ihrer Interpretation aufgetretene Fehler ist nicht mit den Teilaspekten des Kategoriensystems erfassbar, weil es sich um einen sachlichen Fehler handelt.

Nach dem Beitrag von Carmen zeigt die Lehrkraft sehr deutlich ihre Unsicherheit. Sie beendet die Diskussion bezüglich des Rechennetzes mit den Worten „Mhm. Ja. Gut.

OK.“, ohne dass dieser Fehler auf den Punkt gebracht, erklärt und korrigiert worden ist. Da sie gegen gravierende Verstöße der Diskursregeln in den Beiträgen der Schüler keine Intervention ergriffen hat, ist ihre Reaktion in Zeile 31 nachträglich mit dem Teilaspekt DL5f klassifiziert. Spätestens an dieser Stelle hätte eine Intervention der Lehrkraft stattfinden müssen, um die Klarheit in die Kommunikation zu bringen. Die fehlende Intervention führt dazu, dass in der Diskussion nicht klar ist, was Erik meinte, wo ein Fehler aufgetreten ist, wodurch er hervorgerufen wurde und wie eine Korrektur des Fehlers von Erik aussehen könnte.

Speer zur Szene I

Auffallend ist bei dem Speer zur Szene I die große Anzahl der grau gefärbten Kurzbezeichnungen auf der Seite der Schüler. Hier überwiegt die Kurzbezeichnung DS5c, mit der Fragen und Äußerungen nicht erkennbar bezogen auf das Gesagte oder auf das Geschehen des Unterrichts kodiert sind. Beachtenswert ist auch das Auftreten von drei Kurzbezeichnungen, mit denen drei Aufforderungen der Lehrkraft zu anspruchsvollen metakognitiven Aktivitäten der Schüler kodiert sind.

An dem Speer kann man ablesen, dass zwei Aufforderungen der Lehrkraft zur Reflexion (*f*RL6b und *f*RL7) nicht mit den entsprechenden Schüleraktivitäten umgesetzt wurden. Nach der Kurzbezeichnung *f*RL6b auf der Seite der Lehrkraft sind auf der Schülerseite in einem Beitrag zwei Kurzbezeichnungen für Negative Diskursivität und eine für Selbstüberwachung angemerkt worden. Die Kurzbezeichnungen DS5c und DS5e deuten darauf hin, dass die Schüleräußerung nicht erkennbar auf das Gesagte oder auf das Geschehen des Unterrichts bezogen und zudem auch mit einer indadäquaten Wortwahl formuliert ist. Auch nach der zweiten Kurzbezeichnung für die Aufforderung der Lehrkraft zur Reflexion (*f*RL7) ist auf der Seite der Lernenden keine entsprechende Reflexionsaktivität, sondern die Nennung eines Verständnisdefizits MS5a kodiert.

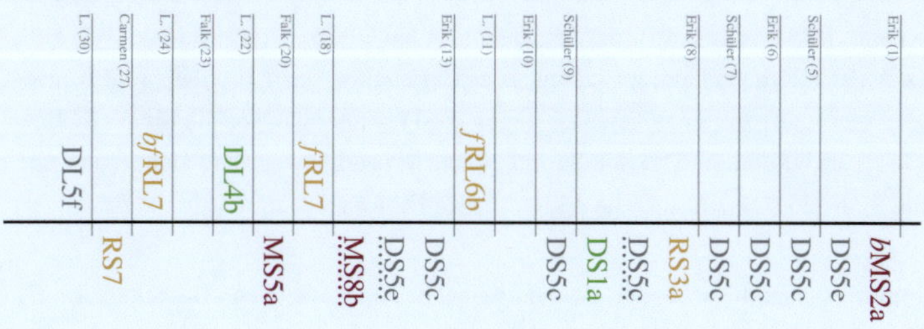

Der dritten Kurzbezeichnung für die begründete Aufforderung zur Reflexion (*bf*RL7) folgt auf der Schülerseite die entsprechende Kurzbezeichnung für die Reflexionsaktivität, aber ein Blick auf das Transkript zeigt, dass hier ein mit den Teilaspekten des benutzten Kategoriensystems nicht erfassbarer, gravierender Fehler in der Schülerinterpretation aufgetreten ist, der als eine Konsequenz der vielen zuvor angemerkten Verstöße gegen die Diskursivität zu sehen ist.

Der Speer endet mit der Kurzbezeichnung DL5f. Damit ist eine fehlende Intervention der Lehrkraft gegen die vielen Verstöße der Diskursregeln angemerkt worden. Es stellt sich die Frage, warum solch eine Intervention der Lehrkraft fehlt. Die in der Einleitung zu dem Abschnitt 6 (Seite 174) formulierte Hypothese bezüglich des fehlenden Verständnisses der zu induzierenden Denk- und Argumentationsprozesse – in diesem Fall bei der Auseinandersetzung mit einem Fehler bzw. mit einer Fehlvorstellung – kann hierfür eine Erklärung sein.

Anmerkungen

Ein produktiver und verständnisfördernder Umgang mit Fehlern sollte ein Merkmal der im Rahmen des durchgeführten Projektes angestrebten Unterrichtskultur sein (vgl. 3.6). Die Lehrperson betont die Bedeutung der Auseinandersetzung mit Fehlern für den Lernprozess der Schüler, aber ohne jegliche Wirkmechanismen. An entscheidenden Stellen im Klassengespräch fehlen Kontrolltechniken, um einen begangenen Fehler tatsächlich als eine Lerngelegenheit zu nutzen.

Ist es denkbar, dass die Lehrkraft die mit *f*RL6b klassifizierte Frage formuliert, ohne dabei tatsächlich die Erklärung eines Denkfehlers gemeint zu haben (sondern die Nennung eines Fehlers in dem Netz), und daher nicht moniert, dass ihre Aufforderung nicht umgesetzt wurde? Da sie wenig später in den Zeilen 24-26 das kognitive Potential des Lernens aus Denkfehlern betont, scheint es plausibel, dass sie tatsächlich nach einer Erklärung eines Denkfehlers fragte.

Erik hat seinen Denkfehler vermutlich nicht eingesehen, weshalb er lediglich seine vorherige Äußerung wiederholt, anstatt seinen Denkfehler offen zu legen.

Wenn die Lehrkraft tatsächlich nach einer Erklärung eines Denkfehlers gefragt hätte, müsste sie nach dem Beitrag von Erik monieren, dass der Schüler nicht erklärte, was sein Denkfehler war. Ihre zweite Aufforderung in den Zeilen 24-26, den Denkfehler von Erik von seinen Mitschülern erklären zu lassen, scheitert auch – vermutlich als eine Konsequenz vieler zuvor aufgetretener Verstöße gegen die Diskursivität, die die Sinnentnahme aus dem Gesagten behindern. Die Schülerin Carmen versucht zwar, dem Denkfehler von Erik auf die Spur zu kommen, aber sie erklärt diesen Fehler nicht so, wie ihn Erik moniert hat.

Als Kommentar zu dieser Szene ist man versucht zu sagen: Wenn das Interesse der Lehrperson auf die Denkprozesse gerichtet ist, muss sie die Kompetenz haben, das Gesagte genau zu analysieren und ihre Schüler für Unterschiede zwischen Gesagtem und Gemeintem zu sensibilisieren. Diese Fähigkeit zeigt die Lehrkraft in der analysierten Unterrichtssequenz nicht. Ihr Handeln erweckt den Anschein, dass sie sich nur oberflächlich den Schüleräußerungen zuwendet.

Hier stellt sich aber zunächst die Frage, ob die Lehrperson (und auch die Schüler) die Semantik der verwendeten Sätze und ihres Vokabulars verstanden hat. Vermutlich ist dies nicht der Fall und deshalb sind in dieser Szene keine Wirkmechanismen des Lernens aus Fehlern zu erkennen. Das Verhalten der Lehrperson ist eine Form der Anpassung an die Anforderungen der Intervention. Die Szene verdeutlicht, dass das Steinige in der Weiterentwicklung des Unterrichts darin liegt, von einer Veränderung der Erscheinungsform des Unterrichts zu einer wirklichen Veränderung des Lehr-Lern-Prozesses zu gelangen – in diesem Fall von einer verbal signalisierten Hinwendung zu einem begangenen Fehler zu der Tiefe dessen Bearbeitung und zu der Klarheit der Korrektur.

Im Abschnitt 4.2 wurde darauf aufmerksam gemacht, dass eine Veränderung des Unterrichts nur dann erreicht werden kann, wenn die Lehrperson tatsächlich die Unterrrichtsabläufe durch ihr Wissen über die zu implementierenden Inhalte und über die mit ihnen angestrebten Ziele steuert. Ihr (eventuell nur vermeintliches) deklaratives Wissen hinsichtlich der Innovationsmaßnahmen reicht nicht, wenn die Lehrkraft nicht verstanden hat, was damit gemeint ist. Mit solch einer Art von Wissen kann die Lehrkraft lediglich die Erscheinungsform des Unterrichts ändern, aber nicht die Denk- und Verstehensprozesse der Lernenden. Die Unterrichtssequenz hat also das Format einer „vermeintlich metakognitiv-diskursiven Unterrichtskultur“ (vgl. Seite 130).

Eine weitere Anmerkung zu dem Transkriptausschnitt bezieht sich auf die Sprache der Lernenden und der Lehrkraft. Die Beiträge der Schüler sind sehr unpräzise und nicht erkennbar auf das Geschehen und Gesagte bezogen, sodass man an einigen Stellen die Intention der Schüler nicht erschließen kann. Die Lehkraft ergreift aber keine Maßnahmen, um die Schüler zum präzisen Formulieren ihrer Beiträge zu erziehen und auf diese Weise die Gesprächsgrundlage zu sichern und einen Diskurs zu ermöglichen. Lernen erfolgt weitgehend im Medium der Sprache und daher ist diese Anmerkung ausdrücklich zu betonen.

6.3 Szene II

„Was hat denn derjenige, der sich das jetzt, der das Netz gebaut hat, falsch vorgestellt dabei, wo ist der Fehler bei ihm?“

Mit dieser Frage verlässt die Lehrkraft die Sachebene und wechselt in die Metaebene. Von einer externen Repräsentation eines Algorithmus ausgehend, fordert sie die Lernenden zur Erschließung der Vorstellung über den Algorithmus auf. Auf diese Weise versucht sie die Lernenden in die Metaebene hinzuführen. Inwieweit gelingt es den Lernenden diesen Sprung in die Metaebene zu machen? Wie kann ihre anschließende Reaktion aussehen? Diese Fragen werden im Folgenden bei der Transkriptanalyse erklärt.

Im Weiteren wird eine Unterrichtsszene, in der die Schüler falsche Rechennetze auf die Korrektheit untersuchen und reparieren sollen, analysiert. Die Lehrkraft formuliert das Ziel dieses Unterrichts wie folgt: „Ja. Also, und zwar in dieser Stunde geht es jetzt darum, Rechennetze zu reparieren. Oder zu sagen, die sind jetzt richtig oder die sind falsch.“ Die

Szene beginnt sie mit dem Auflegen einer Folie mit einem (korrekten) Additionsnetz auf den Overheadprojektor. Mit den Worten „starten wir mit ner Meldekette" organisiert sie das Klassengespräch. Die Lernenden äußern sich zu dem Netz. Anschließend zeigt die Lehrkraft eine Folie mit einem falschen Additionsnetz. Das Additionsnetz stammt aus folgender Aufgabe (Abb. 6.2).

Aufgabe 1.13 Jan hat ein anderes Additionsnetz gebaut:

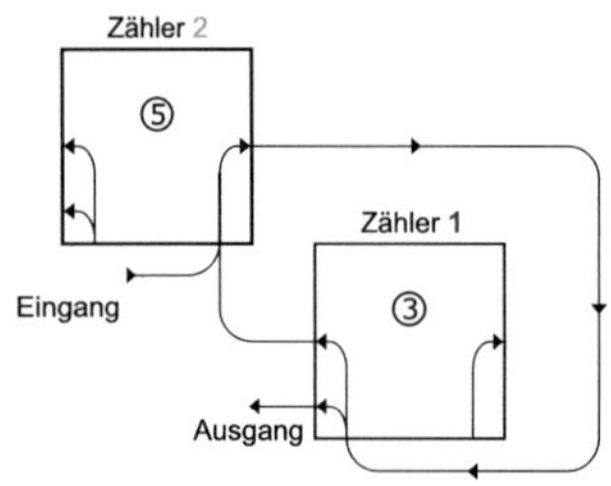

Abbildung 6.2: Falsches Additionsnetz

Die zentrale Problematik der Aufgabe ist die Schleifensteuerung. Das fehlerhafte Additionsnetz repräsentiert die Vorstellung des Additionsalgorithmus eines fiktiven Schülers Jan. Das gezeichnete Netz entspricht einer gebauten Rechenmaschine, die sich als fehlerhaft erweist: Bereits für das gegebene Beispiel 5+3 wird mit dieser Rechenmaschine das Ergebnis 9 anstatt 8 berechnet. Der Fehler ist nicht auf den ersten Blick zu erkennen. Er liegt in der Schleifensteuerung: Noch bevor geprüft wird, ob im Zähler 1 überhaupt eine von Null verschiedene Zahl steht, wird schon im Zähler 2 um eins vorwärts gezählt und anschließend beginnt die durch den Zähler 1 gesteuerte Schleife. Sie bewirkt, dass im Zähler 2 so oft vorwärts gezählt wird, wie im Zähler 1 rückwärts gezählt werden kann. Mit dem Netz wird also die um eins vergrößerte Summe von zwei Zahlen (die zu Beginn in den beiden Zählern gespreichert sind) berechnet.

Die Aufgabe zwingt die Lernenden, sich auf die in Form des Netzes vorgelegte Idee des Schülers einzulassen, die Wirksamkeit und Adäquatheit des Algorithmus zu analysieren, den Fehler aufzudecken, zu erklären und zu beheben. Mit dem falschen Netz ist eine äußere Repräsentationsform vorhanden, an der die Genauigkeit der Begriffsbildung in ihrer Wirkung verfolgt werden kann. Die Feststellung eines Fehlers in dem berechneten Ergebnis ist nicht von so großer Bedeutung wie die Erklärung der Fehlvorstellung, die dem Netz zu Grunde liegt. Sie öffnet den Weg zur Kognition über mathematische Ideen und über Vorstellungen von diesen Ideen.

Die Diskussion zu dem falschen Additionsnetz beginnt mit der komplexen Frage danach, ob dieses Netz korrekt ist. Auf die Schülerantworten und ihre Argumentation nimmt die Lehrkraft keinen Bezug. Sie fordert zum Bestimmen des Ergebnisses, das mit diesem Netz für die Aufgabe 5+3 ausgerechnet wird, auf. Die Änderungen der Zählerinhalte werden schrittweise auf der Folie notiert. Daraus ergibt sich folgendes Bild (Abb. 6.3).

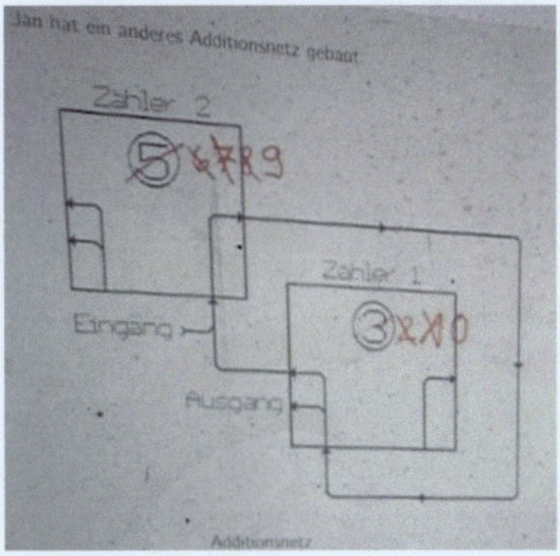

Abbildung 6.3: Falsches Rechennetz mit notierten Zählerinhalten

Die Lernenden kommen zur Einsicht, dass der fiktive Schüler Jan den Eingang in seinem Netz an die falsche Stelle gebaut hat und haben vorgeschlagen, den Eingang auf der Strecke zwischen der Stelle, wo der Weg aus dem Zähler 2 herausgeht, und die Stelle, wo der Weg in den Zähler 1 hineingeht, zu bauen. Sie haben also erkannt, was in dem Netz von Jan falsch ist und warum es falsch ist. Die Lehrkraft stellt den Lernenden eine weitere Aufforderung, die auf die Erklärung einer Fehlvorstellung des fiktiven Schülers Jan abzielt. Dazu leitet sie folgende Debatte ein:

Transkript

L.:	Ah. Was hat denn derjenige, der sich das jetzt, der das Netz gebaut hat, falsch vorgestellt dabei, wo ist der Fehler, bei ihm? Markus.	*f*RL7
Markus:	Dass er den Eingang an die falsche Stelle baute.	MS2a DS5c
L.:	Genau. Und wie könnt ihr den jetzt korrigieren, diesen Fehler? Das haben wir auch grad nochmal bestimmt mal gesagt, aber jetzt (wills nochmal) sagen? Jan.	DL5f DL2a
Jan:	Indem er den Ausgang woanders hinbaut. Äh den Eingang.	MS8b
L.:	Aha, und woanders?	ML3 *f*DL2c
Jan:	Hinter den Eingang *[zeigt sehr ungenau]*.	
L.:	Ach so okay, ähm und woanders heißt wo, sagst dus nochmal eben?	*f*DL2c
Jan:	Mm, da unten weiter *[zeigt sehr ungenau]*.	
L.:	Ja, da unten weiter ist aber auch schwer. Da (noch weiter) *[hält die Hand nach unten]* oder so? Zeig mal eben - zeigs doch mal eben vorne.	ML3 *f*DL2c
Jan:	Da so und dann da irgendwo da *[zeigt sehr ungenau erst auf den Weg rechts neben dem Zähler 1 und dann darüber und dann darun-*	DS5e

ter].

L.: Ja. Also, und zwar in dieser Stunde geht es jetzt darum, Rechennetze zu reparieren. Oder zu sagen, die sind jetzt richtig oder die sind falsch. DL5f

Interpretation der klassifizierten metakognitiven und diskursiven Aktivitäten

Die Szene von Zeile 1 bis Zeile 4 kann auf zwei Weisen interpretiert werden: Einmal geht man davon aus, dass das, was die Lehrkraft in Zeile 1 und 2 sagt, von ihr auch so gemeint ist; nämlich sie fragt nach einer Fehlvorstellung des fiktiven Schülers Jan (*f*RL7). Es ist also ein Anstoß zum Denken über das Denken anderer. Mit dieser Frage stellt sie ihre Schüler vor eine hohe metakognitive Anforderung, die das Thematisieren eines Zusammenspiels zwischen der äußeren Repräsentation des Netzes und einer ihr zu Grunde liegenden Vorstellung verlangt. Markus (Z. 3) geht dann nicht auf die gestellte Frage ein und deshalb ist seinem Beitrag die Kurzbezeichnung DS5c zugewiesen. Er nennt nur einen Fehler im Netz. Seine Aktivität fällt in den Teilaspekt MS2a. Seine Antwort erweckt den Anschein, dass er die komplexe Aufforderung der Lehrkraft als eine Aufforderung zur Nennung dessen, was falsch gemacht wurde, und eben nicht zur Erklärung einer Fehlvorstellung verstanden hat.

Eine andere Interpretation geht davon aus, dass die Lehrkraft in den Zeilen 1 bis 2 mit dem von ihr Gesagten nicht das ausdrückt, was sie gemeint hat. Sie spricht von „falsch vorgestellt“, meint aber nur einen Fehler. Ihre Äußerung „bei ihm“ wäre dann zu interpretieren „in seinem Netz“. Folgt man dieser Interpretation, dann wäre die Äußerung der Lehrkraft in den Zeilen 1 bis 2 mit *f*ML2a zu klassifizieren; zusätzlich wäre die Kategorie DL5e zu setzen, weil die Wortwahl nicht zu ihrer Intention passt. Als Konsequenz dieser Interpretation wäre die Äußerung von Markus sachgemäß, also nicht als Verstoß gegen die Diskursivität zu werten, genauso die folgende Reaktion der Lehrerin.

Es ist davon auszugehen, dass die Schüler ebenfalls nicht wissen, was der Unterschied zwischen Fehler und Fehlvorstellung ist.

Die zweite Interpretation würde erklären, warum die Schüler niemals über Fehlvorstellungen reden, obwohl sie dazu vermeintlich aufgefordert worden sind. Für das Klassifizieren wurde trotzdem die erste Interpretation gewählt, weil es methodisch zu schwierig ist, von vorne herein einem Sprecher zu unterstellen, dass er nicht weiß, wie Außenstehende, die von ihm gewählten Worte verstehen. In der Gesamtanalyse bewirkt der Unterschied in beiden Interpretationen wenig. Auch bei der ersten Interpretation wird aus der Tatsache, dass die Lehrerin niemals das Nichteinhalten ihrer Aufforderungen anmahnt, geschlossen, dass ihr selbst dieser Unterschied nicht wichtig ist.

Auf die Antwort von Markus reagiert die Lehrkraft (Z. 4-6) mit der Frage, wie der genannte Fehler korrigiert werden kann. Sie moniert nicht, dass Markus keine Fehlvorstellung erklärt hat, und somit die gestellte Aufforderung nicht umgesetzt hat, sondern bestärkt ihn noch mit dem Kommentar „Genau“. Diese fehlende Intervention der Lehrkraft ist mit DL5f klassifiziert. Vermutlich merkt die Lehrperson selbst nicht, dass Markus nur das, was falsch gemacht, und nicht das, was falsch gedacht wurde, genannt hat. Es liegt also eine Diskrepanz zwischen den verbal angekündigten und den tatsächlich umgesetzten kognitiven Handlungen vor. Keiner der Beteiligten äußert einen Verdacht auf das Vorliegen dieser Diskrepanz. Es drängt sich daher die Hypothese auf, dass die Semantik der durch die Lehrperson benutzten Formulierung weder durch sie selbst noch durch die Schüler adäquat verstanden wurde.

Da entsprechende Verbesserungsvorschläge für die Lage des Eingangs zuvor in dem Gespräch gesagt wurden (im Transkript ist es nicht erfasst, weil es im Unterricht früher passiert ist), ist die Frage der Lehrkraft weder als Aufforderung zu metakognitiven Aktivitäten noch als eine Einleitung eines begrenzten Diskurses klassifiziert. Es handelt sich um die Wiederholung von bereits Gesagtem, ohne dass dabei ein Ziel einer weiteren Argumentation genannt wird. Den Bezug auf das bereits Gesagte („Das haben wir auch grad nochmal bestimmt mal gesagt“) ist mit der Kurzbezeichnung DL2a erfasst.

Jans Antwort in Zeile 7 ist eine unpräzise Zusammenfassung der zuvor geäußerten (in diesem Transkript nicht erfassten) Verbesserungsvorschläge, sodass man ihm nicht unterstellen kann, dass er an dieser Stelle weitere metakognitive Aktivitäten praktiziert. In seinem Beitrag ist daher nur die Monitoringaktivität – die Überwachung eigener Ausdrucksweise (MS8b) – klassifiziert.

Die Lehrkraft (Z. 8) kontrolliert die Terminologie (ML3) von Jan und merkt, dass diese unpräzise ist. Die Aufforderung zur Nennung der gemeinten Stelle im Netz („Und woanders?“) dient der Sicherstellung der Gesprächsgrundlage (*f*DL2c).

Jan (Z. 9) beschreibt und zeigt etwas auf der Folie, aber sein Kommentar ist unpräzise, sodass damit kein Bezugspunkt genannt wird. Auch die ungenaue Gestik des Schülers hilft nicht, die gemeinte Stelle in dem Rechennetz zu zeigen. Die Aufforderung der Lehrkraft setzt also der Schüler nicht um. Aus diesem Grund ist seinem Beitrag der Teilaspekt DS2c nicht zugeordnet. Der Teilaspekt DS5e wird hier zur Klassifizierung nicht herangezogen, weil die Schwäche des Beitrags von Jan nicht in einer inadäquaten Wortwahl zu sehen ist, sondern darin, dass der Beitrag zu wenig genau und informativ ist. Das betrifft auch die nächste Äußerung von ihm in Zeile 11.

Die Lehrkraft merkt vermutlich diese Ungenauigkeit und daher stellt sie ihre Aufforderung nochmal (*f*DL2c) in Zeile 10.

Jans Reaktion (Z. 11) auf diese Aufforderung ist wieder ungenau, sodass kein genauer Bezugspunkt gezeigt und genannt wird. Die Aufforderung der Lehrkraft setzt er also wieder nicht um.

In den Zeilen 12-14 kontrolliert die Lehrkraft die Ausdrucksweise von Jan (ML3) und macht ihn darauf aufmerksam, dass diese unpräzise ist. Die Lehrperson fordert daher nochmal zur Sicherstellung der Gesprächsgrundlage durch genaueres Zeigen der gemeinten Stelle auf (*f*DL2c).

Mit den Worten „irgendwo da“ kommentiert Jan eine von ihm sehr ungenau gezeigte Stelle auf der Folie (Z. 15-17). Diese Tätigkeit kann daher nicht als das Nennen oder das Zeigen von Bezugspunkten klassifiziert werden. Die Ausdrucksweise von Jan („irgendwo da“) ist nicht adäquat, um die gemeinte Stelle zu beschreiben und trägt zur Fortsetzung des Diskurses nicht bei. Aus diesem Grund ist sie als ein Verstoß gegen die Diskursivität klassifiziert (DS5e). Die Aufforderung der Lehrkraft setzt der Schüler also nicht um. Hierfür wird nicht mehr der Teilaspekt DS5c gewählt, weil es eine Konsequenz der inadäquaten Wortwahl ist; diese ist bereits klassifiziert worden.

Auf diesen Verstoß reagiert die Lehrkraft nicht. Sie kontrolliert nicht mehr, ob ihre Aufforderung umgesetzt wurde und ergreift keine Intervention gegen den gravierenden Verstoß der Regeln des Diskurses, was mit dem Teilaspekt DL5f zu werten ist. Mit der Nennung des Ziels der Unterrichtsstunde in den Zeilen 18-20 bricht sie die Diskussion zu dem falschen Additionsnetz ab.

Es ist beachtenswert, dass die Lehrkraft nicht mehr auf ihre in den Zeilen 1-3 gestellte Aufforderung zur Reflexion zurückkommt. Diese wurde durch die Schüler nicht umgesetzt, was unkommentiert bleibt. Der Fehler in dem falschen Additionsnetz wurde ohne Anknüpfung an eine ihm zu Grunde liegende Fehlvorstellung genannt.

Speer zur Szene II

Am Speer zur Szene II sind auf der Seite der Lehrkraft die Kurzbezeichnungen für die Aufforderungen zu einer metakognitiven und zu diskursiven Aktivitäten dargestellt.

Nach der ersten Kurzbezeichnung für die Aufforderung zur Reflexion folgt auf der Seite der Lernenden eine Kurzbezeichnung für eine Monitoringaktivität und die Kurzbezeichnung DS5c für eine Äußerung nicht erkennbar auf das Gesagte oder auf das Geschehen des Unterrichts bezogen. Daraus kann man schließen, dass die Aufforderung zur Reflexion nicht umgesetzt wurde, was die Lehrkraft nicht beanstandet (DL5f).

Nicht umgesetzt wurden auch die drei Aufforderungen der Lehrkraft zur Sicherstellung der Gesprächsgrundlage. Das erkennt man daran, dass nach keiner der Kurzbezeichnungen *f*DL2c auf der Seite der Lehrperson eine entsprechende Kurzbezeichnung für die diskursive Schüleraktivität dargestellt ist. Offensichtlich reagieren hier die Lernenden mit inadäquaten Handlungen und mit einer inadäquaten Wortwahl (DL5e), worauf die Lehrkraft wieder nicht interveniert (DL5f).

Die Kurzbezeichnungen für die Aufforderungen für die metakognitiven und für die diskursiven Aktivitäten zeigen das (vermeintliche) Bemühen der Lehrperson um eine metakognitiv-diskursive Unterrichtskultur und diejenigen auf der Schülerseite lassen auf das Scheitern dieses Bemühens schließen. Der Mangel an Interventionen der Lehrperson gegen das Nichteinhalten ihrer Aufforderungen führt zum Verdacht auf ihr fehlendes Verständnis einer metakognitiv-diskursiven Unterrichtskultur.

Anmerkungen

In die zur Besprechung gestellte Aufgabe wurde ein bei den Lernenden oft diagnostizierter Fehler aufgenommen. Die Lehrkraft hat schon im Vorfeld des Unterrichts diese Aufgabe ausgewählt und eine auf ihr basierende Unterrichtssequenz geplant. Das Transkript zeigt, dass sie eine Diskussion mit einem diskursiv-metakognitiven Charakter geplant und verbal angekündigt hat. Ihr Vorhaben hat sie aber nicht verwirklicht.

Als Zuhörer dieser Szene neigt man wieder zum Kommentar, dass sich die Lehrperson nicht bemüht hat, die Schülerbeiträge dahingehend zu kontrollieren, ob diese ihren Aufforderungen entsprechen. Hierfür müsste man voraussetzen, dass sie selbst die Bedeutung der ihrerseits formulierten Aufforderungen verstanden hat. Nur dann könnte man ihr Verhalten als inadäquat angesichts der fehlenden, gemeinten geistigen Aktivitäten der Lernenden bezeichnen. Das Fehlen jeglicher Wirkmechanismen für die Aktivitäten, die aus der Perspektive eines Kundigen der Semantik im Unterrichts verlangt wurden, führt jedoch zum Verdacht, dass es sich nicht um inkonsequentes Handeln sondern um ein Verständnisproblem handelt. Vermutlich wurde wieder die geäußerte Aufforderung weder durch die Lehrperson noch durch die Schüler verstanden. Es ist zwar wichtig, den Lernenden Anstöße zu anspruchsvollen kognitiven und metakognitiven Aktivitäten zu geben, aber viel wichtiger ist es, mit den Lernenden eine adäquate Bedeutung dieser Aufforderungen auszuhandeln, da sie nicht per se fruchtbar werden können.

Die Analyse führt rückblickend zur Vermutung, dass im Lehrercoaching versäumt wurde, sicherzustellen, ob die Lehrkräfte den Unterschied zwischen „Fehlern“ und dahinter liegenden „Fehlvorstellungen“ verstanden haben. Die Lehrpersonen haben das Wort „Fehlvorstellung“ benutzt, um sich im Vokabular an die Forderungen der Innovation anzupassen. Hieraus sind für Coachingmaßnahmen in nachkommenden Innovationsprojekten Konsequenzen zu ziehen.

6.4 Szene III

„Also hört euch gegenseitig gut zu, damit ihr das auch diskutieren könnt, *[betont:]* miteinander diskutieren könnt.“

Mit der Betonung des Wortes „miteinander“ gibt die Lehrperson ein Zeichen dafür, dass die Lernenden ins Gespräch kommen sollen. Das Diskutieren „miteinander“ (zu einem bestimmten Thema oder zu einer bestimmen Frage) kann die Form einer regen Diskussion haben. Hier ist zu beachten, dass nicht die Erscheinungsform einer Diskussion „miteinander" sondern ihr Einfluss auf die mentalen Konstruktionen der Lernenden in erster Linie die Qualität des Lernens ausmacht.

Wenn also das Diskutieren „miteinander" einen lernfördernden Charakter haben sollte, dann verlangt es eine gegenseitige Kontrolle der Plausibilität der eingebrachten Argumente und unterscheidet sich dadurch von einer Rede aneinander vorbei. Es erfordert von allen Beteiligten eine Form von Monitoring, das nicht nur auf die sachliche Korrektheit, sondern auch auf die konstruierten Deutungen und Vorstellungen von anderen ausgerichtet ist. Das zieht die Konsequenz nach sich, dass im Klassengespräch beim Aufeinandertreffen gegensätzlicher Auffassungen der Lernpartner zu einem Unterrichtsgegenstand die Suche nach einer lokalen Kohärenz ausgelöst wird, um zu einem vertieften oder veränderten Verständnis zu kommen. Vermieden werden sollen hingegen das Ignorieren von Informationen, die den eigenen Annahmen und Vorstellungen widersprechen, oder das unreflektierte Vertreten der Sicht von anderen, ohne eigene Sicht zu elaborieren und kognitive Veränderungen vorzunehmen. Bei solch einer sozial-konstruktivistischen Auffassung vom Lernen kommt dem Diskurs die Rolle eines Mediums für den Informationsfluss in der Klasse zu. Es soll daher auch Sorge um die Qualität des Diskurses, insbesondere um dessen argumentativen Charakter getragen werden. Mit dieser Vororientierung soll nun im Weiteren das Klassengespräch dahingehend analysiert werden, inwieweit die Aufforderung der Lehrperson – „miteinander" zu diskutieren – tatsächlich umgesetzt wurde.

Im Folgenden wird eine Unterrichtssequenz zu der Besprechung des Teils a der Aufgabe „Aufschneider" analysiert. Die inhaltliche Einbettung der Aufgabe in die Unterrichtsreihe „Von Anweisungen zu Funktionen" sowie ihre Ziele sind auf Seite 69 erläutert. Im Folgenden werden Anmerkungen nur zu dem Aufgabenteil a formuliert, weil sich das weiter eingefügte Transkript auf ihn bezieht.

Der erste Teil der Aufgabe beinhaltet eine Behauptung des fiktiven Schülers Uli sowie die metakognitive Frage, ob dieser Schüler ein Aufschneider ist. Die Intention der Aufgabensteller war, durch den zweiten Satz – „Ist er ein Aufschneider?" – einen Hinweis dafür zu geben, dass der erste Teil der Aufgabe aus einer Metaebene heraus zu betrachten ist. Er soll bei den Lernenden die Reflexion darüber auslösen, woran es liegt, dass Uli mit seiner Additionsrechenmaschine trotzdem rechnen kann. Die Behauptung von Uli ist wahr. Durch die Kontrolle dieser Behauptung sollen die Schüler erkennen, dass der Additionsalgorithmus unabhängig von den Argumenten existiert und dass das Ergebnis des Algorithmus in allgemeiner Weise vom Argument abhängt und nicht nur Lösungen für spezielle Argumente zulässig sind. Damit ist ein wesentlicher Aspekt des Begriffs „Funktion" angesprochen, der beim Aufbau eines adäquaten Begriffsverständnisses in den Köpfen der Schüler verankert werden muss. Beim Nachdenken über die metakognitive Frage, ob Uli ein Aufschneider ist, sollen die Schüler zur Einsicht kommen, dass es sich nicht um eine besondere Leistung von Uli handelt, sondern um eine Eigenschaft der gebauten Rechenmaschine, dass man mit ihr auch dann richtig addieren kann, wenn man die Summanden nicht kennt. Hierfür ist eine Erklärung der Wirkungsweise der Rechenmaschine notwendig. Eine Analyse dieses Aufgabenteils sowie der Antworten von Gymnasiasten hat Kaune (2001a) durchgeführt. Bei den Antworten der Gymnasiasten sind sowohl ihre Überlegungen zu der Wirkungsweise des Algorithmus als auch zu der metakognitiven Frage, ob Uli ein Aufschneider ist, präzise begründet.

Aufgabe („Aufschneider")

a) Uli behauptet: „Ich bin ein Rechenkünstler. Ich kann mit der Additionsmaschine selbst dann noch richtig addieren, wenn ich die beiden Summanden nicht kenne!"
Ist Uli ein Aufschneider? Begründe.

b) Peter stellt Uli auf die Probe. Er gibt ihm eine Additionsmaschine, bei der er Zahlen eingestellt und die Fenster zugeklebt hat. Nach dem Durchfahren sagt Uli: „Die Maschine hat fünf addiert."
Erkläre, wieso Uli dies weiß.

c) Tobias erklärt, wie Uli auch die von Peter eingestellte Aufgabe angeben kann.

> Man braucht nur mitzuzählen, wie oft man durch den rückwärts zählenden Zähler gefahren ist. Dann probiert man bei dem vorwärts zählenden Zähler, wie oft man noch bis zur 10 durchfahren kann. Diese Zahl zieht man von der 10 ab. Das ist der zweite Summand.

Seine Erklärung ist nicht ganz richtig. Streiche den falschen Textteil durch und schreibe einen neuen.

Um unterschiedliche Aspekte des Klassengesprächs zu verdeutlichen, ist das Transkript zur Besprechung des ersten Teils der Aufgabe in drei Abschnitte mit kurzen, in sich abgeschlossenen Sequenzen geteilt worden.

Zur Besprechung des ersten Aufgabenteils leitet die Lehrkraft folgendes Klassengespräch ein:

Transkript zur Szene III, Teil A

L.: *[Gemurmel]* So, okay, also. Ich sehe schon ein Zeichen, dass ihr fertig seid. Stefan, Jonas. So, also, erstmal, so *[Gemurmel]* leise, und zwar: Ich möchte ganz gern, dass wir zumindest einen Teil der Aufgabe – Ludwig, drehe dich ganz nach vorne um – So, und zwar. *[Gemurmel]* So. Und zwar fangen wir jetzt mal mit dem ersten Teil an. Das war die Aufgabe, die wir gerade angesprochen haben. Ich möchte mal hören, was ihr da rausbekommen habt. Und dann (...) Also hört euch gegenseitig gut zu, damit ihr das auch diskutieren könnt, *[betont:]* miteinander diskutieren könnt. *b*DL4a

Schüler:	Hör mal auf, dir die Fingernägel zu schneiden! Das ist voll widerlich!	
L.:	Albin, lässt du das? Albin! Peter.	
Peter:	*[Liest aus seinem Heft vor.]* Uli weiß die Summanden nicht. Aber die Maschine kennt sie, also kann er (. . .) also kann er, mh - ähm, die Aufgabe trotzdem rechnen und ist kein Aufschneider.	*b*MS4a RS1a
L.:	So, was meinen die anderen dazu? Habt ihr's alle verstanden?	
Schüler:	*[mehrere Schüler]* Nein.	
L.:	Lies es nochmal laut vor.	
Peter :	Uli weiß die Summanden nicht. Aber die Maschine kennt sie. Also kann er es rechnen. Er ist kein Aufschneider.	
L.:	Was meinen die andern dazu? Stefan.	
Stefan:	*[Liest aus seinem Heft vor.]* Uli ist ähm ein Aufschneider, weil er meint, er wär viel besser als andere. Er sagt, er kann jede Aufgabe berechnen.	*b*RS1a
Max:	Steht doch gar nicht da. Das ist nicht die Aufgabe.	MS7
L.:	*[ermahnend]* Hey, Max! So, Suse. Was meinst du dazu?	*f*ML4a
Suse:	*[Liest aus ihrem Heft vor.]* Ähm. Ja, er ist ein Aufschneider, weil er meint, dass er alles rechnen kann, wenn er die Summanden nicht (kennt), trotzdem er die Aufgabe rechnen kann.	*b*RS1a DS5c
Peter:	Der kann aber nicht zehn plus zehn rechnen.	MS4c
L.:	(So, jetzt wollen wir mal gucken, was ihr daraus macht.) Vorgabe. Hans.	DL5f
Hans:	*[Liest aus seinem Heft vor.]* Also ich glaube, dass er ein Aufschneider ist, wenn er ähm denkt, dass er was kann, ähm, wenn er es nicht kann, dann, also, äh, ja wenn er denkt, dass er es kann, aber er kann's gar nicht, dann *[betont:]* ist er ja ein Aufschneider.	*b*RS1a
L.:	Wir stimmen mal jetzt ganz einfach ab. Also wer von euch ist der Meinung, dass Uli ein Aufschneider ist? *[Einige Schüler melden sich.]* Okay.	
L.:	Wer ist denn der Meinung, Uli ist kein Aufschneider? *[Die anderen melden sich.]*	
L.:	So. Wer ist denn jetzt der Meinung, dass, dass Uli - also ob er jetzt ein Aufschneider ist oder nicht - dass Uli recht hat? Wer ist der Meinung, Uli hat recht?	DL5f

[Es melden sich wieder einige Schüler.]

L.: So, dann bin ich jetzt mal auf eure Begründung gespannt. Wer meint denn, Uli hat nicht recht, dass das stimmt nicht, was er sagt?
[Es melden sich nur drei Schüler.]

Interpretation der klassifizierten metakognitiven und diskursiven Aktivitäten

In den Zeilen 1 bis 9 leitet die Lehrkraft die Besprechung des ersten Aufgabenteils ein. Mit ihrer Anmerkung in den Zeilen 7 bis 8 begründet sie eine Diskursregel (genaues Zuhören), die die Lernenden beachten sollen, um miteinander zu diskutieren. Es ist also eine Erziehungsmaßnahme mit der Offenlegung und Begründung einer Diskursregel (*b*DL4a).

Die Äußerungen in den Zeilen 9 bis 11 haben einen unterrichtsorganisatorischen Charakter.

Peter (Z. 12-15) liest aus seinem Heft seine Antwort zu dem Aufgabenteil a vor. Er ist der Meinung, dass Uli kein Aufschneider ist. Vermutlich liegt diesem Urteil die Bedeutung des Begriffs „Aufschneider" zu Grunde als jemand, der behauptet, dass er etwas kann, aber er kann es in der Wirklichkeit nicht. Um beurteilen zu können, ob Uli in dem Sinne ein Aufschneider ist, muss Peter die Behauptung des fiktiven Schülers dahingehend kontrollieren, ob Uli tatsächlich mit der Additionsmaschine selbst dann noch richtig rechnen kann, wenn er die beiden Summanden nicht kennt. Der Fokus der Antwort von Peter ist auf die Kontrolle und auf die Begründung der Behauptung von Uli gelegt (*b*MS4a). Danach schreibt Peter den kontrollierten Sachverhalt dem Begriff „Aufschneider" zu. Die letztere Aktivität ist als Reflexion über Begriffe (RS1a) zu klassifizieren.

Die Lehrkraft (Z. 16) fordert die Schüler zur Nennung weiterer Meinungen zu Aufgabenteil a auf. Ihre Äußerung hat einen unterrichtsorganisatorischen Charakter und ist als Aufruf eines weiteren Schülers zum Fortsetzen des Klassengesprächs zu werten. Besonders die Formulierung „die anderen" deutet darauf hin, dass andere Schüler ihre Antworten vorlesen und nicht die Argumentation von Peter kontrollieren sollen. Diese Äußerung (und auch die in Zeile 21) bleibt daher unklassifiziert. Die zweite Frage der Lehrperson in Zeile 16 hat ebenso einen unterrichtsorganisatorischen Charakter: Da Peter seine Antwort leise vorgelesen hat, fragt die Lehrkraft seine Mitschüler, ob sie ihn akustisch verstanden haben. Diese Frage bleibt unklassifiziert.

Die Antwort von mehreren Schülern in Zeile 17 ist nicht als Monitoring klassifiziert, da es sich hier nicht um die Nennung eines Verständnisdefizits handelt, sondern darum, dass die Lernenden den Beitrag von Peter akustisch nicht verstanden haben.

Der Beitrag der Lehrperson in Zeile 18 hat einen organisatorischen Charakter. In den Zeilen 19-20 wiederholt Peter seine Äußerung, was der Sachebene und nicht der Metaebene zuzuordnen ist.

Die Lehrkraft (Z. 21) fordert ihre Schüler zur Nennung weiterer Meinungen zu Aufgabenteil a auf. Genauso wie in Zeile 16 ist diese Reaktion nicht als Aufforderung zum Monitoring klassifiziert.

Stefan (Z. 22-24) kommt der Aufforderung der Lehrkraft nach und liest seine Antwort vor. Er begründet zwar seine Meinung zu dem Aufgabenteil a, aber es fehlt jegliche Abgrenzung von dem Beitrag von Peter und jeglicher Bezug zu dem bereits Gesagten. Sein Urteil stützt Stefan auf eine andere Bedeutung des Begriffs „Aufschneider" als Peter („Aufschneider" im Sinne von Besserwisser). Im Gegensatz zu dem Beitrag von Peter ist seine Äußerung nicht als Monitoring, sondern als Reflexion über Begriffe klassifiziert (*b*RS1a). Stefan kontrolliert nicht die Argumentation von Uli, sondern aus der Tatsache selbst, dass Uli behauptet, mit der Additionsmaschine auch dann korrekt rechnen zu können, wenn er die Summanden nicht kennt, zieht Stefan den Schluss, dass Uli ein Aufschneider ist. Die Korrektheit der Behauptung von Uli ist für seine Vorstellung des Begriffs „Aufschneider" nicht relevant. Stefan ordnet den in dem Aufgabentext beschriebenen Sachverhalt dem Begriff „Aufschneider" zu und begründet diese Zuordnung.

In Zeile 25 moniert Max, dass sich Stefan nicht auf die zur Diskussion gestellte Aufgabe bezieht. Er überwacht also den Sach- und Zielbezug der Diskussion (MS7). Da er sich mit seiner Antwort vorher nicht gemeldet hat, nennt die Lehrkraft seinen Namen in einer ermahnenden Betonung. Erziehungsmaßnahmen zum Diskurs ergreift sie aber nicht. Die Lehrkraft bemängelt dabei nicht, dass Stefans Beitrag nicht in das bereits Gesagte verankert wurde. Seine Verhaltensweise beurteilt sie also nicht als unerwünscht. Es stellt sich daher die Frage, was mit dem Kommentar in den Zeilen 8-9 („Also hört euch gegenseitig gut zu, damit ihr das auch diskutieren könnt, miteinander diskutieren könnt.") gemeint war. Nur das Vokabular der Lehrkraft zeigt Indizien dafür, dass sie sich um eine diskursiv angelegte Debatte sorgt. Die Bedeutung dieser Aufforderung wird aber von den Schülern nicht beachtet und von ihrer Seite werden daraus keine Konsequenzen gezogen. Es zeigt sich im Weiteren, dass die vermeintliche Diskussion „miteinander" ohne jegliche Vorstellung eines gemeinsamen kognitiven Ziels durchgeführt wird.

In Zeile 26 fragt die Lehrkraft nicht mehr „Was meinen die anderen dazu?" – wie an den zwei vorstehenden Stellen im Transkript –, sondern „Was meinst du dazu?" Damit fokussiert sie die Aufmerksamkeit der Lernenden auf das bereits Gesagte und fordert Suse zur Kontrolle der Argumentation von Stefan auf (*f*ML4a) (oder von Stefan und Max). Suse kommt der Aufforderung nicht nach (DS5c). Sie liest aus ihrem Heft ihre Antwort zu dem ersten Aufgabenteil, ohne sich zu den vorstehenden Schüleräußerungen zu äußern. Auf diesen Verstoß reagiert die Lehrkraft nicht und deshalb ist ihrer Äußerung in Zeile 31 der Teilaspekt DL5f zugewiesen.

Eine andere Interpretation wäre die folgende: Die Frage der Lehrkraft in Zeile 26 hat genauso wie die Fragen „Was meinen die anderen dazu?" einen organisatorischen Charakter. Dann wäre sie nicht als Aufforderung zum Monitoring zu klassifizieren. Das Verhalten von Suse wäre sachgemäß. Die Wortwahl der Lehrkraft in Zeile 26 wäre dann aber als inadäquat zu werten. Das Wort „dazu" müsste mit DL5e klassifiziert werden, weil es an dieser Stelle nicht eindeutig zu interpretieren ist, und die Formulierung „Was meinst du dazu?" eher die Aufmerksamkeit der Lernenden auf das bereits Gesagte fokussiert, was dann aber nicht der Intention der Lehrkraft entspricht.

Für die Klassifizierung wurde die erste Interpretation gewählt. Es wurde davon ausgegangen, dass die Lehrkraft an dieser Stelle versucht, die Lernenden ins Gespräch zu bringen, so wie sie es zu Beginn der Szene angekündigt hat.

Suse (Z. 27-29) liest aus ihrem Heft die Antwort zu Aufgabenteil a vor, ohne Bezug auf die Antworten von Peter und Stefan herzustellen. Aus ihrer Begründung lässt sich nicht schließen, welche Vorstellung von dem Begriff „Aufschneider" sie hat. Sie kontrolliert nicht die Behauptung von Uli dahingehend, ob sie zutreffend ist. Sie bezieht sich nur auf die Tatsache, dass Uli behauptet, mit der Additionsmaschine auch dann richtig rechnen zu können, wenn er die Summanden nicht kennt. Ihre Antwort ist daher so wie die von Stefan als begründete Reflexion über Begriffe (*b*RL1a) klassifiziert.

Der Kommentar eines Schülers in Zeile 30 ist nicht erkennbar auf Suses Äußerung bezogen. Vielmehr ist er als eine Ergänzung zu dem Gesagten zu verstehen. Der Schüler merkt, dass Uli mit einer gebauten Rechenmaschine nicht jede Additionsaufgabe berechnen kann. Er deckt also einen Fehler ist der Argumentation des fiktiven Schülers auf (MS4c).

Die Lehrkraft (Z. 31-32) unternimmt immer noch nichts dagegen, dass sich die Schüler nicht aufeinander beziehen. Vermutlich wertet sie das Verhalten der Lernenden als adäquat zu ihrer Aufforderung. Ihrer Äußerung in Zeile 31 ist nachträglich mit dem Teilaspekt DL5f klassifiziert, weil sie nicht darauf hinweist, dass Suse (Z. 27-29) ihre Aufforderung in Zeile 26 nicht beachtet hat.

Hans (Z. 33-35) argumentiert dafür, dass Uli ein Aufschneider ist. Er begründet es damit, dass Uli zwar sagt, dass er mit seiner Rechenmaschine rechnen kann, aber er es nicht kann. Hans betont seine Behauptung in Zeile 36. Für seinen Beitrag ist nicht die Unterkategorie M4 (Kontrolle der Argumentation) sondern R1 (Reflexion über Begriffe) gewählt worden, weil Hans das Verhalten von Uli einem Begriff zuordnet und diese Zuordnung begründet (*b*RS1a), und nicht die Argumentation von Uli kontrolliert. Mit seinem Verständnis des Begriffs „Aufschneider" nähert sich Hans der Sichtweise von Peter, aber auf den Beitrag von ihm geht er nicht ein.

Angesichts der unterschiedlichen Äußerungen der Lernenden ergreift die Lehrkraft keine Maßnahme, mit der sie eine lokale Kohärenz der Schüleräußerungen erreichen könnte. Mit einer Abstimmung (Z. 37-45) wird lediglich erreicht, dass die Lernenden ihre Positionen zu der metakognitiven Frage, ob Uli ein Aufschneider ist, festlegen, ohne Rechenschaft über ihr Urteil ablegen zu müssen. Das angekündigte Diskutieren miteinander wird auf diese Weise nicht verwirklicht. Es findet keine Verständigung und keine Verdeutlichung der Unterschiede in den Positionen der Lernenden statt. Die Handlungen der Beteiligten zeigen nur an einer Stelle (Z. 25) ein Indiz für das Eingehen auf einen Beitrag eines Mitschülers.

Die weiteren Fragen der Lehrkraft (Z. 42-44, Z. 46-47) erfordern von den Lernenden eine Positionsbestimmung. Um diese explorativ zu verbalisieren, wäre eine Kontrolle dessen erforderlich, ob Uli tatsächlich mit seiner Additionsrechenmaschine korrekt rechnen kann, wenn er die Zahlen nicht kennt. Es würde sich also um Aufforderungen zur Kontrolle der Argumentation von Uli handeln. Die Fragen der Lehrkraft sind nicht als Aufforderungen zum Monitoring klassifziert, weil eine Rechenschaftsablegung dabei nicht verlangt wird. Die Formulierung in Zeile 46 („Dann bin ich auf eure Begründung gespannt“) ist nicht als Aufforderung zu einer begründeten metakognitiven Aktivität klassfiziert, weil die Lehrkraft an dieser Stellte nur ihre erst in einem weiteren Beitrag (Transkript auf Seite 197) formulierte Aufforderung ankündigt.

Die Fragen der Lehrkraft in den Zeilen 42-52 zeigen, dass sie den Bezugspunkt der Diskussion geändert hat. Sie fragt nicht mehr danach, ob Uli ein Aufschneider ist, sondern danach, ob er Recht hat. Implizit beendet sie also die Debatte zu der bereits diskutierten Frage. Wegen des Mangels an jeglichen Maßnahmen gegen das Nichteinhalten der genannten Diskursregel ist dem Beitrag der Lehrkraft die Kurzbezeichnung DL5f zugewiesen. Damit soll erfasst werden, dass die Lehrkraft selbst ihre zu Beginn der Unterrichtssequenz gestellte Anforderung an die Diskussion nicht beachtet hat und ein Problem abstimmen anstatt ausdiskutieren lässt.

Ein Rückblick auf das Transkript zeigt, dass mit der Frage „Ist Uli ein Aufschneider?“ bei den Lernenden eine Reflexion über das Verhalten und über die Leistung von Uli ausgelöst wurde. Diese Reflexion wurde aber nicht mit einem präzisen Argumentationsprozess bezüglich des Additionsalgorithmus untermauert, was die Aufgabe eigentlich erfordert.

Speer zur Szene III, Teil A

Der Speer zum ersten Teil der Szene III beginnt mit einer Kurzbezeichnung für eine begründete diskursive Aktivität auf der Seite der Lehrkraft. Damit wurde die Offenlegung und Begründung einer Diskursregel, die beachtet werden sollte, erfasst. Ein Blick auf das Transkript zeigt, dass diese Regel genaues Zuhören betrifft, damit die Lernenden miteinander diskutieren können.

Im weiteren Verlauf des Speers findet man sowohl auf der Seite der Lernenden als auch auf der Seite der Lehrkraft keine Kurzbezeichnungen für diskursive Aktivitäten. Die Kurzbezeichnungen MS4a und MS4c, mit denen in zwei Beiträgen der Lernenden die Kontrolle einer Argumentation erfasst wurde, beziehen sich – was das Transkript zeigt – nicht auf die gegenseitige Kontrolle der Beiträge der Lernenden sondern auf die Kontrolle einer in dem Aufgabentext vorgegebenen Argumentation des fiktiven Schülers.

Mit der Kurzbezeichnung *f*ML4a ist auf der Seite der Lehrkraft ihre Aufforderung zur Kontrolle der Argumentation eines Mitschülers klassifiziert. Im Klassengespräch wurde sie nicht umgesetzt. Am Speer erkennt man dies daran, dass nach *f*ML4a die Kurzbezeichnung DS5c zusammen mit *b*RS1a in einem Schülerbeitrag gesetzt wurden. Mit DS5c ist eine Schüleraktivität klassifiziert, die nicht erkennbar bezogen auf das Gesagte (hier auf das Gefragte) oder auf das Unterrichtsgeschehen ist. Das Auftreten der Kurzbezeichnung DL5f auf der Seite der Lehrkraft, nachdem DS5c auf der Schülerseite dargestellt wurde, lässt darauf schließen, dass die Lehrkraft keine Intervention gegen das Nichteinhalten ihrer Aufforderung ergriffen hat.

Beachtenswert ist ebenso das Auftreten der letzten Kurzbezeichnung DL5f auf der Lehrerseite: Ein Blick auf das Transkript zeigt, dass hier die fehlende Intervention in das Nichtbeachten der – zu Beginn der Szene geäußerten – Diskursregeln kodiert ist.

Das Transkript in den Zeilen 49 bis 97 kann im Weiteren als ein von der vorstehenden Transkriptpassage getrennter, in sich abgeschlossener Unterrichtsausschnitt analysiert werden. Im Fokus der Diskussion steht die Frage, warum Uli Recht hat, d.h. warum er mit seiner Additionsrechenmaschine auch dann richtig rechnen kann, wenn er die beiden Summanden nicht kennt. Die Lehrkraft lenkt die Aufmerksamkeit der Lernenden auf den Kern der Behauptung von Uli. Es wäre daher zu erwarten, dass sie die Äußerungen der Schüler dahingehend kontrolliert, ob sie Ulis Behauptung begründen können und erst dann zur Besprechung des nächsten Aufgabenteils übergeht, wenn nach ihrer Einschätzung das intendierte Ziel des ersten Aufgabenteils im Klassengespräch erreicht würde. Hierfür muss die Lehrkraft die Denk- und Argumentationsprozesse, die mit dieser Aufgabe bei den Lernenden ausgelöst werden sollen, kennen und überwachen. Aus den Anmerkungen zu dieser Aufgabe auf Seite 190 folgt, dass eine Begründung der Behauptung von Uli nicht auf die Erklärung der Schwierigkeit bei der Bedienung einer gebauten Rechenmaschine beschränkt werden soll. Vielmehr geht es um die Reflexion darüber, woran es liegt, dass Uli mit seiner Rechnemaschine richtig rechnen kann, obwohl er die beiden Summanden nicht kennt.

Transkript zur Szene III, Teil B

L.:	So, okay, also. Jetzt möcht ich mal eben die Begründung haben von denjenigen, die meinen, dass Uli recht hat. So, und das sind doch einige, die meinen, dass er recht hat. Da wollen wir mal gucken, was (ihr) dazu sagt. So, Karen.	*fb*ML4a
Karen :	Wenn er bis null runtergezählt hat, hat er, hat, dann - warte - also, wenn er dann erstmal bei dem Zähler runtergezählt hat, so bis null	MS8b
L.:	*[unterbricht Karen]* Bist du bei a oder bei b?	*f*DL2a
Karen :	Äh, bei b.	DS2a

L.:	Wir sind aber bei a noch.	DL2c
Karen :	Ach so.	
L.:	So. Also jetzt, so *[ermahnend:]* Ludwig! Sagt mal! Das geht gar nicht! *[Gemurmel unter den Schülern. Zwei Schüler melden sich.]* So, okay. So. Ich will jetzt ne Begründung von euch haben. Sonst scha- können nur zwei Leute begründen. Aber alle haben sich gerade gemeldet. So. Und jetzt: Tim.	*fb*ML4a DL4b
Tim:	Nein, er ist kein Aufschneider, weil das so gut wie jeder kann. Also das kann jeder. Sozusagen.	*b*RS1a DS5c
L.:	Warum kann das denn jeder?	*fb*RL6b
Tim:	Weil das leicht ist, (normal zumindest).	*b*RS6b
L.:	Das versteh ich jetzt aber nicht. Was meint, was meint Tim – Das kann jeder? Bastian.	ML5a *f*RL6b DL2d
Bastian:	Das ist keine Kunst, weil ähm, (er halt) die Summanden in den Zählern ja nicht (kennt), weil seine Rechenmaschine kennt die Summanden und er rechnet das dann aus. Er hat dann eigentlich gar nichts zu tun. Er fährt nur mit dem Stäbchen durch die Aufgaben.	*b*RS6b DS5e
L.:	So. Was meint ihr? Bastian hats grad erklärt. Was meint ihr zu Bastian?	*f*ML4a
Hans:	Hm, ich weiß es.	
L.:	Hans.	
Hans:	Also, ähm, er macht ja ähm, er macht ja selber auch (was), weil er muss ja, er muss ja erstmal zählen, wie oft er **da** durchgefahren ist, und wenn er **da** durchgefahren ist, muss er dann äh ausrechnen, also muss er dann ja ähm ausrechnen, wie **äh, muss er ja erst nochmal dann gucken,** wie lang es noch bis zehn ist bei dem einen - also bei dem, wo plus, hochgegangen ist - muss er noch wissen, wie lange das (gedauert hat), **wie lange das dauert,** bis er bei zehn ist. Und so so viele Runden wie er dann noch gefahren ist, die Zahl muss er dann äh minus, **also die Zahl rechnet er dann minus zehn,** und, wenn er das hat, das ist dann der erste Summand.	MS4b **DS5e** **MS8b** DS5d
L.:	Das war für mich ein bisschen schnell. Wie siehts bei euch aus? Habt ihr das alle verstehen können?	
Schüler:	Ja.	
L.:	Suse?	
Suse:	Nicht so wirklich.	

Hans: Darf ich das mal erzählen, nochmal erklären?

L.: Albin? Kevin? Okay. Wir machen es mal nach und nach. Erstmal, also ich konnte Hans gar nicht mehr so schnell folgen. Er hat - der erste Schritt ist ja - (Wer hat) den b-Teil? Den machen wir jetzt erst nochmal gemeinsam. Anabel. DL5f

Interpretation der klassifizierten metakognitiven und diskursiven Aktivitäten
In den Zeilen 49-50 formuliert die Lehrkraft ihre zuvor (Transkript A zur Szene III, Z. 46) angekündigte Aufforderung zur Kontrolle und Begründung der Argumentation von Uli (*fb*ML4a).

Der Beitrag von Karen (Z. 53-54) ist nicht vollständig und ist deshalb nicht als Kontrolle der Argumentation klassifiziert. Mit MS8b ist in Karens Äußerung die auf ihre Ausdrucksweise bezogene Selbstüberwachung erfasst.

Die Lehrkraft fordert die Schülerin in Zeile 55 auf, ihren Beitrag zu verankern (*f*DL2a). Karen kommt dieser Aufforderung in Zeile 56 nach (DS2a), wonach die Lehrkraft die Gesprächsgrundlage sichert (DL2c).

Die Lehrkraft ermahnt das Verhalten von Ludwig. Leider ist der Schüler nicht im Bild der Kamera, sodass man nicht erkennen kann, worauf sich der Kommentar der Lehrkraft bezieht. Da er nichts gesagt hat, ist davon auszugehen, dass es sich um eine andere Handlung des Schülers handelt. Die Ermahnung hat nicht den Charakter einer Erziehungsmaßnahme zum Diskurs. Sie dient eher der Fokussierung der Aufmerksamkeit des Schülers. Danach formuliert die Lehrkraft ihre Aufforderung zur Begründung und Kontrolle der Argumentation von Uli nochmal; diese ist wiederum mit *fb*ML4a klassifiziert. Mit der abschließenden Bemerkung in den Zeilen 61 bis 63 kritisiert die Lehrkraft eine unerwünschte Verhaltensweise der Schüler und damit fordert sie implizit zur Einhaltung von Regeln des Diskurses auf (DL4b).

Tim (Z. 64-65) setzt die Frage der Lehrkraft nicht um, was mit DS5c erfasst ist. Er geht nicht auf die Frage ein, warum Uli mit seiner Rechenmaschine richtig addieren kann, wenn er die Summanden nicht kennt, sondern darauf, ob er ein Aufschneider ist. Seine Aktivität ist – genauso wie die von Stefan (Z. 22-24), Suse (Z. 27-29) und Hans (Z. 33-36) – als begründete Reflexion über Begriffe und die mit ihnen beschriebenen Sachverhalte mit *b*RS1a klassifiziert. Tims Vorstellung von dem Begriff „Aufschneider" ist anders als die von Hans (Z. 33), der sich als Letzter zu der Frage, ob Uli ein Aufschneider ist, geäußert hat. Tim begründet sein Urteil mit der Einschätzung der Leistung von Uli, während Hans die Korrektheit der Behauptung von Uli als das ausschlaggebende Argument für sein Urteil herangezogen hat.

Die Lehrkraft fordert den Schüler zur Begründung seines Urteils über die als nicht besonders hoch eingeschätzte Stärke von Uli auf (*fb*RL6b). Das Fehlen der Intervention der Lehrperson gegen das Nichteinhalten ihrer Aufforderung durch Tim ist in Zeile 65 nicht mit dem Teilaspekt DL5f klassifiziert. Erst ihrem letzten Kommentar im Transkript wird der Teilaspekt DL5f zugeordnet, weil spätestens an dieser Stelle hätte die Lehrkraft ihre Aufforderung zur Kontrolle der Argumentation wieder aufgreifen müssen, bevor sie zur Besprechung des nächsten Aufgabenteils übergeht.

Die gestellte Aufforderung der Lehrkraft in Zeile 65 setzt Tim in Zeile 66 um (*b*RL6b). Seine Begründung ist nicht explorativ und sachbezogen, sodass die Lehrkraft ihr Verständnisdefizit äußert (ML5a) und anschließend die Schüler zur Reflexion über die Einschätzung von Tim auffordert (*f*RL6b). Da es sich hier nicht um die Frage danach handelt, ob Tims Urteil zutreffend ist und ob seine Einschätzung adäquat ist, ist die Frage der Lehrkraft nicht als eine Aufforderung zum Monitoring klassifiziert. Die Lehrkraft wiederholt die Äußerung von Tim als Grundlage für die weitere Argumentation der Lernenden (DL2d).

Bastian geht auf die Frage der Lehrkraft ein und begründet die Einschätzung von Tim (*b*RS6b).

Zu dem Beitrag von Bastian ist eine Anmerkung notwendig: Der Schüler setzt die Aufforderung der Lehrkraft um. In den Blick nimmt er das Verhalten von Uli bei der Bedienung der Rechenmaschine. Eine gebaute Additionsrechenmaschine zu bedienen sei nicht schwierig, man müsse nur mit einem Stäbchen durch die Maschine fahren. Seine Formulierung „Er fährt nur mit dem Stäbchen durch die Aufgaben" ist inadäquat – hier ist vermutlich das Fahren mit einem Stäbchen durch eine Rechenmaschine gemeint. Wegen der inadäquaten Wortwahl ist die Formulierung mit dem Teilaspekt DS5e zu klassifizieren. Die Funktionsweise des realisierten Algorithmus betrachtet Bastian nicht. Den Mangel an Sachargumenten, die die Behauptung von Uli erklären, moniert die Lehrperson nicht. Das wird bei der Klassifizierung nicht erfasst, weil diese Anmerkung auf dem Urteil über die Korrektheit der Äußerung von Uli basiert. Bei der Klassifizierung werden nur die Intentionen der Lernenden und der Lehrkraft berücksichtigt. Vermutlich hat die Lehrkraft den Argumentationsprozess, der bei den Lernenden mit dieser Aufgabe ausgelöst werden soll, nicht erkannt.

In Zeile 74 kommentiert die Lehrkraft die Antwort von Bastian. Der Kommentar „Bastian hats grad erklärt" beinhaltet keine explizite Bewertung der Erklärung von Bastian und deshalb ist sie weder als eine Kontrollaktivität noch als eine reflektierende Einschätzung zu klassifizieren. Die Lehrkraft fordert die Lernenden zur Kontrolle der Argumentation von Bastian auf (*f*ML4a).

Nach der Aufforderung reagiert Hans (Z. 78-86). Erst am Ende seines Beitrags fällt auf, dass er nicht die Argumentation von Bastian kontrolliert, sondern unkommentiert den Bezugspunkt der Debatte wechselt. Das zeigt eine ausführlichere Analyse seiner Äußerung: Bastian hat zuvor behauptet, dass Uli selbst nichts tun muss (um mit der Rechenmaschine korrekt rechnen zu können), weil die Rechenmaschine das Ergebnis „selbst" ausrechnet. Hans begründet, dass Uli etwas machen muss, wenn er den zweiten Summanden bestimmen will. Von einem Argument von Bastian ausgehend, kontrolliert Hans vermutlich die Erklärung von Tobias im Aufgabenteil c. Er setzt also die Aufforderung der Lehrkraft in den Zeilen 74-75 nicht um. Sein Beitrag ist als Monitoring – globale Kontrolle der Argumentation (MS4b) des fiktiven Schülers zu klassifizieren. Dabei ist zu beachten, dass der Beitrag von Hans sehr komplex und unpräzise ist. An drei Stellen ist inadäquate Wortwahl des Schülers erfasst (DS5e); sie führt dazu, dass man die gemeinten Bezugspunkte der Äußerung nicht genau erkennen und deshalb diese Argumentation nur schwer nachvollziehen kann. An drei anderen Stellen korrigiert der Schüler seine Ausdrucksweise (MS8b).

Die Fragen und Kommentare in den Zeilen 88 bis 95 haben einen unterrichtsorganisatorischen Charakter. Die Lehrkraft konnte dem Beitrag von Hans zwar nicht folgen, aber ihre Anmerkung „Wir machen es mal nach und nach (...) (Wer hat den b-Teil) Den machen wir jetzt erst nochmal gemeinsam" deutet darauf hin, dass sie den Wechsel der Bezugspunkte in der Äußerung von Hans doch gemerkt hat. Vermutlich hat sie den Beitrag von Hans als eine Antwort zu dem Aufgabenteil b interpretiert. Da sie trotzdem das Nichteinhalten ihrer Aufforderung zur Kontrolle der Argumentation von Bastian in Zeile 74 bis 75 nicht moniert, ist ihrer Äußerung die Kurzbezeichnung DL5f zugeordnet. Mit diesem Teilaspekt ist nachträglich auch mit erfasst, dass die Lehrkraft nicht mehr auf ihre zuvor gestellte Aufforderung zur Kontrolle der Argumentation von Uli in den Zeilen 49 bis 50 und 61 zurück kehrt, obwohl es sich um den Kern des Aufgabenteils a handelt. Es ist ein Indiz dafür, dass die Lehrkraft nicht erkannt hat, welcher Argumentationsprozess bei den Lernenden mit der Behauptung von Uli ausgelöst werden sollte.

Speer zur Szene III, Teil B

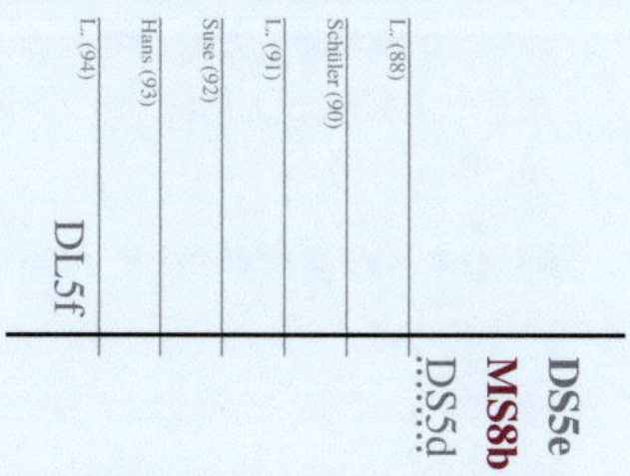

Die Kurzbezeichnung für die im Teil B des Transkriptes zur Szene III erfassten metakognitiven und diskursiven Aktivitäten (vgl. Speer auf der Seite 201) stellen ein anderes Muster dar als die aus dem Teil A (vgl. Speer auf der Seite 196). Den Kurzbezeichnungen am Speer B zur Szene III kann man entnehmen, dass die Lehrkraft oft zu metakognitiven Aktivitäten (auch zur Begründung) auffordert. Ihre erste Aufforderung zur Kontrolle und Begründung der Argumentation wird nicht umgesetzt. Die Lehrkraft wiederholt sie wenig später, aber auch dann wird sie nicht umgesetzt. Das erkennt man daran, dass der Kurzbezeichnung *fb*ML4a auf der Lehrerseite die Kurzbezeichnungen *b*RS1a und DS5c (in einem Beitrag) auf der Schülerseite folgen. Den Aufforderungen zur Reflexion kommen die Lernenden nach. Nach der weiteren Aufforderung zur Kontrolle der Argumentation (*f*ML4a) kontrolliert ein Schüler global eine Argumentation (MS4b) und dabei wechselt er unkommentiert den Bezugspunkt der Debatte (DS5d). Daraus kann man schließen, dass er die Intention der Lehrkraft nicht umgesetzt hat. Gegen die erfassten Verstöße der Diskursregeln reagiert die Lehrkraft nicht. Ihre fehlenden Interventionen sind mit dem Teilaspekt DL5f auf dem letzten Abschnitt des Speers kodiert.

Mit der letzten Äußerung im Transkript B zur Szene III hat die Lehrkraft die Besprechung des nächsten Aufgabenteils angekündig. Das intendierte Ziel des ersten Aufgabenteils wurde nicht erreicht. Bastian (Z. 70-73) hat in seinem Beitrag die Tatsache angesprochen, dass die Additionsrechenmaschine die Summanden kennt und dass sie selbst das Ergebnis ausrechnet. Eine Begründung dafür, warum das Ergebnis korrekt ist, hat er nicht gegeben. Verlangt diese Aufgabe etwa Fähigkeiten, die diese Gruppe von Realschülern nicht hat? Eine Antwort auf diese Frage gibt der dritte Teil des Transkriptes zur Szene III:

Transkript zur Szene III, Teil C

Anabel:	Ja, ich wollt noch was dazu sagen. Ähm, der muss ja einmal nur gucken, also wenn er, wenn er die Rechenmaschine sehen kann, er kann ja nur die Zahlen dabei nicht sehen dabei. Und das sieht ja dann immer, wenn er da mit dem Stäbchen durchfährt, dass sich das Rad einmal dreht, und da muss er also bei dem Zähler, wo, wo sich das Rad an der rechten Seite dreht, da muss er einfach, äh, ein zuzählen und	DS2f *b*MS4b
Max:	**Ne, muss ja beide, beide Zahlen** (...)	**MS4a**
Anabel:	Ja, ok, weil ähm, muss er da erstmal eins zuzählen, und bei dem andern muss er dann einen abziehen, und wenn er dann ja bei null ist, dann geht ja dieses, äh diese Kerbe da vor.	
L.:	Was meint ihr dazu? *[Deutet mit ihrer Hand auf Anabel]* Lukas.	*f*ML4b
Lukas:	Mh, man braucht eigentlich nur ein Rechennetz bauen. Jeder der ein Rechennetz bauen kann, der kann das halt.	RS6b DS5e

L.: Sagst dus nochmal ganz laut?

Lukas: Mh, also, jeder, der ein Rechennetz bauen kann, der kann das halt auch. (unverständlich)

L.: Okay, so. Also Lukas hat. So, jetzt kommt der b-Teil. Max, lies vor. DL5f

Interpretation der klassifizierten metakognitiven und diskursiven Aktivitäten

Nachdem die Lehrkraft die Besprechung des Aufgabenteils b angekündigt hat (Transkript B zur Szene III, Z. 96-97), meldet sich Anabel. Sie setzt ihren Beitrag von dem, was die Lehrperson angekündigt hat, ab. Ihre Formulierung „ich wollt noch was dazu sagen" in Zeile 98 ist ein Indiz für diese diskursive Aktivität (DS2f). Anabel äußert sich noch zu dem ersten Teil der Aufgabe „Aufschneider". Sie versucht zu begründen, warum Uli mit seiner Rechenmaschine richtig addieren kann, wenn er die beiden Summanden nicht kennt. Ihr Beitrag ist mit *b*MS4b und nicht mit *b*MS4a klassifiziert, weil sie nicht nur einen lokalen Aspekt der Behauptung von Uli kontrolliert, sondern sie versucht in einer ausführlichen (dennoch unpräzisen) Erklärung seine Argumentation dazu zu rekonstruieren.

Die Argumentation von Anabel vollzieht sich in zwei Beiträgen, wobei der zweite eine Fortsetzung des ersten ist und daher wird ihm die Kurzbezeichnung *b*MS4b nicht nochmal zugewiesen. Die Äußerung von Anabel unterbricht Max in Zeile 104. Er kontrolliert lokal die Argumentation von Anabel (MS4a). Zur Unterscheidung der zwei als Monitoring klassifizierten Beiträge von Anabel und von Max ist der letztere fett gedruckt.

Anabel hat vermutlich eingesehen, dass die Leistung von Uli darauf zurückzuführen ist, dass ein korrekt gebautes Additionsrechennetz unabhängig davon richtig funktioniert, welche Argumente als Summanden angegeben werden. Die Schülerin versucht, die Funktionsweise eines gebauten Additionsrechennetzes zu erklären. Ihre Argumentation ist aber sehr unpräzise und lässt auf eine Fehlvorstellung schließen: Die Formulierung „muss er da erstmal eins zuzählen, und bei dem andern muss er dann einen abziehen, und wenn er dann ja bei null ist, dann geht ja dieses, äh diese Kerbe da vor" deutet darauf hin, dass die Schülerin eine Rechenmaschine beschreibt, in der zunächst in einem Zähler addiert und erst dann in einem anderen subtrahiert wird, bis der Inhalt eines der beiden Zähler null ist. Bei einem korrekten Additionsalgorithmus ist gerade die Reihenfolge von Vorwärts- und Rückwärtszählen umgekehrt. Der Beitrag von Anabel zeigt also einerseits ihre Leistung, andererseits lässt er auf eine falsche Vorstellung schließen. Da keine Nachfragen zu dem Beitrag von Anabel formuliert wurden, lässt sich nicht einschätzen, ob das Gesagte auch dem Gemeinten entspricht.

Die Frage der Lehrkraft in Zeile 109 „Was meint ihr dazu" ist eine Aufforderung zur Kontrolle der Argumentation von Anabel. Diese ist mit *f*ML4b klassifiziert, weil Anabels Argumentation komplex war und einer lückenlosen Kontrolle bedarf. Die Lehrperson deutet mit ihrer Hand auf Anabel, was ein deutliches Zeichen dafür ist, dass der Beitrag der Schülerin kontrolliert werden soll.

Das Verhalten von Lukas (Z. 110) ist auf den ersten Blick nicht sachgemäß. Er verbalisiert keine Kontrolle in Bezug auf den Beitrag von Anabel und daher setzt er die Aufforderung der Lehrperon nicht um. Seine Anmerkung gibt aber Hinweise darauf, dass er die Intention von Anabel erkannt hat und ihre Äußerung mit einer Schlussfolgerung ergänzt. Aus diesem Grund ist seinem Beitrag der Teilaspekt DS5c nicht zugeordnet. Im Beitrag von Lukas ist eine inadäquate Wortwahl anzumerken. Er sagt: „Jeder, der ein Rechennetz bauen kann, der kann das halt." Mit „das" nimmt er vermutlich einen indirekten Bezug zu dem, was Anabel zu begründen versucht hat. Die Formulierung „das" ist in seinem Beitrag als inadäquate Wortwahl klassifiziert (DS5e), weil es wegen der fehlenden, präzisen Nennung des Bezugspunktes seiner Äußerung schwer ist, seine Intention zu erkennen. Diese kann nur von Zuhörern erschlossen werden, die bereits wissen, für welchen Sachverhalt dies eine Erklärung ist. Lukas wechselt also den Bezugspunkt der Debatte nicht; im Fokus bleibt die Einschätzung der Leistung von Uli und die Funktionsweise einer Additionsrechenmaschine. Da er die Argumentation von Anabel nicht explizit kontrolliert, sondern die Fähigkeit, mit der Additionsrechenmaschine auch dann richtig rechnen zu können, wenn man die Summanden nicht kennt, einschätzt, ist sein Beitrag nicht als Monitoring sondern als Reflexion über Stärken des fiktiven Schülers Uli mit RS6b klassifiziert. Dabei ist zu beachten, dass diese Klassifizierug auf der Annahme basiert, dass mit „das" in seinem Beitrag die Behauptung von Uli gemeint ist.

Die Frage der Lehrkraft in Zeile 112 hat einen unterrichtsorganisatorischen Charakter und bleibt daher unklassifiziert. Ebenso Lukas Wiederholung von in Zeile 113 bis 114.

Kritisch zu betrachten ist die Reaktion der Lehrkraft in Zeile 115. Sie moniert nicht, dass ihre Aufforderung zur Kontrolle der Argumentation von Anabel nicht umgesetzt wurde, obwohl sie sowohl verbal als auch mit Gestik dazu aufgefordert hat. Sie beanstandet auch nicht den Verstoß gegen die Diskursivität im Beitrag von Lukas. Da es sich hier um eine zentrale Stelle handelt, an der eine Erklärung der Behauptung von Uli kontrolliert werden soll, ist die mangelnde Intervention der Lehrperson mit dem Teilaspekt DL5f zu klassifizieren.

Ein weiterer Aspekt, der in der Reaktion der Lehrkraft kritisch zu betrachten ist, ist mit dem Kategoriensystem zur Klassifizierung metakognitiver und diskursiver Aktivitäten nicht erfassbar, denn er basiert auf fachdidaktischen Überlegungen:

Der Beitrag von Anabel (Z. 98-108) ist aus zwei Gründen zu würdigen: Er zeigt ein Indiz für die diskursive Kompetenz der Schülerin. Solche Verankerungsaktivitäten sind in der Gruppe der Lernenden sonst kaum zu beobachten. Ihnen scheint die Lehrkraft wenig Wert zuzuschreiben. Der Beitrag von Anabel zeigt auch eine – im Sinne der Aufgabenstellung – beachtenswerte Erkenntnis (die allerdings einer Verbesserung erfordert). Diese ist auch in dem Beitrag von Lukas zu vermuten. Weder die Leistung noch die Indizien für einen Fehler oder sogar für eine Fehlvorstellung sind im Klassengespräch artikuliert und präzise kontrolliert worden.

An dieser Stelle ist auf die vor diesem Transkript gestellte Frage zurückzukommen: Ist die Kontrolle der Behauptung von Uli für diese Gruppe von Schülern zu schwierig und verlangt sie von ihnen solche Kompetenzen, die sie nicht haben? Nein. – Die Äußerungen von Anabel und von Lukas zeigen, dass die Lernenden die Argumentation von Uli zu kontrollieren und zu bewerten versuchen. In diesem Klassengespräch fehlen aber Wirkungsmechanismen, insbesondere präzise auf die Schüleräußerungen bezogene Kontrollmechanismen und eine Unterstützung der Lehrkraft.

Speer zur Szene III, Teil C

Die Kurzbezeichnung für die im dritten Teil des Transkriptes zur Szene III erfassten metakognitiven und diskursiven Aktivitäten sind am folgenden Speer dargestellt:

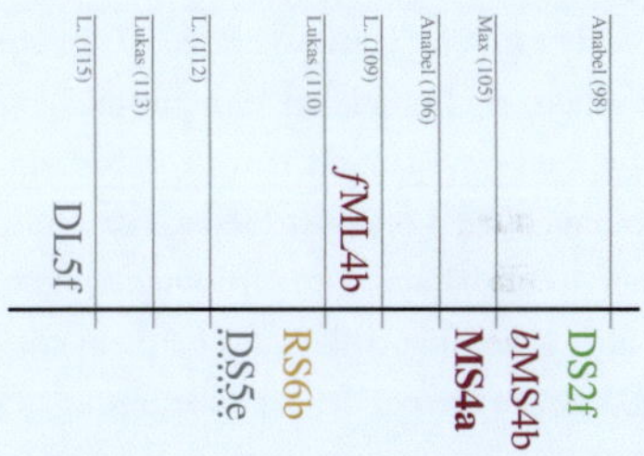

Es fällt auf, dass dieser Speer wieder – genauso wie die zwei Speere zum Teil A und zum Teil B zu dieser Szene – mit DL5f auf der Seite der Lehrkraft endet. Hier wiederholt sich ein Muster: Nach einer Kurzbezeichnung zu einer anspruchsvollen metakognitiven Aktivität (hier *f*ML4b) auf der Seite der Lehrkraft folgt auf der Seite der Lernenden keine entsprechende Kurzbezeichnung für die Aktivität, zu der die Lehrperson aufgefordert hat. Zudem ist ein Verstoß von Diskursregeln in einem Schülerbeitrag kodiert (hier DS5e).

Will man dieses Muster qualitativ genauer beschreiben, dann muss das Transkript herangezogen werden. Aus der Analyse des Speers kann man lediglich einen Verdacht auf ein sich wiederholendes Muster im Verhalten der Lehrperson und der Lernenden äußern und eine Vermutung formulieren, dass dieses Muster den Lehr-Lern-Prozess behindert.

Anmerkungen

In der Besprechung des ersten Teils der Aufgabe „Aufschneider" sind drei Aspekte kritisch zu betrachten:

In Zeile 8 bis 9 nennt und begründet die Lehrkraft eine Diskursregel. Die Lernenden sollen genau zuhören und miteinander diskutieren. Bis Zeile 48 sind bei den Lernenden kaum Versuche zu sehen, miteinander zu diskutieren. Die Debatte wurde unterbrochen, obwohl unterschiedliche Positionen der Schüler dargestellt aber nicht aufeinander bezogen worden sind. Das angekündigte Diskutieren miteinander scheitert also. Mit diesem kurzen Unterrichtsausschnitt soll die Anmerkung aus der Einleitung auf Seite 173 verdeutlicht werden: Mit einer neuen Erscheinungsform des Unterrichts, die durch das Gesagte (die gestellten Anforderungen an das Klassengespräch) bewirkt wird, kann eine tatsächliche Veränderung des Unterrichts nicht erreicht werden, wenn das Verständnis des Gesagten – und infolgedessen auch jegliche Wirkmechanismen – fehlen. In der Diskussion zu der Frage danach, ob Uli ein Aufschneider ist, formulieren die Lernenden auf Grund unterschiedlicher Vorstellungen von dem Begriff „Aufschneider" unterschiedliche Antworten. Es fehlt eine Explizierung dieser Vorstellungen, um die unterschiedlichen Meinungen zu erklären, sowie die Vorstellung eines gemeinsamen Ziels der Debatte. Das Klassengespräch hat nicht den Charakter einer Diskussion miteinander, obwohl solch eine angekündigt wurde.

In Zeile 49 bis 50 versucht die Lehrkraft die Debatte auf die Argumentation des fiktiven Schülers zu lenken, ohne dass dabei die metakognitive Frage – ob Uli ein Aufschneider ist – berücksichtigt wird. Bis Zeile 97 sind die Äußerungen der Lehrkraft als Versuche dafür zu sehen, die Lernenden zum Nachdenken über die bereits geäußerten Schülerbeiträge anzuregen („Was meint Tim?" „Was meint ihr zu Bastian"). Das Nichteinhalten der Aufforderungen der Lehrkraft bleibt aber ohne jegliche Anmerkung. Die Diskussion in den Zeilen 49 bis 97 scheitert also wieder, zum einem hinsichtlich des diskursiven, zum anderen aber auch hinsichtlich des mathematisch-didaktischen Gesichtpunkt. Den letzteren Aspekt geben die bei der Klassifizierung gesetzten Teilaspekte nicht wieder, weil die Korrektheit von Schülerantworten beim Kategorisieren außer Betracht steht. Die Lehrkraft kündigt die Besprechung des zweiten Teils der Aufgabe an, obwohl der Kern des ersten Teils nicht erklärt wurde.

Im letzten Teil des Transkriptes zur Besprechung des Aufgabenteils a in den Zeilen 98-115 versucht eine Schülerin den Kern der Behauptung von Uli zu erklären. Ihr Beitrag zeigt Indizien für eine beachtenswerte Erkenntnis im Sinne der Aufgabenstellung. Ihre Äußerung stellt die Lehrkraft zur Kontrolle, aber ohne jegliche Wirkmechanismen.

Betrachtet man alle drei Teile des Transkriptes, dann lässt sich im Verhalten der Lehrkraft ein Muster identifizieren: In allen drei Transkriptteilen findet man Stellen, an denen die Lehrperson zur Kontrolle der Argumentation auffordert:

Teil A, Z. 26: Was meinst du dazu?

Teil B, Z. 74-75: Was meint ihr zu Bastian?

Teil C, Z. 109: Was meint ihr dazu?

Keine dieser Aufforderungen wird durch die Lernenden umgesetzt. Der Lehrkraft gelingt es nicht, Argumentationsprozesse der Schüler wirksam auszulösen. In den anschließenden Reaktionen der Schüler treten Verstöße von Diskursregeln auf. Im ersten Fall ist die Reaktion eines Schülers nicht erkennbar auf das Gefragte bezogen (DS5c), im zweiten Fall wechselt ein Schüler unkommentiert den Bezugspunkt der Debatte (DS5d); er greift aus der Antwort seines Mitschülers ein Argument auf, aber kontrolliert es in einem anderen Kontext, als demjenige, in dem dieses Argument geäußert wurde. Die Aufforderung der Lehrkraft setzt dieser Schüler nicht um. Im dritten Fall kommt kein Schüler der Aufforderung der Lehrperson nach. Nur indirekt bezieht sich ein Schüler auf die Argumentation seiner Mitschülerin. Seine Wortwahl ist aber unpräzise und inadäquat (DS5e), sodass seine Verankerung in das bereits Gesagte und seine Intention nur schwer zu erkennen sind.

Beachtenswert ist, dass die Lehrkraft das Nichteinhalten der Aufforderungen zur Argumentationskontrolle an keiner Stelle moniert. Offensichtlich verlieren für die Lernenden ihre Fragen die Bedeutung einer Aufforderung zu anspruchvollen kognitiven und metakognitiven Aktivitäten und sie gewinnen dafür eine neue Deutung. Welche? Die Reaktionen der Schüler zeigen, dass sie diese Aufforderungen als ein Erlaubnis interpretierten, die eigene Sichtweise des bereits Diskutierten darzustellen oder sogar den Bezugspunkt des Diskutierten zu wechseln, ohne auf die Beiträge von den Mitschülern präzise eingehen zu müssen.

Bei solch einer Vorgehensweise verliert die Diskussion einen argumentativen Charakter, was kritisch zu betrachten ist. Hinter dieser Kritik steht einerseits der Gedanke des Konstruktivismus, andererseits die Sichtweise der Kognitionstheorie. Nach der konstruktivistischen Auffassung ist Lernen ein aktiver Prozess, in dem das individuell vorhandene Wissen und Können aus eigenen Erfahrungen verändert, insbesondere auf die eigene Interpretation und auf das eigene Verstehen ausgerichtet wird. In dem Lernprozess kommt dem kollektiven Lernen eine wesentliche Bedeutung zu, um individuelle Interpretation und Sinngebung in einer Diskussion zu überdenken, zu strukturieren und eventuell zu verändern (Dubs, 1995, S. 890f.). Hierfür sind Argumentationsprozesse und kognitiv anspruchsvolle Prozesse in einer sozialen Interaktion notwendig. Nicht zuletzt kommt auch den metakognitiven Aktivitäten, dem Denken über das Denken (das eigene oder das von anderen) eine wesentliche Rolle zu. Hier setzt die kognitionstheoretische Sichtweise von Lernen an. Eine ausführliche theoretische Einordnung von Konstruktivismus und Kognitivismus sowie die Darstellung der daraus resultierenden didaktischen Implikationen für die Gestaltung von Unterricht stellt Sjuts (1999) dar.

Aus einer kognitionstheoretischen Perspektive soll an die Konstruktion von kognitiven Werkzeugen ein metakognitver Begleitprozess gebunden werden, um den Wissenserwerb ins Bewusstsein der Lernenden zu rücken (Sjuts, 1999). Beide Aspekte scheinen in der analysierten Szene vernachlässigt, was eine Erklärung für die geringe Wirksamkeit der Umsetzung des entwickelten Konzeptes sein könnte.

6.5 Szene IV

„Wie findet ihr Carmens Vorschlag?“

Mit dieser Frage lenkt die Lehrkraft die Aufmerksamkeit der Lernenden auf den Beitrag einer Schülerin. Wie könnte eine anschließende Reaktion der Lernenden aussehen? Welche kognitiven und metakognitiven Prozesse sollen mit dieser Frage bei den Lernenden ausgelöst werden? Zu erwarten wäre ein argumentativer Prozess, in dem der Beitrag von Carmen kontrolliert und bewertet wird. Im Folgenden wird ein kurzes Transkript mit dieser Äußerung der Lehrkraft gezeigt. Es soll analysiert werden, inwieweit solch ein Kontrol- und Reflexionsprozess der Lernenden ausgelöst wurde und inwieweit es gelungen ist, die angestoßenen Denkprozesse der Lernenden gewinnbringend für ihren Lernprozess zu nutzen. Es handelt sich um einen Unterrichtsausschnitt mit der Besprechung folgender Aufgabe:

> **Aufgabe**
> Familie Müller möchte die Terrasse an ihrem Haus neu pflastern. Sie haben die Wahl zwischen zwei verschiedenen Plattensorten. Von den größeren würden sie 48 Platten benötigen. Frau Müller gefallen jedoch kleinere Platten besser. Zwei kleinere Platten bedecken die gleiche Fläche wie eine große Platte. Vater Müller schlägt vor, eine Zeichnung zu machen und alles auszuzählen. Tochter Lisa erinnert sich an ihre Hausaufgabe 3.4e. Als ihr Bruder Peter diese liest, sagt er: "Wir haben es hier nicht mit Mangos zu tun."
>
> a) Schreibe auf, was Lisa antworten könnte.
>
> b) Schreibe ein Tupel-Protokoll mit Variablen auf.

Die in der Aufgabe geschilderte Situation geht auf eine Kaufsituation (Hausaufgabe 3.4e.) mit dem Angebot „Mango: Stück 2 Euro" zurück. Für dieses Angebot haben die Lernenden bereits ein RM-Programm entwickelt, mit dem der zu bezahlende Preis beim Kauf einer beliebigen, fest gewählten Anzahl Mangostücke berechnet wird. Diesem RM-Programm liegt die Vorstellung eines Tauschprozesses zu Grunde: Für je ein Mangostück, das ein Käufer aus einer Kiste nimmt und einem Kunden gibt, legt der Kunde zweimal eine Eineuro-Münze auf die Theke.

In der neuen Situation mit den Steinplatten soll nun dieser Tauschprozess aufgerufen und unter einem neuen inhaltlichen Gesichtspunkt betrachtet werden. Die Äußerung von Lisas Bruder „Wir haben es hier nicht mit Mangos zu tun" soll bei den Lernenden die Reflexion über den für den Kauf von Mangos entwickelten Algorithmus sowie einen Kontroll- und Argumentationsprozess auslösen, um die Adäquatheit dieses Algorithmus für die neue Situation zu überprüfen. So wie für ein Mangostück zweimal eine Eineuro-Münze zu legen ist, so ist in einem fiktiven Tauschprozess für je eine benötigte große Platte zweimal eine kleine Platte zu nehmen. Dieser Handlungsprozess ist analog zu demjenigen beim Kauf von Mangos.

Die Fundierung des Funktionsbegriffs auf einer Handlungsbasis bedarf des Bewusstmachens dieses Handlungsprozesses, um ihn anschließend auf abstrakte Situationen verallgemeinern zu können, so wie es im Abschnitt 3.3.2 auf den Seiten 54ff. erklärt wurde.

Zur Besprechung des ersten Aufgabenteils leitet die Lehrkraft folgendes Klassengespräch ein:

Transkript zur Szene IV

L.: So, okay. (Ich denke) Sind alle so weit? So, wer liest mal eben seine Antwort zu Aufgabe a vor? Was könnte Lisa jetzt antworten? Fabian!

Falk:	Ähm. Wenn wir 48 Mangos haben, **ähm kaufen,** müssen wir 96 Euro bezahlen und wenn wir 48 große Platten kaufen würden, brauchen, **brauchten** wir 96 kleine Platten, um die gleiche Fläche auszulegen.	MS1a **MS8b** **MS8b**
L.:	Ja, wer hat noch eine Ergänzung dazu? Carmen.	*f*ML4b
Carmen:	Ich habe auch aufgeschrieben, dass sie ihrem Bruder sagt: „Wir müssen, wir nehmen nur das RM-Programm davon und die, die Mangos benennen wir jetzt in Steine um."	DS2f RS2a
L.:	Ah. Wie findet ihr Carmens Vorschlag? Bastian!	*f*ML4b
Bastian:	Nicht schlecht *[L. nickt, grinst]*, also gut.	
L.:	Gut, okay. Also, hört sich ganz gut an. Find ich auch *[grinst]*. Gut, okay. So. Jetzt haben wir hier zwei Vorschläge für die Tupel-Protokolle, und zwar (...) gucken wir uns zuerst einmal die Programme an.	DL5f

Interpretation der klassifizierten metakognitiven und diskursiven Aktivitäten
Der erste Beitrag der Lehrkraft hat einen unterrichtsorganisatorischen Charakter und ist daher unklassifiziert.

Falk betrachtet die zwei im Aufgabentext erwähnten Situationen nicht vor dem Hintergrund eines Handlungsprozesses, sondern er konzentriert sich ausschließlich auf die Input- und Outputwerte in einem Fall, in dem in einer Situation 48 Mangos gekauft werden und in der anderen 48 Platten benötigt würden. Falk kontrolliert also „nur" einen lokalen Fall und eine dazu passende Rechnung. Diese Aktivität ist mit MS1a als lokale Kontrolle einer fachspezifischen Tätigkeit zu werten. An zwei Stellen korigiert Falk seine Wortwahl, was ein Indiz für die auf seine Ausdruckweise bezogene Selbstüberwachung (MS8b) ist.

In Zeile 8 fragt die Lehrkraft nach einer Ergänzung zu dem Beitrag von Falk. Diese Aufforderung verlangt von den Lernenden, dass sie sowohl die Äußerung von Falk als auch diese von der fiktiven Schülerin Lisa und ihrem Bruder kontrollieren, denn nur dann kann die Äußerung von Falk sinnvoll – im Sinne der Aufgabenstellung – um weitere Anmerkungen ergänzt werden. Die Frage der Lehrperson ist daher als Aufforderung zur globalen Kontrolle der Argumentation (*f*ML4b) klassifiziert.

Die Formulierung von Carmen „Ich habe auch aufgeschrieben, dass sie ihrem Bruder sagt (...)" deutet darauf hin, dass Carmen auf einen anderen Aspekt als Falk eingeht und mit diesem Aspekt den Beitrag von ihrem Mitschüler ergänzt. Mit dieser Formulierung setzt sie ihre Antwort von dem Beitrag von Falk ab (DS2f). Die Schülerin kontrolliert den Beitrag ihres Mitschülers nicht explizit, sodas ihre Antwort nicht als Monitoring klassifiziert werden kann.

Carmen hat die Analogie des Tauschprozesses „Mangos gegen Euro" zu dem Tauschprozess „große Steinplatten gegen kleine Steinplatten“ eingesehen. In den beiden im Aufgabentext beschriebenen Situationen hat sie also die Wirkung des gleichen Algorithmus erkannt. Ihre Äußerung ist daher als Reflexion mit dem Teilaspekt RS2a klassifiziert. Die Erkenntnis von Carmen ist eine besondere Leistung. Ihre Äußerung bedarf einer Präzisierung: Werden Mangos in Steine umbenannt, so berechnet das zuvor für die Mangos entwickelte RM-Programm den zu bezahlenden Preis, so als ob eine große Steinplatte zwei Euro kosten würde. Für die großen Steinplatten soll aber die Anzahl der kleinen Steinplatten und nicht der Preis berechnet werden.

Um Carmens Erkenntnis auch für ihre Mitschüler zugänglich zu machen, bedarf es der Offenlegung von Denkstrategien und Vorstellungen, die sie zu dieser Erkenntnis geführt haben. Im Klassengespräch werden hierfür keine Maßnahmen ergriffen. Der Kommentar der Lehrkraft lässt darauf schließen, dass sie die Leistung von Carmen nicht erkannt hat.

Im Klassengespräch sind eine Artikulation von Denkstrategien und Vorstellungen, Reflexion über das durch die Lernenden Gesagte und ein Versuch, das Gemeinte zu explizieren, nicht zu erkennen. Hierbei würde es sich nicht nur um eine motivierende Würdigung des Beitrags von Carmen handeln, sondern vielmehr darum gehen, ihre Interpretation der neuen Situation und den entworfenen Vorschlag zu überdenken, einer Bewährung auszusetzen, eventuell zu verändern und den Mitschülern nahe zu bringen.

Die Lehrkraft bewertet die Ergänzung von Carmen nicht sofort. In Zeile 12 fordert sie die Lernenden zu einer solchen Bewertung auf. Hier sind zwei Interpretationen denkbar:

Die erste geht davon aus, dass die Lehrkraft zur Kontrolle des Beitrags von Carmen im Sinne der Kontrolle einer Ergänzung zu der Antwort von Falk auffordert. Dann ist diese Aufforderung mit *f*ML4b zu klassifizieren, weil sie sowohl die Kontrolle der Antwort von Carmen als auch der von Falk erfordert. Der Begriff „Vorschlag“ ist dann als ein Vorschlag für eine Ergänzung zu verstehen.

Die zweite Interpretation geht davon aus, dass sich die Aufforderung nur auf den Beitrag von Carmen unabhängig von dem Beitrag von Falk bezieht. Dann wäre die Äußerung der Lehrkraft in Zeile 12 als eine Aufforderung zur Kontrolle der Äußerung der Schülerin mit *f*ML4a zu klassifizieren. Die Formulierung „Vorschlag“ wäre dann aber mit dem Teilaspekt DL5e zu erfassen, weil Carmen selbst keinen Vorschlag gemacht hat.

Da die weiteren Beiträge von der Lehrkraft und von den Lernenden nicht ausführlich sind, ist es schwierig einzuschätzen, was die Intention der Lehrkraft war. Für die Klassifizierung ist mit der folgenden Begründung die erste Interpretation gewählt worden: Der Lehrkraft wird untergestellt, dass sie sich in Zeile 12 auf ihre Äußerung in Zeile 8 bezieht und so ein Ziel verfolgt.

Die Antwort von Bastian in Zeile 13 hat nur das Format einer bewertenden Antwort, aber eine Kontrolle der Äußerung von Carmen ist in seinem Beitrag nicht verbalisiert. Sein Beitrag ist zu wenig informativ, um ihn als Monitoring klassifizieren zu können. Die Äußerung von Bastian ist nicht als ein Verstoß gegen eine diskursive Unterrichtskultur zu werten, weil der Schüler versucht, der Aufforderung der Lehrperson nachzukommen.

Die Lehrperson moniert nicht, dass ihre Aufforderung nicht umgesetzt wurde und zieht daraus keine Konsequenz für das weitere Klassengespräch. Ihr abschließender Beitrag ist deshalb mit dem Teilaspekt DL5f klassifiziert. Hier ist eine Anmerkung notwendig: Das Auftreten der Kurzbezeichnung DL5f regt zum Nachdenken an, denn zuvor tritt im Transkript keine Kurzbezeichnung, mit der ein Verstoß gegen die Diskursivität in einem Schülerbeitrag erfasst ist, auf. Daraus kann man schließen, dass im Unterricht ein mit den Teilaspekten des Kategoriensystems nicht erfassbarer Verstoß gegen eine diskursive Unterrichtskultur aufgetreten ist und dass eine Intervention der Lehrkraft notwendig wäre. In diesem Fall handelt es sich um eine Situation, in der die Lehrkraft keine Konsequenz aus einem nicht gelungenen Versuch eines Schülers, ihre Aufforderung umzusetzen, zieht. Das ist auch deshalb besonders kritisch zu betrachten, weil es sich um eine zentrale Stelle in der Besprechung der Aufgabe handelt, an der das neu konstruierte Wissen einer Schülerin einer Kontrolle herangezogen werden sollte.

Das Urteil der Lehrkraft „Also hört sich ganz gut an“ ist lediglich eine inhaltlose, nicht informative Scheinaktivität. Aus diesem Grund kann sie nicht als eine Monitoring- oder Reflexionsaktivität klassifiziert werden. Die Lehrkraft versucht nicht, mit ihrem Kommentar ihre Monitoringaktivitäten zu verbalisieren und auf diese Weise verdeutlichen, welche Aktivitäten bei den Lernenden mit der Aufforderung in Zeile 12 ausgelöst werden sollten. Das wäre hier erwünschenswert, da die Lernenden sonst keine Chance haben, eine adäquate Deutung von formulierten Fragen und Aufforderungen zu erschließen.

Diese Unterrichtssequenz zeigt, dass es der Lehrkraft nicht gelingt, an zentralen Stellen im Unterricht die Erkenntnisse der Lernenden zu artikulieren und diese in einen argumentativen Prozess einzubinden.

Speer zur Szene IV

Die Kurzbezeichnung für die im Transkript zur Szene IV erfassten metakognitiven und diskursiven Aktivitäten sind am folgenden Speer dargestellt:

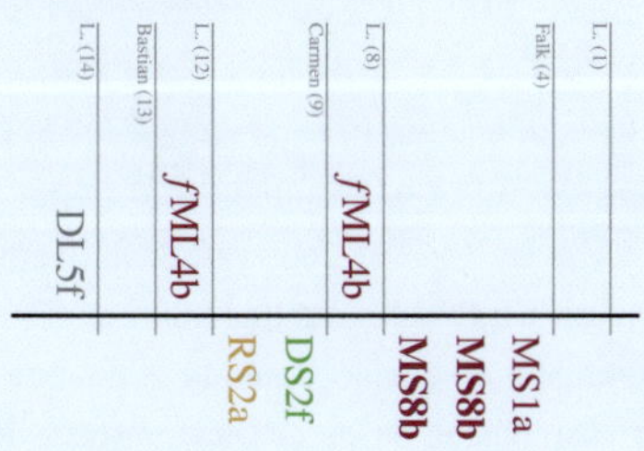

Auf der Lehrerseite sind an dem Speer zwei Aufforderungen zur Argumentationskontrolle kodiert (*f*ML4b). Ihnen folgen aber auf der Seite der Lernenden keine Kurzbezeichnungen für die entsprechenden Monitoringaktivitäten. Daraus kann man schließen, dass diese Aufforderungen nicht explizit umgesetzt wurden. Gegen das Nichteinhalten der zweiten Aufforderung durch die Schüler hat die Lehrkraft keine Intervention vorgenommen – darauf deutet die Kurzbezeichnung DL5f hin.

Hier lässt sich wieder das Muster erkennen, das bereits bei der Analyse der drei Speere zu der Szene III identifiziert wurde: Auf der Lehrerseite sind Aufforderungen zu anspruchsvollen kognitiven und metakognitiven Aktivitäten dargestellt (hier die beiden Aufforderungen zur Kontrolle der Argumentation); auf der Seite der Lernenden fehlen Kurzbezeichnungen für die entsprechenden Aktivitäten, zu denen die Lehrkraft aufgefordert hat; danach ist auf der Lehrerseite mit DL5f das Fehlen von Interventionen gegen Verstöße der Diskursregeln kodiert.

Anmerkungen zu dieser Szene sind bereits in die vorstehende Erklärung der klassifizierten Äußerungen aufgenommen worden.

6.6 Szene V

„So jetzt stellt mal euer RM-Programm dazu vor, das, was ihr da so geschrieben habt, und erklärt auch, wie ihr drauf gekommen seid.“

Diese Äußerung zielt auf die Offenlegung von Vorstellungen und von Denkprozessen der Lernenden ab. Zum einen verlangt die Lehrkraft von den Lernenden die externe Repräsentation eines Algorithmus darzustellen, zum anderen aber auch die intern ablaufenden Denkprozesse, die zu dieser Darstellung geführt haben, offen zu legen.

Die folgende Ausführung dient der Voraborientierung für die Transkriptanalyse zur Szene V: In der Einleitung zum Abschnitt 6 wurde auf Phänomene in der Realisierung der Innovation hingewiesen. Eines davon kann so beschrieben werden, dass während der Implementation lediglich die Erscheinungsform und nur scheinbar die Tiefenstruktur des Unterrichts geändert werden (vgl. dazu auch die Anmerkungen zur Implementationsanalyse auf Seite 133), z. B. es werden anspruchsvollle Aufforderungen gestellt, aber nicht umgesetzt, und das Nichtbeachten dieser Aufforderungen wird nicht beanstandet

Was passiert nun, wenn eine vorliegende Diskrepanz zwischen der Erscheinungsform des Unterrichts und den Handlungen nicht nur ohne Kritik seitens der Lehrkraft bleibt, sondern wenn sie von der Lehrkraft auch überhaupt nicht aufgedeckt und deshalb auch nicht behoben wird? Offensichtlich führt es dazu, dass dem Gesagten (z. B. den gestellten Aufforderungen) eine neue Deutung zugeschrieben wird und dass sich mit der Anpassung der Handlungen an diese Deutung neue Handlungsmuster in der Kommunikation herausbilden.

Ein fehlendes Verständnis der intendierten Veränderungen kann zudem auch Konsequenzen nach sich ziehen, die als eine selektive Vorgehensweise der Lernenden bei der Reaktion auf anspruchsvolle Aufforderungen der Lehrkraft erscheinen. Für einen Zuhörer sieht es so aus, als ob gewisse Teile der Aufforderung für die Schüler bedeutungslos wären: So wird beispielsweise die Aufforderung der Lehrkraft: „Was hat denn derjenige, der sich das jetzt, der das Netz gebaut hat, falsch vorgestellt dabei, wo ist der Fehler, bei ihm?“ (vgl. 6.3) nur als eine Aufforderung zur Nennung eines Fehlers interpretiert und die Aufforderung „So jetzt stellt mal euer RM-Programm dazu vor, das, was ihr da so geschrieben habt, und erklärt auch, wie ihr drauf gekommen seid“ als eine Aufforderung zum Vorlesen oder Beschreiben des entwickelten RM-Programms verstanden.

Ist es plausibel, dass die Lernenden lokal solche Aufforderungen der Lehrkraft und ihre Intention nicht verstanden haben und dass sie deswegen diesen Aufforderungen nicht nachgekommen sind? Da sich solche Situationen in unterschiedlichen Kontexten während der Realisierung des Projektes wiederholten, drängt sich die Vermutung auf, dass es sich um ein Verständnisproblem der Lernenden handelt. Dann stellt sich aber die Frage, wodurch man den Mangel an jeglicher Intervention der Lehrkraft gegen die fehlenden Aktivitäten der Schüler erklären kann. Ist es denkbar, dass die Lehrkraft etwas sagt, was sie so nicht meint? Als Konsequenz wären dann die aus der Sichtweise eines Kundigen der Semantik intendierten Aktivitäten der Lernenden überhaupt nicht das gemeinte Ziel der Lehrkraft. Nach der im Abschnitt 6.2 analysierten Szene sind hierfür Zweifel angebracht. Es ist plausibler, dass die Lehrkraft etwas sagt, was sie als ein Indiz für die angestrebte Veränderung des Unterrichts erkennt, aber sie kann sich nicht vorstellen, wie die entsprechenden Aktivitäten der Lernenden aussehen könnten.

Vermutlich ist dieses Phänomen u. a. mit Schwierigkeiten verbunden, die in der Vorbereitung der Lehrkräfte auf die Realisierung des Projektes aufgetreten sind. Anscheinend ist es nicht gelungen, die Aufmerksamkeit der Lehrpersonen bei der Diskussion über besondere Merkmale der konzipierten Aufgaben sowie über Merkmale einer lernfördernden Gesprächskultur auf die auszulösenden Denkprozesse der Schüler zu fokussieren.

Die fehlende Intervention der Lehrkraft gegen das Nichterfüllen ihrer Aufforderungen lässt also auf ihr fehlendes Verständnis der Auswirkung dieser Aufforderungen schließen. Dieses Phänomen wird im Folgenden an einem kurzen Unterrichtsausschnitt verdeutlicht.

Folgender Transkriptausschnitt stammt aus einer Unterrichtsstunde aus dem zweiten Jahr der Realisierung des Projektes. In der vorherigen Unterrichtsstunde haben die Lernenden eine Rechenmaschine zum Kopieren eines Zählerinhalts gebaut. Jetzt sollen sie in Partnerarbeit eine Rechenmaschine zum Verdoppeln eines Zählerinhalts bauen und dazu ein passendes Rechennetz zeichnen. Zwei Schüler, Jens und Peter, stellen ihr (korrektes) Rechennetz ihren Mitschülern vor (Abb. 6.4).

Bei der Darstellung des Netzes gehen sie nicht auf die Idee des Algorithmus zum Verdoppeln ein, sondern sie zeigen mit einem Bleistift den Weg des Netzes auf der Folie und beschreiben die Änderungen der drei Zählerinhalte während des Befahrens des Netzes. Anschließend sollen sie ihr RM-Programm zu diesem Netz darstellen. Dazu ergibt sich in der Klasse folgendes Gespräch:

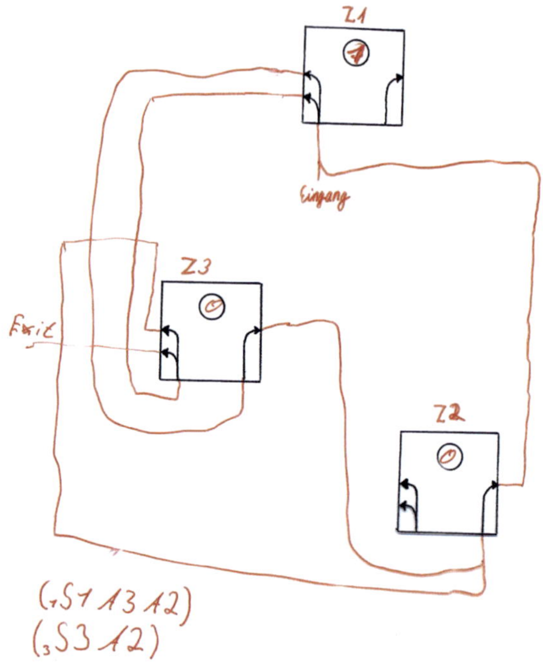

Abbildung 6.4: Das Rechennetz und das RM-Programm zum Verdoppeln von Jens und Peter

Transkript

L.:	So jetzt stellt mal euer RM-Programm dazu vor, das was, ihr da so geschrieben habt, und erklärt auch, wie ihr drauf gekommen seid.	*f*RL6a
Peter:	*[zu Jens]* Das wusst ich gar nicht. *[Das RM-Programm ist auf der Folie unter dem Rechennetz zu sehen.]*	MS5a
Jens:	Also ähm man muss ja erst ei- äh ein Stäbchen aus Register eins *[zeigt auf S1]* rausnehmen, dann wird wieder bei drei eins zugezählt, bei zwei dann auch eins zugezählt. Dann wieder bei drei äh bei Zähler drei wird dann wieder ein da weggenommen und bei zwei wieder eins zugefügt. Dann findet man am Ausgang wieder. (8 sec)	DS5c DS5d MS8b
L.:	Was sagt ihr dazu? Zu dem Vorschlag? Suse?	*f*ML1b
Suse:	Also das RM-Programm is richtig. Würd ich sagen, so.	MS1b
L.:	Jetzt ne Rückmeldung für die beiden. Was sagt ihr zu deren Arbeit? Lukas?	*f*RL6b

16 Lukas: Ham die gut gemacht.

L.: Find ich auch. Ok. Dankeschön. DL5f

Interpretation der klassifizierten metakognitiven und diskursiven Aktivitäten

Die Lehrkraft fordert die Lernenden dazu auf, dass sie ihr RM-Programm darstellen und erklären, wie sie darauf gekommen sind. Während sich der erste Teil der Aufforderung auf die externe Repräsentation des RM-Programms bezieht und keine metakognitiven Aktivitäten von den Lernenden explizit verlangt, erfordert der zweite Teil eine Offenlegung des Denkprozesses, der die Schüler zu dem RM-Programm geführt hat. Der zweite Teil ist daher als eine Aufforderugn zur Reflexion über die Vorgehensweise beim Erstellen des RM-Programms klassifiziert (*f*RS6a).

Das RM-Programm zu dem Netz hat Jens geschrieben. Das erklärt den Kommentar von Peter zu Jens in Zeile 3: Peter sagt, dass er nicht wusste, wie das RM-Programm aussehen sollte. Im Kontext der Szene ist es eine Positionsbestimmung – rückblickend betrachtet äußert der Schüler sein Verständnisdefizit, das vermutlich immer noch nicht behoben wurde (MS5a).

Jens erklärt sprachlich ungenau lediglich die Bedeutung der einzelnen Elementarbefehle in dem RM-Programm, wobei er unkommentiert die Repräsentationsform des Algorithmus wechselt: S_1 – „man muss ja erst ei äh ein Stäbchen aus Register eins rausnehmen" (Wechsel zu der Repräsentations der Registerkiste), A_3 – „dann wird wieder bei drei eins zugezählt", A_2 – „bei zwei dann auch eins zugezählt", S_3 – „Dann wieder bei drei äh bei Zähler drei wird dann wieder ein da weggenommen" (Wechsel zu der Repräsentationsform der Rechennetze), A_2 – „und bei zwei wieder eins zugefügt". Auf die einzelnen zusammenhängenden Strukturen (Unterprogramme) und deren Bedeutung in dem Algorithmus geht Peter nicht ein, sodass die Idee des RM-Programms auf diese Weise nicht wiedergegeben wird. Mit der Äußerung wechselt der Schüler nicht in die Metaebene und daher ist sein Beitrag nicht als eine metakognitive Aktivität klassifiziert. Da Jens nur die einzelnen Elementarbefehle seines RM-Programms kommentiert, setzt er die Aufforderung der Lehrkraft nicht um. Seine Handlungen sind nicht erkennbar auf das bezogen, was von ihm (und seinem Mitschüler) verlangt war und deshalb ist Jens' Beitrag als ein Verstoß gegen die Diskursivität klassifiziert (DS5c). Der unkommentierte Wechsel der Repräsentationsform von Algorithmen ist zusätzlich mit dem Teilaspekt DS5d erfasst. Der letzte Satz von Jens in Zeile 10 ist unpräzise, er bezieht sich vermutlich auf den Ausgang des Rechennetzes. Hier wechselt der Schüler wieder die Repräsentationsform von Algorithmen, was die Sinnentnahme aus seiner Äußerung erschwert.

Nicht umgesetzt bleibt die Aufforderung der Lehrperson „erklärt auch, wie ihr drauf gekommen seid". Dieses wird weder durch die Mitschüler noch durch die Lehrkraft selbst kommentiert. Die Handlungen von Jens erwecken den Anschein, als ob der zweite Teil der Aufforderung der Lehrkraft für ihn bedeutungslos wäre. Die fehlende Intervention der Lehrkraft auf die nicht umgesetzte Aufforderung lässt vermuten, dass sie selbst diese lediglich als eine Form der Anpassung an die Anforderungen der Innovation geäußert hat, ohne die damit intendierten kognitiven und metakognitiven Aktivitäten der Lernenden verstanden zu haben.

Mit der Frage „Was sagt ihr dazu? Zu dem Vorschlag?" fordert die Lehrkraft zur Kontrolle des RM-Programms von Jens und Peter auf. Bei der Kontrolle können unterschiedliche Aspekte in den Blick genommen werden: sowohl die Syntax und die Semantik als auch die Adäquatheit des RM-Programms zu dem Rechennetz. Da keiner der Aspekte explizit genannt wird, ist die Frage der Lehrperson mit dem Teilaspekt *f*ML1b klassifiziert; um diese Aufforderung umzusetzen, ist eine lückenlose Kontrolle des RM-Programms notwendig, wobei die fachspezifische Tätigkeit, die hier kontrolliert werden sollte, nicht explizit genannt ist.

Suse beurteilt die Korrektheit des RM-Programms. Ihre Äußerung ist ein Indiz für die durchgeführte Kontrolle des RM-Programms. Sie setzt also die Aufforderung der Lehrkraft um (MS1b).

Die weitere Äußerung der Lehrkraft fokussiert die Aufmerksamkeit der Lernenden auf die geleistete Arbeit von Peter und Jens. Es ist eine Aufforderung zu einer reflektierenden Einschätzung von Stärken und Schwächen der präsentierten Ergebnisse der beiden Schüler (*f*RL6b). Ihr kommen die Lernenden nicht nach. Der Kommentar von Lukas ist zu wenig informativ, um ihn als eine reflektierende Einschätzung der Arbeit von seinen Mitschülern werten zu können. Im Transkript bleibt er daher unklassifiziert.

Mit dem Kommentar der Lehrkraft „Find ich auch. Ok. Dankeschön." wird die Besprechung des RM-Programms abgeschlossen. Ein Rückblick auf das Transkript zeigt, dass die mit *f*RL6a klassifizierte Frage zur Offenlegung von Denkprozessen der Lernenden nicht umgesetzt wurde. Daraus zieht die Lehrkraft keine Konsequenzen für das weitere Gespräch. Ihre abschließende Äußerung ist deshalb als ein Verstoß gegen die Diskursivität klasifiziert (DS5f). Jegliche Mechanismen des Wirksamwerdens der angestoßenen metakognitiven Aktivitäten fehlen. Nicht umgesetzt wurde auch die mit *f*RL6b klassifizierte Aufforderung. Hier ist aber zumindest der Versuch eines Schülers erkennbar, diese umzusetzen.

Speer zur Szene V

Am Speer zur Szene V (S. 217) sind auf der Seite der Lehrkraft drei Aufforderungen zu metakognitiven Aktivitäten (*f*RL6a, *f*ML1b und *f*RL6b) dargestellt. Nur einer von ihnen folgt auf der Schülerseite die Kurzbezeichnung für die entsprechende metakognitive Aktivität. Die zwei Aufforderungen für die Reflexion wurden offensichtlich nicht umgesetzt. Nach der ersten sind auf der Seite der Schüler zwei Kurzbezeichnungen für zwei Teilaspekte Negativer Diskursivität sowie zwei Kurzbezeichnungen für die Monitoringaktivitäten zu finden, aber die entsprechenden Kurzbezeichnungen für die Reflexionsaktivität, zu der die Lehrkraft aufgefordert hat, fehlt. Nach der zweiten Kurzbezeichnung für die Reflexionsaktivität ist auf der Schülerseite keine Kurzbezeichnung dargestellt. Daraus kann man schließen, dass diese nicht umgesetzt wurde.

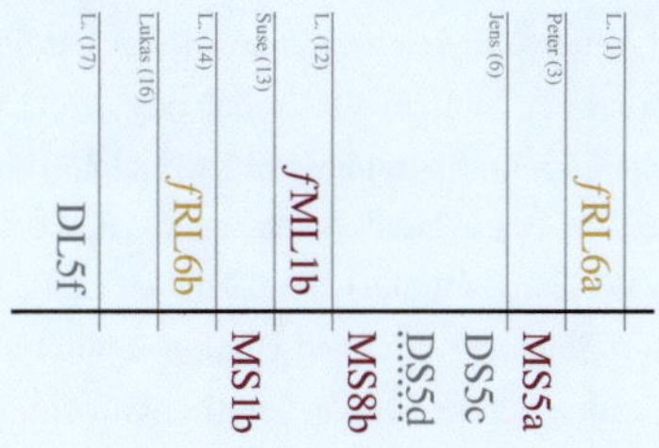

Mit der letzten Kurzbezeichnung an dem Speer wurde die fehlende Reaktion der Lehrkraft gegen die vorher aufgetretenen Verstöße der Diskursregeln, insbesondere gegen das Nichteinhalten ihrer Aufforderungen erfasst (DL5f). Das Auftreten dieser Kurzbezeichnung lässt auf das Scheitern der Diskussion bezüglich metakognitiver Aktivitäten schließen, weil zu diesen zwar Aufforderungen formuliert wurden, aber gegen das Nichteinhalten dieser Aufforderungen keine Intervention ergriffen wurde.

6.7 Zusammenfassung und Diskussion der Ergebnisse

Das Ziel des 6. Kapitels war, Schwierigkeiten zu verdeutlichen, die während der Realisierung der Innovation erst auf den zweiten Blick überhaupt zu Tage traten. Deren Analyse soll einen Beitrag zur Herausarbeitung hypothetischer Mechanismen leisten, die diese Implementationsschwierigkeit erklären. Aus dieser Analyse sollen Konsequenzen für nachfolgende Projekte gezogen werden. Im Weiteren werden Erkenntnisse aus diesem Kapitel zusammengefasst und diskutiert.

Die in Kapitel 6 exemplarisch durchgeführte Implementationsanalyse geht von der Position aus, dass der Schwerpunkt dieser Implementation auf den Lernprozessen liegt, die u. a. durch verbale Aufforderungen einer Lehrperson, durch Aufgaben bzw. durch Unterrichtsmaterialien induziert, aufrechterhalten und zu einem gewinnbringenden Ende geführt werden (sollen). Diese Position ist in der Unterrichtswissenschaft weit verbreitet (vgl. z. B. Blömeke und Müller, 2008; Reusser, 2008). Für die Implementationsanalyse, die im Rahmen der vorliegenden Arbeit vorgenommen wurde, gewinnt sie deshalb an Bedeutung, weil das zu implementierende Unterrichtskonzept gezielt das Zusammenspiel zwischen Darstellung und Vorstellung für Lernprozesse der Schüler nutzt. Durch Thematisieren des Zusammenspiels zwischen äußeren Repräsentationen von Algorithmen und den damit verbundenen Ideen und Vorstellungen soll das Verständnis mathematischer Begriffe (Variable und Funktion) gefördert werden. Zu Besonderheiten dieser Repräsentationsformen gehört, dass sie Schülervorstellungen quasi verkörpern können und dadurch das Zusammenspiel zwischen dem Dargestellten und dem Vorgestellten relativ leicht einer Analyse zugänglich machen. Das Thematisieren des Dargestellten (Gesagten, Geschriebenen, Gezeichneten, Gebauten) und des damit Intendierten bzw. eine präzise Abgrenzung von Unterschieden zwischen diesen hat bei der Implementation dieses Konzeptes einen besonderen Stellenwert für den angestrebten Lernerfolg. Es ist das Ziel dieses Konzeptes, dass sich im Spannungsfeld zwischen Darstellung und Vorstellung bzw. zwischen Gegenstand (z. B. ein Haufen von Stäbchen, das sich im ersten Fach der Registerkiste hinter einem Vorhang befindet), dem Zeichen (z. B. „x_1“ als Bezeichnung für die unbekannte Anzahl von Stäbchen in einem Haufen) und dem Begriff (z. B. Variable) mathematische Erkenntnis der Schüler bewegt und entwickelt. Die Wechelbeziehungen müssen daher zum Gegenstand des Nachdenkens werden.

Betrachtet man noch einmal die bereits in der Einleitung zu diesem Kapitel angeführten Äußerungen der Lehrkraft, die nun im Kern der in den Abschnitten 6.2 bis 6.6 analysierten Unterrichtssequenzen stehen, dann ist festzuhalten, dass die Äußerungen der Lehrkraft das Potential haben, das Spannungsfeld zwischen Darstellung und Vorstellung zu entwickeln:

- Szene I: „Jetzt erklär nochmal eben, wo gerade dein Gedankenfehler war.“, „Wer kann das einmal mit kurzen Worten sagen: Was hat Erik eben falsch verstanden? Das ist ja auch für euch auch wichtig. Daraus könnt ihr euch nur lernen [sic!].“
  In dieser Szene soll das Zusammenspiel zwischen Gesagtem und Gemeinten sowie zwischen einer äußeren Repräsentation eines Algorithmus (ein Rechennetz) und der durch sie hervorgerufenen Vorstellung eines Schülers thematisiert werden.

- Szene II: „Was hat denn derjenige, der sich das jetzt, der das Netz gebaut hat, falsch vorgestellt dabei, wo ist der Fehler, bei ihm?“
  In dieser Szene soll ein Zusammenspiel zwischen der Darstellung eines Algorithmus (ein falsches Additionsnetz) und einer Fehlvorstellung, mit der Fehler in dieser Darstellung zu erklären sind, thematisiert werden.

- Szene III : „Also hört euch gegenseitig gut zu, damit ihr das auch diskutieren könnt, miteinander diskutieren könnt.“
  In dieser Szene sollen die Lernenden in einer diskursiven Auseinandersetzung ihre Positionen zu einem Beitrag eines fiktiven Schülers miteinander diskutieren. Diesem Beitrag, also dem Geschriebenen, ist das Intendierte zu entnehmen (die Vorstellung des fiktiven Schülers bezüglich der Funktionsweise einer gebauten Additionsmaschine), zu kontrollieren und zu bewerten.

- Szene IV: „Wie findet ihr Carmens Vorschlag?“
  In dieser Szene sollen die Lernenden eine Argumentation einer Mitschülerin kontrollieren und bewerten. Indirekt handelt es sich hier um die Kontrolle von Vorstellungen dieser Schülerin bezüglich der Funktionsweise und der Anwendung eines Algorithmus.

- Szene V: „So jetzt stellt mal euer RM-Programm dazu vor, das, was ihr da so geschrieben habt, und erklärt auch, wie ihr drauf gekommen seid.“

In dieser Szene sollen zwei Schüler ihren Mitschülern ihre Idee zur Entwicklung eines Algorithmus erläutern. Es wird verlangt, dass die Schüler erklären, wie sie dazu gekommen sind, das intendierte Ziel einer Rechenmaschine in Form eines korrekten Algorithmus darzustellen.

Nun wird aber dieses Potential im Unterricht nicht bzw. nicht adäquat genutzt. Zunächst fallen folgende Ursachen dafür auf:

- das Fehlen an Mechanismen, die den Zusammenhang zwischen Darstellung und Vorstellung einer Kontrolle unterziehen,
- eine fehlende Kontrolle dessen, ob die Lernenden den gestellten Aufforderungen nachkommen bzw. inwieweit sie die thematisierten Diskursregeln einhalten.

In den analysierten Fällen wird also lediglich die äußere Form des Unterrichts geändert. Der Unterricht zeigt Indizien für eine Orientierung an den Denk- und Verstehensprozessen der Schüler, aber ohne jegliche Wirkmechanismen, sodass man von einer Diskrepanz zwischen dem Intendierten und dem Realisierten sprechen kann. Das Aufdecken und das Beschreiben dieser Diskrepanz ist schwierig, weil sie sich nicht in einem inkonsistenten Unterrichtsgeschehen zeigt. Sie liegt in der Tiefenstruktur des Unterrichts.

Um diese Diskrepanz zu verdeutlichen, wurde die verbale Interaktion im Unterricht unter diesem Aspekt analysiert, ob die von einer Lehrkraft gestellten Aufforderungen zu anspruchsvollen kognitiven, metakognitiven und diskursiven Aktivitäten durch die Lernenden adäquat umgesetzt werden bzw. wie die Lehrkraft auf das Nichtbeachten dieser Aufforderungen reagiert. Beim Betrachten der Unterrichtsszenen unter diesem Aspekt ist ein Muster in den unterrichtlichen Interaktionen zu sehen:

Die Lehrkraft stellt Aufforderungen zu anspruchsvollen kognitiven, metakognitiven oder diskursiven Aktivitäten seitens der Schüler. Dabei thematisiert sie z. B. Regeln einer diskursiven Unterrichtskultur, sie fokussiert die Aufmerksamkeit der Lernenden auf Argumentationen, Hypothesen und Lösungen von Mitschülern und begründet die Bedeutung des Lernens aus Fehlern und aus der Analyse von Fehlvorstellungen für den Lernprozess der Schüler. Für einen Kundigen der Semantik sind dies Indizien für eine angestrebte Unterrichtsveränderung im Sinne des Projektes, denn die Lehrperson versucht, sich mit ihren Äußerungen an die Anforderungen der Innovation anzupassen und den neuen Formen der Unterrichtsgestaltung Eingang in den Unterricht zu verschaffen.

Für die Lernenden sind diese Aufforderungen neu. Deren Bedeutung wird im Unterricht nicht herausgearbeitet. Ein bei den Lernenden fehlendes Verständnis der gestellten Aufforderungen führt dazu, dass sie diesen eine neue, eigene Deutung zuweisen. So wird beispielsweise eine Aufforderung zur Erklärung einer Fehlvorstellung als eine Aufforderung zur Nennung eines Fehlers uminterpretiert, auf eine Aufforderung zur Kontrolle einer Argumentation wird mit einer wenig informativen und nicht begründeten Einschätzung der Form des Gesagten reagiert („Ham die gut gemacht.“, „Nicht schlecht, also gut.“) oder sie wird nicht umgesetzt. Wegen einer Anpassung der Handlungen der Lernenden an die neue (nicht offengelegte) Deutung des Gesagten ist die Diskrepanz zwischen den intendierten und den praktizierten Aktivitäten der Schüler nicht auf den ersten Blick erkennbar.

Die Lehrkraft kritisiert diese – für einen Kundigen der Semantik nicht adäquaten – Reaktionen und Äußerungen der Lernenden nicht. Ein bei ihr fehlendes Verständnis der Kernideen der Innovation führt dazu, dass sie das Nichtbeachten oder eine inadäquate Umsetzung ihrer Aufforderungen nicht wahrnehmen kann und deshalb reagiert sie nicht mit einer Kritik. Es drängt sich die Hypothese auf, dass ihr eine Vorstellung darüber fehlt, welche Denkprozesse mit den gestellten Aufforderungen bei den Lernenden initiiert werden sollen. Dies bezieht sich nicht nur auf diejenigen Aufforderungen, die sie selbst stellt, sondern auch auf Aufgaben, die im Unterricht bearbeitet werden sollen, besonders dann, wenn deren Bearbeitung metakognitive und diskursive Aktivitäten erfordert.

Durch das fehlende Verständnis wird das beschriebene Muster in den Interaktionen zwischen der Lehrkraft und den Lernenden verfestigt. Es deutet auf eine im Kern nicht adäquate Implementation der Innovation in die Unterrichtspraxis hin.

Auf den Seiten 222 und 223 sind noch einmal alle Speere aus den Abschnitten 6.2 bis 6.6 dargestellt, um dieses Muster zu verdeutlichen.

Dieses Muster zeigt, dass ein Mechanismus, der die Implementationsschwierigkeiten erklärt, durchaus komplex ist. Vermutlich liegt ihm ein Verständnisproblem seitens der Lehrkräfte zu Grunde – ein Verständnisdefizit bezogen auf die intendierten Ziele der Innovation. Dieses bezieht sich zum einen auf das Spannungsfeld zwischen Darstellung und Vorstellung und dessen Stellenwert für mathematische Erkenntnisse der Lernenden, zum anderen auch auf die Bedeutung metakognitiver und diskursiver Aktivitäten, um die kognitiven Aktivitäten der Lernenden in dieses Spannungsfeld hinzuführen und aufrechtzuerhalten.

Mit der Implementationsanalyse ist an den beispielhaften Unterrichtsszenen gezeigt worden, dass Schwierigkeiten in der Unterrichtsentwicklung, die in der Literatur als steiniger Weg dargestellt wird, darin bestehen, von einer vermeintlichen zu einer wirklichen Veränderung des Unterrichts zu gelangen. Zum Beispiel:

– von einer Hinwendung zu einem Fehler zur Offenlegung falscher Denkprozesse und Vorstellungen,

– von einer Offenlegung der Diskursregeln zur Überwachung der Einhaltung dieser Regeln und zu deren Einhaltung durch die Lernenden,

– von einer Aufforderung zu anspruchsvollen kognitiven, metakognitiven und diskursiven Aktivitäten zur Überwachung der angestoßenen Aktivitäten durch die Lehrperson und zu deren Umsetzung durch die Lernenden.

Daraus ergeben sich Konsequenzen für nachfolgende Projekte:
Es besteht ein Bedarf an Coachingmaßnahmen, die nicht nur die deklarierten Überzeugungen der Lehrpersonen ändern, sondern ein Verständnis der Wirkmechanismen der geplanten Maßnahmen aufbauen und die intern ablaufenden Lernprozesse der Schüler fokussieren sowie dieses Verständnis der Lehrkräfte einer Diagnose zugänglich machen.

Zudem zeigen die aufgedeckten Hindernisse die Notwendigkeit, bei den Lehrkräften ein theoriebezogenes Verständnis von den intendierten inhaltsspezifischen Lehr-Lern-Prozessen zu entwickeln. Bezogen auf das in dieser Arbeit analysierte Unterrichtskonzept heißt das, mit den Lehrkräften die angestrebten Lernprozesse der Schüler theoriebezogen zu erklären, exemplarisch anhand von Schülerlösungen bzw. Schüleräußerungen zu verdeutlichen und daraus die Konsequenzen für die Unterrichtspraxis zu reflektieren.

Speere zu Szenen I bis V

Die Kurzbezeichnungen, für die nicht umgesetzten Aufforderungen zu metakognitiven oder diskursiven Aktivitäten, die eine zentrale Bedeutung in der jeweiligen Unterrichtssequenz haben, sind an diesen Speeren mit bunten Pfeilen gekennzeichnet (die Farbe des Pfeils entspricht der Farbe der Kurzbezeichnung). Mit Rechtecken mit grau gefärbten und gepunkteten Seitenstrecken sind Kurzbezeichnungen gekennzeichnet, mit denen eine fehlende Intervention der Lehrperson gegen das inadäquate Verhalten der Schüler kodiert ist.

Anmerkungen zu den Speeren auf den Seiten 222 und 223

Am Speer zur Szene I ist bei der Kurzbezeichnung *bf*RL7 ein gelber Pfeil dargestellt, obwohl die danach auf der Schülerseite folgende Kurzbezeichnung RS7 ist. Hier wurde berücksichtigt, dass in dem mit RS7 klassifizierten Schülerbeitrag ein gravierender Fehler auftritt, welcher die Konsequenz nach sich zieht, dass der Kern der Aufforderung nicht umgesetzt wurde.

Am Speer zur Szene II ist der grüne Pfeil nur bei der letzen der drei Kurzbezeichnungen *f*DL2c dargestellt. Es handelt sich hier um eine Aufforderunge zur Sicherstellung der Gesprächsgrundlage, die noch zweimal wiederholt wurde. Der grüne Pfeil ist daher nur einer – der letzten – Kurzbezeichnung zugeordnet.

Am Speer zur Szene III A ist an zwei Stellen um die Kurzbezeichnung DL5f ein grauer Rahmen gesetzt, obwohl nur eine Aufforderung nicht umgesetzt wurde (es ist nur ein roter Pfeil zu sehen). Hier wurde beachtet, dass in dem Klassengespräch keine Konsequenzen aus der mit *b*DL4b implizit formulierten Anforderungen zu sehen sind.

Am Speer zur Szene III B fällt Folgendes auf: Nach *f*ML4a auf der Lehrerseite folgt MS4b auf der Schülerseite. Man könnte vermuten, dass die Aufforderung der Lehrkraft in einem globalen und nicht lokalen Kontext umgesetzt wurde. Das Transkript zeigt aber, dass in dem Beitrag, der mit MS4b klassifiziert ist, der Bezugspunkt der Debatte bei der Monitoringaktivität unkommentiert gewechselt wurde. Am Speer drückt das die Kodierung DS5d aus. Die Aufforderung zur Argumentationskontrolle wurde daher nicht umgesetzt. Aus diesem Grund ist bei *f*ML4a ein roter Pfeil dargestellt.

Am Speer zur Szene IV ist der ersten Kurzbezeichnung *f*ML4b kein roter Pfeil zugeordnet, obwohl danach auf der Schülerseite keine entsprechende Kurzbezeichnung (also MS4b) zu sehen ist. Hier wurde berücksichtigt, dass der Schülerbeitrag, der mit DS2f und RS2a klassifiziert ist, von dem bereits Gesagten abgesetzt ist und dass er sich auf das bereits Diskutierte bezieht.

Speer zur Szene I
Erik (1)
Schüler (5)
Erik (6)
Schüler (7)
Erik (8)
Schüler (9)
Erik (10)
L. (11)
Erik (13)
L. (18)
Falk (20)
L. (22)
Falk (23)
L. (24)
Carmen (27)
L. (30)
fRL6b
fRL7
DL4b
bfRL7
DL5f
bMS2a
DS5e
DS5c
DS5c
DS5c
RS3a
DS5c
DS1a
DS5c
DS5c
DS5e
MS8b
MS5a
RS7
Speer zur Szene II
L. (1)
Markus (3)
L. (4)
Jan (7)
L. (8)
Jan (9)
L. (10)
Jan (11)
L. (12)
Jan (15)
L. (18)
fRL7
DL5f
DL2a
ML3
fDL2c
fDL2c
ML3
fDL2c
DL5f
MS2a
DS5c
MS8b
DS5e
Speer zur Szene IV
L. (1)
Falk (4)
L. (8)
Carmen (9)
L. (12)
Bastian (13)
L. (14)
fML4b
fML4b
DL5f
MS1a
MS8b
MS8b
DS2f
RS2a
Speer zur Szene V
L. (1)
Peter (3)
Jens (6)
L. (12)
Suse (13)
L. (14)
Lukas (16)
L. (17)
fRL6a
fML1b
fRL6b
DL5f
MS5a
DS5c
DS5d
MS8b
MS1b

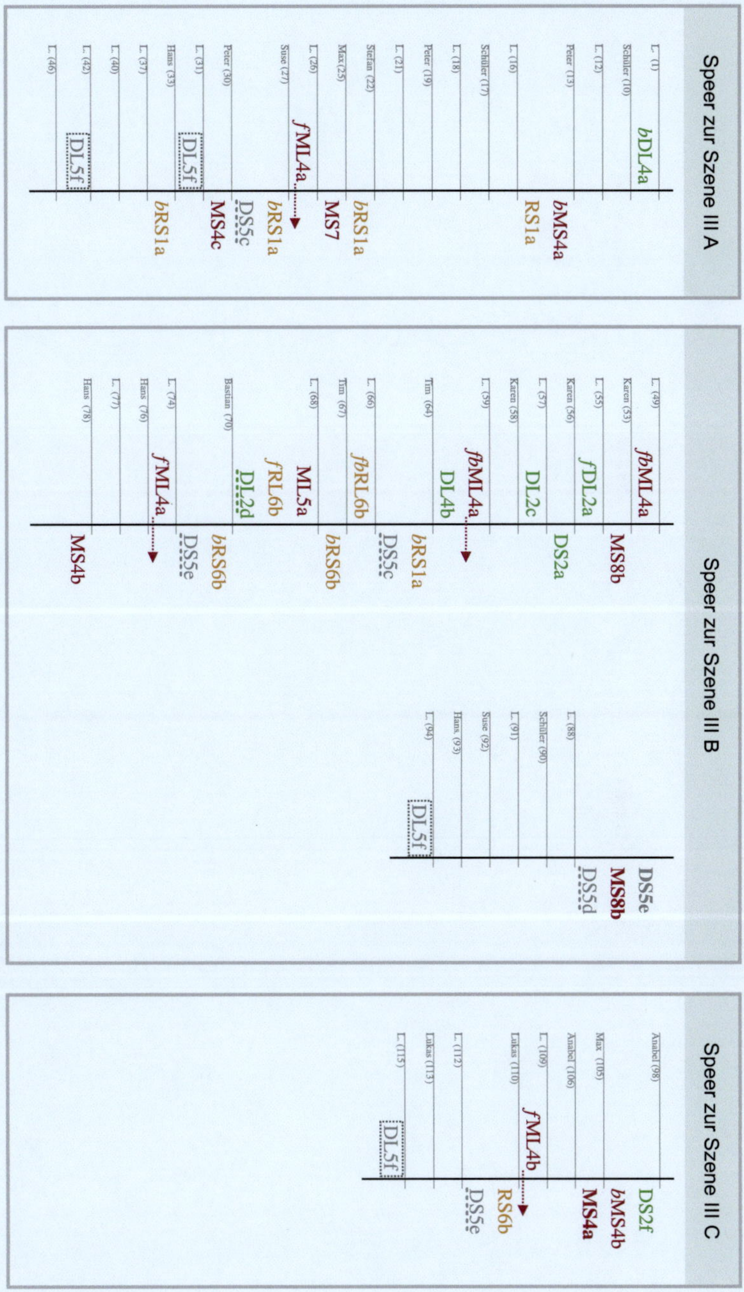
Speer zur Szene III A
Speer zur Szene III B
Speer zur Szene III C

Kapitel 7

Innovationsergebnisse

7.1 Einleitung

Mit zahlreichen Transkriptbeispielen in den vorstehenden Abschnitten sind Hindernisse und Schwierigkeiten bei der Implementation des entwickelten Unterrichtskonzeptes dokumentiert worden. Betrachtet man die Implementation rückblickend, dann muss man also feststellen, dass der Gegenstand der Innovation nur in einem gewissen Maß so wie geplant umgesetzt wurde. Diese Anmerkung ist für die Analyse der Wirksamkeit der Innovation von Bedeutung. Dabei ist die Anmerkung von Gräsel und Parchman (2004a, S. 199) zu beachten:

> „Ob eine Innovation die erwünschten Effekte erreicht und sich positiv auf die Lernergebnisse auswirkt, kann nur dann evaluiert werden, wenn sie tatsächlich zu einem bestimmten Grad umgesetzt wurde."

Die mit der durchgeführten Innovation erreichten Veränderungen in den Lernergebnissen sind also vom Hintergrund der aufgetretenen Hindernisse bei der Implementation zu betrachten. Thesenartig zugespitzt kann man sagen, dass der Lernprozess und somit auch die Lernergebnisse der Schüler nur in dem Ausmaß positiv beeinflusst und geändert werden konnten, in dem es gelungen ist, das zu realisierende Konzept in die Tiefenstrukturen des Unterrichts so wie intendiert zu implementieren.

Die Analyse der Lernergebnisse, die in den weiteren Abschnitten bezogen auf inhaltlich unterschiedliche Aspekte der Unterrichtsreihe „Von Anweisungen zu Funktionen" durchgeführt wird (Modellierungsaufgaben, Rechengeschichten, konstruktiver Umgang mit Fehlern), geht von folgender Überlegung aus: Versucht man die Wirksamkeit der Innovation auf der Schülerseite zu untersuchen, dann steht man zunächst vor der Frage, worin sich diese Veränderungen zeigen sollen und wie sie zu erfassen sind. Da die Innovation nicht ausschließlich inhaltlich angelegt war, sondern zum Aufbau des kognitiven mathematischen Betriebssystems der Lernenden beitragen sollte, ist notwendig, gerade diese kognitiven Änderungen hervorzuheben. Die Analyse der Souveränität und Sicherheit der Schüler bei der Benutzung des Formalismus von mehrstelligen Funktionen gibt einen Einblick darin, inwieweit es den Lernenden gelingt, auf ihre Formalisierungs- und

Funktionenframes bei der Auseinandersetzung mit mathematischen Aufgaben zuzugreifen und diese Frames zum Konstruieren geeigneter Vorstellungen zu diesen Aufgaben zu nutzen. Die Analyse von Schülerleistungen ist also nicht darauf auszurichten, inwieweit die Lernenden Funktionen als Berechnungsprozeduren sicher anwenden können, sondern darauf, ob sie in Funktionen denken können. Im Fokus steht also der kognitive Gebrauch von Funktionen als Techniken der Antizipation, u. a. der Sinnentnahme aus einem umgangssprachlich formulierten mathematischen Text sowie als Werkzeug zur Analyse komplexer Zusammenhänge. Veränderungen im kognitiven mathematischen Betriebssystem zeigen sich auf eine besondere Art und Weise dann, wenn Lernende ihre Frames in neuen unterrichtlichen Situationen, ohne eine explizite Aufforderung durch die Aufgabenstellung und durch die Lehrkraft aufrufen. Dies zeigt nämlich, dass diese Frames gewisse Selbstverständlichkeit im Denken der Schüler erreicht haben. Auch für solche Veränderungen werden in den weiteren Abschnitten Beispiele aus dem durchgeführten Projekt gegeben.

Bevor Lernergebnisse der Realschüler nach Ablauf fast eines Schuljahres der Realisierung des in dieser Arbeit dargestellten Projektes detailliert analysiert werden, wird zunächst mit zwei Beispielen ein Einblick in den Stand ihrer Formalisierungskompetenzen vermittelt.

Das folgende Bild mit einem Obst- und Gemüsestand (Abb. 7.1) stellt bildhaft eine reale Situation dar. Die zu kaufenden Waren werden an diesem Marktstand gegen Geld getauscht.

Abbildung 7.1: Wochenmarktstand

Ein Schüler, der Erfahrung mit der Registerkiste, Rechennetzen und Registermaschinen gemacht hat, wird sich bei diesem Foto sicherlich an viele Tauschsituationen aus der Unterrichtsreihe „Von Anweisungen zu Funktionen“ erinnern und in der Interpretation der dargestellten Situation in dem Bildhaften das Begriffliche sehen: RM-Programme zum Berechnen der Preise, Tupelprotokolle und mehrstellige Funktionen zum Beschreiben von Preisberechnung. Mit folgender Aufgabe kann untersucht werden, inwieweit den Schülern solche Interpretation mit dem Übergang von der bildhaften zu der formalen Darstellung gelingt.

Aufgabe

a) An diesem Stand kauft Frau Müller 2 Schalen Erdbeeren, die Schale zu 2 Euro. Schreibe ein RM-Programm, mit dem sich ausrechnen lässt, was Frau Müller bezahlen muss.

b) Notiere den Einkauf von Frau Müller in der Tupelschreibweise.

c) Herr Norten kauft für seine Familie 15 Kiwis. Schreibe ein RM-Programm, mit dem sich ausrechnen lässt, was Herr Norten bezahlen muss und notiere seinen Einkauf in der Tupelschreibweise.

d) Frau Oberle kauft kernlose Clementinen zu 2 Euro für 10 Stück sowie Kiwis. Das Tupelprotokoll zeigt, was sie zahlen muss:

$$(20, 10) \longrightarrow \left(0, 0, \frac{20}{10} \cdot 2 + \frac{10}{5} \cdot 4\right)$$

Gib an, was sie eingekauft hat und was sie zahlen muss.

e) Gib für das Tupelprotokoll aus Aufgabenteil d ein geeignetes RM-Programm an.

Diese Aufgabe stammt aus einem Kurztest, der im Rahmen des durchgeführten Projektes noch vor der Einführung der Schreibweise mit Funktionsgleichungen eingesetzt wurde. Zwei Lösungen (Abb. 7.2 und 7.3, Abb. 7.4) geben Einblick in den nach einem halben Schuljahr erreichten Stand einer funktionalen Betrachtungsweise und der Formalisierungskompetenz der Realschüler. Es handelt sich dabei nicht um besonders leistungsstarke Schüler.

Lösung von Karen (Abb. 7.2, Abb. 7.3)

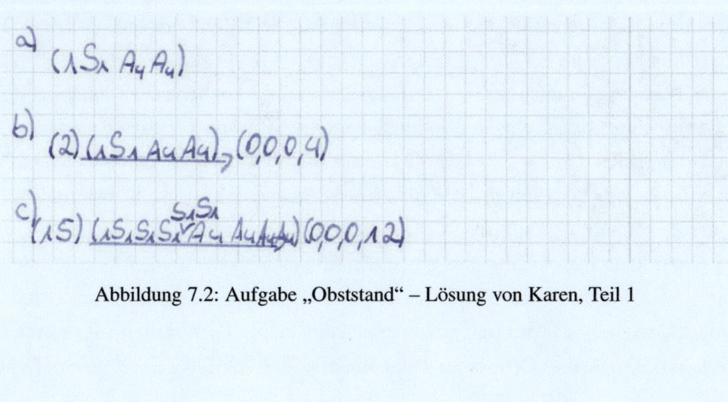

Abbildung 7.2: Aufgabe „Obststand“ – Lösung von Karen, Teil 1

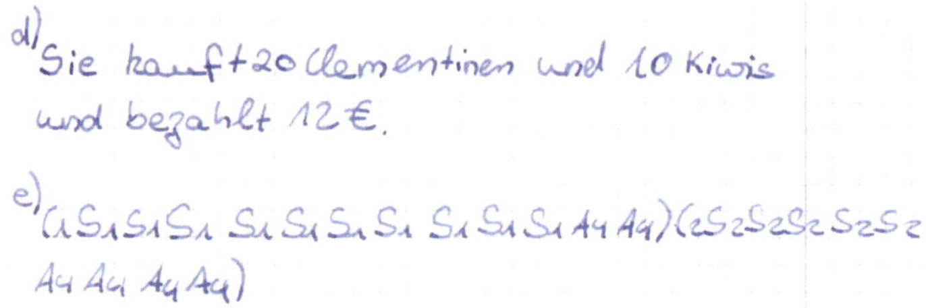

Abbildung 7.3: Aufgabe „Obststand“ – Lösung von Karen, Teil 2

Im Aufgabenteil a hat Karen (Abb. 7.2) ein RM-Programm geschrieben, mit dem man den zu bezahlenden Preis nicht nur beim Kauf von zwei, sondern beim Kauf einer beliebig festgewählten Anzahl von Schalen Erdbeeren ausrechnen kann. Sie hat also den funktionalen Zusammenhang zwischen der Anzahl der Schalen Erdbeeren und dem zu bezahlenden Preis erkannt. Das aufgestellte RM-Programm beschreibt ein allgemeines Verfahren zur Berechnung der Funktion $f(x_1) = 2x_1$ mit Argumenten und Werten im Bereich der natürlichen Zahlen. Mit Hilfe dieses RM-Programms hat Karen im nächsten Aufgabenteil den zu bezahlenden Preis bestimmt.

Der Text des Aufgabenteils c beinhaltet nicht alle Informationen, die zur Lösung erforderlich sind; die fehlenden müssen dem Foto mit dem Marktstand entnommen werden. Dort ist der Preis für Kiwis zu erkennen: „5 Stück 4 Euro“. Im Allgemeinen kann der zu bezahlende Preis für Vielfache von 5 Kiwis z. B. mit dem RM-Programm $({}_1S_1S_1S_1S_1S_1A_2A_2A_2A_2)$ berechnet werden. Hier wurde das zweite Register als Ergebnisregister gewählt. Karen hat dafür das vierte Register vorgesehen, was auch korrekt ist. Dieses RM-Programm berechnet die Funktion $f(x_1) = \frac{x_1}{5} \cdot 4$ mit Argumenten und Werten im Bereich der natürlichen Zahlen (die Argumente müssen also das Vielfache von 5 sein). Karen hat wieder ein RM-Programm für den allgemeinen Fall geschrieben. Das zeigt, dass sie den funktionalen Zusammenhang zwischen der Anzahl der Kiwis und dem für sie zu bezahlenden Preis erkannt hat und dass sie sich diesen Zusammenhang mit Hilfe eines Handlungsprozesses zurechtlegen kann. Die Aufgabenstellung erfordert nicht, dass ein RM-Programm für den allgemeinen Fall konstruiert wird. Als korrekt zu werten wäre daher auch ein RM-Programm, das den Preis für genau 15 Kiwis berechnet. Solch ein Programm beinhaltet keine Schleife. Es kann z. B. aus fünfzehn S_1 und zwölf A_2 Befehlen bestehen. Wenn ein Schüler ein solches Programm entwickeln würde, könnte man nicht beurteilen, ob er den funktionalen Zusammenhang, den Karen mit erfasst hat, erkannt hat.

Im Aufgabenteil d (Abb. 7.3) sind die zur Lösung relevanten Informationen dem Aufgabentext und dem Foto mit dem Marktstand zu entnehmen. Eine Schwierigkeit liegt darin, die Bedeutung der Informationen in dem Tupelprotokoll zu erschließen. In dem Anfangstupel kann man nicht sofort erkennen, in welchem der beiden Register die Anzahl der Kiwis und in welchem die Anzahl der Clementinen dargestellt sind. Hierfür ist die Strukturanalyse des Terms im Ergebnistupel notwendig: Dem Teilterm $\frac{20}{10} \cdot 2$ kann man den Preis für 20 gekaufte Obststücke entnehmen: „10 Stück für 2 Euro“. Dem Teilterm

$\frac{10}{5} \cdot 4$ kann der Preis für 10 gekaufte Obststücke entnommen werden: „5 Stück für 4 Euro“. Mit dem ersten Teilterm wird also der zu bezahlende Preis für 20 Clementinen und mit dem zweiten Teilterm der zu bezahlende Preis für 10 Kiwis ausgerechnet. Daraus ist zu schließen, dass Frau Oberle 20 Clementinen und 10 Kiwis gekauft hat. Der Preis, den sie bezahlen muss, ergibt insgesamt 12 Euro. Diese Informationen hat Karen richtig erkannt.

Im Aufgabenteil e triff nur ein Fehler auf. Die Schülerin hat eine korrekte Idee eines Handlungprozesses zur Beschreibung des Tupelprotokolls aus dem Aufgabenteil d entwickelt. Ihr Fehler liegt darin, das sie das vierte und nicht das dritte Register als das Ergebnisregister bestimmt hat. Ihre Darstellung passt daher nicht zu dem Tupelprotokoll im Aufgabenteil d. Trotz des Fehlers zeigt die Lösung von Karen eine bemerkenswerte Leistung: Die Schülerin hat einen Algorithmus entwickelt, mit dem die zweistellige Funktion $f(x_1, x_2) = \frac{x_1}{10} \cdot 2 + \frac{x_2}{5} \cdot 4$ mit Argumenten und Werten in den natürlichen Zahlen berechnet wird. Karen ist also in der Lage, eine adäquate Deutung der formalen Darstellung im vorstehenden Aufgabenteil zu erschließen, für diese Deutung eine geeignete Vorstellung aufzurufen und mit dieser Vorstellung ein allgemeines Werkzeug zur Berechnung der entsprechenden zweistelligen Funktion zu konstruieren.

Lösung von Tim (Abb. 7.4)

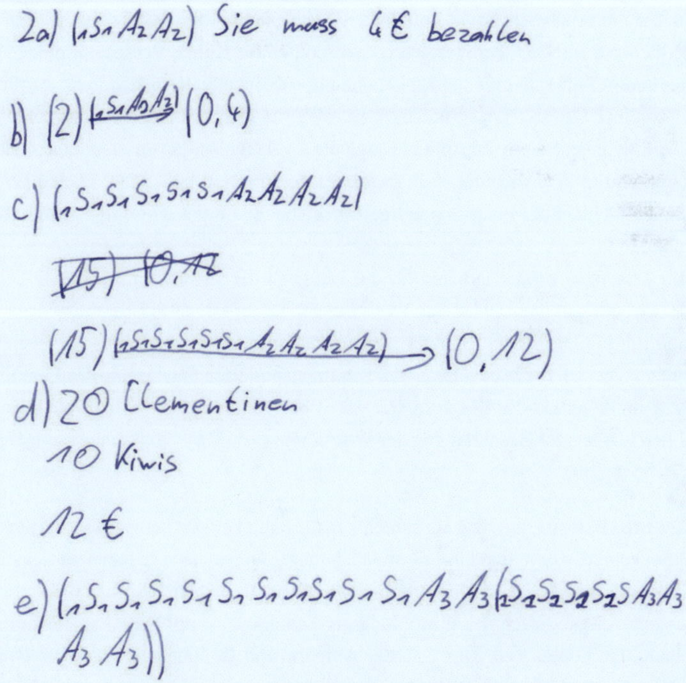

Abbildung 7.4: Aufgabe „Obststand“ – Lösung von Tim

Tim (Abb. 7.4) hat die Aufgabenteile a bis d korrekt bearbeitet. Anders als Karen hat er in den Aufgabenteilen a, b und c das zweite und nicht das vierte Register als das Ergebnisregister festgelegt. Das ist ebenfalls korrekt, denn der Aufgabentext lässt hier den Lernenden freie Wahl.

Die Lösung von Tim zum Aufgabenteil e bedarf einer Erklärung: Das RM-Programm ist für die Beschreibung der Einkaufssituation aus dem Aufgabenteil e geeignet. Hier ist zu beachten, dass dieses RM-Programm nur dann den korrekten Preis berechnet, wenn das erste Register nicht leer ist, also wenn mindestens ein Stück Kiwi gekauft wird. Eine andere Lösung könnte hier sein:
$({}_1S_1S_1S_1S_1S_1S_1S_1S_1S_1A_3A_3)({}_2S_2S_2S_2S_2S_2A_3A_3A_3A_3)$. Durch die Verkettung von Teilprogrammen und nicht deren Verschachtelung wird das zweite Teil-Programm unabhängig von dem Inhalt des ersten Registers ausgeführt.

Beide Schülerlösungen deuten auf ein hohes Niveau an Formalisierungskompetenz hin und zeigen somit Indizien für die Wirksamkeit des Projektes auf der Schülerebene. Die in den drei Modellwelten geforderten Handlungsvorstellungen und geübten Algorithmen zur Beschreibung von Tauschsituationen bilden für die Lernenden einen kognitiven Bezugspunkt für ihre mathematischen Denkprozesse: Offensichtlich haben die Schüler aus der Verinnerlichung von gegenständlichen Handlungen mit Stäbchen an der Registerkiste und aus der unmittelbaren sowie mittelbaren Anschauung von Algorithmen in drei unterschiedlichen Repräsentationsformen (Befehlsketten für Robbi, Rechenmaschinen und RM-Programme) für sich eine geistige Handlung entwickelt. Diese Handlung ist für die Schüler zu einer Orientierungsgrundlage, zum Wissen über funktionale Zusammenhänge und zum Können, diese Zusammenhänge einem Aufgabentext zu entnehmen, sie zu präzisieren und in deren Komplexität formal zu beschreiben, geworden. Dieses Wissen und Können ist nicht auf eine verständige Handhabung von nur einstelligen Funktionen beschränkt.

Beide Lösungen zeigen Indizien für die Fähigkeit der Lernenden, in Funktionen zu denken: Die Schüler können adäquate Vorstellungen für funktionale Zusammenhänge aufrufen und mit Funktionen auf eine für sie verständnisvolle Art und Weise umgehen und gerade hier zeigt sich die Wirksamkeit der handlungsbasierten Fundierung des Funktionsbegriffs. Zum Zeitpunkt des Kurztests war das Vokabular „Funktion“ noch nicht bekannt. Funktionen wurden zur Beschreibung der Wirksamkeit von RM-Programmen eingeführt.

Im zweiten Beispiel, mit dem ein Einblick in die Fähigkeit der Lernenden zum Denken in Funktionen und in den Stand ihrer Formalisierungskompetenzen gegeben wird, handelt es sich um eine komplexe Modellierungsaufgabe. Es ist die erste im Unterricht eingesetzte so komplexe Aufgabe nach der Einführung der Schreibweise mit Funktionsgleichungen für mehrstellige Funktionen. Der Text der Aufgabe und Kommentare zu ihrem Format sind auf den Seiten 87ff. dargestellt.

Lösung von Anabel (Abb. 7.5, Abb. 7.6)

In den bevorstehenden Sommerferien möchte das Ehepaar Schulte mit ihren zwei erwachsenen Kindern und ihrem Labrador einen vierzehntägigen Urlaub auf einer Nordseeinsel verbringen. Sie haben sich für Borkum entschieden. Zwei Angebote kommen in die engere Wahl.

Ferienwohnanlage Seeblick	*Appartments am Nordstrand*
Mietpreis pro Tag: 75 Euro	Mietpreis pro Woche: 504 Euro
Kosten für Endreinigung: 90 Euro	Kosten für Endreinigung: 100 Euro
Haustier pro Tag: 5 Euro	Haustier: einmalig 55 Euro

Für die Fähre von Eemshaven nach Borkum zahlen sie für die Hin- und Rückfahrt pro Erwachsenen 28 Euro; pro Kind unter 16 Jahren 15 Euro; die Überfahrt für den Hund kostet 8 Euro.

a) Stell dir vor, die Kurverwaltung hat im Internet einen Preiskalkulator für Ferienwohnungen. Auf dem Kalkulator gibt es Leerstellen, in die man Zahlen eintragen kann:
   x_1: Anzahl der Urlaubstage
   x_2: Anzahl der Haustiere
   Für jedes Angabot kann man den passenden Mietpreiskalkulator anklicken. Wenn man die Leerstellen ausgefüllt hat, zeigt er den Preis an. Hinter dem Preiskalkulator verbirgt sich eine Funktionsgleichung, in die Variablen werden die Werte eingesetzt, die der Interessent eingegeben hat, dann wird der Funktionswert ausgerechnet und auf dem Bildschirm als Mietpreis angezeigt.
   Schreibe für beide Angebote die passende Funktionsgleichung:

   Ferienwohnanlage Seeblick:

   $p_{Seeblick}(x_1, x_2) =$ p(X1, X2) = 75 · X1 + X2 · 5 · X1 + 90
   Mietpreis Haustiere

   Appartments am Nordstrand:

   $p_{Nordstrand}$ p(X1, X2) = 504 · X1/7 + 55 · X2 + 100

b) Ermittle mit deinen Funktionsgleichungen die Preise, die Familie Schulte zu zählen hätte.

   Preis für den Urlaub in der Ferienwohnanlage Seeblick:

   $p_{Seeblick}(14, 1) =$ p(14, 1) = 75 · 14 + 1 · 5 · 14 + 90 = 1210 €

   Preis für den Urlaub in einem Appartment am Nordstrand:

   $p_{Nordstrand}$ p(14, 1) = 504 · 14/7 + 1 · 55 + 100 = 1163

c) Welches Angebot ist für diese Familie das günstigere? Nordstrand

Abbildung 7.5: Eine Modellierungsaufgabe – Lösung von Anabel, Teil 1

d) Frau Schulte bittet ihre Tochter auszurechnen, welches Angebot günstiger ist. Ihr Mann erwidert: „Das reicht noch nicht. Wir müssen die Kosten für die Überfahrt auch noch berücksichtigen." Ermittle wie viel die Familie für Überfahrt und Miete in beiden Fällen zahlen muss:

Seeblick 1210€ + 4 · 28+8€ = 120 + 1210€ = 1330€

Nordstrand 1163 + 4 · 28+8€ = 120€ + 1163 = 1283€

e) Familie Schulte ist der Gesamtpreis zu hoch, daher erwägen sie, nur eine Woche nach Borkum zu fahren. Welches Angebot sollten sie wählen?

Sie sollten ~~das~~ die Ferienwohnung Seeblick nehmen da diese billiger ist

f) Überprüfe deine Empfehlung mittles der Funktionsgleichungen aus Aufgabenteil a:

Preis für den einwöchigen Urlaub in der Ferienwohnanlage Seeblick:

$p_{Seeblick}(7,1) =$ p(7,1) = 75 · 7 + 1 · 5 · 7 + 90 = 650€

Preis für den einwöchigen Urlaub in einem Appartment am Nordstrand:

$p_{Nordstrand}$ = p(7,1) = 50 · 7/7 + 1 · 55 + 100 = 655€

g) Auch die Fährlinie benutzt zur berechnung der Preise Computerprogramme. Entwickle eine passende Funktionsgleichung:

$p_{Fahrt}(x_1, x_2, x_3) =$ 28 · x1 + 15 · x2 + 8 · x3 (4,0,1) = 4 · 28 + 1 · 8 = 120€

x_1: Anzahl der Erwachsenen
x_2: Anzahl der Kinder unter 16 Jahre
x_3: Anzahl der Haustiere

h) Ermittle mit vorstehender Funktionsgleichung die Kosten für die Überfahrt von Familie Schulte:

Abbildung 7.6: Eine Modellierungsaufgabe – Lösung von Anabel, Teil 2

Die selbstständig entworfene Lösung von Anabel (Abb. 7.5 und Abb. 7.6) ist im Wesentlichen korrekt.

Im Aufgabenteil a hat Anabel nicht die Funktionsgleichungen ergänzt, sondern neue Funktionsgleichungen mit anderen als die bereits vorgegebenen Funktionsnamen selbstständig erstellt. Eine mögliche Erklärung dafür kann die Formulierung der Aufgabenstellung sein: „Schreibe für beide Angebote die passende Funktionsgleichung" anstatt „Ergänze die Funktionsgleichungen für beide Angebote".

Im ersten Aufgabenteil ist das Wissen aus den beiden Anzeigen über die Preisgestaltung zu analysieren, zu präzisieren und zu formalisieren. Der in der Ferienwohnanlage Seeblick zu bezahlende Preis für einen Urlaub setzt sich aus drei Komponenten zusammen: aus dem Mietpreis, aus den Kosten für die Endreinigung und aus dem Preis für Haustiere, wobei alle drei Komponenten von unterschiedlichen und von unterschiedlich vielen Veränderlichen abhängig sind: Der Mietpreis hängt nur von der Anzahl der Urlaubstage, die Kosten für die Endreinigung sind konstant und nur einmalig zu bezahlen, die Kosten für die Haustiere hängen hingegen von zwei Veränderlichen – von der Anzahl der mitgenommenen Haustiere und von der Anzahl der Urlaubstage ab. Die sprachlogische Komplexität des Textes, der dieses Angebot beschreibt, ist sehr hoch; die für die Lösung relevanten Informationen sind zwar schnell in der Tabelle zu finden, aber besonders das Verstehen der Formulierungen „Mietpreis pro Tag: 75 Euro“ und „Haustier pro Tag: 5 Euro“ ist mit der Schwierigkeit verbunden, darin funktionale Zusammenhänge und die Komplexität dieser Zusammenhänge zu erkennen.

Der in den Appartments am Nordstrand zu bezahlende Preis für einen Urlaub setzt sich auch aus drei Komponenten zusammen: aus dem Mietpreis, aus den Kosten für die Endreinigung und aus dem Preis für Haustiere, wobei alle drei Komponenten wieder von unterschiedlichen und von unterschiedlich vielen Veränderlichen abhängig sind: der Mietpreis hängt nur von der Anzahl der Urlaubswochen, die Kosten für die Endreinigung sind konstant und nur einmalig zu bezahlen, die Kosten für die Haustiere hängen von der Anzahl der mitgenommenen Haustiere. Die sprachlogische Komplexität des Textes, der dieses Angebots beschreibt, ist auch hoch; besonders das Verstehen der Formulierungen „Mietpreis pro Woche: 504 Euro“ und „Haustier: einmalig 55 Euro“ ist mit der Schwierigkeit verbunden, darin funktionale Zusammenhänge und die Komplexität dieser Zusammenhänge zu erkennen. Zu beachten ist, dass bei der Aufstellung einer Preisfunktion für dieses Angebot der zu bezahlende Preis in der Abhängigkeit von der Anzahl der Haustiere und von der Anzahl der Urlaubstage und nicht derjenigen der Urlaubswochen darzustellen ist. Hier ist wieder eine kognitive Schwierigkeit zu überwinden, den gegebenen Mietpreis pro Woche in der Abhängigkeit von der Anzahl der Tage darzustellen.

Die von Anabel erstellten Funktionsgleichungen im Aufgabenteil a sind korrekt. Der Schülerin ist es gelungen, die hohe sprachlogische und kognitive Komplexität des Aufgabenteils zu überwinden, alle für ihre Lösung relevanten Informationen in dem Text zu finden und in eine formale Darstellung zu überführen.

Mit diesen selbstständig erstellten Funktionsgleichungen hat Anabel im Aufgabenteil b für beide Angebote den zu bezahlenden Preis für einen 14-tägigen Urlaub mit einem Haustier ausgerechnet. Hier hat sie ihre Fertigkeit gezeigt, konkrete Werte für Variablen einzusetzen und mit Hilfe von Funktionsgleichungen Funktionswerte auszurechnen. In diesem Aufgabenteil ist das Auftreten des Eurozeichens als ein Syntaxfehler zu monieren. Dieser Fehler kann jedoch der Schülerin nicht angelastet werden, da solche Fehler durch die Lehrpersonen im Unterricht bisher nicht angemahnt worden waren, im Gegenteil – die Lehrkräfte hatten solche Schreibweise als korrekt beurteilt.

Die Antwort im Aufgabenteil c ist korrekt.

Im Aufgabenteil d hat Anabel die Kosten für die Miete und für die Überfahrt berechnet. Hier treten wieder Eurozeichen auf, was als Syntaxfehler zu monieren ist. Die Berechnungen zeigen, dass Anabel korrekt die für die Lösung relevanten Informationen erkannt hat. Zu den zu bezahlenden Beiträgen für die Miete hat sie die Kosten für die Überfahrt für vier Erwachsene und für ein Haustier zugerechnet.

Die Antwort im Aufgabenteil e ist korrekt. Hier ist zu vermuten, dass Anabel diese Antwort erst nach der Bearbeitung des nächsten Aufgabenteils geschrieben hat. Es wäre nämlich zu erwarten, dass sie nach den Berechnungen zu dem Aufgabenteil d wieder die Appartments am Nordstrand als günstiger für eine Woche als die Ferienwohnanlage Seeblick vorschlagen wird.

Im Aufgabenteil f hat Anabel wieder nicht die Funktionsgleichungen ergänzt, sondern – so wie im ersten Teil der Aufgabe – selbstständig zwei Funktionsgleichungen aufgestellt. In beiden trifft wieder das Eurozeichen auf, was als Syntaxfehler zu monieren ist. Die berechneten Preise sind korrekt.

Die im Aufgabenteil g erstellte Funktionsgleichung zur Berechnung der Preise für die Fahrt mit der Fähre ist korrekt. Zu beachten sind drei Komponenten, aus denen sich der Preis für die Überfahrt zusammensetzt: Kosten für die Erwachsenen, Kosten für die Kinder unter 16 Jahren und Kosten für die Haustiere. Die zu erstellende Funktionsgleichung hängt insgesamt von drei Veränderlichen, die im Aufgabentext bereits vorgegeben sind, ab. Zu überwinden ist wieder die sprachlogische Komplexität des Aufgabentextes: Die Formulierungen „pro Erwachsenen 28 Euro; pro Kind unter 16 Jahren 15 Euro; die Überfahrt für ihren Hund, [1] kostet 8 Euro“ sind als Beschreibungen von funktionalen Zusammenhängen zu verstehen.

Im Aufgabenteil g hat die Schülerin auch ihre Lösung zu dem nächsten Aufgabenteil geschrieben. Dem Aufgabentext hat sie die richtigen Werte für die Variablen x_1, x_2 und x_3 entnommen und diese in die Funktionsgleichung aus g eingesetzt. Hier treten Syntaxfehler auf: Für ihre Funktionsgleichung hat Anabel den Funktionsnamen nicht geschrieben und bei dem berechneten Funktionswert steht wieder das Eurozeichen.

Die Lösung zeigt exemplarisch ein hohes Niveau der Fähigkeit zur Formalisierung mit mehrstelligen Funktionen. Trotz Syntaxfehler deutet die Lösung von Anabel auf ihre beachtenswerte Leistung, auf ihre Fähigkeit, in Funktionen zu Denken: Sie kann funktionale Zusammenhänge erkennen und formal beschreiben sowie mit diesen formalen Darstellungen wie mit mathematischen Werkzeugen arbeiten.

Einen genaueren Einblick in den Stand der Formalisierungskompetenzen der Lernenden bei der Bearbeitung komplexer Modellierungsaufgaben geben die in einer Klassenarbeit erzielten Ergebnisse (7.2.2). Sie sind vom Hintergrund des Unterrichtsgeschehens zu betrachten, weil es mögliche Erklärungen für die aufgedecken Fehler und diagnostizier-

[1] Im Aufgabetext steht „für ihren Hund“. Diese Textstelle wurde zu der Formulierung „für ein Haustier, ihren Hund“ geändert.

ten Schülerschwierigkeiten liefert. Im Abschnitt 7.2.1 werden daher zunächst Schwierigkeiten angesprochen, die sich während der Realisation des Projektes beim Umgang mit Modellierungsaufgaben im Unterricht ergeben haben. Da eine genaue Beschreibung und Erklärung der kritisch zu betrachtenden Unterrichtssituationen den Rahmen dieser Arbeit sprengen würde, werden sie im Weiteren nur genannt und mit Hilfe von nur zwei kurzen Transkriptausschnitten verdeutlicht.

Ein zweiter Bereich, neben den Modellierungsaufgaben, der im Rahmen dieser Arbeit zur Analyse der Kompetenzen der Schüler herangezogen wird, sind die Rechengeschichten. Auch hier werden die Wirksamkeit des Unterrichtskonzeptes und die Schwierigkeiten bei der Implementation betrachtet (7.3.1). Im Abschnitt 7.3.2 werden Ergebnisse aus einem Kurztest zum Thema „Rechengeschichten“ analysiert. Der Abschnitt 7.4.1 ist hingegen der Darstellung der Ergebnisse eines konstruktiven Umgangs mit Schülerfehlern gewidmet. Exemplarisch wird gezeigt, dass sich mit gelungenen Unterrichtssequenzen, in denen Fehler zum Gegenstand des Nachdenkens gestellt wurden, wesentliche Änderungen in den Denkweisen der Lernenden erzielen lassen.

7.2 Modellierungsaufgaben

Eine Besonderheit der Modellierungsaufgaben der Unterrichtsreihe „Von Anweisungen zu Funktionen“ ist, dass sie explizit eine Formalisierung mit Hilfe von Funktionen erfordern. Das Ziel ist dabei, das Denken in Funktionen und die Formalisierungsfähigkeit der Lernenden zu fördern. Dadurch wird versucht, einen Beitrag zum Aufbau und zur Entwicklung des Funktionen- und des Fomalisierungsframes der Schüler zu leisten.

Für die Implementation dieser Aufgaben im Unterricht induziert dieses Ziel die Notwendigkeit, die Lernenden beim Aufruf und bei der Benutzung dieser Frames zu unterstützen und ihre Eigentätigkeit dabei zu fördern. Die unterstützende Rolle der Lehrkraft und die regulierende Rolle des Diskurses werden deshalb bei der Bearbeitung dieser Aufgaben nicht in Frage gestellt – im Gegenteil: Wenn die Bearbeitung von Modellierungsaufgaben die Entwicklung des kognitiven Werkzeugs „Funktionen“ und der Formalisierungskompetenz fördern soll, dann bildet der Diskurs dabei einen Rahmen für die Reflexion über die Benutzung von Funktionen, über die entworfenen Interpretationen und Lösungen sowie für die Artikulation von Denkprozessen und Vorstellungen der Lernenden.

Bevor in den weiteren Abschnitten Schülerlösungen zu Modellierungsaufgaben analysiert werden, wird deshalb die Aufmerksamkeit zunächst auf die Implementation dieser Aufgaben im Unterricht gerichtet. Schon die TIMS-Videostudie hat die Reduzierung der Aufgabenkomplexität durch stark durch eine Lehrperson gelenkte Vorgehensweise deutlich gemacht: In einer durchschnittlichen deutschen Mathematikstunde wird durchaus mit einer vergleichsweise komplexen Aufgabe begonnen. Anschließend wird diese im fragend-entwickelnden Unterrichtsgespräch jedoch häufig durch die Lehrperson in ihrer Komplexität reduziert und in Teilaufgaben zerlegt (Baumert et al., 1997).

7.2.1 Implementation im Unterricht

7.2.1.1 Implementationsschwierigkeiten

Zu den aufgedeckten Schwierigkeiten, die als Hindernisse bei der Umsetzung der geplanten Maßnahmen (hier insbesondere komplexer Modellierungsaufgaben) aufzufassen sind, gehören die Einschränkung kognitiver Aktivitäten der Lernenden bei der Bewältigung komplexer Aufgaben und ein unproduktiver Umgang mit Schülerfehlern. Die Unterrichtsanalyse zeigt, dass Funktionen in vielen Fällen lediglich als Berechnungswerkzeuge angewandt werden. Dem Gebrauch von Funktionen als Techniken zum Erfassen wesentlicher Informationen aus einem Aufgabentext und zur Analyse der Komplexität umgangssprachlich beschriebener funktionaler Zusammenhänge wird im Unterricht sehr wenig Beachtung gewidmet. Dies kann den Gedanken verdeutlichen, dass die Implementation wissenschaftlicher Erkenntnisse in die Unterrichtspraxis einer Uminterpretation seitens der Lehrpersonen ausgesetzt ist.

Die Einschränkung kognitiver Aktivitäten der Lernenden bei der Bewältigung komplexer Aufgaben kann so beschrieben werden: Die Lehrkraft entlastet ihre Schüler von Denkprozessen, die zum Verstehen eines umgangssprachlich formulierten Aufgabentextes notwendig sind. Die Rolle der Schüler beschränkt sich meist auf das Nennen durch die Lehrperson erfragter, isolierter (nicht immer lösungsrelevanter) Informationen aus dem Aufgabentext. Auffallend bei dieser Vorgehensweise ist eine große Frequenz von gestellten Fragen mit niedrigem Anforderungsniveau. Die Lernenden werden auf diese Weise von einem kognitiven Aufwand bei der Analyse und Interpretation des vorliegenden Aufgabentextes entlastet. Diese Vorgehensweise behindert bei ihnen den Aufbau eigener Vorstellungen über die zu modellierende Situation und schränkt ihre Eigentätigkeit bei der Sinnentnahme aus dem Aufgabentext ein, insbesondere bei der Suche nach Informationen, die für die Lösung relevant sind.

Wenn die Lernenden durch die Bearbeitung von Modellierungsaufgaben auf das Denken in Funktionen besser vorbereitet werden sollen, dann scheint es notwendig, dass sie nicht nur Fertigkeiten aus dem syntaktischen Bereich des Umgangs mit Funktionen üben, sondern auch, dass sie Fragetechniken und Argumentationen lernen, die für die Übersetzung zwischen Realität und Mathematik notwendig sind, um zunächst ein mentales und dann ein mathematisches Modell zur Lösung der Aufgabe erstellen zu können. Dieser Aspekt wird bei der Einschränkung kognitiver Aktivitäten vernachlässigt.

Unproduktiver Umgang mit den Schülerfehlern zeigt sich meistens in folgenden Situationen: Fehler bei der Formalisierung werden nicht mit Bezug auf ihre möglichen kognitiven Ursachen geklärt. Aus ihnen werden keine Konsequenzen für den Lernprozess der Schüler gezogen.

Fehler, die in der Formalisierung auftreten, können unterschiedliche Ursachen haben. Erfasst man Formalisierung als eine geistige Aktivität, dann sind die Ursachen für die Fehler, die dabei begangen werden, in einem komplexen Denkprozess verankert. Wenn eine Auseinandersetzung mit Fehlern zur besseren Konstruktion von Wissen führen sollte, dann ist die Offenlegung dieser Denkprozesse und die Erklärung falsch konstruierter Interpretationen notwendig.

7.2.1.2 Transkriptbasierte Implementationsanalyse

Im Weiteren werden zwei Transkriptausschnitte aus der Besprechung der bereits erwähnten Modellierungsaufgabe (Seite 87) hinsichtlich der aufgedeckten Schwierigkeiten näher analysiert. Dabei ist zu beachten, dass es sich um die erste Behandlung einer so komplexen Aufgabe handelt, in der eine Funktionsgleichung einer mehrstelligen Funktion angewandt werden sollte.

Szene 1

Das folgende Transkript umfasst die Besprechung des Aufgabenteils 2a der Aufgabe aus den Seiten 87f. Er zeigt eine Diskussion, in der in einer Funktionsgleichung einer zweistelligen Funktion ein vermeintlicher Fehler moniert wird. Der monierte Fehler deutet auf die Schwierigkeit des Schülers, die formale Darstellung von seiner Mitschülerin zu interpretieren und ihr eine sinngebende Deutung zu erschließen. Es soll nun analysiert werden, inwieweit es der Lehrkraft gelingt, die Klarheit der Korrektur eines vermeintlichen Fehlers zu verschaffen. Ausgangspunkt ist eine korrekte Lösung der Schülerinn Anabel, die von ihrem Mitschüler Hans als falsch bewertet wird.

Transkript

L.: Wer traut sich? Wer hilft mir auch dabei?

Schüler: Was denn?
[Anabel meldet sich.]
[L. gibt Anabel ein Stück Kreide.] (5 sec)

L.: Musst auch nen bisschen was (...). Schreib nicht zu groß, ne? Sonst passt das nicht nebeneinander.
[Anabel geht an die Tafel und schreibt an: „$p(x_1, x_2) =$“.] (16 sec)

L.: Erzähl uns auch was dazu!

Anabel: *[zeigt aufs x_1]* Also das x eins ähm steht für Anzahl der Urlaubstage und *[zeigt auf x_2]* x zwei steht für die Anzahl der Haustiere. Und ähm (6 sec)

Anabel: 75 steht für für den Preis für einen Tag und ähm x zwei für das Haustier und pro Tag muss man für das Haustier fünf Euro bezahlen und dann mal x eins für die Anzahl der Tage und dann plus 90 Euro für die ähm Endreinigung.
[Folgendes hat Anabel während des Sprechens angeschrieben:]

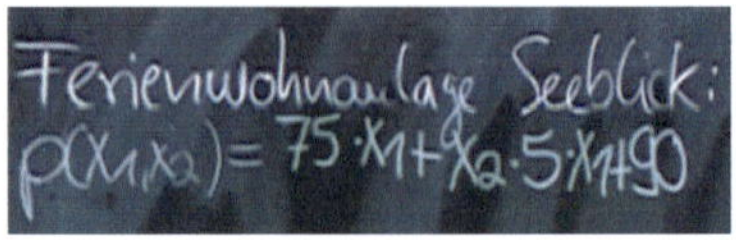

[*Gemurmel*] (4 sec)

L.: Ja, habt ihr Meinungen dazu? (7 sec)
[*Anabel will sich setzen.*]

L.: Ja, bleib da ruhig nochmal nen Moment da stehen vielleicht.

Olek: Was ist nochmal die 90? (3 sec)

Schüler: Aufgabe a also (von Seite 77) oder?

L.: Das ist Aufgabe a, ja. Das, was da unter p Seeblick steht äh die Anabel hat jetzt allerdings das Seeblick sozusagen weggelassen, aber es steht da oben drüber.
[*Gemurmel*]

Hans: Das muss heißen ähm x eins mal fünf und dann erst mal x zwei.

Janus: Das ist doch egal, wie (rum).

Hans: Das ist nicht egal.

L.: So Moment ihr könnt euch melden, wenn ihr darauf antworten wollt.

Hans: Weil ähm weil die Anzahl der Haustiere ist ja ähm, muss ja, is ja x zwei. Deswegen muss ja ähm, muss das die Eins. Die Urlaubstage is ja x eins, dann muss ja (...). Eigentlich muss das anders rum, mein ich.

L.: Ähm Hans kannst du jetzt nochmal sagen: Was stört dich jetzt an an dem, was Anabel aufgeschrieben hat?

Hans: Also wir also ähm (...) wir sollen das so rum aufschreiben.

Peter: [*schaut auf Hans' Blatt*] Ja.

L.: Was meinst du jetzt mit „so rum"?

Hans: Ja ähm x eins mal fünf ähm mal x zwei, weil erst mmh rechne erst die Urlaubstage mal fünf und dann wieviele Haustiere man hat. Weil dann ähm wenn mans anders rum macht: mal fünf is ja fal- geht ja nicht. Is ja, wenn ich 10 Haustiere hab, dann mal fünf, hab ich ja fünfzig. Und dann kann ich das ja nicht, eigentlich nicht richtig mal die Urlaubstage nehmen.

L.: Was meint ihr dazu?

[Niemand meldet sich.] (6 sec)

L.: Wenn ihr jetzt Lehrer währet und das wär jetzt sozusagen in in der Auf- in einer Aufgabe aus der Arbeit für nächste Woche. (7 sec)

L.: Anabel!

Anabel: Also ich ähm würd das *[zeigt auf ihren Tafelanschrieb]* jetzt so stehen lassen, weil ähm, wenn da die x zwei steht und (mal die halt) mal fünf, also ähm dann kann man schon mal ausrechen, wie wieviel Geld man für einen Tag gebraucht und dann das mal die Anzahl der Tage nehmen, die die da bleiben. Also x zwei mal fünf - was weiß ich - haben die jetzt 3 Haustiere, müssen die fünfzehn Euro bezahlen und dann bleiben ja 14, wollen ja 14 Tage bleiben und dann mal 14. *[L.: „Mhm.“]* Also ich würd das jetzt so stehen lassen.

Hans: Ja, ist Beides richtig. Geht Beides.

L.: Ja, haben die anderen auch eine Meinung dazu? Is ja so ne nen kleiner Expertenstreit hier, hätt ich fast gesagt. Ja? Peter?

Peter: Öh geht Beides.

L.: Geht Beides. Also liefert auch Beides das richtige Ergebnis, ne? Ich denk, das hat Beides, hat Beides so seine seine Richtigkeit. Ja? Das eine mag vielleicht von der Reihenfolge etwas äh - ja, wie soll ich sagen? - etwas logischer sein oder so, aber das is halt Beides in Ordnung. Ja? Die Anabel hats, denk ich, auch so gut begründet, dass du dir auch irgendwie was drunter vorstellen kannst, wie das auch dann, das Ergebnis zustande kommt.

Anabel: Mhm.

L.: Ja? So sonst noch irgendwie was?
[Niemand meldet sich.]

L.: Ja, Danke schön, Anabel.

Transkriptanalyse

Die durch Anabel geschriebene Funktionsgleichung und ihre Erklärung zu dem Argumenttupel (Z. 9-10) sind korrekt. In ihrer Erläuterung zu dem Funktionsterm treten unpräzise Formulierungen auf (Z. 12-13): die Variable x_2 steht nicht für „das Haustier“, sondern für die Anzahl der Haustiere. Wegen der zuvor abgegebenen korrekten Erklärung in den Zeilen 9-10 lassen diese unpräzisen Formulierungen eher auf mangelnde Monitoringaktivitäten als auf eine Fehlvorstellung der Schülerin schließen.

Hans (Z. 28) meldet einen (vermeintlichen) Fehler in Anabels Funktionsgleichung. Seiner Meinung nach sollen die Variablen x_1 und x_2 in dem Teilterm $x_2 \cdot 5 \cdot x_1$ in einer anderen Reihenfolge geschrieben werden: zunächst die Variable x_1 und als letzte die Variable x_2. Der Fehler von Hans erscheint bei der Verbindung des Sachkontextes aus der Aufgabe und des Terms von Anabel und ist somit als ein semantischer Fehler (Klassifizierung nach Prediger und Wittmann, 2009, S. 3) zu werten.

Die Lehrperson korrigiert diesen Denkfehler nicht sofort. Mit der Frage „Was stört dich an dem, was Anabel aufgeschrieben hat?“ (Z. 37-38) fokussiert sie die Aufmerksamkeit von Hans auf die Funktionsgleichung von Anabel und fordert den Schüler zur Nennung des vermeintlichen Fehlers auf.

Offenbar sind Hans und Anabel beim Aufstellen ihrer Funktionsgleichung unterschiedlich vorgegangen. Dem Schüler bereitet es Schwierigkeiten, für den Teilterm $x_2 \cdot 5 \cdot x_1$ eine Deutung zu erschließen und den vermeintlichen Fehler elaboriert zu erklären und zu begründen. Diese Schwierigkeit ist besonders in seinem Beitrag in den Zeilen 42 bis 47 deutlich: Die Äußerung von Hans „wenn ich 10 Haustiere hab, dann mal fünf, hab ich ja fünfzig. Und dann kann ich das ja nicht, eigentlich nicht richtig mal die Urlaubstage nehmen“ deutet auf seine Schwierigkeit der Interpretation des Teilterms $x_2 \cdot 5$ von Anabel. Während Hans zunächst den zu bezahlenden Preis für ein Haustier für alle Urlaubstage ausrechnet und dann diesen Betrag mit der Anzahl aller in den Urlaub mitgenommenen Haustiere multipliziert, um den Gesamtpreis zu bestimmen, rechnet Anabel zuerst den Preis für alle mitgenommenen Haustiere pro Tag und multipliziert sie diesen Betrag mit der Anzahl aller Urlaubstage, um den Gesamtpreis zu berechnen.

Eine kognitive Schwierigkeit eines Schülers, die als Lernchance genutzt werden kann, liegt vor. Die Lernchance besteht darin, Unterschiedlichkeiten in Denkwegen der Lernenden in ihr Bewusstsein zu rücken, Konsequenzen dieser Unterschiedlichkeiten für den formalen Ansatz zu erläutern, ihm eine Deutung zu geben und diesen Ansatz einer Bewährung auszusetzen, bzw. zu modifizieren.

Die Lehrperson ergreift keine Maßnahmen, um Hans zur Reflexion über den monierten, vermeintlichen Fehler anzustoßen. Mit ihrer Frage in Zeile 50 bis 51 distanziert sie sich von der kognitiven Schwierigkeit von Hans. In einer sprachlich unpräzisen Art und Weise erklärt Anabel ihre Lösung. Gerade die fehlende Präzision und Artikulation der Deutung des Terms $x_2 \cdot 5 \cdot x_1$ erschwert die Überwindung der kognitiven Schwierigkeit von Hans. Trotz der fehlenden Präzision zeigt der Beitrag der Schülerin ihre beachtenswerte Leistung: Die Formulierung „wenn da die x zwei steht und (mal die halt) mal fünf, also ähm dann kann man schon mal ausrechen, wie wieviel Geld man für einen Tag gebraucht“ zeigt, dass sich Anabel eine adäquate (dennoch nicht präzise verbalisierte) Deutung des Teilterms $x_2 \cdot 5$ zurechtgelegt hat. Mit diesem Teilterm berechnet sie ein Zwischenergebnis – den zu bezahlenden Beitrag für alle mitgenommenen Haustiere für einen Tag. Sie weißt auch, dass sie dieses Zwischenergebnis mit der Anzahl der Urlaubstage mulitplizieren muss („und dann das mal die Anzahl der Tage nehmen, die die da bleiben“). Zur Erklärung des Terms macht Anabel eine Rechnung mit konkreten Werten, aber auch dabei fehlt die Präzision, die erforderlich ist, um die Klarheit bei der Überwindung der kognitiven Schwierigkeit von Hans zu verschaffen. Bei der Formulierung „was weiß ich – haben die jetzt 3 Haustiere, müssen die fünfzehn Euro bezahlen" fehlt wieder die Betonung dessen, dass es sich um das Geld für einen Tag für die drei mitgenommenen Haustiere handelt.

In Zeile 62 scheint Hans die Korrektheit beider Darstellungen für den diskutierten Teilterm eingesehen zu haben. Eine Offenlegung seiner Denkprozesse, die ihn zu dieser Einsicht hingeführt haben, findet im Unterricht nicht statt.

Die Lehrkraft schließt die Situation mit einer Erklärung (Z. 66 bis 72), der ein besonderes Augenmerk zu widmen ist, ab: Ihr Kommentar ist wenig informativ, geht weder auf die unterschiedlichen Denkprozesse von Anabel und von Hans noch auf den mathematischen Gegenstand (Anwendung des Kommutativgesetzes) ein. Mit der Anmerkung, dass eine Reihenfolge in dem Teilfunktionsterm „etwas logischer sein" kann, entzieht sie sich (mit einer inadäquaten Wortwahl) einer verständnisfördernden Erläuterung. Diese müsste an unterschiedliche Denkwege der Lernenden bei der Analyse des zu formalisierenden Sachverhaltes, an die daraus resultierenden unterschiedlichen formalen Darstellungen und ihre Deutung anknüpfen, also einen kognitiven Prozess und die formale Darstellung artikulieren. Ihr Kommentar „Die Anabel hats, denk ich, auch so gut begründet, dass du dir auch irgendwie was drunter vorstellen kannst, wie das auch dann, das Ergebnis zustande kommt" ist zwar hoch erhoben, aber verschafft noch nicht die Klarheit der Korrektur des monierten, vermeintlichen Fehlers und der Schwierigkeit von Hans.

Den kognitiven Tätigkeiten beim Übergang vom Textverstehen zu einer formalen Darstellung (und umgekehrt) wird in dieser Szene kaum Aufmerksamkeit geschenkt. Damit ist ein wesentlicher Aspekt der Entwicklung und Förderung der Formalisierungskompetenz der Lernenden vernachlässigt. Der Lehrkraft gelingt es also nicht, von der formalen Darstellung einer Funktionsgleichung und einem in dieser Darstellung monierten vermeintlichen Fehler ausgehend, Unterschiede in den kognitiven Aktivitäten der Lernenden und das Zustandekommen von dabei auftretenden Schwierigkeiten bewusst zu machen. Die Tatsache ist auch deshalb kritisch zu betrachten, weil es sich um die erste Aufgabe mit mehrschrittiger Modellierung mit Funktionsgleichungen für zweistellige Funktionen handelt, die üblicherweise durch die Lehrkräfte intensiver besprochen wurde.

Im Abschnitt 3.6 wurde erläutert, wodurch sich ein verständnisorientierter Umgang mit Schülerfehlern auszeichnen soll. Er verlangt, dass die Lernenden Fehler und Fehlvorstellungen entdecken, verstehen – also einsehen, dass etwas falsch ist und was falsch ist –, erklären – also verstehen, wie es dazu gekommen ist –, und beheben – also Fehler und Fehlvorstellungen korrigieren und eine richtige Vorgehensweise oder Vorstellung erwerben (Prediger und Wittmann, 2009). In dieser Situation wäre eine Erklärung des Denkfehlers von Hans und seiner Ursachen (Wodurch wurden die Schwierigkeiten von Hans aufgerufen? Warum sind diese Schwierigkeiten zustande gekommen? Was haben sich Anabel und Hans anders vorgestellt?) sowie eine explizite Korrektur des Denkfehlers (Hat Hans nach Anabels Erklärung verstanden, was seine Schwierigkeit war? Was hat ihm geholfen, Anabels Funktionsterm zu verstehen?) erwünschenwert.

Szene 2

Bei der Besprechung des Aufgabenteils 2g der Aufgabe aus den Seiten 3.4.5.3f. findet in der Klasse eine Debatte statt, die im Weiteren näher betrachtet wird. Sie zeigt, wie die Lehrkraft von einer komplexen Frage nach einer Funktionsgleichung ausgehend, mit Hilfe vieler Fragen mit einem niedrigen Anforderungsniveau den Anspruch an die zu leistenden kognitiven Aktivitäten der Lernenden deutlich einschränkt.

Transkript

Nils: *[liest vor]* Ähm auch die Fährlinie benutzt zur Berechnung der Preise Computerprogramme. Entwickle eine passende Funktionsgleichung. Ja, x eins - Anzahl der Erwachsenen, x zwei - Anzahl der Kinder unter 16, x drei - Anzahl der Haustiere.

L.: So da soll jetzt eine Funktionsgleichung von gestaltet werden. (11 sec)

L.: So wie muss die Aussehen? (5 sec)

L.: Was ist nochmal x eins? Jonas? (3 sec)

L.: Das wär schön, wenn du wenigstens son Fünkchen aufpassen würdest. Ja? Albin, lass es sein!

Schüler: Genau!

L.: Albin, was ist x eins jetzt hier? Es steht bei dir im Heft und der Nils hats gerade vorgelesen.
[Albin nuschelt etwas.]

L.: Ich versteh kein Wort.

Albin: Das darf ich mir (nachreichen). (3 sec)

L.: Darek!

Darek: Anzahl der Erwachsenen.

L.: Gut. Ja? So was ist dann x zwei? Daniel!

Daniel: Anzahl der Kinder unter 16.

L.: Also bis äh bis 16 Jahre ist das da, glaub ich. Ne? So und x drei? Guck, der Jonas is ja doch da. Erzähl!

Jonas: Anzahl der Haustiere.

L.: Gut. Ja. So wie muss jetzt die Funktion lauten? Was zahlt denn so ein Erwachsener? Hans, jetzt hör endlich auf mit dieser Kinderei da. Du bist hier nicht inner zweiten Klasse.

Schüler: Genau.

Schüler: Ist er wirklich nicht?

L.: Ja? (4 sec)

Schüler: Oah Thomas!

L.: Falk!

Falk: 28 Euro.

L.: Gut. Ja. Jeder Erwachsene muss 28 Euro zahlen. Für die Kinder?

Schüler: 15.

L.: Und Haustiere? Hatten wir gerade auch.

Schüler: Da stand aber (Wohnung).

L.: Karen!

Karen: Acht Euro.

L.: (Gut). Jetzt brauchen wir eine Preisfunktion dazu.
[Gemurmel] (10 sec)

L.: Hans!

Hans: Ähm is das ist gleich also vier mal x eins.

L.: Mmm vier? Wieso vier?

Hans: Weil das ähm vier Leute sind, vier Erwachsene.

L.: Es geht ja um den Preis jetzt. Wir wollen ja wissen, wie hoch der Preis ist.

Hans: Achso ähm ähm nicht vier mal x eins ähm ähm ähm mmh vier mal, vier mal 28.

L.: Gut, aber jetzt mit x eins hier.

Hans: Ja.

L.: Allgemein jetzt, nicht nur für die Familie (...).

Hans: Ja, vier mal x eins.

L.: Nee ein, steckt ein Fehler drin. Karen!

Karen: Ähm 28 mal x eins.

Hans: Achso. Ja. *[L. notiert:]*

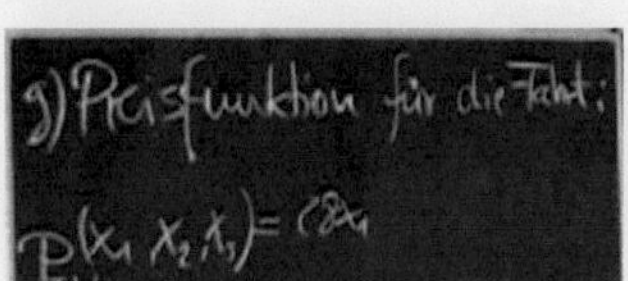

(4 sec)

L.: Und wie muss es weiter gehen? *[nickt Nico zu]*

Nils: Plus 15 mal x zwei (...)

Schüler: Boah das is aber ganz schön viel.

Nils: (...) plus Acht Acht mal x drei.
[L. notiert:] (3 sec)

L.: Ja? (So, das machen wir noch.)

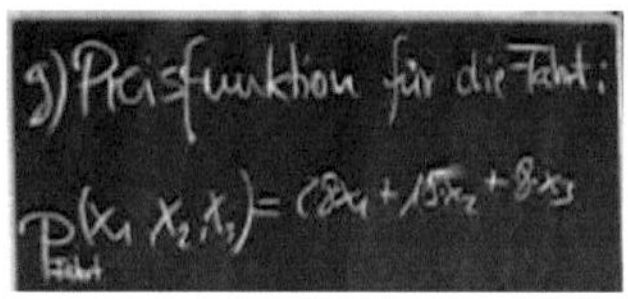

Transkriptanalyse

Zu dem Aufgabenteil g soll eine Funktionsgleichung erstellt werden, mit der man die Kosten für die Überfahrt mit einer Fähre nach Borkum berechnen kann. In dem Aufgabentext wurden die Variablen x_1, x_2 und x_3 vorgegeben und erklärt. Die Lehrkraft stellt den Lernenden keine Fragen hinsichtlich der Komplexität der im Aufgabentext beschriebenen Situation. Die Bearbeitung der Aufgabe beginnt sie mit der Formulierung einer komplexen Anforderung: „So da soll jetzt eine Funktionsgleichung von gestaltet werden (...) So wie muss die aussehen?“ Die Aufgabe wird aber von den Lernenden nicht in ihrer Komplexität, sondern schrittweise bearbeitet, wobei die Lehrperson stark steuernd wirkt. Die Teilleistungen, die dabei von den Schülern erwartet werden, sind dann von elementarer Art: Die Fragen der Lehrkraft beziehen sich auf die (bereits erklärten) Variablen (Z. 5, 11, 18) und auf die zu bezahlenden Preise für die Fahrkarten für die Erwachsenen (Z. 23-24), für die Kinder unter 16 Jahren (Z. 32) und für die Haustiere (Z.35). So werden den Lernenden alle für die Lösung relevanten Informationen aufgezeigt, ohne sie zur Präzisierung und zur Interpretation der beschriebenen Situation zur Reflexion über den vorgegebenen formalen Ansatz „$p_{Fahrt}(x_1, x_2, x_3) =$“ anzuregen. Mit den Fragen in den Zeilen 23-24, 32 und 35 greift die Lehrkraft alle diejenigen Informationen aus dem Aufgabentext, die zur Erstellung der Funktionsgleichung zu dem Aufgabenteil 2g erforderlich sind, auf. Die Selbstständigkeit der Lernenden bei der Erklärung der zu erstellenden Funktionsgleichung wird damit wieder erheblich eingeschränkt. Die Lernenden sind u. a. von dem gedanklichen Aufwand entlastet, in dem Aufgabentext nach relevanten Informationen zur Erstellung der Funktionsgleichung zu suchen. Dieses Verfahren kann unter dem sogenannten „Kleinarbeiten komplexer Anforderungen“ (Klieme et al., 2001, S. 45) zusammengefasst werden. Dieses Verfahren wurde im Rahmen der TIMS-Studie als typisch für den deutschen Mathematikunterricht aufgedeckt und beschrieben.

Es fällt auf, dass auch der Prozess des Mathematisierens nicht verständnisfördernd angelegt ist: Der Beitrag von Hans in der Zeile 41 deutet auf einen Fehler hin. Der diktierte

Teilterm $4 \cdot x_1$ ist falsch. Die Zahl vier in diesem Teilterm steht für die Anzahl der Erwachsenen (ein Elternpaar und zwei erwachsene Kinder), die in den Urlaub fahren möchten. Diese soll aber beim Berechnen der Preise für die Variable x_1 eingesetzt werden und mit dem festgelegten Preis für je eine Fahrkarte für einen Erwachsenen multipliziert werden. Offenbar handelt es sich hier um einen Fehler in der Formalisierung und nicht darum, dass Hans die Fragestellung nicht beachtete. Die Anmerkung der Lehrkraft „Wir wollen wissen, wie hoch der Preis ist“ (Z. 44-45) ist nicht zielführend und sie hilft dem Schüler nicht, einzusehen, dass er einen Fehler gemacht hat und was er falsch gemacht hat.

Für konkrete Werte kann der Schüler den Preis für die Erwachsenen ausrechnen (Z. 47 „vier mal 28“). Beim Übergang zu einer formalen Darstellung tritt in Zeile 51 wieder derselbe Fehler auf. Mit dem Urteil „Nee ein, steckt ein Fehler drin“ nimmt die Lehrkraft den Lernenden wieder die Möglichkeit, seinen Fehler aufzudecken und ihn zu korrigieren, ab. Der kognitive Prozess vom Textverstehen zu einem formalen Ansatz sowie die Schwierigkeiten, die dabei auftreten, werden wieder nicht ins Zentrum gestellt. Der Fehler von Hans wird nicht geklärt. Mit der korrekten Antwort von Karen wird die kurze Debatte zu dem ersten Teilterm des Funktionsterms abgeschlossen.

Schwierigkeiten beim Präzisieren, Formalisieren und Mathematisieren eines umgangssprachlich formulierten Aufgabentextes sind ein integrierter Teil des Lernprozesses, wenn gerade neue Werkzeuge für solche kognitiven, mathematischen Prozesse gelernt und Fertigkeiten im Umgang mit diesen Werkzeugen entwickelt werden sollen. Der analysierte Transkriptauschnitt deutet auf fehlende, verständnisorientierte Unterstützung dieses Lernprozesses seitens der Lehrkraft. Die Bearbeitung der komplexen Aufgabenstellung ist in dem gezeigten Unterrichtsausschnitt eher ergebnisorientiert angelegt und nicht auf die Förderung von Verstehensprozessen der Lernenden ausgerichtet. Für eine Veränderung des kognitiven mathematischen Betriebssystems der Lernenden ist solche Unterrichtsausrichtung nicht zielführend, weil mit ihr lediglich Fehler und nicht ihre Ursachen behoben werden.

7.2.1.3 Fazit

Mit den zwei analysierten Unterrichtssequenzen wurde ein Blick auf die Gestaltung der Lehr-Lern-Prozesses bei der Bearbeitung einer komplexen Modellierungsaufgabe gegeben. Es wurden folgende Hindernisse beim Bemühen um eine Verbesserung der Modellierungs- und der Formalisierungskompetenz der Realschüler festgestellt: Einschränkung kognitiver Aktivitäten der Lernenden durch eine hohe Frequenz von Lehrerfragen auf einem niedrigen Anforderungsniveau und unproduktiver Umgang mit Schülerfehlern. Eine genauere Darstellung und Analyse dieser Schwierigkeiten würde den Rahmen dieser Arbeit sprengen. Sie sind erwähnt worden, um mit Blick auf die Gestaltung von Lernprozessen im Unterricht einen Bezugspunkt zur den im Weiteren genauer analysierten Lernergebnissen in einer Klassenarbeit zu erstellen.

Mit komplexen Modellierungsaufgaben sollten die Lernenden angeregt werden, durch den Aufruf des Funktionenframes und mit Hilfe des Werkzeugs „Funktionen“ den gegebenen Aufgabentext zu präzisieren, zu formalisieren, sich auf eine Interpretation des Textes einzulassen und dann zu einem mathematischen Ansatz zu kommen. Das Anforderungsniveau der Aufgaben wurde durch Fragen der Lehrkraft wesentlich tiefer gesetzt. Es drängt sich die Vermutung auf, dass die Benutzung von Funktionen in der Bearbeitung von Modellierungsaufgaben seitens der Lehrkräfte eher als eine Übungsform für die Fertigkeiten aus dem syntaktischen Bereich der Benutzung der Funktionensprache aufgefasst wurde. Das würde erklären, warum im Unterricht die Komplexität und Adäquatheit aufgestellter Funktionsgleichungen, der Transfer von einem Aufgabentext zu einer formalen Darstellung und von einer formalen Darstellung zur Reflexion über den formalisierten Sachverhalt nicht thematisiert wurde und warum Fehler in der Formalisierung ohne Anknüpfung an die kognitiven Schwierigkeiten der Lernenden geklärt wurden. Es fehlen Indizien dafür, dass es den Lehrkräften klar war, was unter der Formulierung „das Denken in Funktionen“ zu verstehen ist sowie welche Denk- und Argumentationsprozesse bei den Lernenden beim Aufruf von Funktionen ausgelöst und auch im Unterricht gefördert werden sollten. Das heißt nicht, dass deshalb die Lernenden das Denken in Funktionen überhaupt nicht entwickeln konnten. Das heißt aber, dass im Unterricht ein wichtiger Aspekt für eine nachhaltige Entwicklung des funktionalen Denkens der Lernenden vernachlässigt wurde: Ein metakognitiver Prozess, der den Umgang mit Funktionen zum Denken in Funktionen macht und diese Denkart ins Bewusstsein der Schüler rückt. Mit dem metakognitiven Prozess ist die Offenlegung von Denkprozessen, Lösungsstrategien, Vorgehensweisen und Vorstellungen der Lernenden sowie Reflexion bezogen auf die benutzten mathematischen Werkzeuge gemeint. Dies soll die Bildung von nur trägem Wissen verhindern.

Die Transkriptausschnitte verdeutlichen wieder den Gedanken aus der Einleitung zum Kapitel 5: In der Literatur zur Unterrichts- und Implementationsforschung wird vom steinigen Weg, den Unterricht zu verändern, berichtet (Gräsel und Parchmann, 2004b). Die Ergebnisse des durchgeführten Projektes legen die Hypothese nahe, dass das „Steinige“ an diesem Weg gerade darin besteht, von einer vermeintlichen zu einer wirklichen Veränderung des Unterrichts zu gelangen – von dem Einsatz neuer Aufgaben im Unterricht zur Kontrolle und Überwachung (seitens der Lehrkraft) der mit ihnen auszulösenden Denk- und Argumentationsprozesse der Lernenden. Das hat gerade dann eine wesentliche Bedeutung, wenn eine Unterrichtsinnovation auf Veränderungen im kognitiven mathematischen Betriebssystem der Lernenden abzielt und nicht nur inhaltlich – im Sinne der Ergänzung vom Wissen aus einem Inhaltsbereich – angelegt ist.

7.2.2 Lernergebnisse

Ergebnisse aus einer Klassenarbeit aus dem zweiten Jahr der Realisierung des Projektes geben einen Einblick in den erreichten Stand der Modellierungs- und Formalisierungskompetenz der Lernenden. Bei dem einzusetzenden Formalisierungwerkzeug handelt es sich vor allem um Funktionen. Die Klassenarbeit besteht aus zwei komplexen Aufgaben.

Am Beispiel ausgewählter Lösungen werden zunächst (7.2.2.1) Leistungen und Schwierigkeiten der Lernenden, die mit insgesamt 89,7% und 82,24% der zu erreichenden Punkte die zwei höchsten Ergebnisse in der Klasse erzielt haben, näher betrachtet. Bei der Analyse der ersten Schülerlösung werden die erbrachten Leistungen und aufgedeckten Schwierigkeiten des Schülers artikuliert. Zur Vermeidung der Wiederholung werden bei der Analyse der zweiten Lösung vor allem die diagnostizierten Schwierigkeiten in den Blick genommmen. Anhand fehlerhafter Lösungen werden Probleme der Lernenden bei der Bearbeitung der Aufgaben verdeutlicht. Der Abschnitt 7.2.2.2 ist der Darstellung, der Auswertung und der Analyse der in dieser Klassenarbeit erzielten Ergebnisse aller Schüler gewidmet.

7.2.2.1 Analyse ausgewählter Schülerlösungen

Lösung von Fritz (Abb. 7.7, Abb. 7.8, Abb. 7.9, Abb. 7.10)

Aufgabe 1:
Herr Groß möchte für Frau Klein Blumen kaufen.
Er benötigt 10 besonders schöne Rosen.
Im Geschäft gibt es heute ein Angebot: ***1 Edelrose für 2,- €***.

a) Schreibe ein RM-Programm zur Berechnung des Preises beim Rosenkauf.

$(C_1 S_1 A_2 A_2)$

b) Schreibe eine Funktionsgleichung auf, mit der Herr Groß ausrechnen kann, wie viel er für den Strauß mit 10 Rosen bezahlen muss:

p(10)= $10 \cdot 2$

c) Stelle die Funktionsgleichung für eine beliebige Anzahl x_1 von Edelrosen auf:

$p(x_1)= x_1 \cdot 2$

d) Jonas hat folgendes RM-Programm als Lösung angegeben:

$(C_1 S_1 S_1 S_1 S_1 S_1 S_1 S_1 S_1 S_1 S_1 A_2 A_2 A_2 A_2 A_2)$

Teste sein Programm, indem du folgende Tabelle ausfüllst.

Anzahl der gekauften Rosen	Mit dem Programm von Jonas berechneter Preis
10	5
20	10
1	Err
5	Err

Abbildung 7.7: Klassenarbeitsaufgaben – Lösung von Fritz, Teil 1

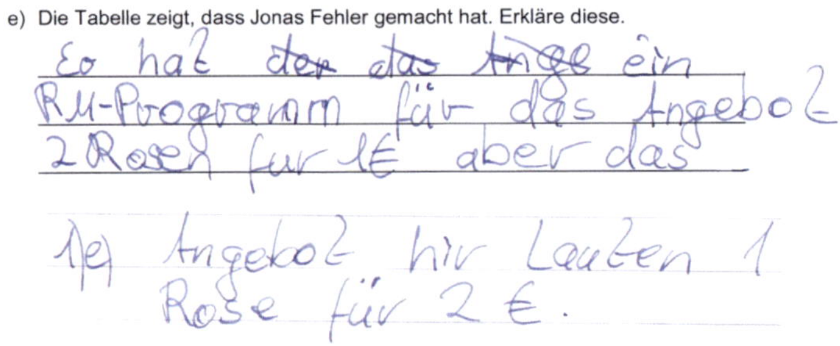
e) Die Tabelle zeigt, dass Jonas Fehler gemacht hat. Erkläre diese.

Er hat ~~der~~ das ~~Ange~~ ein RM-Programm für das Angebot 2 Rosen für 1€ aber das [illegible] Angebot hir Lauten 1 Rose für 2 €.

Abbildung 7.8: Klassenarbeitsaufgaben – Lösung von Fritz, Teil 2

Die Aufgabenteile 1a bis 1c (Abb. 7.7) hat Fritz korrekt bearbeitet. Im ersten Aufgabenteil hat er einen korrekten Algorithmus zum Berechnen der Preise beim Rosenkauf entworfen. Mit diesem Algorithmus können Preise für eine beliebige, fest gewählte Anzahl der zu kaufenden Rosen berechnet werden. Im ersten Register wird die Anzahl der Rosen gespeichert. Das Ergebnis der Ausführung des RM-Programms steht im zweiten Register und ist als der zu bezahlende Betrag zu interpretieren. Das erstellte RM-Programm ist ein Werkzeug, mit dem die Funktion $f(x_1) = 2x_1$ mit Argumenten und Werten in den natürlichen Zahlen realisiert wird. Die beim Umgang mit Algorithmen in den drei Modellwelten geübten, analysierten und reflektierten Handlungen bilden für den Schüler eine Orientierungsgrundlage für das Entdecken und Beschreiben funktionaler Zusammenhänge. Es ist erstaunlich, dass der Schüler in der Formulierung „1 Edelrose für 2 Euro" mehr als nur eine deskriptive Beschreibung einer Eigenschaft sieht. Eine mögliche, dabei aufgerufene Handlungsvorstellung ist die folgende: Der Verkäufer wählt die gewühnschte Anzahl der Rosen aus. Der Kunde nimmt von ihm eine Rose und legt dafür zweimal jeweils eine 1-Euro-Münze auf die Theke. Dieser Tauschprozess wird solange wiederholt, bis der Verkäufer keine der ausgewählten Rosen mehr hat. Mit dieser Vorstellung kann der Schüler funktionale Zusammenhänge aufdecken, beschreiben und der Konstruktion von mathematischen Werkzeugen zu Grunde legen.

Mit der Funktionsgleichung im Aufgabenteil 1b hat Fritz die Wirkung des erstellten RM-Programms für 10 Rosen beschrieben. Im nächsten Aufgabenteil hat er diese Wirkung mit Hilfe einer Funktionsgleichung korrekt für eine beliebige, fest gewählte Anzahl von Rosen beschrieben.

Im Aufgabenteil 1d ist ein RM-Programm eines fiktiven Schülers Jonas zu analysieren. Das RM-Programm von Jonas berechnet die Funktion $f(x_1) = \frac{x_1}{10} \cdot 5$ mit Argumenten und Werten in den natürlichen Zahlen. In diesem RM-Programm treten semantische Fehler auf: Das RM-Programm ist für Vielfache von 10 Rosen geschrieben. Jonas hat zudem falsch den Preis für zehn Rosen bestimmt: 5 Euro anstatt 20 Euro. Fritz ist beim Testen dieses RM-Programm davon ausgegangen, dass die Preise für eine und für fünf Rosen mit nicht berechnet werden können. Diese Tatsache hat er unter den Begriff „Error" („Err") subsumiert. In der Schülersprache dieser Lerngruppe fungiert der Begriff „Error" als eine

Bezeichnung für einen Syntaxfehler. Diese Subsumtion ist also falsch. Sowohl für eine als auch für 10 Rosen berechnet das RM-Programm von Jonas den Preis 5 Euro. Die für 10 und 20 Rosen berechnete Preise von Fritz sind korrekt.

Im Aufgabenteil 1e (Abb. 7.8) hat Fritz erkannt, dass dem RM-Programm von Jan ein anderes Angebot zu Grunde liegt als das aus der Aufgabenstellung. Er hat aber nicht moniert, dass Jans Programm nur für Vielfache von 10 Rosen das richtige Ergebnis berechnet. Seine Erklärung ist daher nicht vollständig.

Aufgabe 2:
Herr und Frau Schmidt und ihre drei Kinder planen in den Sommerferien in die Schweiz zu fahren. Sie informieren sich über den aktuellen Währungskurs und über Angebote für Ferienwohnungen.

1 Schweizer Franken (SFR) entspricht 0,63255 Euro
Sie haben sich für die Ferienanlage in Leysin am Genfer See entschieden.

Ferienanlage Leysin
Mietpreis pro Woche: 900 SFR Kosten für Endreinigung: 75 SFR Haustier pro Woche: 60 SFR

a) Familie Schmidt sucht nach einfachen Umrechnungsregeln, damit sie beim Einkaufen im Urlaub die Preise besser abschätzen können. Sie diskutieren folgende Vorschläge. Kreuze einen geeigneten Vorschlag an.

	geeignet
10 SFR entspricht 12 Euro	
2 SFR entsprechen 3 Euro	
3 SFR entsprechen 2 Euro	X

b) Schreibe für die **geeignete** Umrechungsregel ein RM-Programm, das bei Eingabe der Anzahl der SFR in Register 1 den Preis in Euro in Register 2 berechnet und gib die zugehörige Funktionsgleichung an.

b₁) RM-Programm: (1,S1,S1,S1,A2,A2)

b₂) Funktionsgleichung: ~~$3 \cdot \frac{3}{2} \cdot 2$~~ $3 \cdot 1\frac{1}{2}$ $3 \cdot \frac{3}{2}$ $\frac{3}{3} \cdot 2$

c) Berechne mit deiner Funktionsgleichung aus b) für die Ferienanlage Leysin die drei angegebenen Preise in Euro.

Mietpreis pro Woche: 600€

Kosten für Endreinigung: 50€

Preis für ein Haustier pro Woche: 40€

d) Schreibe eine Funktionsgleichung, mit der sich der Gesamtpreis in SFR ausrechnen lässt:

x_1: Anzahl der Wochen, die man buchen möchte
x_2: Anzahl der Haustiere, die man mitnehmen möchte

$p_{Leysin}(x_1,x_2) = x_1 \cdot 900 + x_2 \cdot 60 \cdot x_1 + 75$

Abbildung 7.9: Klassenarbeitsaufgaben – Lösung von Fritz, Teil 3

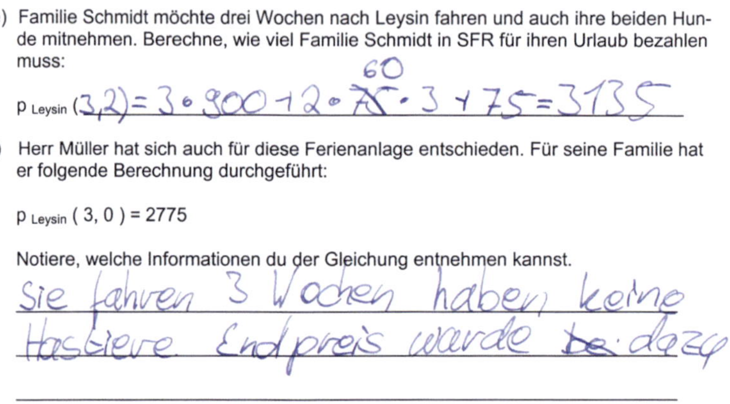
e) Familie Schmidt möchte drei Wochen nach Leysin fahren und auch ihre beiden Hunde mitnehmen. Berechne, wie viel Familie Schmidt in SFR für ihren Urlaub bezahlen muss:

p_{Leysin} (3,2) = 3 · 900 + 2 · ~~75~~ 60 · 3 + 75 = 3135

f) Herr Müller hat sich auch für diese Ferienanlage entschieden. Für seine Familie hat er folgende Berechnung durchgeführt:

p_{Leysin} (3, 0) = 2775

Notiere, welche Informationen du der Gleichung entnehmen kannst.

Sie fahren 3 Wochen haben keine Haustiere Endpreis wurde ~~be~~ dazu

Abbildung 7.10: Klassenarbeitsaufgaben – Lösung von Fritz, Teil 4

Die Aufgabenteile 2a und $2b_1$ (Abb. 7.9) sind korrekt bearbeitet worden. Der Aufgabenteil 2a erfordert von den Lernenden, dass sie für den angegebenen Währungskurs eine adäquate Umrechnungsregel wählen. Ein Lösungsweg besteht darin, die zu bezahlenden Preise für 10, 2 und 3 Euro nach dem Währungskurs zu bestimmen und diese Preise mit den entsprechenden Preisen der drei Umrechnungsvorschläge zu vergleichen. Zu wählen ist dieser Vorschlag, der sich am geringsten von den wirklichen Preisen unterscheidet.

Das RM-Programm, das der Schüler im Aufgabenteil $2b_1$ geschrieben hat, ist korrekt.

Beim Aufgabenteil $2b_2$ ist es dem Schüler nicht gelungen, eine Funktionsgleichung zum Beschreiben des Angebots „3 SFR entsprechen 2 Euro“ aufzustellen. Seine durchgestrichenen Ansätze zeigen, dass er nur mit konkreten Werten und nicht mit Variablen operiert hat. Vermutlich zielten seine Versuche darauf ab, nur die Berechnung eines Funktionswertes zu beschreiben und nicht darauf ab, eine allgemeine Funktionsgleichung zu erstellen.

Die im Aufgabenteil 2c ermittelte Preise sind korrekt, obwohl der Schüler zuvor keine Funktionsgleichung geschrieben hat. Da Fritz ein RM-Programm erstellt hat, kann man davon ausgehen, dass er wusste, wie die Preise algorithmisch zu ermitteln sind: Für je drei von den 600 Schweizer Franken, die er vor seinem geistigen Auge in einem Tauschvorgang gegen Euro tauscht, muss er zweimal einen Euro hinlegen. Da dieser Tauschprozess 300 Mal wiederholt werden müsste, ergibt er 300·2 Euro also 600 Euro.

Beim Aufgabenteil 2d fällt auf, dass der Schüler einige Informationen im Aufgabentext unterstrichen hat. Die Anmerkung, dass mit der zu erstellenden Funktionsgleichung der Gesamtpreis in SFR berechnet werden sollte, ist für einen Lösungsansatz wesentlich. Fritzt hat die in Schweizer Franken angegebenen Preise zuvor (2c) in Preise in Euro umgerechnet, sodass er beim Aufstellen der Funktionsgleichung die richtigen Angaben zu wählen hat. Der Preis, der für einen Urlaub in der Ferienanlage Leysin zu bezahlen ist, setzt sich aus drei Komponenten zusammen: aus dem Mietpreis, aus den Kosten für die

Endreinigung und aus dem Preis für Haustiere, wobei diese drei Komponenten von unterschiedlichen und unterschiedlich vielen Veränderlichen abhängig sind: der Mietpreis hängt von der Anzahl der Urlaubswochen, die Kosten für die Endreinigung sind konstant und nur einmalig zu bezahlen, die Kosten für die Haustiere hängen von zwei Veränderlichen ab: von der Anzahl der Haustiere und von der Anzahl der Urlaubswochen. Die sprachlogische Komplexität des Textes, der dieses Angebot beschreibt, ist sehr hoch. Das Verstehen der Formulierungen „Mietpreis pro Woche: 900 SFR" und „Haustier pro Woche: 60 Euro" ist mit der Schwierigkeit verbunden, hier funktionale Zusammenhänge und ihre Komplexität zu erkennen. Die Schwierigkeit des Aufgabenteils liegt weit über dem Realschulniveau. Der Aufruf des Funktionenframes zeigt sich hier hilfreich, um die Komplexität der Aufgabe zu überwinden. Ein Schüler, der hierfür seinen Funktionenframe aufruft, verfügt über Fragetechniken, die ihm helfen, die Anforderungen der Aufgabe zu erfüllen. Diese Fragen setzen bei dem Aufgabentext an und zielen darauf ab, die wesentlichen Variablen der beschriebenen Situation zu erfassen und funktionale Zusammenhänge aufzudecken.

Die Funktionsgleichung im Aufgabenteil 2e (Abb. 7.10) ist korrekt. Es liegt der Fall vor, dass ein Schüler, der bei $2b_2$ keine Funktionsgleichung für eine einstellige Funkion geschrieben hat, eine korrekte Funktionsgleichung für eine zweistellige Funktion erstellt und mit ihr im nächsten Aufgabenteil einen Funktionswert ausgerechnet hat. Hier ist zu beachten, dass die Komplexität des Aufgabenteils 2e nicht nur in dem zu leistenden rechnerischen Aufwand besteht. Bevor dieser Aufwand geleistet wird, müssen im Aufgabentext relevante Informationen identifiziert und diese für die Variablen x_1 und x_2 eingesetzt werden. Bei der Suche nach mehreren Informationen sind Fehler nicht ausgeschlossen. Die Lösung von Fritz und die von ihm vorgenommene Korrektur eigener Antwort zu den Aufgabenteilen 2d und 2e zeigen, dass Monitoringaktivitäten hilfreich sind, um solche Fehler aufzudecken und zu korrigieren.

Die Antwort im Aufgabenteil 2f ist nicht vollständig und es treten sprachliche Unzulänglichkeiten auf: Es handelt sich nicht um die Anzahl der Haustiere, die die Familie *hat*, sondern um die Anzahl der Haustiere, die sie in den Urlaub *mitnimmt*. Den Betrag des Endpreises hat Fritz nicht angegeben.

Trotz der aufgetretenen Fehler lässt die Lösung von Fritz auf seine Fähigkeit des Denkens in Funktionen und auf seine Fertigkeiten im Umgang mit Funktionen schließen. Das Niveau seiner Formalisierungs- und Modellierungskompetenz ist als hoch einzuschätzen. Seine Schwierigkeiten bei dem Aufgabenteil $2b_2$ erfordern eine genauere Untersuchung und Diagnose, um Fördenmaßnahmen zu konzipieren. Die Fehler von Fritz im Aufgabenteil 1d sind nicht sehr überraschend, weil es sich um ein im Unterricht noch nicht behandeltes Problem der Wirkungsweise von RM-Programmen handelt. Die Arbeit von Fritz erfüllt die Anforderungen der gestellten Aufgaben in 89,71%.

Lösung von Nils (Abb. 7.11, Abb. 7.12, Abb. 7.13)

Aufgabe 1:
Herr Groß möchte für Frau Klein Blumen kaufen.
Er benötigt 10 besonders schöne Rosen.
Im Geschäft gibt es heute ein Angebot: ***1 Edelrose für 2,- €***.

a) Schreibe ein RM-Programm zur Berechnung des Preises beim Rosenkauf.

$(_1 S_1 A_2 A_2)$

b) Schreibe eine Funktionsgleichung auf, mit der Herr Groß ausrechnen kann, wie viel er für den Strauß mit 10 Rosen bezahlen muss:

p(10)= 10 · 2€ = 20€

c) Stelle die Funktionsgleichung für eine beliebige Anzahl x_1 von Edelrosen auf:

$p(x_1)= X_1 \cdot 2 =$

d) Jonas hat folgendes RM-Programm als Lösung angegeben:

$(_1 S_1 S_1 S_1 S_1 S_1 S_1 S_1 S_1 S_1 S_1 A_2 A_2 A_2 A_2 A_2)$

Teste sein Programm, indem du folgende Tabelle ausfüllst.

Anzahl der gekauften Rosen	Mit dem Programm von Jonas berechneter Preis
10	5€
20	10€
1	geht nicht!
5	geht nicht!

e) Die Tabelle zeigt, dass Jonas Fehler gemacht hat. Erkläre diese.

Weil er 10 mal S_1 geschrieben hat kann man nur den Preis berechnen wenn man 10, 20, 30 u.s.w viele Rosen kauft. Dadurch kann man ~~1~~ wenn man 1, 2, 3, 4 u.s.w Rosen kauft den Preis nicht berechnen

Abbildung 7.11: Klassenarbeitsaufgaben – Lösung von Nils, Teil 1

Nils hat im Aufgabenteil 1a ein korrektes RM-Programm geschrieben. Seine Lösungen zu den Aufgabenteilen 1b und 1c sind im Wesentlichen korrekt. Das Auftreten des Eurozeichens in der ersten Funktionsgleichung (und in der Bearbeitung der Aufgabenteile

$2b_2$, 2c sowie das Auftreten der Währung SFR in Aufgabenteil 2e) ist in dieser Lerngruppe als Syntaxfehler zu werten. Bei der zweiten Funktionsgleichung ist das letzte Gleichheitszeichen unnötig. Dies wird ebenso als Syntaxfehler gewertet. Bei der Bearbeitung des Aufgabenteils 1d bereiteten dem Schüler nur die zwei letzten Beispiele Schwierigkeiten. Hier treten Fehler auf.

Nils hat korrekt die Preise für 10 und für 20 Rosen berechnet. Er hat auch erkannt und im Aufgabenteil 1e begründet, dass das RM-Programm von Jan für Vielfache von 10 Rosen geschrieben wurde. Unerwähnt ist in seiner Antwort, dass die Preise, die mit dem RM-Programm von Jan berechnet werden, falsch sind, weil diesem RM-Programm ein anderer Preis für eine Rose zu Grunde liegt als der im Aufgabentext. Der letzte Satz der Antwort von Nils weist auf einen Denkfehler, der bereits in den Kommentaren zu den zwei letzen Beispielen im Aufgabenteil 1d zum Ausdruck kam, hin: Die Preise kann man ausrechnen, aber sie sind falsch.

Aufgabe 2:

Herr und Frau Schmidt und ihre drei Kinder planen in den Sommerferien in die Schweiz zu fahren. Sie informieren sich über den aktuellen Währungskurs und über Angebote für Ferienwohnungen.

1 Schweizer Franken (SFR) entspricht 0,63255 Euro
Sie haben sich für die Ferienanlage in Leysin am Genfer See entschieden.

Ferienanlage Leysin
Mietpreis pro Woche: 900 SFR Kosten für Endreinigung: 75 SFR Haustier pro Woche: 60 SFR

a) Familie Schmidt sucht nach einfachen Umrechnungsregeln, damit sie beim Einkaufen im Urlaub die Preise besser abschätzen können. Sie diskutieren folgende Vorschläge. Kreuze einen geeigneten Vorschlag an.

	geeignet
10 SFR entspricht 12 Euro	nein
2 SFR entsprechen 3 Euro	nein
3 SFR entsprechen 2 Euro	ja

b) Schreibe für die **geeignete** Umrechungsregel ein RM-Programm, das bei Eingabe der Anzahl der SFR in Register 1 den Preis in Euro in Register 2 berechnet und gib die zugehörige Funktionsgleichung an.

b_1) RM-Programm: (C_1 $S_1S_1S_1$ A_2A_2)

b_2) Funktionsgleichung: p(3) = $\frac{3}{3}$ · 2 = 2€

Abbildung 7.12: Klassenarbeitsaufgaben – Lösung von Nils, Teil 2

c) Berechne mit deiner Funktionsgleichung aus b) für die Ferienanlage Leysin die drei angegebenen Preise in Euro.

Mietpreis pro Woche: p(900) $\frac{900}{3}$ · 2 = 600€

Kosten für Endreinigung: p(75) $\frac{75}{3}$ · 2 = 50€

Preis für ein Haustier pro Woche: p(60) = $\frac{60}{3}$ · 2 = 40€

d) Schreibe eine Funktionsgleichung, mit der sich der Gesamtpreis in SFR ausrechnen lässt:

x_1: Anzahl der Wochen, die man buchen möchte
x_2: Anzahl der Haustiere, die man mitnehmen möchte

$p_{Leysin}(x_1, x_2)$ = $x_1 \cdot 900 + x_2 \cdot 60 + 75$

e) Familie Schmidt möchte drei Wochen nach Leysin fahren und auch ihre beiden Hunde mitnehmen. Berechne, wie viel Familie Schmidt in SFR für ihren Urlaub bezahlen muss:

p_{Leysin} (3,2) = 3 · 900 + 2 · 3 · 60 + 75 = 3135 SFR

f) Herr Müller hat sich auch für diese Ferienanlage entschieden. Für seine Familie hat er folgende Berechnung durchgeführt:

p_{Leysin} (3, 0) = 2775

Notiere, welche Informationen du der Gleichung entnehmen kannst.

Sie wollen ~~mit~~ 3 Wochen ~~Menschen~~ mit 0 Hunde nach Leysin und mussen insgesamt 2775€ bezahlen

Abbildung 7.13: Klassenarbeitsaufgaben – Lösung von Nils, Teil 3

Die Antworten von Nils zu den Aufgabenteilen 2a und $2b_1$ (Abb. 7.12) sind korrekt. Im Aufgabenteil 2a hat er eine geeignete Umrechnungsregel gewählt. Er hat aber die Aufgabenstellung nicht beachtet und anstatt diese Regeln anzukreuzen, hat er mit „ja" und „nein" alle drei vorgeschlagenen Regeln hinsichtlich der Adäquatheit zu dem angegebenen Währungskurs beurteilt.

Die Gleichung im Aufgabenteil $2b_2$ (Abb. 7.12) entspricht nicht der Aufgabenstellung, weil sie nicht für den allgmeinen Fall geschrieben ist, sondern für das Argument 3. Die Berechnungen im Aufgabenteil $2b_2$ und 2c (Abb. 7.13) zeigen, dass Nils mit der Notation der Funktionsgleichung umgehen kann, ohne dass er zuvor im Afgabenteil $2b_2$ eine korrekte Funktionsgleichung mit Variablen aufgeschrieben hat. Mit wenigen Syntaxfehlern bei 2c hat der Schüler zu allen angegebenen Preisen in SFR (nach demselben Schema wie bei $2b_2$) die korrekten Preise in Euro bestimmt. Eine Ursache für seinen Fehler im Aufgabenteil $2b_2$ kann also sein, dass er der Aufgabenstellung nicht entnommen hat, dass der allgemeine Fall zu betrachten ist.

Bei dem Aufgabenteil 2d hat Nils in dem Funktionsterm einen Fehler gemacht. Er hat nicht berücksichtigt, dass der zu bezahlende Preis für die Haustiere von zwei Veränderlichen abhängt: von der Anzahl der mitgenommenen Haustiere und von der Anzahl der Urlaubswochen. Trotz des Fehlers ist seine Berechnung im nächsten Aufgabenteil korrekt. Daraus lässt sich schließen, dass der Fehler im Aufgabenteil 2d nicht damit zu erklären ist, dass der Schüler die Abhängigkeit des zu bezahlenden Preises für die Haustiere von der Anzahl der Urlaubswochen nicht erkannt hat. Im Aufgabenteil 2e hat er diese Abhängigkeit berücksichtigt. Mögliche Fehlerquelle für diesen Fehler ist fehlendes Monitoring.

Die Antwort von Nils zu dem Aufgabenteil 2e deutet auf seine Fertigkeit, eine vorliegende Funktionsgleichung mit Bezug auf den Aufgabentext zu interpretieren. Ein Fehler, der hier zu vermerken ist (es handelt sich nicht um Hunde, sondern um Haustiere, die in den Urlaub mitgenommen werden), ist ebenfalls eher auf fehlende Kontrollaktivitäten zurückzuführen.

Die Lösung von Nils deckt sowohl Schwierigkeiten als auch Leistungen des Schülers auf. Seine Schwierigkeiten bei der Komposition und Fehler bei der Interpretation von Funktionsgleichungen liegen eher nicht im mangelnden Verständnis von Funktionen, sondern im metakognitiven Bereich des Kontrollierens und des Überwachens. Die Arbeit von Nils erfüllt die Anforderungen der gestellten Aufgaben in 82,24%.

Die Lösungen von Fritz und Nils lassen darauf schließen, dass sich die Fertigkeiten der Lernenden im Umgang mit (auch mehrstelligen) Funktionen beim Bearbeiten von Modellierungsaufgaben weiter entwickeln lassen, wenn geeignete Fördermaßnahmen im Unterricht eingesetzt werden. Hierfür ist notwendig, dass die aufgedeckten Fehler in den Lösungen durch die Lernenden zum Gegenstand des Nachdenkens genommen werden, um daraus Konsequenzen für ihren Lernprozess ziehen zu können. Hierfür lassen sich geeignete Aufgaben entwickeln und mit ihnen Änderungen im kognitiven mathematischen Betriebssystem der Lernenden erreichen, was im Abschnitt 7.4 dargelegt wird.

Lösung von Tim (Abb. 7.14, Abb. 7.15)
Offensichtlich waren bei der Klassenarbeit nicht alle Lernenden so erfolgreich wie Fritz und Nils. Die Lösung von Tim zu der Aufgabe 2 zeigt beispielsweise, welche Fehler aufgetreten sind.

Aufgabe 2:
Herr und Frau Schmidt und ihre drei Kinder planen in den Sommerferien in die Schweiz zu fahren. Sie informieren sich über den aktuellen Währungskurs und über Angebote für Ferienwohnungen.

1 Schweizer Franken (SFR) entspricht 0,63255 Euro
Sie haben sich für die Ferienanlage in Leysin am Genfer See entschieden.

Ferienanlage Leysin
Mietpreis pro Woche: 900 SFR Kosten für Endreinigung: 75 SFR Haustier pro Woche: 60 SFR

a) Familie Schmidt sucht nach einfachen Umrechnungsregeln, damit sie beim Einkaufen im Urlaub die Preise besser abschätzen können. Sie diskutieren folgende Vorschläge. Kreuze einen geeigneten Vorschlag an.

	geeignet
10 SFR entspricht 12 Euro	
2 SFR entsprechen 3 Euro	
3 SFR entsprechen 2 Euro	X

b) Schreibe für die **geeignete** Umrechungsregel ein RM-Programm, das bei Eingabe der Anzahl der SFR in Register 1 den Preis in Euro in Register 2 berechnet und gib die zugehörige Funktionsgleichung an.

b_1) RM-Programm: (1S1 S1 S1 A2 A2)

b_2) Funktionsgleichung: ~~x1~~ $p(x_1,x_2) = \frac{x_1}{2} \cdot 3$

c) Berechne mit deiner Funktionsgleichung aus b) für die Ferienanlage Leysin die drei angegebenen Preise in Euro.

Mietpreis pro Woche: 1350 €

Kosten für Endreinigung: 112 € 50 cent

Preis für ein Haustier pro Woche: /

d) Schreibe eine Funktionsgleichung, mit der sich der Gesamtpreis in SFR ausrechnen lässt:

x_1: Anzahl der Wochen, die man buchen möchte
x_2: Anzahl der Haustiere, die man mitnehmen möchte

$p_{Leysin}(x_1,x_2) = x_1 \cdot 900 + x_2 \cdot 60$

Abbildung 7.14: Klassenarbeitsaufgaben – Lösung von Tim, Teil 1

Tim hat das RM-Programm zum Berechnen der Preise beim Tausch von Schweizer Franken gegen Euro korrekt geschrieben, aber beim Übergang zu der Funktionsdarstellung hat er im Argumenttupel und im Funktionsterm Fehler gemacht. Er hat eine Funktionsgleichung für eine zweistellige Funktion aufgestellt, obwohl der zu formalisierende Sachverhalt nur von einer Veränderlichen abhängig ist. Der Funktionsterm entspricht nicht dem Angebot „3 SFR entsprechen 2 Euro“ sondern (angenommen, dass die Variable

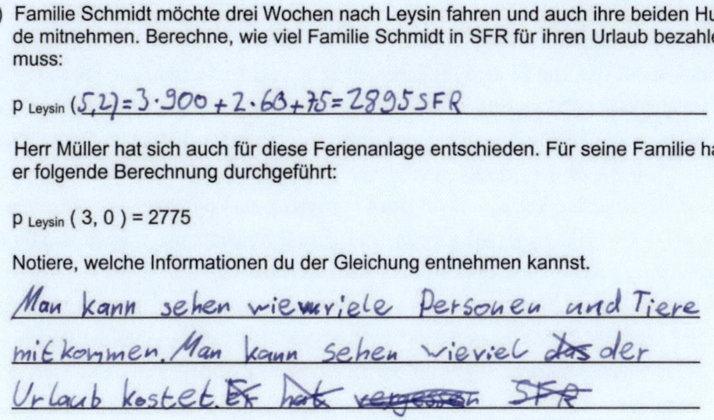

e) Familie Schmidt möchte drei Wochen nach Leysin fahren und auch ihre beiden Hunde mitnehmen. Berechne, wie viel Familie Schmidt in SFR für ihren Urlaub bezahlen muss:

p Leysin (5,2) = 3·900 + 2·60 + 75 = 2895 SFR

f) Herr Müller hat sich auch für diese Ferienanlage entschieden. Für seine Familie hat er folgende Berechnung durchgeführt:

p Leysin (3, 0) = 2775

Notiere, welche Informationen du der Gleichung entnehmen kannst.

Man kann sehen wie ~~w~~viele Personen und Tiere mitkommen. Man kann sehen wieviel ~~das~~ der Urlaub kostet. ~~Er hat vergessen SFR~~

Abbildung 7.15: Klassenarbeitsaufgaben – Lösung von Tim, Teil 2

x_1 für die Anzahl der Schweizer Franken steht) „2 SFR entsprechen 3 Euro“. Die Fehler, die hier zu monieren sind, können unterschiedliche Ursachen haben. Es ist schwierig diese auf Grund einer einzigen Lösung zu diagnostizieren, aber es drängt sich folgende Interpretation auf: Das von Tim korrekt geschriebene RM-Programm arbeitet in den Registern 1 und 2, dennoch hängt die Funktion, die es berechnet, nur vom Inhalt des Registers 1 ab, also von x_1. Die von dem gewählte Strategie, in dem RM-Programm die Fußnoten zu suchen und die entsprechend indizierten Variablen in das Argumenttupel zu schreiben, ist falsch.

Die Fehler im Aufgabenteil 2c sind vermutlich Folgefehler der nicht korrekt erstellten Funktionsgleichung in $2b_2$. Vermutlich hat Tim den Preis für ein Haustier pro Woche nicht bestimmt, weil dieser für die Kosten, die die Familie Schmidt zu zahlen hat, nicht relevant ist.

Die Funktionsgleichung im Aufgabenteil 2d ist nicht korrekt. Bei dem zu bezahlenden Preis für die Haustiere hat Tim nicht berücksichtigt, dass dieser auch von der Anzahl der Urlaubswochen abhängig ist. In seinem Funktionsterm hat er den Preis für die Endreinigung in Höhe von 75 SFR auch nicht beachtet.

Zu dem Aufgabenteil 2e, bei dem der Gesamtpreis für den Urlaub der Familie Schmidt berechnet werden sollte, nutzt Tim nicht seine unter 2d erstellte Funktionsgleichung, der er berücksichtigt (korrekterweise) in der Lösung zu 2e die Kosten für die Endreinigung. Seine Rechnung enthält mehrere Fehler: Wieder, wie schon bei der Bearbeitung des Aufgabenteils $2b_2$, hat er einen Fehler im Argumenttupel gemacht. Vermutlich liegt diesem Fehler wieder das Verständnisdefizit über die Bedeutung der Variablen im Argumenttupel zu Grunde. Ein zweiter Fehler liegt darin, dass ernicht berücksichtigt hat, dass der Teil-Preis, der für die Haustiere zu zahlen ist, auch von der Urlaubsdauer abhängt. Als ein Syntaxfehler ist das Auftreten von „SFR“ bei dem Funktionswert 2895 zu monieren. Der ausgerechnete Funktionswert ist korrekt, aber wegen der Fehler im Funktionsterm passt er nicht zu der Aufgabenstellung.

Die Antwort von Tim zu dem Aufgabenteil 2f ist in Übereinstimmung mit seiner fehlerhaften Notation in 2e. Es tritt derselbe Fehler bei der Deutung des Argumenttupels auf. Der Funktionsgleichung ist zu entnehmen, dass der Urlaub für 3 Wochen (und nicht für drei Personen, wie es der Schüler geschrieben hat) geplant ist und dass keine Haustiere mitgenommen werden. Seine Antwort ist zu korrigieren und mit konkreten Angaben für die Anzahl der der Haustiere (null), die in den Urlaub mittgenommen werden, und für den zu bezahlenden Preis für den Urlaub (2275 SFR) zu ergänzen.

Die Lösung von Tim zeigt Fehler in der Beschreibung funktionaler Zusammenhänge. In der Welt der RM-Programme ist er erfolgreich. Hier gelingt ihm die Formalisierung. Seine Schwierigkeiten liegen in der Beschreibung der Wirkungsweise der RM-Programme durch Funktionen. Man kann vermuten, dass der Schüler Schwierigkeiten hat, Fragen (wie nach abhängigen Größen), die für das Denken in Funktionen wesentlich sind, selbstständig anzusteuern und die Antworten formal zu repräsentieren. Seine Fehler in der Formalisierung sind vermutlich Konsequenzen dieser Schwierigkeiten.

Die zu Beginn der Unterrichtsreihe „Von Anweisungen zu Funktionen" mit den Lernenden besprochene Bildergeschichte (vgl. Seite 60) könnte hilfreich sein, um dem Schüler die Konsequenzen der begangenen Fehler bildhaft zu erklären. Zudem wären Aufgaben zu konstruieren, die auf die Unterscheidung der Meta-, der Formel- und der RM-Sprache abzielen.

7.2.2.2 Auswertung

Klassenarbeitsinformationen

Die Tabelle 7.1 fasst wesentliche Informationen der zuvor analysierten Klassenarbeit zusammen[2]:

Tabelle 7.1: Informationen zu der Klassenarbeit

max. Punktzahl	teilnehmende Schüler	MW	s	min	max	Cronbachs α
34	29	18,91	6,63	7	30,5	0,75

Die Reliabilität dieser Klassenarbeit in Form der inneren Konsistenz ist zufriedenstellend ($\alpha = 0{,}75$).

Der Boxplot in Abbildung 7.16 zeigt, dass mehr als 75% der Schüler die Anforderungen der Klassenarbeit zu mehr als 40% erfüllt haben. Die Tatsache, dass kein Schüler

[2]MW – Mittelwert der erreichten Punktzahlen, s – Standardabweichung, min – das Minimum der erreichten Punktzahlen, max – das Maximum der erreichten Punktzahlen

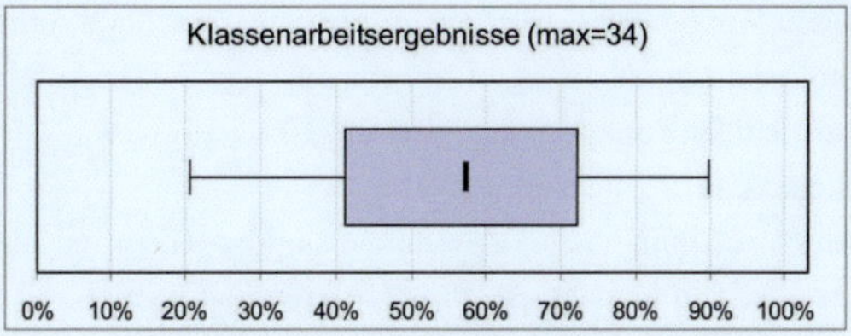

Abbildung 7.16: Klassenarbeitsergebnisse [N=29]

die volle Punktzahl erreicht hat, ist nicht unerwartet. Da die in dieser Klassenarbeit dokumentierten Leistungen der Schuler nicht für die Schulnoten relevant waren, konnten die Aufgaben, so konzipiert werden, dass die Schwierigkeit einiger Aufgabenteile das Realschulniveau deutlich übersteigt und gymnasialem Niveau entspricht. Bemerkenswert ist, dass trotz des hohen Schwierigkeitsgrades kein Schüler weniger als 20% der zu erzielenden Punkte erreicht hat.

Differenzierung der erbrachten Leistungen

Die Klassenarbeitsaufgaben erfordern von den Lernenden formale Darstellungen, mit denen funktionale Zusammenhänge zu beschreiben sind, bzw. die zur Analyse gestellt werden. Das Rahmenkonzept, das ein Schüler bei der Bearbeitung dieser Aufgaben aufzurufen hat, ist der Funktionenframe. Die einzubringenden Leistungen verlangen jedoch nicht nur technische Fertigkeiten im Umgang mit Funktionen. Beim Präzisieren und Formalisieren der Aufgabentexte sind Funktionen als kognitive Werkzeuge zur Sinnentnahme anzuwenden. Mit den zwei Aufgaben in der Klassenarbeit wurden die Lernenden vor unterschiedliche Anforderungen gestellt:

RM: Aufgabenteile: 1a, $2b_1$
Ein umgangssprachlich beschriebener funktionaler Zusammenhang ist mit Hilfe eines RM-Programms zu beschreiben. Bei diesen Aufgabenteilen werden die Lernenden aufgefordert, Handlungsvorstellungen zum Erfassen, zum Präzisieren und zum Darstellen eines funktionalen Zusammenhangs aufzurufen – sie haben also ihre Handlungen im Denken zu organisieren, zu präzisieren und in der RM-Sprache darzustellen.

RMw: Aufgabenteil 1d
Dieser Aufgabenteil erfordert das Erfassen und eine verständige Handhabung einer formalen Darstellung. Die Lernenden werden aufgefordert, eine durch die formale Darstellung aufgerufene Handlungsvorstellung an konkrete Situationen anzupassen – für konkrete Anzahlen der gekauften Rosen ist der zu bezahlende Preis zu bestimmen, also ein vorgegebener Algorithmus an einigen Zahlenbeispielen zu testen.

FG1: Aufgabenteile 1c, $2b_2$

Bei diesen Aufgabenteilen ist einem umgangssprachlich formulierten Text ein funktionaler Zusammenhang zu entnehmen, zu präzisieren und formal (mit Hilfe einer einstelligen Funktion) darzustellen.

FG2: Aufgabenteil 2d
Ein komplexer funktionaler Zusammenhang ist einem umgangssprachlich formulierten Text zu entnehmen, zu präzisieren und formal (mit Hilfe einer zweistelligen Funktion) darzustellen.

FW1: Aufgabenteile 1b, 2c
Die Bearbeitung dieser Aufgabenteile verlangt zum einen das Erfassen von und einen verständigen Umgang mit formalen Darstellungen und zum anderen eine funktionale Sichtweise bei der Sinnentnahme aus einem umgangssprachlich formulierten Aufgabentext.

FW2: Aufgabenteil 2e
In diesem Aufgabenteil ist ein Funktionswert einer zweistelligen Funktion zu bestimmen. Bevor dieser ausgerechnet wird, muss ein Schüler dem vorliegenden Aufgabentext die relevanten Informationen entnehmen, die er für diesen Funktionswert braucht – er muss die Argumente passend zu der in 2d erstellten Funktionsgleichung bestimmen und korrekt in die Gleichung einsetzen.

FGI2: Aufgabenteil: 2f
Dieser Aufgabenteil erfordert das Erfassen und Verstehen einer formalen Darstellung. Ein Schüler muss hier eine Deutung der angegebenen Gleichung bestimmen und diese Deutung umgangssprachlich präzise beschreiben.

FZB: Aufgabenteil 2a
Bei diesem Aufgabenteil muss ein Schüler umgangssprachlich beschriebene funktionale Abhängigkeiten miteinander vergleichen, sodass er für einen angegebenen funktionalen Zusammenhang einen weiteren funktionalen Zusammenhang festlegen kann, der den ersten approximiert.

FA: Aufgabenteil 2e
Dieser Aufgabenteil erfordert zum einen kognitive, zum anderen aber auch metakognitive Leistungen beim Analysieren und Interpretieren einer formalen Darstellung.

Zur graphischen Veranschaulichung der Ergebnisse aus der Klassenarbeit sind die in den einzelnen Aufgabenteilen durchschnittlich erreichten Punkte geordnet und in Form eines Säulendiagramms (7.17) dargestellt:

In der Tabelle 7.3 ist zu jedem Aufgabenteil die Anzahl korrekter Schülerlösungen zu sehen.

Die Ergebenisse lassen auf die Sicherheit der Lernenden beim Vergleichen umgangssprachlich beschriebener funktionaler Zusammenhänge (FZB, Aufg. 2a) und beim Beschreiben dieser Zusammenhänge mit Hilfe eines RM-Programms, also auf der Basis von Handlungsvorstellungen (RM, Aufg. $2b_1$ und Aufg. 1a) schließen. Bei diesen Auf-

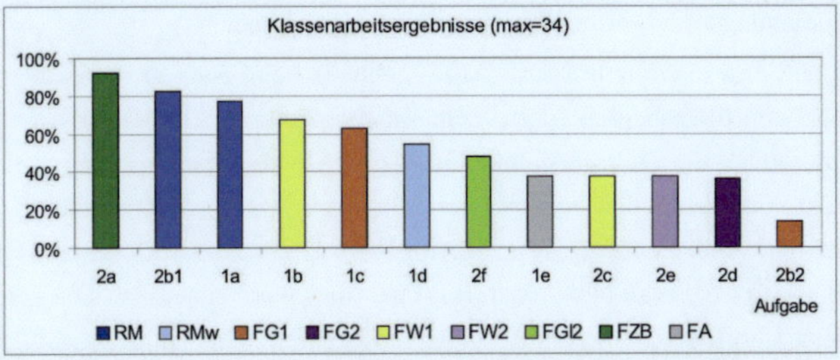

Abbildung 7.17: Klassenarbeitsergebnisse geordnet nach der Anzahl der erzielten Punkte (in %)

Tabelle 7.3: Klassenarbeitsergebnisse – Anzahl korrekter Lösungen (N=29)

Aufgabe 1					Aufgabe 2						
a	b	c	d	e	a	b1	b2	c	d	e	f
21	16	16	2	2	25	24	2	4	4	5	7

gabenteilen fallen die Ergebnisse am besten aus. Durchschnittlich sind die hier gestellten Anforderungen in 92% (FZB) bzw. 78% (RM, Aufg. 1a) und 83% (RM, Aufg. $2b_1$) erfüllt worden.

Beim Beschreiben dieser funktionalen Zusammenhänge mit Hilfe einer Funktionsgleichung (FG1, Aufg. 1c und Aufg. $2b_2$) ist ein Abfall der erreichten Prozentpunkte zu verzeichnen, besonders bei der Aufgabe 2: Während die Anforderungen des Aufgabenteils $2b_1$ (bei dem ein RM-Programm zum Umrechnen von Währungen „3 Schweizer Franken entsprechen 2 Euro“ zu erstellen ist) in 83% erfüllt sind, liegt diese Quote beim Aufgabenteil 2c (bei dem dieser Zusammenhang mit Hilfe einer Funktionsgleichung zu beschreiben ist) bei nur 14%. Dieser Abfall ist deutlich größer als bei der Aufgabe 1: Die Anforderungen des Aufgabenteils 1a (bei dem ein funktionaler Zusammenhang mit Hilfe eines RM-Programms zu beschreiben ist) sind in 78% erfüllt. Im Aufgabenteil 1c (in dem dieser Zusammenhang mit Hilfe einer Funktionsgleichung dargestellt werden soll) beträgt diese Quote 63%.

Diese unterschiedlichen Erfolgsquoten sind u. a. damit zu erklären, dass es sich bei den Funktionsgleichungen um eine für die Lernenden relativ neue Notationsform handelt. Bis zum Zeitpunkt der Klassenarbeit war diese Notation seltener geübt als die der RM-Programme. Zu beachten ist auch, dass im Aufgabenteil 1c eine Funktionsgleichung „nur“ ergänzt werden soll, während sie im Teil $2b_2$ selbstständig, syntaktisch korrekt aufzustellen ist. Die Schwierigkeiten der Lernenden bei der Darstellung eines funktionalen Zusammenhangs mit Hilfe einer Funktionsgleichung sind jedoch kein Indiz dafür, dass die Lernenden diese Zusammenhänge in einem umgangssprachlich formulierten Aufgabentext nicht aufdecken können bzw. dass sie für diese keine adäquaten Vorstellungen aufrufen können. Die Tatsache, dass die Aufgabenteile 1a und $2b_1$ besser ausfallen als 1c und $2b_2$, lässt auf das mangelnde Metawissen bezüglich der syntaktischen Form einer

Funktionsgleichung und der Deutung dieser Notation schließen.

Es fällt auf, dass die durchschnittlichen Ergebnisse beim Aufgabenteil $2b_2$ schlechter ausfallen als beim Aufgabenteil 2d, bei dem ein komplexer funktionaler Zusammenhang zu formalisieren ist. Für die zweistellige Funktion in 2d sind die Variablen x_1 und x_2 im Aufgabentext vorgegeben und erklärt. Hier drängt sich wieder die Vermutung auf, dass die Schwierigkeiten der Lernenden beim Aufgabenteil $2b_2$ Ausdruck einer nicht souveräne Handhabung der neuen Notationsform (Funktionsgleichungen) ist. Die geringe Anzahl korrekter Lösungen zu diesem Aufgabenteil kann nicht als ein Indiz dafür interpretiert werden, dass den Lernenden ein grundlegendes Verständnis von Funktionen fehlt. Das zuvor analysierte Unterrichtsgeschehen beim Besprechen einer komplexen Modellierungsaufgabe kann Erklärungen für die Schwierigkeiten der Lernenden liefern: Die im Unterricht aufgedeckte Beschränkung der kognitiven Aktivitäten auf die Beantwortung wenig anspruchsvoller Fragen der Lehrkraft kann für diesen Sachverhalt aufklärend sein. Diese Vorgehensweise im Unterricht führt dazu, dass dem Aufbau von Metawissen bezüglich der Darstellungsformen für funktionale Abhängigkeiten sehr wenig Beachtung gewidmet wird.

Trotz der Komplexität des in 2d zu modellierenden Sachverhaltes sind insgesamt 3 von 29 Schülerlösungen zu diesem Aufgabenteil korrekt und eine i. W. korrekt. Das sind insgesamt 14% der abgegebenen Lösungen. Durchschnittlich sind die Anforderungen dieses Aufgabenteils in 36% erfüllt. Dieses Ergebnis ist als zufriedenstellend zu bewerten. Hier ist zu berücksichtigen, dass die Schwierigkeit der Aufgabe weit über dem üblichen Realschulniveau der Klasse 6 liegt. Zudem ist zu beachten, dass vor der Klassenarbeit lediglich in zwei Modellierungsaufgaben Funktionsgleichungen für zweistellige Funktionen im Unterricht behandelt worden waren.

Alle vier Schüler, welche in 2d eine korrekte (bzw. eine i. W. korrekte) Funktionsgleichung angeben, notieren auch eine korrekte Funktionsgleichung zu dem Aufgabenteil 2e (in einem Fall i. W. korrekt). Diese Schüler haben damit ihr Verständnis der Komplexität des zu formalisierenden Sachverhaltes gezeigt.

Beachtenswert ist der Ausfall der Ergebnisse zu den Aufgabenteilen 1e und 2e. Hier haben die Lernenden durchschnittlich knapp 40% der maximal zu erreichenden Punkte erzielt. Dabei ist zu beachten, dass in 1e nicht nur das Erfassen und das Verstehen einer formalen Darstellung, sondern auch metakognitive Leistungen verlangt werden. Ein Grund kann daran liegen dass, die vielen in der Unterrichtsreihe „Von Anweisungen zu Funktionen“ gestellten Aufgaben zur Fehleranalye zeigen hier ihre Wirksamkeit.

Fazit

Die vorstehend analysierten Klassenarbeitsergebnisse zeigen zum einen erwünschte Leistungen dieser Realschüler, zum anderen decken sie deren Schwierigkeiten im Umgang mit formal notierter Mathematik auf.

Die erwünschten Leistungen zeigen sich darin, dass ein Großteil der Lernenden geeignete Vorstellungen zu funktionalen Abhängigkeiten konstruiert hat. Die Wirksamkeit dieser Vorstellungen zeigt sich beim Beschreiben umgangssprachlich formulierter funktionaler Zusammenhänge mit Hilfe von RM-Programmen. Den Lernenden ist es also gelungen, auf der Basis ihren Handlungsvorstellungen ein Rahmenkonzept zum Erfassen und zum Darstellen funktionaler Abhängigkeiten aufzubauen.

Zusammenfassend ist auf Grund der analysierten Ergebnisse festzuhalten, dass es gelungen ist, bei den Lernenden funktionale Betrachtungsweise zu fördern, sowie geeignete Vorstellungen zu funktionalen Abhängigkeiten zu konstruieren. Dies zeigt sich bei der Sinnentnahme aus einem umgangssprachlich formulierten Aufgabentext. Die Beschreibung funktionaler Zusammenhänge mit Hilfe von Funktionsgleichungen setzt voraus, dass im Unterricht dem Wissen über diese Notation sowie der Selbstständigkeit der Lernenden in der Benutzung von Funktionsgleichungen mehr Beachtung geschenkt wird.

7.3 Rechengeschichten

Im Abschnitt 3.4.5.4 ist die Einordnung der Rechengeschichten in die Unterrichtsreihe „Von Anweisungen zu Funktionen" erläutert worden. Beim Bearbeiten von Rechengeschichten sollen folgende Aspekte der Formalisierungskompetenz der Lernenden gefördert werden: erstens das Formalisieren eines umgangssprachlich formulierten Textes, zweitens das Erfassen und Verstehen formaler Darstellungen. Dabei kommt Funktionen die zentrale Rolle als ein kognitives Werkzeug zur Antizipation – zur Sinnentnahme aus dem Text einer Rechengeschichte zu.

Im Weiteren werden Schüleräußerungen und -eigenproduktionen zum Thema „Rechengeschichten" analysiert. Sie belegen exemplarisch die angestrebten Veränderungen im kognitiven mathematischen Betriebssystem der Realschüler und geben einen Einblick in den erreichten Stand der Formalisierungskompetenz der Lernenden.

In den meisten Fällen erfordern Rechengeschichten, dass eine Formalisierung des Aufgabentextes durchgeführt und die gedachten Zahlen, von denen die Rechengeschichten handeln, bestimmt werden. Beim Interpretieren einer Rechengeschichte haben die Schüler einen funktionalen Zusammenhang aufzudecken und ihn zu beschreiben. Dies erfordert das Verständnis der im Aufgabentext benutzten mathematisch-sprachlichen Darstellungen für Funktionen, um darauf eine Modellvorstellung davon aufzubauen, was in der Rechengeschichte behandelt wird.

Lernende, die bei der Bearbeitung einer Rechengeschichte ihre Erfahrung der Organisation von Handlungen und der Konstruktion von Algorithmen nutzen, haben dabei folgenden Vorteil: Mit den gedachten, unbekannten Zahlen können sie beispielsweise wie mit unbekannten Inhalten der Registerkiste fiktiv, d. h. vor ihrem geistigen Auge, handeln. Auf diese Weise verleihen sie den Variablen, die in den Aufgaben zu erfassen sind, eine Bedeutung. Die Variablen werden zu geistig erfassbaren Objekten und die Formalisierung beschreibt die Handlungen mit diesen Objekten.

Im Folgenden (7.3.1.1) werden zunächst Schüleräußerungen zu derjenigen Rechengeschichte analysiert, die als erste im zweiten Schuljahr des realisierten Projektes eingesetzt wurde. Die unterrichtliche Situation eignet sich gut zur Suche nach Indizien für Veränderungen im kognitiven Verhalten der Schüler, weil die Lernenden noch nicht wussten, was von ihnen bei dieser Art von Aufgaben verlangt wird. Es zeigt sich, dass die Lernenden in der für sie neuen Situation ihre Funktionenframes aufrufen. Dadurch wird ihre Suche nach dem Wesentlichen der beschriebenen Situation deutlich erleichtert, denn sie wird vor dem Hintergrund bereits bekannter, geeigneter mathematischer Werkzeuge (Funktionen, Funktionsterme, Algorithmen zum Berechnen von Funktionen) durchgeführt. Die Auseinandersetzung der Schüler mit dem Text der Rechengeschichte kann metaphorisch als das Hochfahren ihrer kognitiven mathematischen Betriebssysteme und als Benutzung der dadurch zur Verfügung stehenden Werkzeuge beschrieben werden. Diese geistigen Tätigkeiten sollen anhand der Schülerbeiträge sowohl zu der ersten Rechengeschichte als auch zu deren Fortsetzung verdeutlicht werden. Im Abschnitt 7.3.1.2 werden Transkripte zur Besprechung weiterer Rechengeschichten analysiert. Es sollen sowohl Indizien für die angestrebten Veränderungen im kognitiven mathematischen Betriebssystem der Lernenden als auch Hindernisse (im Unterrichtsgeschehen) auf dem Weg zu diesen Veränderungen verdeutlicht werden.

7.3.1 Implementation im Unterricht

7.3.1.1 Angestrebte Veränderungen im kognitiven mathematischen Betriebssystem der Lernenden

Zu der ersten im Unterricht eingesetzten Rechengeschichte (dargestellt in dem ersten Bild des folgenden Transkripts) hat die Lehrkraft keine präzise Fragestellung formuliert. Die Lernenden sollen ihre Überlegungen zu dem Text äußern. Es zeigt sich, dass sie dabei die geistige Tätigkeit des Formalisierens praktizieren und formale Darstellungen als ein probates Mittel zum Darstellen und Kommunizieren ihrer Vorstellungen von dem Aufgabentext einsetzen. Offenbar haben sie einen Nutzen dieser Tätigkeit für sich entdeckt und deshalb praktizieren sie sie in der für sie neuen Situation. Ihr kognitives Verhalten zeigt Indizien dafür, dass sie den Funktionenframe aufrufen und mit ihm die sprachlogische Struktur des Textes der Rechengeschichte analysieren, um eine adäquate Interpretation zu finden.

Der Text der Rechengeschichte „Ich denke mir eine Zahl, nehme das Doppelte davon und zähle dann 5 dazu“ beschreibt eine Rechnung mit einer gedachten Zahl. Die gedachte Zahl ist der zuhörenden Zeichenfigur nicht bekannt und deshalb kann sie das Ergebnis der erzählten Rechnung nicht bestimmen. Dem erzählten Text kann sie jedoch entnehmen, welche Funktion die erzählende Figur anwendet. Die Bestimmung dieser Funktion verlangt eine funktionale Betrachtungsweise. Die Lernenden haben dabei unbekannte Größen zu bestimmen und eine Beziehung zwischen ihnen zu präzisieren.

Rechengeschichte 1, Teil A

L.: So jetzt gibt es mal so was.
[Unruhe]
[L. legt Folie auf den OHP:]

L.: Pssch. (2 sec) Nee, erstmal nur gucken. Ne ihr könnt euch melden, wenn ihr was dazu sagen wollt. *[Unruhe]* (10 sec) So Jonas, pack mal weg, was du da machst. Hol mal deine Mappe raus. (8 sec) So ihr könnt euch ja zuerst einmal dazu äußern. Es melden sich ja eine ganze Reihe. Das heißt, äh Anja, du fängst mal an.

Anja: Ja.

L.: Und wenn du fertig bist, kannst du jemand anderen nennen. Und dann geht das so reihum.

Anja: Ja, kann ich jetzt sofort die Aufgabe nennen? Oder?

L.: Sag doch er (...) erstmal, was dir dazu einfällt.

Anja : Ja, dass (...) .

L.: Kannst auch die Aufgabe gleich sagen.

Anja : Ja, das is ne Rechenaufgabe *[lacht]*. Ja, x mal zwei plus fünf.

L.: Ich schreib das mal eben auf hier *[geht zur Tafel]*.

Anja: X mal zwei plus fünf.
[L. hat mitgeschrieben:]

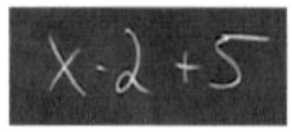

Anja: Ja Tim.

Tim: Ja, also der sagt da (. . .). Der Linke labert: „Ich denke mir eine Zahl“ (. . .)

L.: Ey äh Tim, nicht „labern“. Der labert nicht.

Tim: Der redet.

L.: Ja, wir wollen uns schon vernünftig ausdrücken.

Tim: Ich denke mir eine Zahl, nehme das Doppelte und davon zähle ich fünf dann dazu. *[L. nickt.]* (3 sec) *[Niemand meldet sich.]*

L.: Wo sind die anderen? Gerade eben warns so viele. *[Einige Schüler melden sich.] [zu Tim:]* Guck dich um! (3 sec)

Tim: *[zu Fritz:]* Du! (4 sec)

Fritz: Ich hab auch nen Namen. Fritz. Ähm ja das ist eben, wir solln nen Term umstellen. Das ist nen Term mit ner Variable. (5 sec) *[L. macht Handzeichen, dass Fritz Mitschüler drannehmen soll.]* Ja, hier *[zeigt auf Lukas]*.

Lukas: Also der Sinn der Sache ist, dass der andere dann nachher weiß, welche Zahl er äh, welche Zahl der andere genommen hat, ohne ähm (. . .). Also ähm dann nimmt der einfach fünf minus und die Hälfte dann. Und dann weiß er, welche Zahl (der hat.)

Max: Wie soll das denn gehn? Du weißt doch gar nicht, (was rauskommt).

L.: Nee nee! Melden, Max!

Lukas: Stefan!

Stefan: Also ähm man kann das x nicht ausrechnen, weil da fehlt die Lösung, was da raus kommt. (5 sec) Hans!

Hans: Ähm man (. . .). Äh wenn man das also (. . .). Wenn man da ne Lösung aufschreiben will, müsste man ja eigentlich schreiben (. . .). Also wenn man da (. . .). Wenn das erste zum Beispiel x eins mal zwei wär und dann müsste man (. . .) (Nee,) also x eins mal zwei plus fünf. Dann müsste man da aufschreiben (ähh) (. . .). Am Ende das Ergebnis wäre dann da auch x eins mal zwei plus fünf. Wäre dann wieder das Gleiche, weil man weiß ja kein Ergebnis, aber das wär ja eigentlich das Ergebnis dann. Und man hat ja nen unbekannten Inhalt. Der wird mal zwei genommen. Der wird plus fünf genommen. Das ist, weil man weiß ja nicht welches Ergebnis, also muss man das so als, auch als Ergebnis aufschreiben. (6 sec)

L.: Könnt ihr dazu was sagen? (5 sec) Der Tim sprach grad schon von einem Term. Fritz!
[Fritz und Kevin sprechen gleichzeitig.]

Fritz: (Also) wir haben gesagt, das ist nen Term.

L.: Ja, was ist denn das überhaupt? Ein Term.

Kevin: Ne Rechnung.

Max: Ein Rechenausdruck.

L.: Ja, genau. Lukas!

Lukas: Wollt ich auch sagen.

L.: Wollst du auch sagen. OK. Aber wir haben aber vorher (. . .) . Ja so, sag ich mal. Wir haben ja vorher mal eine andere Bezeichnung gehabt. Da fehlt ja eigentlich noch was zu diesem.
[zeigt:]

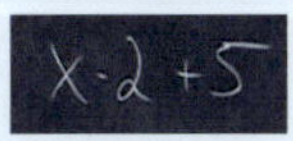

L.: Also x eins da wurde gerade eben genannt, ne? Wir haben ja (. . .)
[geht zur Tafel und verändert:]

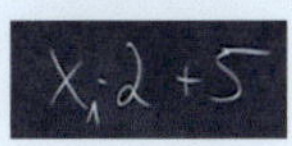

(2 sec)

L.: Da so ist es ein Term, aber wir hatten ja, naja immer noch was davor stehen. (3 sec)

John: p?

L.: Zum Beispiel.
[notiert:]

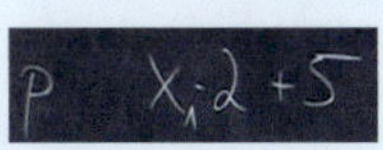

(3 sec)

L.: So meinst du?

John: Ja. *[L. legt fragend den Kopf schief.]* Nee, das dann in Klammern.

L.: Was in Klammern? (3 sec) Ludwig!

Ludwig: Ähm p und dann ähm Klammer, x eins.
[L. notiert:]

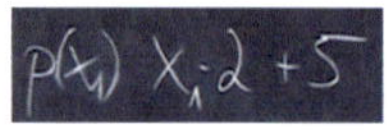

(5 sec)

Ludwig: Also die x eins da dann bei (...) . Also also diese x eins mal (...) .
Ach nee, gleich noch.
[L. notiert:]

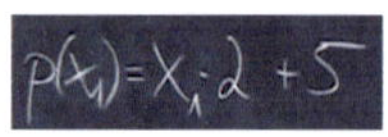

L.: Hier noch, ne?

John: (Das wollt ich auch).

L.: OK. So das hatte auch einen ganz bestimmten Namen hier.
[L. zeigt:]

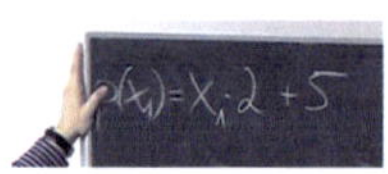

(5 sec)

Nils: Funktionsgleichung?

L.: Das heißt, aus so einem Zahlenrätsel hier *[zeigt zur Folie auf dem OHP]* – ja, wenn man das jetzt Zahlenrätsel nennt oder Rechengeschichte – dann kann man daraus eine Funktionsgleichung erstellen. Und da kann man noch was anderes raus machen. (9 sec)

L.: Albin, pass auf! (3 sec) Hans!

Hans: Ähm ne Tupelschreibweise.

L.: OK. Könnten wir machen. Haben wir ja aber im Grunde ja schon hinter uns.

Hans: Ja.

L.: Ja?

Hans: Dann könnte man sowas wie ein RM (...) RM-Programm dazu machen.

L.: Ja, gute Idee. (5 sec) Hat jemand nen Vorschlag, wie das hier aussehen würde. (3 sec) Ein RM-Programm dafür? (14 sec)

Transkriptanalyse

Das vorstehende Transkript zeigt Indizien für erwünschte Veränderungen im kognitiven mathematischen Betriebssystem der Lernenden. Diese sollen im Weiteren hervorgehoben werden. Es wird versucht, auf Grund der Schülerbeiträge Rückschlüsse auf ihre Denkprozesse zu ziehen. Diese Denkprozesse sind auf die Interpretation und auf die Präzisierung des Textes der Rechengeschichte ausgerichtet. Mathematische Werkzeuge, die dem Funktionenframe zuzuschreiben sind, zeigen sich dabei hilfreich, die wesentlichen Informationen der Rechengeschichte zu finden und eine formale Darstellung zu entwickeln. Die Auseinandersetzung der Schüler mit dem Text der Rechengeschichte kann metaphorisch als das Hochfahren ihrer kognitiven mathematischen Betriebssysteme und die Benutzung der dadurch zur Verfügung stehenden kognitiven Werkzeuge beschrieben werden.

Es ist erstaunlich, dass Anja (Z. 17) die Rechengeschichte ohne eine Aufforderung in eine formale Darstellung überführt. Sie erstellt einen Funktionsterm, der die Rechenschritte formal beschreibt. Die Variable „x“ ist ein Platzhalter für gedachte Zahlen. Mit diesem Term kann für jede beliebig gewählte, gedachte Zahl das Ergebnis der Rechengeschichte ermittelt werden. Anjas Vorschlag wird zwar an die Tafel geschrieben, aber nicht besprochen. Weder die Bedeutung der benutzten Variablen noch die Bedeutung der „Aufgabe“, also des diktierten Terms, werden diskutiert. Das Zusammenspiel zwischen der formalen Darstellung und der formalisierten Sachverhalt wird also nicht thematisiert.

Tim (Z. 23, Z. 28-29) wiederholt den Text der Rechengeschichte.

Fritz nimmt in seinem Beitrag (Z. 33-34) keinen direkten Bezug zu einem zuvor geäußerten Beitrag seiner Mitschüler. Seine Ausdrucksweise ist unpräzise. Vermutlich meint er nicht „nen Term umstellen“, sondern „einen Term erstellen“. Für die Analyse der sprachlogischen Struktur der Rechengeschichte und für die Interpretation der Rechengeschichte ruft Fritz den Funktionenframe auf. Mit ihm kann er eine Formalisierung der Rechengeschichte vornehmen. Terme und Variablen bilden einen Unterframe dieses Frames; Formalisierung ist hingegen eine an ihn angehängte Prozedur. Fritz erkennt richtig, dass die Rechengeschichte mit Hilfe eines Terms mit einer Variablen formal beschrieben werden kann. Daraus lässt sich schließen, dass er in dem Text eine unbekannte Größe identifiziert hat.

Der Beitrag von Lukas ist sprachlich komplex (Z. 37-40). Mit den Formulierungen „der andere“ oder „(d)er“ bezieht er sich an drei Stellen auf die erzählende Zeichenfigur, an fünf anderen Stellen jedoch auf die zuhörende Zeichenfigur aus der Rechengeschichte. Sein Beitrag kann so interpretiert werden: „Also der Sinn der Sache ist, dass *der andere* [der Zuhörer] dann nachher weiß, welche Zahl *er* [der Erzählende] äh, welche Zahl *der andere* [der Erzählende] genommen hat, ohne ähm (...). Also ähm dann nimmt *der* [der Zuhörer] einfach fünf minus und die Hälfte dann. Und dann weiß *er* [der Zuhörer], welche Zahl (*der* [der Erzählende] hat.)"

Es ist beachtenswert, dass Lukas sich zunächst eine Aufgabenstellung zu der Rechengeschichte denkt und die Rechengeschichte auf diese Weise präzisiert. Er bestimmt ein intentionales Element – eine unbekannte Größe. Anschließend formuliert er eine Anweisung für die zuhörende Zeichenfigur, wobei durch diese Anweisung ermittelt werden soll, welche Zahl die erzählende Zeichenfigur gedacht hat. Hierbei scheint Lukas Folgendes übersehen zu haben: Seine Anweisung besteht aus einer Abfolge von Rechenschritten, von denen der erste auf ein Ergebnis der Rechengeschichte im Sinne eines konkreten Funktionswertes der Funktion $f(x_1) = 2 \cdot x_1 + 5$ zugreifen müsste. Dieses ist aber unbekannt. Eine durch die erzählende Zeichenfigur gedachte Zahl kann zu dieser Rechengeschichte nicht ermittelt werden. Die Rechengeschichte beschreibt eine Funktion, aber sie beinhaltet keinen Funktionswert, zu dem das entsprechende Argument bestimmt werden könnte.

Max (Z. 41) steigt in die Debatte mit einer Anmerkung ein, die Lukas helfen könnte, seinen Fehler einzusehen und unter einen veränderten Blickwinkel auf die Rechengeschichte zu schauen. Vermutlich deckt er auf, dass die Anweisung von Lukas nicht ausgeführt werden kann, weil in der Rechengeschichte kein Ergebnis (kein Funktionswert) genannt ist. Max kontrolliert und präzisiert also den Beitrag von Lukas hinsichtlich der Informationen, die für die genannte Anweisung wesentlich sind. Beachtenswert ist, dass er die Präzisierung sehr zeitnah vornimmt und dabei schnell einen Fehler aufdeckt.

Stefan (Z. 44-45) bezieht sich vermutlich auf den an die Tafel geschriebenen Funktionsterm von Anja und arbeitet an ihm weiter: Er stellt fest, dass die unbekannte Zahl, die mit „x" dargestellt wurde, nicht bestimmt werden kann. Hierfür fehlen wesentliche Informationen – „da fehlt die Lösung, was da raus kommt". Der Begriff „Lösung" steht in diesem Kontext für einen Funktionswert der Funktion $f(x_1) = 2 \cdot x_1 + 5$. Das kognitive Verhalten des Schülers ist beachtenswert: Er nimmt die vorliegende Formalisierung als eine Grundlage, um mehr Einsicht in den Aufgabentext zu gewinnen. Formalisierung ist für ihn eine Methode und kein Selbstzweck. Eine weitere mögliche Interpretation der Äußerung von Stefan ist, dass er die Analyse der formalen Darstellung aus Anlass der Beiträge von Lukas und Max vorgenommen hat.

Hans (Z. 46-56) geht nicht explizit auf den Beitrag von Stefan ein, aber er greift den Gedanken, den Stefan angesprochen hat, auf und äußert sich zur „Lösung" und zum „Ergebnis" der Rechengeschichte. An keiner Stelle erklärt er, was er unter einet Lösung oder unter einem Ergebnis bezogen auf die vorliegende Rechengeschichte versteht. Sein Beitrag legt nahe, dass er sich mit den beiden Begriffen auf einen Funktionswert der Funktion $f(x_1) = 2 \cdot x_1 + 5$ (und nicht auf die gedachte Zahl) bezieht. Hans weiß, dass in der Rechengeschichte kein Ergebnis in seinem Sinne angegeben ist („weil man weiß ja kein Ergebnis"). Beachtenswert ist seine Erkenntnis, dass dieses die Form „x eins mal zwei plus fünf" hat.

Es fällt auf, dass Hans ohne eine Aufforderung eine Präzisierung und Formalisierung des Aufgabentextes vornimmt. Die Formulierung „Und man hat ja nen unbekannten Inhalt" suggeriert, dass sich Hans zur Bewältigung der Komplexität der Rechengeschichte eine Registerkiste vorstellt. Das erste Register (mit einem unbekannten Inhalt) ist ein Platzhalter für gedachte Zahlen. Der unbekannte Inhalt („x eins") wird mal zwei genommen und dann werden dazu fünf addiert. So kommt der Schüler auf den Term „x eins mal zwei plus fünf". Mit diesem Term beschreibt Hans einen neuen Inhalt eines Registers und anschließend überträgt er seine Vorstellung auf den Aufgabentext: Mit dem Term $x_1 \cdot 2+5$ wird auch das Ergebnis der Rechengeschichte beschrieben: „Wäre dann wieder das Gleiche, weil man weiß ja kein Ergebnis, aber das wär ja eigentlich das Ergebnis dann." Eine sinnstiftende Präzisierung und Formalisierung der Rechengeschichte gelingen dem Schüler dank dem Aufruf adäquater Vorstellungen über die im Aufgabentext beschriebene Geschichte. Eine unterstützende Rolle kommt dabei der Registerkiste zu. Sie hilft beim Aufbau eines mentalen Modells der Rechengeschichte und dem abstrakten Begriff „Variable" verleiht sie eine sinnstiftende Bedeutung. Hans zeigt hier also die Fähigkeit dazu, sich von einer unbekannten Größe Vorstellungen zu konstruieren, mit welchen er die unbekannte Zahl zu einem für ihn selbst geistig erfassbaren Objekt macht.

Die Äußerung von Hans ermöglicht also Rückschlüsse auf seine Handlung, die er fiktiv, also nur vor seinem geistigen Auge, ausführt: Die Aufmerksamkeit von Hans ist auf das Zustandekommen dessen gerichtet, was Hans als Ergebnis der Rechengeschichte auffasst. Mit Bezug auf die Registerkiste erklärt er schrittweise diesen Prozess: „Und man hat ja nen unbekannten Inhalt. Der wird mal zwei genommen. Der wird plus fünf genommen." Im Kopf ruft er also Handlungen auf und organisiert diese. Hier zeigt sich ein erwünschtes Ergebnis der Unterrichtsreihe „Von Anweisungen zu Funktionen" – ein Ergebnis der Fundierung des Funktionsbegriffs auf der Handlungsbasis (vgl. Seiten 54ff.).

Ein weiterer Schritt zur präzisen Darstellung und Erklärung des funktionalen Zusammenhangs zwischen der gedachten Zahl und dem Ergebnis der Rechengeschichte liegt darin, den Funktionsterm zu einer Funktionsgleichung zu ergänzen und darauffolgend diesen funktionalen Zusammenhang in dessen Komplexität zu erklären. Bisher haben die Lernenden nur von unbekannten Größen in zwei unterschiedlichen Kontexten gesprochen: zum einen über die unbekannte gedachte Zahl, zum anderen über das unbekannte Ergebnis der Rechnung mit dieser Zahl. In einem kleinschrittigen Vorgehen diktieren die Lernenden die formale Darstellung (Z. 78-95). Bei der Erstellung der Funktionsgleichung fällt Folgendes auf: Die Lehrkraft fordert zur Darstellung der Funktionsgleichung auf (Z. 68-69, Z. 76-77), aber weder die Notwendigkeit noch die Adäquatheit und die Deutung dieser Darstellung werden dabei erklärt. Ihr Kommentar (Z. 101-104) „Das heißt, aus so einem Zahlenrätsel hier (...) ja, wenn man das jetzt Zahlenrätsel nennt oder Rechengeschichte, dann kann man daraus eine Funktionsgleichung erstellen" ist wenig informativ. Er verdeutlicht den Beitrag der formalen Darstellung zum Verstehen der Rechengeschichte nicht. Der funktionale Zusammenhang, den diese Funktionsgleichung beschreibt, wird nicht erläutert. Hier fehlt eine Erklärung der Wechselwirkung zwischen der formalen Darstellung und dem zu formalisierenden Sachverhalt.

Hans schlägt die Tupelschreibweise (Z. 106) und das RM-Programm als mögliche Ansätze vor, um den Sachverhalt aus der Rechengeschichte präzise darzustellen (Z. 111-112). Die Darstellungsformen für funktionale Abhängigkeit, die er aus der Unterrichtsreihe „Von Anweisungen zu Funktionen" kennt, fungieren in seinem kognitiven mathematischen Betriebssystem als eine Rahmung, die er zur Analyse und zur Präzisierung der Rechengeschichte aufruft. Sie helfen ihm, ein mentales Modell der Rechengeschichte aufzubauen. Schon in dem früheren Beitrag (Z. 46-56) hat Hans durch den Bezug auf die Registerkiste sein Verständnis der Komplexität der Rechengeschichte und der funktionalen Abhängigkeit zwischen einer beliebig gewählten gedachten Zahl und dem Ergebnis der Rechengeschichte gezeigt. Sein kognitives Verhalten weist also Indizien für die Wirksamkeit des Unterrichtskonzeptes, in dem gerade dem Aufbau von Modellvorstellungen und der Entwicklung kognitiver Werkzeuge für die Repräsentation von Wissen ein besonderer Stellenwert zugeschrieben wurde, auf. Der Vorschlag von Hans wurde im weiteren Verlauf des Unterrichts umgesetzt.

Zusammenfassend kann festgestellt werden, dass das Klassengespräch zur ersten Rechengeschichte Indizien für die angestrebte Veränderung im kognitiven mathematischen Betriebssystem der Lernenden zeigt. Die Wirkung des Unterrichtskonzeptes zeigt sich deutlich im Verhalten von Hans. Er verfügt über eine adäquate Modellvorstellung der funktionalen Abhängigkeit und über dazu geeignete Darstellungsarten. Diese inneren und äußeren Repräsentationsformen helfen ihm dabei, den umgangssprachlich formulierten Text der Rechengeschichte zu analysieren und zu verstehen. Auch die Beiträge von Karen und Lukas zeigen, dass es gelungen ist, Formalisierung als eine geistige Tätigkeit zu einem integralen Bestandteil des kognitiven mathematischen Betriebssystems der Lernenden zu entwickeln.

Das Ziel der Transkriptanalyse war, Indizien für erwünschte Veränderungen im kognitiven mathematischen Betriebssystem der Lernenden zu betonen. Das Verhalten der Lehrkraft soll dabei jedoch nicht unkommentiert bleiben. Es würde den Rahmen dieser Arbeit sprengen, zu dem vorstehenden Transkriptausschnitt noch einen ergänzenden Transkriptteil zu zeigen. Das Tafelbild 7.18 (S. 273) dokumentiert das weitere Klassengeschehen.

Dieser Tafelanschrieb impliziert noch nicht, dass mit der neuen Darstellung – mit der Funktionsgleichung – auch wirklich ein vertieftes Verständnis der Rechengeschichte und der sprachlich-logischen Struktur des Textes dieser Rechengeschichte erreicht wurde. Die erstellte Funktionsgleichung wird bis Ende der Unterrichtsstunde nicht erklärt. Das Operieren mit ihr wird auf das bloße Rechnen beschränkt – auf das Einsetzen von Werten in die Variablen und auf das Ausrechnen von Funktionswerten. Die Deutung der Argumente und der Funktionswerte wird im Kontext der Rechengeschichte nicht erklärt. Dies zeigt, dass die Idee der Förderung des Denkens in Funktionen und der Fähigkeit zu einer verständigen Handhabung von Funktionen einer Uminterpretation seitens der Lehrkraft

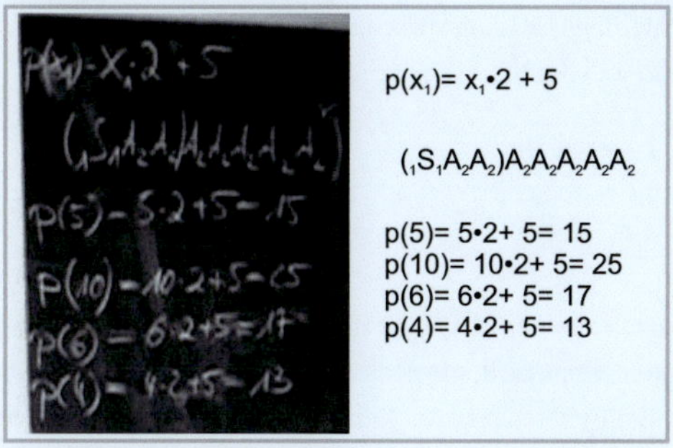

Abbildung 7.18: Tafelbild zu der ersten Rechengeschichte

ausgesetzt wird: Dem Gebrauch von Funktionen nur als Berechnungsprozeduren mißt die Lehrkraft ungleich mehr Bedeutung zu als dem Aufbau eines Metawissens in Bezug auf Funktionen sowie dem Denken in Funktionen.

Rechengeschichte 1, Teil B

Im weiteren Verlauf dieser Unterrichtsstunde zeigen sich die erwähnten Veränderungen des kognitiven mathematischen Betriebssystems der Lernenden noch deutlicher. Diese sollen anhand der Schülerbeiträge verdeutlicht werden. Die Lernenden analysieren den Text einer weiteren Rechengeschichte, die als Fortsetzung der ersten Rechengeschichte durch die unterrichtende Lehrperson entwickelt wurde:

Beim Beschreiben der Rechengeschichte mit Hilfe einer Funktionsgleichung unterlaufen einigen Schülern Fehler. Nur die Funktionsgleichung von Nils beschreibt korrekt die Rechengeschichte. Der Lösungsvorschlag erfordert jedoch eine Erklärung, wofür die Variable x_1 steht und wie der Funktionsterm zu interpretieren ist:

John:	$d(x_1) = x_1 + 8 \cdot 3$
Nils:	$d(x_1) = (x_1 + 8) \cdot 3$
Ludwig:	$d(x_1) = x_1 \cdot 3 + 8$

Beim Vorliegen verschiedener, syntaktisch unterschiedlicher Lösungsvorschläge fühlen sich die Lernenden veranlasst, die fehlerhaften Lösungen zu kontrollieren und zu bewerten. Ihre Kontrollaktivitäten sind ein Indiz für das Wirksamwerden der Formalisierung und des Funktionenframes. Nils begründet seinen Lösungsvorschlag und grenzt ihn von Johns ab, indem er die Struktur der beiden Funktionsterme vergleicht und dessen syntaktische Form analysiert:

Nils: Ich würd sagen, da *[zeigt auf die Lösung von John]* das muss
Klammer auf x eins plus 8 äh heißen, weil die Punktrechnung geht
ja vor äh ja, die Punktrechnung geht vor Strichrechnung.

Auch wenn man – bezogen auf die metakognitive Leistung von Nils – nicht sicher feststellen kann, ob er den Fehler von Ludwig verstanden hat, bleibt festzuhalten, dass er die Lösung von John als falsch beurteilt und sein Urteil begründet. Dabei zeigt er sein Verständnis der Termstruktur. Explizit thematisiert Nils in seiner Äußerung nur die syntaktische Form der Funktionsgleichung, aber auf Grund seiner Äußerung kann man vermuten, dass sein Argument auf dem verstandenen Zusammenspiel zwischen der syntaktischen Form des Funktionsterms und dessen Bedeutung basiert.

Peter beurteilt eine weitere Funktionsgleichung, die von Ludwig, als falsch. Dem aufgedeckten Fehler geht er in seiner Begründung genau nach:

Peter: Äh was Ludwig halt wollte, das x eins äh mal drei plus acht, das ist
falsch, weil da steht ja, dass man äh erst acht nimmt und das dann
mal. Zu der Zahl acht dazu nimmt und das dann mal drei.

Mit „da“ nimmt Peter in der zweiten Zeile seines Beitrages Bezug zum Text der Rechengeschichte, was bei seiner unpräzisen Formulierung in Echtzeit des Unterrichtsgeschehens nur schwer zu erkennen ist. Peter vergleicht den Funktionsterm von Ludwig mit der Formulierung in der Rechengeschichte und stellt eine Unstimmigkeit in der Reihenfolge der Rechenschritte fest, die einerseits durch den Funktionsterm von Ludwig festgelegt und andererseits in der Rechengeschichte beschrieben wurden. In seiner nicht elaborierten Äußerung thematisiert Peter die Wechselwirkung zwischen dem Funktionsterm von Ludwig und dem Text der Rechengeschichte.

Die Meinung von Peter teilt Conrad, der nochmal betont, dass man in der Rechengeschichte zu der gedachten Zahl zuerst acht addieren und erst dann das neue Ergebnis mit drei multiplizieren solle:

Conrad: Das passt nicht, weil man da zuerst acht addieren soll, und dann
nimmt man erst das mal drei.

Auch er geht indirekt auf die Wechselwirkung zwischen der formalen Darstellung und dem zu formalisierenden Sachverhalt ein.

Anabel ergänzt diesen Gedanken. Sie nimmt Bezug auf den Funktionsterm von John:

Anabel: Da wird erst acht mal drei gerechnet und dann plus x.

Die angeführten Schülerbeiträge deuten auf Formalisierungsaktivitäten, die durch die vorliegende Rechengeschichte induziert wurden. Sie zeigen Indizien für das Verständnis formaler Darstellungen, so wie es das Aufgabenmerkmal „Formalisierung von Wissen“ beschreibt (vgl. S. 19): „Das Merkmal ‘Formalisierung von Wissen’ erfasst Fähigkeiten des Abstrahierens und Formalisierens einerseits sowie des Erfassens und abstrakten Vorstellens formaler Ausdrücke (Term, Gleichungen, Funktionen) andererseits“ (Cohors-Fresenborg et al., 2004, S. 118).

7.3.1.2 Transkriptbasierte Implementationsanalyse

Folgende Transkriptausschnitte sollen Hindernisse verdeutlichen, die sich während der Implementation gezeigt haben. Sie betreffen meistens das Lehrerhandeln und die Lerhrerkompetenzen. Bei der Analyse der im Weiteren eingefügten Transkripte werden daher einerseits die Leistungen der Lernenden und andererseits die aufgedeckten Hindernisse auf dem Weg zur Förderung des Denkens in Funktionen in den Blick genommen.

Im Folgenden werden Transkripte zu kurzen, in sich abgeschlossenen Sequenzen eingefügt. Aus den Transkripten sind nur unterrichtsorganisatorische Anmerkungen und Äußerungen, die für die gestellte Fragestellung nicht relevant sind, herausgeschnitten. Solche Stellen sind im Transkript mit dem Kommentar „Nach wenigen Sekunden“ vermerkt.

Bevor die Lehrkraft die einzelnen Rechengeschichten diktiert, kommentiert sie das Thema der Unterrichtsstunde mit den Worten: „Ruhe, so und zwar fangen wir heute mal mit Zahlenrätseln an. Erst mit ganz leichten Zahlenrätseln, dann werden die immer schwieriger. Also vielleicht schreibt ihrs mit.“

Rechengeschichte 2

L.: Also ich denk mir jetzt eine Zahl, zähle vier dazu, verdreifache und
raus kommt 30.

Schüler: Nochmal.

L.: Also ich denk mir ne Zahl, *[Gemurmel]* pscht ich hab denk mir ne
Zahl, zähle vier dazu, verdreifache dann und heraus kommt 30.
[Nach wenigen Sekunden:]

L.: So, Darek.

Darek: Was ich?

L.: Erzähl mal. Ja.

Darek: Sechs.

L.: Ja, erklär mal. Wieso sechs?

Darek: Ja, weil weil also du rechnest ähm *[Gemurmel]* sechs plus vier, sind ja zehn, mal drei sind ja 30. *[Einige Schüler erheben Einwände.]* Ja, lass mich doch mal ausreden. *[Gemurmel]*

L.: Ey, Ruhe. Ich kann Darek nicht verstehen!

Darek: 30, aber musst du dann geteilt durch drei, sind zehn, minus die vier sind sechs.

L.: Ach so, ok. Passt, *[Gemurmel]* passt mal auf! Jetzt (...)

Olek: Nein! Falsch, falsch! Da kommt 18 hin!

L.: So, Stefan!

Stefan: 18!

L.: 18? *[Gemurmel]*

Olek: Punkt vor Strich! *[Gemurmel]*

L.: Aha. *[Gemurmel]* Jetzt müssen wir mal jetzt aufpassen. Wo (...) *[Gemurmel]*

Schüler: (unverständlich) (wohl ist) die Aufgabe davor ja auch falsch. *[Gemurmel]*

L.: Pscht. *[Gemurmel]* (4 sec)

L.: Ja, so. *[Gemurmel]* (3 sec)

L.: Gibts gibts da vielleicht, gibts da vielleicht n Hilfsmittel, womit man das vielleicht diese Regel „Punkt vor Strich“ n bisschen abschwächen kann, damit man wirklich

Schüler: Klammer!

L.: erst Strich und dann Punkt ausrechnen kann?

Schüler: Klammer! *[Gemurmel]*

L.: John!

John: Klammern.

L.: Man aha, was müsste ich denn jetzt hier klammern bei der Aufgabe?

John: Also ähm *[Gemurmel]* (unverständlich) die beliebige Zahl, also x eins und plus vier dann.

L.: Wir gucken also(...) *[L. geht an die Tafel.]* Ich kann (jetzt) (...) Ich

schreib mal auf, sechs plus vier mal drei.
[L. hat während des Redens Folgendes an die Tafel geschrieben:
$6 + 4 \cdot 3$ *]*

Was muss ich hier jetzt klammern, damit das hier (...)
John: Sechs plus vier dann. Und dann mal (...)
L.: gilt? Und dann dann soll da rauskommen 30.
[L. hat Folgendes an die Tafel geschrieben: $6 + 4 \cdot 3 = 30$ *]*

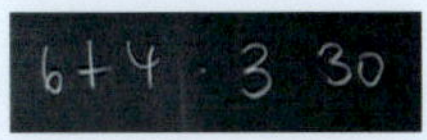

John: Ja.
Schüler: Ja.
L.: So, was muss ich jetzt klammern?
John: Sechs plus vier.
[L. ergänzt im Tafelbild:]

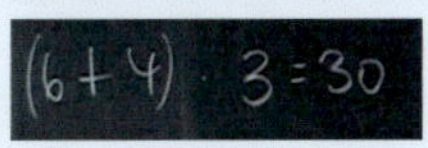

(3 sec)
Hans: Hier! *[Gemurmel]*
L.: Pscht, Hans.
Hans: Aber ähm also Sie haben das ja vorgelesen und ähm Sie ham ja nicht irgendwie angeschrieben oder so, Sie ham das ja vorgelesen, wie Sie das rechnen, deswegen ähm, musste man, wenn man also ist das eigentlich ähm, das Ergebnis, was wir hatten, war immer richtig, was Stefan gesagt hat, war falsch, weil, wenn man das sagt, dann rechnet man das ja erst, dann brauch man das ja nicht mit Klammern sagen oder so.

Transkriptanalyse

Die zunächst (Z. 1-2) diktierte Rechengeschichte ist unpräzise formuliert. Es ist nicht angegeben, worauf sich das Verdreifachen bezieht. Bei der Wiederholung der Rechengeschichte ändert die Lehrkraft ihre Wortwahl (Z. 4-5).

Darek (Z. 12-14 und Z. 16-17) bestimmt den Wert der gedachten Zahl in einem rückwärts gerechneten Verfahren. Olek (Z. 19) und Stefan (Z. 21) haben vermutlich die Rechengeschichte so interpretiert, dass sich das Verdreifachen nur auf die Zahl vier bezieht. Für ihre Interpretation des Gesagten ist das Ergebnis 18 korrekt, aber die Interpretation ist falsch.

Auf den Fehler von Olek und Stefan reagiert die Lehrkraft. Mit der Frage „Gibts gibts da vielleicht, gibts da vielleicht n Hilfsmittel, womit man das vielleicht diese Regel 'Punkt vor Strich' n bisschen abschwächen kann, damit man wirklich (...) erst Strich und dann Punkt ausrechnen kann?“ (Z. 29-31, Z. 33) nimmt sie den Lernenden die Möglichkeit ab, dass sie selbst einsehen, dass ein Fehler in der Formalisierung aufgetreten ist, was falsch ist, warum es falsch ist und warum der Fehler auftrat. Ihre Frage zielt nicht darauf ab, dass der Fehler von Olek und Stefan erklärt wird, sondern darauf, dass eine offensichtlich falsche Lösung geändert wird. Bei der Änderung des Terms $6 + 4 \cdot 3$ zu dem Term $(6 + 4) \cdot 3$ steht nicht die Frage nach der Adäquatheit der formalen Darstellung zu der Rechengeschichte im Vordergrund, sondern die Frage danach, wie man in diesem Term so Klammern ergänzen kann, dass die „Strichrechnung“ (hier die Addition) vor der „Punktrechnung“ (hier die Multiplikation) auszuführen wird. Die Wortwahl der Lehrkraft „(...) womit man das vielleicht diese Regel Punkt vor Strich n bisschen abschwächen kann“ ist inadäquat, weil hier offensichtlich nicht eine Abschwächung einer Regel, sondern eine Änderung eines Terms gemeint ist. Den auf der formalen Ebene korrigierten Fehler haben nicht alle Schüler verstanden, worauf die Äußerung „(wohl ist) die Aufgabe davor auch falsch“ hindeutet. Die zuvor besprochene Aufgabe war: „Ich denk mir ne Zahl, zähle vier dazu, verdreifache das dann und heraus kommt 15. Wie heißt meine Zahl?“ Die Lernenden haben dazu die Zahl 1 als die gedachte Zahl angegeben und diese Antwort mit einer Kontrollrechnung überprüft. Ein Schüler äußert nun seine Zweifel daran, dass diese Antwort korrekt sei. Seine Äußerung deutet auf einen sich wiederholenden Fehler bei der Formalisierung hin: Es ist zu vermuten, dass eine Gruppe von Schülern zu den beiden Rechengeschichten den Funktionsterm $x_1 + 4 \cdot 3$ anstatt $(x_1 + 4) \cdot 3$ aufgestellt und damit einen Fehler begangen hat. Dieser Fehler wird nicht erklärt, was mit Blick auf die Ergebnisse der Untersuchung von Sommer (2008) besonders kritisch zu betrachten ist. Sommer hat gezeigt, dass Realschüler innerhalb eines Schuljahres bei solchen Items kaum Lernzuwächse erzielen, die sich durch die sprachlogische Komplexität (vgl. Seite 2.2.1) auszeichnen. In der analysierten Unterrichtssequenz geht die Lehrkraft auf diese Schwierigkeiten der Sinnentnahme überhaupt nicht ein. Ihre Kommentare lassen sogar vermuten, dass ihr nicht bewusst ist, wo Ursachen für diese Schwierigkeiten liegen können.

Kritisch zu betrachten ist nicht nur die Reaktion der Lehrkraft auf den monierten vermeintlichen Fehler in der Formalisierung, sondern auch ihre Aussage und ihr Tafelanschrieb (Z. 41-44): John hat zu der Rechengeschichte den Teilterm $x_1 + 4$ diktiert. Es ist erstaunlich, dass der Schüler ohne eine Aufforderung durch die Aufgabenstellung mit einer Variablen operiert. Die Lehrkraft geht auf seinen Beitrag nicht ein und schreibt den

Term $6 + 4 \cdot 3$ an die Tafel. Der Umgang der Schüler mit Variablen und der Nutzen, den sie für sich aus der Formalisierung entdeckt haben, werden durch solche Reaktionen der Lehrkraft nicht gefördert.

Hans (Z. 60-66) geht auf das Zusammenspiel zwischen Gesagtem und Geschriebenem ein: Die diktierte Rechengeschichte interpretiert er als eine Erläuterung, wie die Lehrkraft rechnet. Er ist sich dessen bewusst – und diesen Aspekt hebt er hervor –, dass das Gesagte eine Präzisierung erfordert, bevor es formal dargestellt wird. Seine Sensibilität für die Aspekte, die beim Übergang von einem umgangssprachlich formulierten Text zu dessen formaler Darstellung zu berücksichtigen sind, ist beachtenswert.

Der Transkriptausschnitt gibt also Indizien für angestrebte Veränderungen hinsichtlich der Formalisierungskompetenzen der Lernenden. Er deckt aber auch solche Verhaltensweisen der Lehrhkraft auf, die diese Veränderungen nicht unterstützen oder sogar verhindern können. Bei einer vorschnellen Korrektur eines aufgetretenen Fehlers in der Formalisierung wurden nicht die Denkprozesse der Lernenden beim Übergang vom Textverstehen zu einer formalen Darstellung in den Blick genommen, sondern es wurde ein Änderungsvorschlag des formalen Ansatzes durch die Lehrkraft gemacht und durch die Lernenden ergänzt. Dieses Verhalten der Lehrkraft führt zur Einschränkung kognitiver Prozesse, die gerade für das Erfassen und Verstehen formal notierter Mathematik von zentraler Bedeutung sind.

Rechengeschichte 3

L.: (Passt auf) versuchen wir das mal ganz jetzt machen wirs mal mit beliebigen Zahlen. Ich denke mir eine beliebige Zahl, hör jetzt hört genau zu! Zähle vier dazu und verdreifache dann.

Hans: Ja.

Schüler: Das ist besser, weil dann weiß man (...) *[Gemurmel]*

Hans: Zähl vier dazu und dann erst 3 (malnehmen).

L.: Ja, was was meint ihr? Also machen wir mal für erst mal die Formel für diese Zahl, die da, also schreibt euch mal die Formel dazu auf. Also ich denke mir eine Zahl, zähle vier dazu und verdreifache dann. *[Gemurmel]* (7 sec)

Schüler: Was kommt dann raus?

L.: Pscht. Ich nehme eine beliebige Zahl. Was kommt raus jetzt? Jetzt brauch ich Hilfe von euch. Jens!

Jens: Ähm da muss mindestens 13 rauskommen, weil (...) Wenn man das nicht in Klammern setzt.

L.: So, wie lautet denn jetzt der zugehörige Rechenausdruck?

Nils: Term.

L.: Oder Term. (Genau.) Aber Nils nicht reinschreien. *[Gemurmel]* (5 sec)

L.: So, Fritz!

Fritz: Klammer auf, x plus vier, Klammer zu, mal drei. *[L. schreibt an die Tafel:]*

[Gemurmel] (3 sec)

L.: Fertig, ne? So, Karen.

Karen: Also da muss ja jetzt mindestens zwölf rauskommen.

Jens: Nee.

L.: Wieso muss mindestens zwölf rauskommen?

Karen: Weil ähm weil wenn man für das x eins null einsetzt, plus 4, das sind dann vier und dann mal drei, also vier mal drei sind dann ja zwölf. Das ist (...) Also weniger als null geht dann ja jetzt nicht. *[L. schreibt das Gesagte an die Tafel:]*

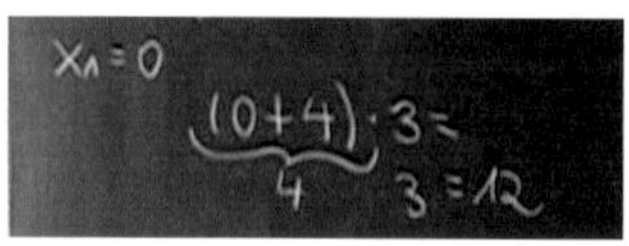

Peter: Minus eins geht.

L.: Was meint ihr zu Karens Vorschlag? *[Gemurmel]*

L.: Albin.

Albin: Ja, gut. (3 sec)

L.: Du hast nicht aufgepasst. Nee. (3 sec)

L.: Was meint ihr zu Karens Vorschlag? Ludwig!

Ludwig: Ähm, das ist eigentlich richtig. *[Gemurmel]* (3 sec)

L.: Darek!

Darek: (Kann auch) Minuszahlen. *[Gemurmel]*

L.: Jetzt ist ja so Minuszahlen werden ja erst in Klasse sieben eingeführt.

Transkriptanalyse

Die Lehrkraft formuliert ihre Rechengeschichte zweimal. Sie betont, dass sie sich „eine beliebige Zahl“ (Z. 2, 12) denkt und verlangt von den Schülern „die Formel für diese Zahl“ (Z. 7-8). In Zeile 16 benutzt sie den Begriff „Rechenausdruck“. Gemeint ist offensichtlich in beiden Fällen ein Term, was ein Schüler moniert. Seitens der Lehrkraft fehlt das Bemühen darum, dass durch ihre sprachliche Präzision auch die Fachsprache der Schüler gepflegt wird, insbesondere die Begrifflichkeit, die sie als einen Teil ihres fachlichen Sprachrahmens in der Unterrichtsreihe „Von Anweisungen zu Funktionen“ erlernt haben.

Aus dem Nachsatz von Jens in den Zeilen 14 bis 15 („Wenn man das nicht in Klammern setzt“) lässt sich schließen, dass er die diktierte Rechengeschichte falsch formalisiert hat: Anstatt $(x_1+4)\cdot 3$ hat er vermutlich $x_1+4\cdot 3$ geschrieben. Das Ergebnis der Rechengeschichte schätzt er vermutlich so ein, dass er für x_1 den Wert 1 als den kleinstmöglichen einsetzt. Weder der formale Ansatz noch die Einschätzung des Funktionswertes sind korrekt. Der Beitrag von Jens deutet auf Schwierigkeiten des Schülers bei der Formalisierung hin. Die Unterrichtsszene ist allerdings nicht darauf ausgerichtet, diese Schwierigkeiten zu verdeutlichen, zu erklären und zu beheben.

Einen korrekten Term zu der Rechengeschichte nennt Fritz (Z. 21). Das, was die Lehrkraft an die Tafel schreibt, entspricht nicht genau dem, was Fritz diktiert. Dies bleibt jedoch unkommentiert.

Nachdem eine formale Darstellung zu der Rechengeschichte vorliegt, nimmt Karen (Z. 26) diese als Grundlage, um weitere Fragen zu stellen und diese zu klären. Die Variable x_1 in dem Term $(x_1 + 4) \cdot 3$ ruft bei ihr die Vorstellung eines Platzhalters, für den konkrete Zahlenwerte eingesetzt werden können, auf. Dieses Variablenverständnis nutzt sie, um den kleinsten Wert des Funktionsterms beim Einsetzen von konkreten Werten für die Variable x_1 einzuschätzen. Sie geht dabei so vor, dass sie für x_1 den Wert 0 als den kleinstmöglichen einsetzt und auf diese Weise den kleinstmöglichen Funktionswert ermittelt. Für Karen ist die Formalisierung eine Methode und eine Möglichkeit, neues Wissen zu gewinnen. Es ist wieder ein Indiz für erwünschte Änderungen im kognitiven mathematischen Betriebssystem der Lernenden, die mit der Unterrichtsreihe „Von Anweisungen zu Funktionen“ werden sollen.

Rechengeschichte 4

L.: Ok. Gut, dann machen wir noch ne schwe- jetzt schwere, ok? *[Gemurmel]* So, und zwar, da müssen wir dann gleich auch die Rechnung zu sagen, ne? So, also ich denk mir jetzt eine andere Zahl, eine eine Zahl, verdreifache die Zahl und zähle dann vier dazu. Heraus kommt 22.

Hans: *[sehr leise:]* Hä? Hab nicht zugehört. *[Gemurmel]*

L.: Pscht. *[Gemurmel]* (9 sec)

L.: So, mit Rechnung jetzt aber, ne? *[Gemurmel]* (6 sec)

L.: So, jetzt, Conrad. *[Gemurmel]*

Conrad: Also man rechnet ja ähm das Ergebnis ist sechs, weil (...) Nee.

Schüler: Doch!

Conrad: Man muss 22 minus vier rechnen.

L.: Ja.

Conrad: Und (...) *[Gemurmel]*

L.: Pscht!

Conrad: Ja , minus vier und dann geteilt durch drei.

L.: Ok, dann dann sag mir mal die Aufgabe dazu. Drei? *[L. hat während des Redens Folgendes an die Tafel geschrieben:]*

Conrad: Drei mal nee x plus (...)
[L. hat Folgendes an die Tafel geschrieben:]

L.: Drei mal? Wir haben jetzt ne bestimmte Zahl, ne?

Conrad: Ähm drei mal x (...) *[Gemurmel]*

L.: Drei mal?

Tim: Wie lautet denn die Aufgabe?

L.: Also ich sag nochmal die Aufgabe. *[Gemurmel]* Ey! Also ich denke eine Zahl, verdreifache die Zahl und zähle dann vier dazu. So und jetzt brauch ich die Aufgabe dazu. *[Gemurmel]*

Conrad: x mal drei plus vier.

L.: Ham wir jetzt hier x mal drei plus vier? *[Gemurmel]*

Conrad: Nein.

L.: Also ich denk mir und heraus kommt ja hier 22. *[Gemurmel]* (5 sec)

L.: Kevin!

Kevin: x mal drei plus vier ist 22. *[Gemurmel]*

L.: Ich sags euch, pass auf! x (...) *[L. schreibt:]*

[Gemurmel] (6 sec)

L.: Können wir das vielleicht schon mal bisschen genauer festlegen? Dieses x mal drei plus vier? Jetzt haben wir ja hier ne bestimmte Zahl gesucht. Wie lautet jetzt unsere bestimmte Zahl, die gesucht ist (dabei)? *[Gemurmel]* (7 sec)

L.: Lukas.

Lukas: Sechs.

L.: Also sag mal die Aufgabe mit sechs.
[L. wischt den oberen linken Ausdruck weg:]

L.: Lukas.

Lukas: Äh ach so. Ähm sechs mal drei plus vier gleich 22.
[L. hat das Diktierte zeitgleich an die Tafel geschrieben:]

L.: So, wenn ich jetzt sage, hört zu, was ist jetzt auf meine spezielle Aufgabe. Ich denke mir eine bestimmte Zahl, verdreifache die Zahl und zähle dann vier dazu, heraus kommt 22. Welches der beiden Möglichkeiten *[L. zeigt:]*

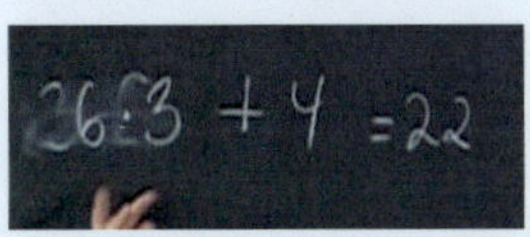

[L. zeigt:]

ist da richtig? Stefan. *[Gemurmel]*

L.: Pscht.

Schüler: Wie jetzt?

L.: Anabel.

Anabel: Also ich glaub das, die sind beide eigentlich richtig, weil sechs mal drei sind ja 18 plus vier sind 22, also die Aufgabe würde passen und x Eins, da muss man halt nur nur noch die Zahl rausfinden, die da hin hin muss.

Schüler: Warte, ich weiß es.

Anabel: Also sind die (quasi) beide richtig.

L.: Was müss was müssten wir jetzt machen hier *[zeigt:]*

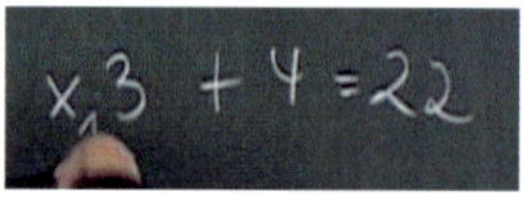

bei der Aufgabe? *[Gemurmel]* (3 sec)

L.: Conrad.

Conrad: Das x eins ausrechnen.

L.: Dann ham wir x eins ist gleich?
[L. schreibt an die Tafel: „$x_1 =$“.]

Conrad: Sechs.
[L. ergänzt an der Tafel: „$x_1 = 6$“.]

Transkriptanalyse

Zu der diktierten Rechengeschichte sollen die Schüler eine „Rechnung“ nennen (Z. 2-5). Im weiteren Verlauf der Debatte formuliert die Lehrkraft ihre Aufforderung an die Schüler um: „Ok, dann sag mir mal die Aufgabe dazu“ (Z. 17). Die Wortwahl der Lehrkraft ist nicht eindeutig. Ein Schüler, der eine Rechnung mit der gedachten Zahl angeben soll, muss diese unbekannte Zahl zunächt ermitteln. Er muss also die Rechengeschichte präzisieren und formalisieren. Die Rechengeschichte beschreibt eine Funktion mit einem bekannten Funktionswert. Zu bestimmen ist das Argument, für das diese Funktion den Funktionswert 22 annimmt.

Conrad (Z. 10-16) versucht, die gedachte Zahl zu bestimmen, indem er die durch die Lehrkraft genannten Rechenschritte rückwärts verfolgt und zu jedem eine Umkehrrechnung macht. Die Aufforderung der Lehrkraft in Zeile 17 ist nicht eindeutig. In Zeile 24 versucht Conrad, einen Funktionsterm mit der Variablen x_1 zu formulieren. Noch während er redet, fängt die Lehrkraft (Z. 20) an, an der Tafel zu schreiben. Das Angeschriebene entspricht jedoch nicht dem, was Conrad sagt. Die Lehrkraft betont, dass es sich jetzt um eine bestimmte Zahl handele („Wir haben jetzt ne bestimmte Zahl, ne?"). Vermutlich hat sie keinen Term mit Variablen an dieser Stelle erwartet. Genauso wie Conrad diktiert auch Kevin (Z. 36) einen formalen Ansatz mit einer Variablen. Dieser entspricht auch nicht der Erwartung der Lehrkraft. Die Frage in Zeile 31 („Ham wir jetzt hier x mal drei plus vier?") ist ein Indiz dafür, dass die Lehrperson die erbrachte kognitive Leistung der Lernenden nicht erkannt hat. Diese Leistung ist ein Hinweis für eine erwünschte Änderung im kognitiven mathematischen Betriebssystem der Lernenden. Die Lernenden haben den Text der Rechengeschichte für sich präzisiert und formalisiert, um anschließend die gedachte Zahl bestimmen zu können. Deren mathematisches Denken ist hier an Hilfsmittel gebunden – an Variablen –, die den Lernenden gewisse Sicherheit geben, dass sie den Aufgabentext richtig verstanden haben. Bei der Lehrkraft ist hingegen die Erkenntnis, dass Formalisierung entlastet nicht zu erkennen. Die Reaktion der Lehrkraft trägt nicht zur Nachhaltigkeit dieser Änderung bei. Sie hat diese Änderung nicht als eine besondere kognitive Leistung erkannt.

Die Äußerung der Lehrperson (Z. 53-56) („So, wenn ich jetzt sage, hört zu, was ist jetzt auf meine spezielle Aufgabe? Ich denke mir eine bestimmte Zahl, verdreifache die Zahl und zähle dann vier dazu, heraus kommt 22. Welches der beiden Möglichkeiten ist da richtig?") suggeriert, dass sie nur eine der Gleichungen, die die Schüler diktiert haben, für korrekt und adäquat für die diktierte Rechengeschichte hält. Das lässt wiederum vermuten, dass sie die Notation mit der Variablen x_1 nicht für eine korrekte Lösung hält und dass sie den Nutzen aus den formalen Darstellungen, den die Lernenden für sich als eine Entlastung für ihren gedanklichen Aufwand entdeckt haben, nicht erkannt hat. Die gestellte Frage danach, welche der beiden Gleichungen für die Rechengeschichte korrekt ist, ist für die Schüler verwirrend („Wie jetzt?").

Die Äußerungen der Lehrkraft zeigen auch ihre Schwierigkeiten, sich in die Denkweisen ihrer Schüler hineinzuversetzen. Bei der dritten Rechengeschichte hat die Lehrperson eine bestimmte Zahl – die Zahl 6 – gedacht. Aus der Sicht der Lehrkraft handelte es sich also um eine konkrete Zahl, deshalb konnte sie die Gleichung $x \cdot 3 + 4 = 22$ nicht als eine adäquate Darstellung zu dieser Rechengeschichte akzeptieren. Aus der Sicht der Lernenden ist gerade die gedachte Zahl unbekannt. Mit der Darstellung $x \cdot 3 + 4 = 22$ ist das Wissen der Schüler aus der Rechengeschichte in eine überschaubare Form überführt worden, um anschließend daraus die konkrete, gedachte Zahl zu erschließen. Aus der Sichtweise der Lernenden handelt es sich also zunächst um eine unbekannte Zahl und diese kann formal mit Hilfe einer Variablen dargestellt werden.

Anabel versucht zu erklären, warum ihrer Ansicht nach beide vorgeschlagenen Gleichungen zu der gesagten Rechengeschichte passen. Aus ihrem Beitrag lässt sich schließen, dass sie die Gleichung „$x_1 \cdot 3 + 4 = 22$“ als Kodierung eines gedanklichen Weges bei der Lösung der Rechengeschichte ansieht. Ihre Erklärung dazu deutet auf ihr Verständnis einer Variablen als eine unbekannte Größe, die bestimmt werden soll hin. Ein Einblick in Anabels Heft (Abb. 7.19) zeigt, dass sie zu jeder der im Unterricht besprochenen Rechengeschichten zunächst eine formale Darstellung erstellt hat, bevor sie den Wert der jeweils gedachten Zahl bestimmt hat.

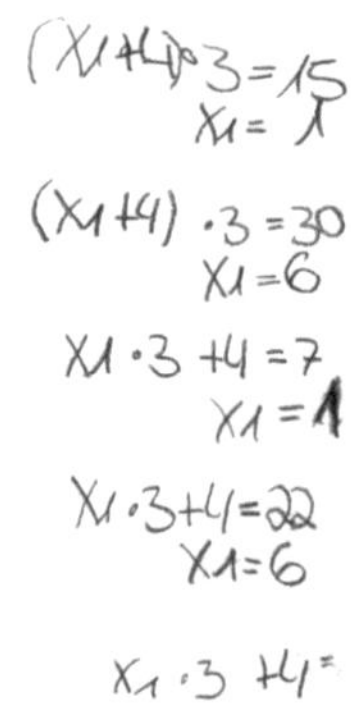

Abbildung 7.19: Anabels Ansätze zu Rechengeschichten

Hier zeigt sich ihr Verständnis von Formalisierung als eine Methode zur präzisen Darstellung von umgangssprachlich formulierten Sachverhalten.

7.3.1.3 Fazit

Die Äußerungen zu und das Verhalten der Schüler gegenüber den diktierten Rechengeschichten zeigen erwünschte Ergebnisse der Unterrichtsreihe „Von Anweisungen zu Funktionen“ bezüglich des Aufbaus ihrer kognitiven mathematischen Betriebssysteme. Exemplarisch sind Indizien für den erwünschten Aufbau eines Funktionenframes und für die Entwicklung der Formalisierungsfähigkeiten der Lernenden belegt worden.

Beachtenswert ist das Bewusstsein der Lernenden dafür, dass sie mit der Formalisierung einen Schritt von der Analyse eines umgangssprachlich formulierten Textes zu dessen präzisen Darstellung und dadurch auch zum besseren Verstehen dieses Textes machen. Auf dieses Bewusstsein weist der letzte Beitrag von Hans im Transkript zu der Rechengeschichte 2 (Seite 275) hin. Dieser Beitrag zeigt die Sensibilität des Schülers für die Unterschiede zwischen Gesagtem und Gemeintem sowie Indizien für sein Verständnis der Notwendigkeit der Präzision bei formalen Darstellungen.

Formalisierung ist für die Lernenden kein Selbstzweck. Auch dann, wenn sie nicht explizit durch eine Aufgabenstellung dazu aufgefordert werden, nutzen sie diese geistige Tätigkeit, um mehr Einsicht in einen Aufgabentext zu gewinnen. Formalisierung gibt den Lernenden gewisse Sicherheit beim Bearbeiten mathematischer Aufgaben, weil ihre Suche nach der Lösung nicht losgelöst von einem sichtbaren Stand des Wissens über die Aufgabe fortgesetzt werden kann (vgl. die Beiträge von Conrad und Kevin zu der Rechengeschichte 4).

Mit der Formalisierung von Wissen schaffen sich die Lernenden eine Grundlage für ihre weiteren mathematischen Tätigkeiten sowie für die Formulierung und Klärung semantischer Fragen zu einer vorgegebenen Aufgabe. Das zeigen z. B. die Beiträge von Karen zu der Rechengeschichte 3 (Seite 279ff.).

Die Schülerbeiträge weisen auch Indizien für die Wirksamkeit von Modellvorstellungen von abstrakten mathematischen Begriffen auf. Exemplarisch zeigt das der Beitrag von Hans zu derjenigen Rechengeschichte, die den Lernenden als erste gezeigt wurde (Transkript auf den Seiten 265ff.). Dem abstrakten Begriff „Variable" weist der Schüler eine Bedeutung zu, die ihm beim Umgang mit Variablen hilft. Hans stellt sich eine unbekannte Zahl als einen unbekannten Inhalt eines Faches der Registerkiste vor und dank den bereits verstandenen konkreten Handlungen an der Registerkiste kann er mit dem abstrakten Begriff auf eine für ihn einsichtige Art und Weise handeln. Durch das Projizieren des neuen Aufgabentextes auf seine Erfahrungen im Umgang mit der Registerkiste wird für ihn die vorzunehmende Formalisierung wesentlich erleichtert. Die Handlungsvorstellung des Schülers bei der Auseinandersetzung mit der Aufgabe ist ebenso ein erwünschtes Ergebnis der Unterrichtsreihe.

Die analysierten Unterrichtssequenzen zeigen also einerseits die intendierten Ergebnisse in der Entwicklung des kognitiven mathematischen Betriebssystems der Lernenden, aber andererseits decken sie auch ein Verständnisdefizit auf der Seite der Lehrkraft auf: Das Verhalten der Lehrperson lässt auf ihr unzureichendes Verständnis von Formalisierung als eine kognitive Tätigkeit schließen. Darauf deutet die Vernachlässigung von Denk- und Argumentationsprozessen der Lernenden, die bei dieser Tätigkeit ausgelöst werden (sollen) hin. Besondere Aufmerksamkeit ist auch dem unproduktiven Umgang mit Schülerfehlern zu widmen. Aus der Untersuchung von Sommer (2008) ist nämlich bekannt, dass Realschüler gerade bei Aufgaben, die sich durch sprachlogische Komplexität auszeichnen, kaum Lernzuwächse innerhalb eines Schuljahres erzielen. In dem durchgeführten Projekt wurde der Versuch unternommen, die Fähigkeiten der Realschüler zur Bewältigung der Aufgabenanforderungen, die mit der sprachlogischen Komplexität beschrieben werden, zu fördern. Hierfür wurde ein besonderes Augenmerk auf die geistige Tätigkeit des Formalisierens von Wissen gelegt. Sie schafft einen Anlass, die Struktur eines umgangssprachlich formulierten Textes genau zu analysieren und sich auf eine Interpretation festzulegen, so wie es Kaune (1995) zum Ausdruck gebracht hat. Bei der Realisation des Projektes hat sich jedoch gezeigt, dass seitens der Lehrkräfte gerade das Verständnis von Formalisierung als ein Beitrag zum Textverstehen sowie das Wertschätzen dieser geistigen Tätigkeit fehlten. Als eine Konsequenz des fehlenden Verständnisses wurden Fehler bei der Formalisierung nicht mit Bezug auf den zu formalisierenden Text und auf die Denk- und Argumentationsprozesse, die bei der Formalisierung erforderlich sind, behoben.

7.3.2 Lernergebnisse

Im Folgenden werden Lernergebnisse aus einem Kurztest zum Thema „Rechengeschichten“ analysiert.

7.3.2.1 Analyse ausgewählter Schülerlösungen

Die Aufgaben, die in dem Test zum Thema „Rechengeschichten“ gestellt wurden, können dem Arbeitsblatt von Nils (Abb. 7.20 und 7.21) entnommen werden. Nils hat alle Aufgaben korrekt bearbeitet.

Der Test besteht aus 4 Aufgaben, die von den Lernenden die Formalisierungskompetenzen (die Fähigkeit zum Erfassen und Verstehen formaler Ausdrücke sowie zur Formalisierung eines umgangssprachlich formulierten Aufgabentextes) erfordern. Dabei wird besonders auch die funktionale Sichtweise gefordert – sowohl beim Erfassen von Funktionstermen als auch beim Präzisieren von umgangssprachlich formulierten Aufgabentexten.

Die vierte Aufgabe wurde als Zusatzaufgabe konzipiert. Von 27 Schülern, die den Test geschrieben haben, hat nur ein Schüler keinen Versuch unternommen, diese zu bearbeiten.

Im Folgenden werden die Anforderungen der einzelnen Aufgaben erläutert. Dies soll helfen, die im nächsten Abschnitt (7.3.2.2) analysierten Ergebnisse vor dem Hintergrund der Leistungen der Lernenden besser zu verstehen.

Lösung von Nils (Abb. 7.20, Abb. 7.21)

Die Rechengeschichten zu den Aufgaben(teilen) 1a, 3 und 4a beschreiben Funktionen. Zu ihnen sollen passende Funktionsgleichungen erstellt werden. Bei der ersten Aufgabe handelt es sich um eine Funktionsgleichung mit einer, bei den Aufgaben 3 und 4a um Funktionsgleichungen mit zwei Veränderlichen.

Ein Schüler, der für diese Rechengeschichten die entsprechenden Funktionsgleichungen erstellen soll, muss zunächst die umgangssprachlich formulierten Texte präzisieren. Seine Suche nach dem Wesentlichen in dem Aufgabentext muss an die Aufgabenstellung angepasst werden. Da er eine Funktionsgleichung zu erstellen hat, muss die Präzisierung der Rechengeschichte darauf ausgerichtet werden, einen funktionalen Zusammenhang aufzudecken und ihn in seiner Komplexität darzustellen. Dabei sind die gedachten Zahlen als Argumente einer Funktion zu erfassen. Das Ergebnis der Rechnung mit den jeweils gedachten Zahlen hängt von diesen Zahlen ab. Diese Abhängigkeit muss mit der zu erstellenden Funktionsgleichung beschrieben werden. Mit der Aufforderung, eine Funktionsgleichung aufzustellen, wird von den Lernenden mehr verlangt, als nur den Text der Rechengeschichte in eine algebraische Notation zu überführen. Es wird stark eine funktionale Sichtweise der jeweiligen geschilderten Geschichte gefordert.

Bei der Bearbeitung der Aufgaben, die eine Formalisierung erfordern, bewegt sich das mathemtische Denken der Lernenden im Spannungsfeld zwischen der formalen Darstellung und der Bedeutung dieser Darstellung.

Rechengeschichte 1:

Ich denke mir eine Zahl, verdreifache sie und addiere dann 5 hinzu.

1a) Gib eine passende Funktionsgleichung an: a(x1)= x1·3+5

1b) Gib ein passendes RM-Programm an: (1S1 A2 A2 A2) A2 A2 A2 A2 A2

1c) Fülle die Tabelle aus:

Argument	Funktionswert
5	20
7	26
3	14
0	5

Rechengeschichte 2:

Weißt du, zu welcher Rechengeschichte der folgende Funktionsterm passt: $(x_1+5)\cdot 3$?

Du hast wohl gedacht:
„Ich denke mir eine Zahl ... addiere 5 dazu und ~~nehme~~ multipliziere das Ergebnis mit 3

Abbildung 7.20: Kurztest „Rechengeschichten – Lösung von Nils, Teil 1

Im Aufgabenteil 1b ist zu einer Rechengeschichte ein RM-Programm zu notieren. Von den Lernenden wird verlangt, dass sie beim Beschreiben eines funktionalen Zusammenhangs Handlungsvorstellungen aufrufen, die in der Unterrichtsreihe „Von Anweisungen zu Funktionen“ gezielt gefordert und gefördert waren. Mit dem zu erstellenden RM-Programm soll die Funktion $f(x_1) = 3x_1 + 5$ mit Argumenten und Werten in den natürlichen Zahlen berechnet werden.

Im Aufgabenteil 1c sollen zu den gegebenen Argumenten die entsprechenden Funktionswerte der Funktion aus 1a und zu den gegebenen Funktionswerten die entsprechenden Argumente bestimmt werden. Hier werden von den Lernenden Fertigkeiten aus dem syntaktischen Bereich der Benutzung der Funktionensprache verlangt.

Rechengeschichte 3:
Ergänze.

Funktionsgleichung:
$f(x_1, x_2) = x_1 \cdot 2 + x_2$

Jetzt wird es schwieriger:
Ich denke mir zwei Zahlen, nehme das Doppelte der ersten Zahl und zähle dazu die zweite Zahl.
Wie lautet eine **Funktionsgleichung** zu meiner Rechengeschichte?

Wenn du Lust und noch Zeit hast, kannst du die Rechengeschichte 4 bearbeiten.

Rechengeschichte 4:

4a)

Ich denke mir zwei Zahlen, zähle zur ersten zwei dazu, zur zweiten zähle ich drei dazu, dann multipliziere ich die beiden Ergebnisse.
Wie lautet eine **Funktionsgleichung** zu meiner Rechengeschichte?

Funktionsgleichung:
$f(x_1, x_2) = (x_1 + 2) \cdot (x_2 + 3)$

4b)

Fülle die Tabelle passend aus:

Argument	Funktionswert
(1, 5)	24
(0, 4)	14

Abbildung 7.21: Kurztest „Rechengeschichten – Lösung von Nils, Teil 2

In der Aufgabe 2 sollen die Lernenden einen Funktionsterm erfassen und ihn als eine formale Darstellung zu einer Rechengeschichte interpretieren. Der Anfang der Rechengeschichte ist „Ich denke mir eine Zahl ...“. Dieser Satz ist auf den Funktionsterm $(x_1 + 5) \cdot 3$ zu beziehen. Die Variable x_1 ist in dem angegebenen Funktionsterm als die gedachte Zahl zu interpretieren.

Im Aufgabenteil 4b sind zu den gegebenen Argumenten die entsprechenden Funktionswerte zu bestimmen. Liegt eine Funktionsgleichung bereits vor, dann verlangt dieser Aufgabenteil von den Lernenden die Fertigkeiten, die dem syntaktischen Bereich des Umgangs mit Funktionen zuzuordnen sind: Einsetzen von Werten für die Variablen und Ausrechnen von Funktionswerten. Der rechnerische Aufwand, der hier zu leisten ist, ist groß.

Die Lösung von Nils deutet auf ein hohes Niveau seiner Formalisierungskompetenz und auf seine Fähigkeit zum Denken in Funktionen hin.

Außer Nils hat noch ein anderer Schüler eine fehlerfreie Lösung abgegeben. Drei Schüler haben den Test im Wesentlichen korrekt bearbeitet. Insgesamt ergibt das 5 von 27 Arbeiten (19%), die korrekt bzw. im Wesentlichen korrekt sind.

7.3.2.2 Auswertung

Testsinformationen

Die Tabelle 7.4 fasst wesentliche Informationen zu dem Test „Rechengeschichten" zusammen[3]:

Tabelle 7.4: Informationen zu dem Test „Rechengeschichten"

max. Punktzahl	teilnehmende Schüler	MW	s	min	max	Cronbachs α
27	27	20,04	4,64	9	27	0,71

Die Reliabilität dieses Tests in Form der inneren Konsistenz ist zufriedenstellend ($\alpha = 0{,}71$). Die maximale Punktzahl wird von zwei Schülern erreicht.

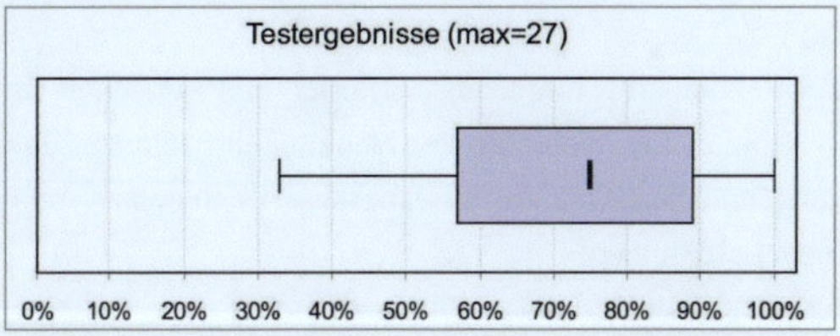

Abbildung 7.22: „Rechengeschichten" – Testergebnisse (N=27)

Der Boxplot in der Abbildung 7.22 zeigt, dass mehr als 75% der Schüler die Grenze von 50% der zu erreichenden Punkte überstiegen haben.

Differenzierung der erbrachten Leistungen

Die Aufgaben des Tests „Rechengeschichten" erfordern von den Lernenden formale Darstellungen, mit denen funktionale Zusammenhänge zu beschreiben sind, bzw. formale Darstellungen werden zur Analyse gestellt. Das Rahmenkonzept, das ein Schüler bei der Bearbeitung dieser Aufgaben aufzurufen hat, ist der Funktionenframe. Die einzubringenden Leistungen verlangen jedoch nicht nur technische Fertigkeiten im Umgang mit

[3]MW – Mittelwert der erreichten Punktzahlen, s – Standardabweichung, min – das Minimum der erreichten Punktzahlen, max – das Maximum der erreichten Punktzahlen

Funktionen. Beim Präzisieren und Formalisieren der Aufgabentexte sind Funktionen als kognitive Werkzeuge zur Sinnentnahme anzuwenden. Mit den vier Aufgaben des Tests wurden die Lernenden vor unterschiedliche Anforderungen gestellt:

FG1: Aufgabenteil 1a
Bei diesem Aufgabenteil ist einem umgangssprachlich formulierten Text ein funktionaler Zusammenhang zu entnehmen, zu präzisieren und formal (mit Hilfe einer einstelligen Funktion) darzustellen.

RM: Aufgabenteile: 1b
Ein umgangssprachlich beschriebener funktionaler Zusammenhang ist mit Hilfe eines RM-Programms zu beschreiben. Bei diesem Aufgabenteil werden die Lernenden aufgefordert, Handlungsvorstellungen zum Erfassen, zum Präzisieren und zum Darstellen eines funktionalen Zusammenhangs aufzurufen – sie haben also ihre Handlungen im Denken zu organisieren, zu präzisieren und in der RM-Sprache darzustellen.

FG2: Aufgabenteile 3, 4a Anforderungen wie bei FG1 für zweistellige Funktionen

FW1: Aufgabenteil 1c
In diesem Aufgabenteil sind zu vorgegebenen Argumenten einer einstelligen Funktion die entsprechenden Funktionswerte bzw. zu vorgegebenen Funktionswerten dieser Funktion die entsprechenden Argumente zu bestimmen. Die Bearbeitung dieses Aufgabenteils verlangt das Erfassen von und einen verständigen Umgang mit einer formalen Darstellung.

FW2: Aufgabe 4b; Anforderungen wie bei FW1 für eine zweistellige Funktion

RG: Aufgabe 2
Dieser Aufgabenteil erfordert das Erfassen und Verstehen einer formalen Darstellung. Ein Schüler muss hier eine Deutung eines angegebenen Funktionsterms bestimmen und diese Deutung umgangssprachlich präzise in Form einer Rechengeschichte beschreiben.

Anzahl korrekter Schülerlösungen

In dem Diagramm 7.23 auf Seite 293 kann man folgende Informationen ablesen:

Der größte Anteil korrekter Lösungen betrifft diejenigen Aufgaben, bei denen Funktionswerte bzw. Argumente (für eine zuvor selbstständig erstellte Funktionsgleichung) bestimmt werden sollen (FW1 und FW2, Aufgabenteile 1c, 4b). Es handelt sich also um Aufgaben, bei denen der zu leistende rechnerische Aufwand größer ist die Anforderung an die Anwendung von Funktionen als Werkzeuge zur Sinnentnahme aus einem umgangssprachlich formulierten Aufgabentext.

Mit einer zunehmenden Anforderung an die Formalisierung fällt der Anteil der korrekten Lösungen ab. Die Anzahl korrekter Schülerlösungen wird kleiner bei Aufgaben, die das Verstehen formaler Darstellungen erfordern (RG, Aufgabe 2) und noch kleiner bei Aufgaben, die eine korrekte formale Darstellung zu einem umgangssprachlich formulierten Aufgabentext verlangen (FG1 und FG2, Aufgabenteile 1a, 3, 4a). Die zuletzt

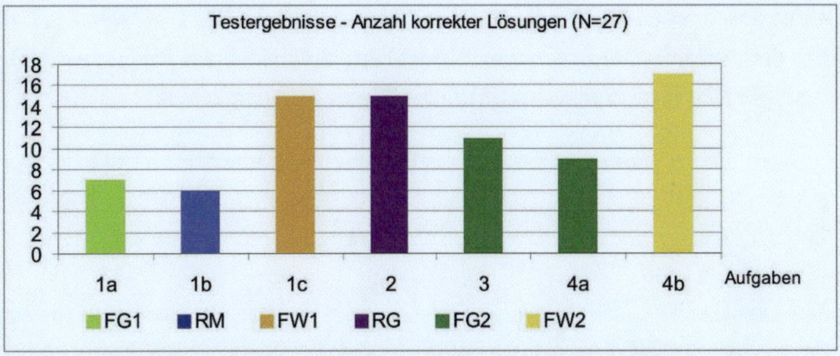

Abbildung 7.23: Kurztest „Rechengeschichten" – Anzahl korrekter Schülerlösungen (N=27)

genannten scheinen für die Lernenden am schwierigsten zu sein.

Es ist überraschend, dass die Anzahl korrekter Lösungen bei den Aufgaben 3 und 4a größer ist als bei der Aufgabe 1, denn die funktionalen Zusammenhänge, die den Rechengeschichten 3 und 4 zu entnehmen und zu formalisieren sind, komplexer sind als derjenige funktionale Zusammenhang, der in der ersten Rechengeschichte 1 behandelt wird. Aufklärend für diesen Sachverhalt können die Informationen über die Anzahl der Lösungen mit einem korrekten Funktionsterm anstatt einer korrekten Funktionsgleichung sein. Diese Anzahl beträgt 11 bei dem Aufgabenteil 1a (41% aller Schülerlösungen), 6 bei der Aufgabe 3 (22% aller Schülerlösungen) und 4 bei dem Aufgabenteil 4a (15% aller Schülerlösungen).

Diese Anzahlen zeigen, dass die Schwierigkeiten der Lernenden bei der ersten Rechengeschichte nicht darin bestehen, wesentliche Informationen dem Aufgabentext zu entnehmen, sondern darin, einen funktionalen Zusammenhang mit Hilfe einer Funktionsgleichung darzustellen. Die Ergebnisse erklären jedoch nicht, warum diese Schwierigkeit bei der ersten Aufgabe häufiger autritt als bei den Rechengeschichten 3 und 4. Mögliche Ursachen dafür können metakognitiver Natur sein, z. B. eine fehlende Präzision beim Textlesen. Es ist auch zu beachten, dass der neue Begriffssatz ((Funktions-)Term, Funktionsgleichung, RM-Programm, Tupelschreibweise) im Unterricht wenig gepflegt und nicht konsequent verwendet wurde. Die Lehrkräfte selbst haben auch solche Begriffe wie „Formel" und „Rechenausdruck" benutzt (Rechengeschichte 2, Seite 279) anstatt (Funktions-)Term, sowie „Aufgabe" und „Rechnung" anstatt Funktionsgleichung (vgl. z. B. Rechengeschichte 3, Seite 281), ohne diese Begriffe zu erklären und sie konsequent zu benutzen. Diese beliebig variable und nicht bindende Benutzung der Begriffe im Unterricht trägt zum Erklären des Versagens der Schüler im Kurztest „Rechengeschichten" sicherlich bei. Eine weitere plausible Erklärung ist darin zu sehen, dass im Unterricht dem Gebrauch von Funktionen als nur Berechnungsprozeduren ungleich mehr Gewicht beigelegt wurde als dem Aufbau eines Metawissens bezüglich Funktionen sowie dem Denken in Funktionen.

Wenn man die Schülerlösungen, in denen anstatt korrekter Funktionsgleichungen korrekte Terme geschrieben wurden, als i. W. korrekte Schülerlösungen bewertet und deren Anzahl zu den Anzahlen im Diagramm 7.23 addiert, ändert sich das Diagramm 7.23. Die Ergebnisse, die sich dann ergeben, sind im Diagramm 7.24 dargestellt.

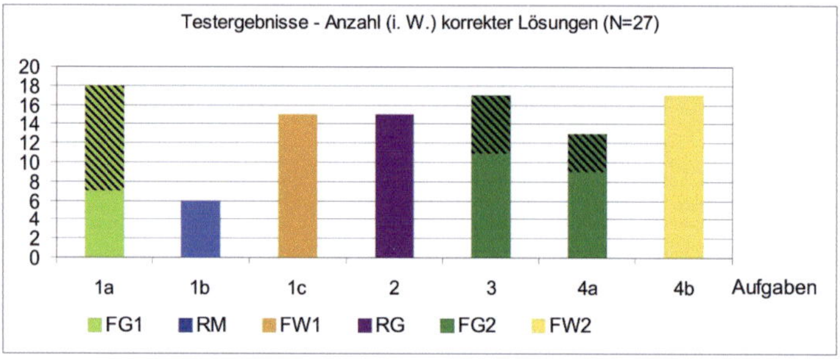

Abbildung 7.24: Kurztest „Rechengeschichten“ – Anzahl (i. W.) korrekter Schülerlösungen (N=27); mit der Schrafur ist die Anzahl der Schülerlösungen mit korrekten Termen anstatt mit korrekten Funktionsgleichungen dargestellt

In dem Diagramm 7.25 sind Mittelwerte der Punkte, die die Lernenden zu jedem Aufgabenteil und zu dem gesamten Test erreicht haben, dargestellt. Auffallend ist, dass die Mittelwerte mit Ausnahme desjenigen des Aufgabenteils 1b jeweils bei über 70% der zu erzielenden maximalen Punktzahl liegen.

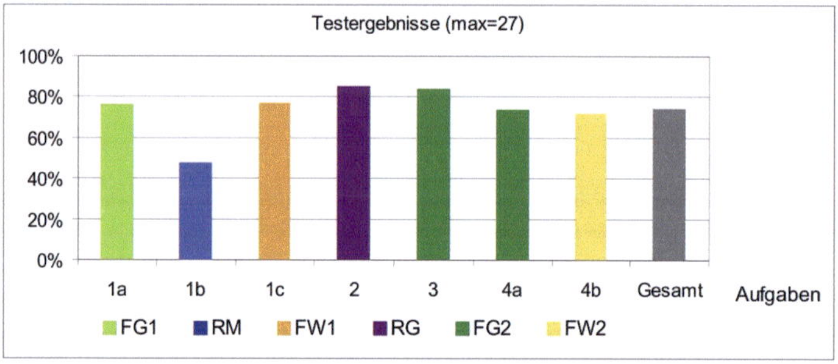

Abbildung 7.25: Kurztest „Rechengeschichten“ – prozentualer Anteil der erreichten Punkte

Durchschnittlich haben die Lernenden am besten bei der Aufgabe 2 (RG) abgeschnitten, bei der sie 85% der zu erreichenden Punkte erzielt haben. Es handelt sich um eine Aufgabe, bei der eine Rechengeschichte zu einem Funktionsterm zu erstellen ist. Überraschend groß fällt die durchschnittliche Anzahl der erreichten Punkte bei der Aufgabe 3 (FG2) aus (84% der zu erreichenden Punkte), bei der ein umgangssprachlich beschriebener komplexer funktionaler Zusammenhang zu erfassen und in formal zu beschreiben ist. Die Aufgabe 4 zeichnet sich durch hohe Anforderungen an die Formalisierung, hohe Anforderungen an die vorzunehmenden Präzisierungen eines umgangssprachlich formulierten Textes (beim Aufgabenteil 4a) sowie durch einen hohen zu leistenden technischen

Aufwand zur Bestimmung der Funktionswerte (beim Aufgabenteil 4b) aus. Auch bei dieser Aufgabe liegen die Mittelwerte der erreichten Punkte bei knapp über 70%, also ebenfalls sehr hoch.

Am niedrigsten sind die Testergebnisse bei dem Aufgabenteil 1b (RM), bei dem ein RM-Programm erstellt werden sollte. Dieser Sachverhalt ist überraschend. Zu dieser Aufgabe haben 4 Schüler syntaktisch falsche und 9 Schüler semantisch falsche RM-Programme geschrieben. 7 Schüler haben eine nicht eindeutige Notation als RM-Programme gewählt. Die Syntax- und Semantikfehler (fehlende Indizes bei der „Klammer auf" oder bei den Elementarbefehlen A_i und S_i sowie eine zu der Aufgabenstellung nicht passende Anzahl der Elementarbefehle in den erstellten RM-Programmen) lassen auf fehlende Monitoringaktivitäten der Lernenden schließen.

Fazit

Bezogen auf das Verständnis formaler Darstellungen und die Sicherheit der Lernenden in der Benutzung solcher Darstellungen bei der Beschreibung funktionaler Zusammenhänge, die zunächst in einem umgangssprachlich formulierten Text aufzudecken sind, fallen die durchschnittlichen Testergebnisse hoch aus. Beachtenswert ist die relativ hohe Anzahl fehlerfreier Lösungen zweier Aufgaben, in denen umgangssprachlich beschriebene komplexe funktionale Zusammenhänge zu erfassen, zu präzisieren und formal zu beschreiben sind (FG2): Bei einer diesen Aufgaben liegt diese Anzahl bei knapp über 40% aller Schülerlösungen (Aufg. 3) und bei der anderen bei knapp über 30% (Aufg. 4a). Unter Berücksichtigung der Schwierigkeit dieser Aufgabe ist dieses Ergebnis als zufriedenstellend zu bewerten.

Die Ergebnisse decken aber auch auf, dass bei vielen Schülern die Fähigkeit zu einer präzisen Beschreibung einer funktionalen Abhängigkeit noch nicht stabil ist. Zusätzlich zeigen sie Konsequenzen eines fehlenden Monitorings. Diese Anmerkung bezieht sich auf eine große Anzahl von Schülerlösungen, in denen anstatt einer Funktionsgleichung ein korrekter Funktionsterm geschrieben wurde. Um diese Schwierigkeiten zu beheben, müsste im Unterricht mehr Aufmerksamkeit einem Metawissen der Lernenden bezüglich der benutzten Werkzeuge, (Funktionen), insbesondere dem Wissen über die Syntax der formalen Darstellungen von Funktionanen gewidmet werden. Die zuvor analysierte Rechengeschichte 1 (S. 265) zeigt diesbezüglich eine Vernachlässigung im Unterricht.

Um die Fortschritte der Lernenden bezüglich ihrer Formalisierungskompetenz zu verdeutlichen, wird im Folgenden Bezug zu der Aufgabe T1_Var_p aus dem Diagnosetest zu Beginn der Klasse 6 (vgl. 7.5) hergestellt.

Aufgabe T1_Var_p

Der Buchstabe p ist Platzhalter für eine Zahl.

a) Wie schreibt man die Zahl, die um 1 größer ist als p?

A. 1 B. 1p C. p+1 D. +1

b) Wie schreibt man das Doppelte von p?

A. 2 B. 2p C. p+2 D. ·2

Die Realschüler der Projektgruppe haben bei dieser Aufgabe lediglich 32% der zu erreichenden Punkte erzielt (durchschnittlich 0,64 von 2 zu erreichenden Punkten). Nur ein Schüler dieser Gruppe hat beide Teile der Aufgabe T1_Var_p korrekt bearbeitet. Diese Ergebnisse verdeutlichen den Sprung, den die Lernenden in der Fähigkeit zur Formalisierung innerhalb fast eines Schuljahres gemacht haben: Bezogen auf die Fähigkeit des Abstrahierens und Formalisierens einerseits sowie des Erfassens formaler Ausdrücke andererseits fallen nämlich die Ergebnisse zu den Aufgabenteilen 1a, 3 und 4a in dem Kurztest „Rechengeschichten“ deutlich besser aus. Dieser Vergleich sollte jedoch nicht als Lernzuwachs überinterpretiert werden.

7.4 Konstruktiver Umgang mit Schülerfehlern

Die in dieser Arbeit analysierten Transkriptausschnitte haben an vielen Stellen die Problematik eines konstruktiven Umgangs mit Schülerfehlern verdeutlicht (vgl. Transkripte auf den Seiten 176f. und 242f.). Auf Grund dieser Transkripte könnte man die Vermutung äußern, dass die Anforderung an einen konstruktiven Umgang mit Schülerfehlern im Realschulmathematikunterricht die Fähigkeiten der Lernenden (bzw. auch der Lehrkräfte) übersteigt. Im Unterricht hat sich nämlich als schwierig erwiesen, die Lernenden, von einem Fehler ausgehend, erfolgreich auf eine Metaebene hinzuführen, sodass sie nicht nur über den aufgedeckten Fehler nachdenken, sondern auch über dessen Ursachen und die ihm zu Grunde liegenden falschen Vorstellungen.

Bei der Konzeption des Projektes wurde davon ausgegangen, dass sich Lernende bei der Auseinandersetzung mit Fehlern und Fehlvorstellungen Gedanken über die eigene Kognition machen. Dadurch sollen sie den Stand ihrer eigener Vorstellung und ihres eigenen Lern- und Denkprozesses erweitern, festigen bzw. verändern (vgl. 3.6).

Im Weiteren wird exemplarisch gezeigt, dass ein konstruktiver Umgang mit Fehlern im Realschulmathematikunterricht möglich ist und sich fruchtbar für den Lernprozess der Schüler erweist. Hierfür müssen jedoch zunächst die Lehrkräfte den Wert des Lernens aus Fehlern einsehen und über ein methodisches Repertoire verfügen, mit dem sie Fehler zu Lerngelegenheiten für ihre Schüler nutzen können.

Im Abschnitt 7.4.1 werden Schülereigenproduktionen und Äußerungen aus einer Unterrichtsstunde analysiert, die auf Schülerfehler aus einer Klassenarbeit zurück geht. Im Abschnitt 7.4.2 werden hingegen auf Grund einer transkriptbasierten Unterrichtsanalyse Wirkmechanismen eines konstruktiven Umgangs mit Fehlern im Klassengespräch mit Realschülern verdeutlicht. Hier ist anzumerken, dass die unterrichtenden Personen nicht die am Projekt beteiligten Realschul-Lehrkräfte sind, wohl aber findet der Unterricht in der Projektklasse statt: Einmal handelt es sich um eine gymnasiale Lehrkraft und einmal um eine Studentin.

7.4.1 Aufgaben zur Förderung von Monitoringfähigkeiten

7.4.1.1 Anmerkungen zu der Unterrichtssequenz

Die Ergebnisse aus einer Klassenarbeit (7.2.2) in dem durchgeführten Projekt zeigen, dass das Scheitern der Realschüler beim Umgang mit formal notierter Mathematik u. a. durch fehlendes Monitoring erklärt werden kann. Im Rahmen der Innovation wurde daher versucht, die Fähigkeit der Lernenden zum Überwachen der Richtigkeit beim mathematischen Arbeiten zu fördern. Die diagnostizierten Fehler wurden in neue Aufgaben eingespeist, um metakognitive Aktivitäten der Lernenden anzustoßen, diese Fehler zu erklären und zu korrigieren. Die Lernenden sollen einsehen, was falsch ist und warum es falsch ist, wie es dazu gekommen ist und wie man die Fehler vermeiden kann. Am Beispiel von zwei solcher Aufgaben wird im Weiteren gezeigt, dass mit ihnen anspruchsvolle Denkprozesse der Lernenden angestoßen wurden, die die Schüler gewinnbringend genutzt haben. Die Aufgaben basieren auf fehlerhaften Schülerlösungen zu den Aufgabenteilen 2d und 2f aus der im Abschnitt 7.2.2 analysierten Klassenarbeit. Je drei fehlerhafte Schülerantworten zu beiden Aufgabenteilen wurden in die neuen Aufgaben eingespeist. Die Schüler sollten die eingespeisten fehlerhaften Lösungen kontrollieren, die aufgedeckten Fehler korrigieren und begründen.

7.4.1.2 Analyse einer Fehlerberichtigung

Aufgabe I

Zu dem Aufgabenteil 2d in der Klassenarbeit (7.2.2) sollte eine Funktionsgleichung konstruiert werden, mit der man den Gesamtpreis für den Urlaub in der Ferienanlage „Leysin“ berechnen kann. Eine korrekte Funktionsgleichung zu diesem Aufgabenteil kann so aussehen: $f(x_1, x_2) = 900 \cdot x_1 + x_2 \cdot 60 \cdot x_1 + 75$. Es ist also keine einfache lineare Funktionsgleichung. Bei den zu bezahlenden Preis für die Haustiere handelt es sich um einen komplexen Sachverhalt. Der Preis hängt von zwei Veränderlichen ab: von der Anzahl der Haustiere, die in den Urlaub mitgenommen werden, und von der Anzahl der Urlaubstage.

Fehlerhafte Schülerlösungen zu diesem Aufgabenteil wurden in eine neue Aufgabe eingespeist:

Aufgabe

Ferienanlage „Leysin“
Mietpreis pro Woche: 900 SFR Kosten für Endreinigung: 75 SFR Haustier pro Woche: 60 SFR

x_1: Anzahl der Wochen, die man buchen möchte

x_2: Anzahl der Haustiere, die man mitnehmen möchte

Die drei Lösungen zu dem Angebot der Ferienanlage „Leysin" enthalten unterschiedliche Fehler:

$$p_{\text{Leysin}}(x_1,x_2) = x_1 \cdot 900 + x_2 \cdot 60 + 75$$

$$p_{\text{Leysin}}(x_1,x_2) = x_1 \cdot 900 + x_2 \cdot 60$$

$$p_{\text{Leysin}}(x_1,x_2) = x_1 + 90 + x_2 \cdot 60 \cdot x_1$$

Kreuze in die Tabelle an, wenn der Teilterm richtig ist.

	Lösung A	Lösung B	Lösung C
Preis für die Miete			
Preis für die Haustiere			
Preis für die Endreinigung			

Die Aufgabe erfordert Monitoringaktivitäten – die drei Funktionsgleichungen sollen schrittweise auf die Korrektheit und auf die Adäquatheit der Modellierung zu dem angegebenen Sachverhalt untersucht werden. Werden solche Aufgaben im Unterrricht besprochen, kommt den Begründungen für die aufgedeckten Fehler und der Reflexion über mögliche Fehlerursachen eine zentrale Rolle zu, denn nur dann können diese Ursachen und die Fehler behoben werden.

Im Weiteren wird die Besprechung der ersten Funktionsgleichung unter dem Aspekt betrachtet, wie das Potential der Aufgabe im Unterricht genutzt wurde und welche Aktivitäten der Lernenden durch die Lehkraft angestoßen wurden. Die unterrichtende Lehrkraft ist hier eine Gymnaisllehrerin, die den Unterricht im Rahmen dieses Projektes hospitiert hat.

In der ersten Funktionsgleichung ist der Teilterm für den Preis für die Miete korrekt, der Teilterm für den zu bezahlenden Preis für die Haustiere ist falsch. Bei diesem Term hat der Schüler die Abhängigkeit des zu bezahlenden Preises für die Haustiere von der Anzahl der Haustiere erkannt. Er hat aber nicht berücksichtigt, dass dieser Preis auch von der Anzahl der Urlaubswochen abhängig ist. Der Teilterm für die Endreinigung ist korrekt. Da in dem Funktionsterm ein Fehler festgestellt wurde, kann mit dieser Funktionsgleichung der Gesamtpreis nicht korrekt bestimmt werden.

Zur Besprechung dieser Funktionsgleichung haben sich zwei Schüler gemeldet. Im Unterricht ergab sich dazu eine Debatte, die im folgenden Transkript erfasst ist. Zur Verdeutlichung der ausgelösten metakognitiven Aktivitäten wurde das Transkript mit dem Kategoriensystem zur Klassifizierung metakognitiver und diskursiver Aktivitäten im Mathematikunterricht (5.2.1) klassifiziert und ist in der klassifizierten Form eingefügt:

Transkript

Adam: (...) ähm bei Preis für die Miete ist Lösung A korrekt. MS1a

Nils: Ja, also. Ähm (...) Preis für die Haustiere ist bei A falsch, weil da *b*MS2a
steht nur x ähm x zwei mal 60 *[zeigt an entsprechende Stelle]* , da
muss noch ähm mal x eins hin *[schreibt es dazu]* , beim – weil das
ja *[betont:]* pro Woche ist.

$$p_{Leysin}(x_1, x_2) = x_1 \cdot 900 + x_2 \cdot 60 \cdot x_1 + 75$$

L.: Erklärt ihr nochmal eben, warum ihr meint, dass ihr mit x eins und *f*RL7
[betont] x zwei malnehmen müsst?

Nils: Ja, weil der ähm, der Preis ist ja 'Haustier *[betont:]* pro Woche', RS7
und da muss man ja auch wissen, wie viele Wochen man fährt.

Adam: Ähm, Preis für die Endreinigung (so) ist bei A korrekt. MS1a

Transkriptanalyse

Adam und Nils kontrollieren und beurteilen lokal den Funktionsterm. Adam kontrolliert den Teilterm für die Miete (Z. 1). Seine Aktivität ist als Kontrolle einer fachspezifischen Tätigkeit zu erfassen, wobei diese fachspezifische Tätigkeit hier als Modellierung eines Sachverhaltes mit Hilfe einer Funktionsgleichung zu verstehen ist (MS1a). Da sich der Schüler in einem Kontrollprozess befindet, der auf die Analyse der Korrektheit und der Adäquatheit der Funktionsgleichung abzielt, fällt seine Aktivität nicht in den Teilaspekt RS3a (Strukturanalyse eines Terms / mathematischen Ausdrucks). Nils (Z. 2-5) nennt und begründet einen Fehler im zweiten Teilterm (*b*MS2a). Die Äußerung von Nils ist nicht mit dem Teilaspekt MS1a klassifiziert, weil es vorab bekannt war, dass die Funktionsgleichung einen Fehler enthält. Der Schüler deckt also nicht auf, dass die Funktionsgleichung fehlerhaft ist (das wäre mit MS1a zu werten), sondern er nennt den Fehler, den sie beinhaltet.

Nils (Z. 6) korrigiert die Funktionsgleichung auf der Folie, indem er den fehlerhaften Teilterm mit einem Malzeichen und mit x_1 ergänzt und auf diese Weise die Abhängigkeit des zu bezahlenden Preises für die Haustiere auch von der Anzahl der Urlaubswochen ausdrückt.

Damit sind die Schüler mit ihrer Berichtigung noch nicht fertig. Mit der Aufforderung „Erklärt ihr nochmal eben, warum ihr meint, dass ihr mit x eins und *[betont]* x zwei malnehmen müsst?“ (Z. 7-8) fordert die Lehrkraft die Schüler zur Offenlegung ihrer Denkprozesse auf, die sie zu diesem Korrekturvorschlag geführt haben. Hierfür ist auch eine Eklärung des Zusammenhangs zwischen der formalen Darstellung und dem zu formalisierenden Sachverhalt („Haustier pro Woche: 60 Euro“) erforderlich, also eine

Offenlegung der Vorstellung, die durch den zu formalisierenden Sachverhalt aufgerufen wurde. Denkbar wäre auch eine Erklärung dessen, warum der Teilterm „$x_2 \cdot 60$“ diesen Sachverhalt nicht korrekt beschreibt. Auch hierfür wäre eine Offenlegung der Übersetzungsprozesse zwischen dem Aufgabentext und dem Teilterm erforderlich. Die Frage der Lehrkraft ist deshalb mit dem Teilaspekt fRL7 klassifiziert.

Nils geht auf die gestellte Frage ein (Z. 9-10). Er nennt Informationen, die der Formulierung „Haustier pro Woche“ zu entnehmen sind. Auf diese Weise sagt er, wie er diese Formulierung verstanden hat. Seine Antwort fällt daher in den Teilaspekt RS7. Trotz der syntaktischen Form einer Begründung („... *weil* ähm der Preis ist ja 'Haustier *betont:* pro Woche') ist der Beitrag von Nils nicht als eine begründete Reflexion klassifiziert, denn – inhaltlich betrachtet – geht der Beitrag nicht über das mit dem Teilaspekt R7 erfasste Thematisieren des Zusammenspiels zwischen Darstellung und Vorstellung hinaus.

In Zeile 11 kontrolliert Adam den letzten Teilterm des Funktionsterms und beurteilt ihn als korrekt. Hier zeigt er wieder Monitoringaktivitäten (lokale Kontrolle einer fachspazifischen Tätigkeit so wie in Zeile 1), die mit dem Teilaspekt MS1a erfasst sind.

Der Kern der Aussagen von Adam und Nils besteht darin, dass sie – aufgefordert durch die Aufgabenstellung – die vorliegende Funktionsgleichung auf ihre Korrektheit schrittweise überprüfen, auf einen Fehler aufmerksam machen, diesen Fehler verbessern und begründen. Die Schüler befinden sich in einem Kontrollprozess. Sie wechseln auf eine Metaebene und kontrollieren von dieser Metaebene aus die vorliegende Schülerlösung. Innerhalb der Monitoringaktivitäten, auf die im Transkript die rot gefärbten Textstellen hinweisen, ist auch eine Reflexionsphase, die durch die Lehrkraft initiiert wurde, zu sehen.

Aufgabe II

In dem Aufgabenteil 2d aus der Klassenarbeit (Seite 248f.) sollte eine vorliegende Funktionsgleichung analysiert werden. Die Lernenden sollten aufschreiben, welche Informationen sie der Funktionsgleichung von Herrrn Müller $p_{Leysin}(3, 0) = 2775$ entnehmen können. Beim Bezug auf die zuvor bearbeiteten Aufgabenteile kann man der angegebenen Funktionsgleichung entnehmen, dass Herr Müller seinen Urlaub für 3 Wochen geplant hat, dass er keine Haustiere in den Urlaub mitnimmt und dass er für den Urlaub 2775 SFR bezahlen muss.

Die folgende Aufgabe basiert wieder auf fehlerhaften Schülerlösungen und erfordert die Auseinandersetzung mit den aufgetretenen Fehlern:

> **Aufgabe** Berechnung von Herrn Müller: $p_{Leysin}(3, 0) = 2775$
> Die drei folgenden Lösungen sind fehlerhaft oder unvollständig.
>
> Unterstreiche die fehlerhaften Stellen, berichtige sie und ergänze, falls nötig, die Lösungen.

Antwort A:

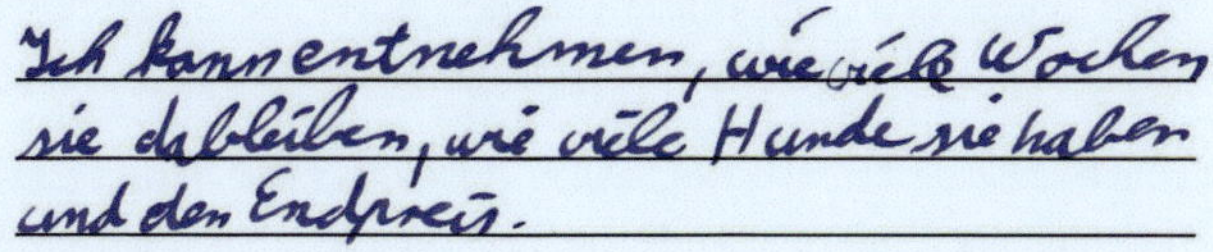
Ich kann entnehmen, wie viele Wochen sie dableiben, wie viele Hunde sie haben und den Endpreis.

Antwort B:

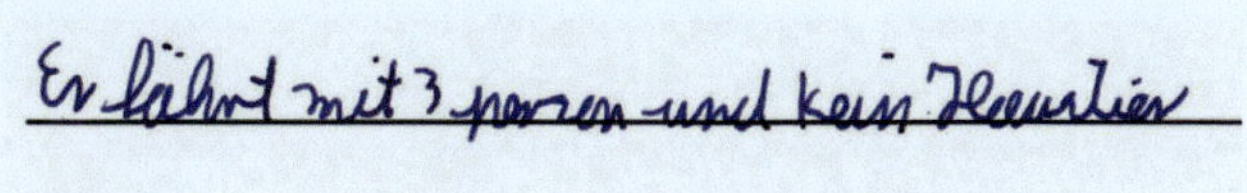
Er fährt mit 3 personen und kein Haustier

Antwort C:

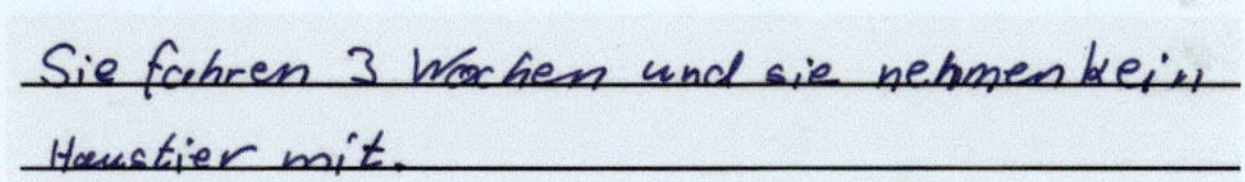
Sie fahren 3 Wochen und sie nehmen kein Haustier mit.

Zur Besprechung der ersten Schülerlösung zu dem Aufgabenteil 2f haben sich im Unterricht zwei Schüler gemeldet. Zuvor haben sie in der Partnerarbeit diesen Aufgabenteil bearbeitet. Sie zeigen ihren Mitschülern die Folie mit ihrer Korrektur und der Schüler Adam berichtet über diese.

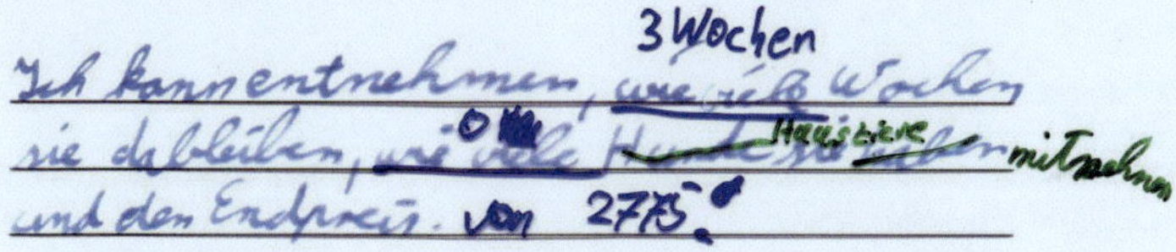

Adam hat die Schülerantwort um genaue Werte für die Anzahl der Wochen, für die Anzahl der Hunde und für den Endpreis ergänzt. Dennoch bleiben in der Antwort weitere von ihm nicht aufgedeckte Fehler. Es handelt sich nicht um die Anzahl der *Hunde*, die die Familie Müller *hat*, sondern um die Anzahl der *Haustiere*, die in den Urlaub *mitgenommen werden*. Es ist zu vermuten, dass in der zur Korrektur gestellten Antwort eine Diskrepanz zwischen dem Geschriebenen und dem Gemeinten vorliegt. Diese wurde durch den die Antwort korrigierenden Schüler nicht behoben. Adam kommentiert seinen Korrekturvorschlag wie folgt:

Adam: Ähm, hier muss man ja unterstreichen, was falsch ist, und das Richtige drüberschreiben. Ähm, das war auch meine Lösung. Ich hatte jetzt falsch gemacht, ich hatte jetzt die Zahl nicht hingeschrieben, deswegen mussten n-, mussten noch 3 Wochen, muss man '3 Wochen' hinschreiben, null Hunde, eher gesagt, Haustiere. Und den Endpreis hab ich nicht hingeschrieben, das war falsch.

Hier liegt ein besonderer Fall vor: Der Schüler Adam hat seine *eigene* Antwort kontrolliert und berichtigt die vermeintlichen Fehler. Er nutzt die Aufgabe, um das Ergebnis seines Denkprozesses zu kontrollieren und zu präzisieren. Die Erkenntnis, zu der er dabei kommt, scheint für ihn so wichtig zu sein, dass er sogar vorab mitteilt, dass das seine Antwort war. Der Kern seiner Äußerung besteht im Monitoring: Adam kontrolliert die Präzision und die Adäquatheit seiner schriftlichen Antwort. Er sagt, dass es sich nicht um Hunde sondern eher um Haustiere handelt. Damit hebt er einen Unterschied zwischen Geschriebenem und Gemeintem hervor. Es bleibt aber noch ein Fehler, den er nicht thematisiert. Dazu äußert sich Tim:

Tim: Und da ist noch falsch, ähm wiev- also, da, das 'haben', da steht ja, 'wie viel Hunde sie haben' [betont], aber das heißt, (muss heißen) (...) Ja, und e-, das muss heißen 'wie viel Hunde sie mitnehmen' [betont].

Tim zeigt in seinem Beitrag Monitoringaktivitäten – er kontrolliert die Korrektheit, die Adäquatheit und die Präzision der Terminologie von Adam. Sein präzises Monitoring veranlasst den Schüler Adam dazu, die fehlerhafte Textstelle auf der Folie zu korrigieren: Adam streicht die Formulierung „wie viele Hunde sie haben“ durch und schreibt darüber „wie viele Haustiere sie mitnehmen“.

7.4.1.3 Fazit

Die gezeigten Aufgaben mit eingespeisten Schülerfehlern aus einer Klassenarbeit zeigen, wie man von Schülerfehlern ausgehend eine neue lernfördernde Unterrichtssequenz gestalten kann. Mit diesen Aufgaben werden bei den Realschülern Monitoringaktivitäten induziert und diese gezielt zur Fehleranalyse eingesetzt.

Bei der Auseinandersetzung mit den Aufgaben lernen die Schüler, die Ergebnisse von (eigenen) Denkprozessen zu kontrollieren. Bei der Kontrolle der fehlerhaften Antworten werden die sachlichen Fehler korrigiert. Erwünschenswert wäre noch eine Erklärung der Ursachen für die besprochenen Fehler sowie Reflexion über die Möglichkeiten zur Vermeidung solcher Fehler in der Zukunft. Die Äußerungen von den Lernenden könnten nämlich als ein Ausgangspunkt zu solchen metakognitiven Aktivitäten dienen. Solche Fragen wurden im Unterricht nicht gestellt. Dennoch ist es beachtenswert, dass die Lehrkraft in der Besprechung der Aufgabe I mit ihrer Nachfrage von den Lernenden eine Begründung verlangt. Damit erreicht sie, dass der genannte und auf der Folie korrigierte Fehler erklärt wird.

Der Lerngewinn, den die Schüler aus der Auseinandersetzung mit fehlerhaften Lösungen für sich haben, ist einmal darin zu sehen, dass sie Kontrollaktivitäten einüben sowie einsehen, dass nicht der Lehrer über die Richtigkeit ihrer Lösungen entscheidet. Die Aufforderung zur Begründung eines Fehlers während der Besprechung der falschen Lösungen erzwingt die Schüler dazu, sich über die Richtigkeit ihrer Bewertung zu vergewissern, und zeigt auch den Mitschülern, welche Aspekte bei der Aufstellung bzw. bei der Interpretation einer formalen Darstellung nicht bedacht wurden. Die Schüleraktivitäten zeigen, dass es durchaus möglich ist, mit den Realschülern eine lernfördernde Unterrichtsatmosphäre bei der Besprechung von Fehlern aufzubauen. In dieser Unterrichtsatmosphäre ist die Besprechung von Fehlern ohne Beschämung möglich, sodass einige Schüler sogar ihre eigenen Fehler den Mitschülern berichten.

Im Abschnitt 7.4.2 wird eine Unterrichtssequenz analysiert, die das Ringen einer Studentin um die Klarheit bezüglich Schülerfehler und Schülerfehlvorstellungen verdeutlicht. Sie wird unter dem Aspekt der Wirkmechanismen einer fruchtbaren Auseinandersetzung mit Schülerfehlern analysiert.

7.4.2 Über Fehler reflektieren und Fehler vermeiden

Im Weiteren soll gezeigt werden, wie man in einem konstruktiven Umgang mit Fehlern die Schüler dahingehend unterstützen kann, dass sie über ihre Fehler reflektieren, Fehler und ihre Ursachen erklären und daraus Konsequenzen für die Vermeidung solcher Fehler ziehen. Die Lernenden werden zu anspruchsvollen Aktivitäten aufgefordert. Ihr Lerngewin daraus ist vor allem darin zu sehen, dass sie einen Perspektivwechsel bei der Fehleranalyse – den Wechsel in die Metaebene – und damit auch Strategien zur Vermeidung von Fehlern lernen.

7.4.2.1 Anmerkungen zur Unterrichtssequenz

Nach Prediger und Wittmann (2009, S. 5) kann ein Fehler dann zu einer fruchtbaren Lerngelegenheit werden, wenn Lernende:
„1. den Fehler erkennen, also einsehen, dass etwas falsch ist und insbesondere auch, was falsch ist,
2. den Fehler erklären können, also verstehen, wie es dazu gekommen ist,
3. die Möglichkeit haben, den Fehler zu korrigieren, also eine richtige Vorgehensweise oder Vorstellung zu erwerben.“

Das Transkript im Abschnitt 6.2 verdeutlicht, dass eine Aufforderung der Lehrkraft zur Auseinandersetzung mit Fehlern („Das ist ja auch für euch auch wichtig. Daraus könnt ihr euch nur lernen.“) noch kein Garant dafür ist, dass Fehler tatsächlich als Lerngelegenheiten genutzt werden – insbesondere dann nicht, wenn zwischen „falsch gedacht“ und „falsch gemacht“ nicht unterschieden wird und das Verständnis von falschen Denkprozessen als mögliche Fehlerursachen fehlt.

Im Folgenden wird eine Unterrichtssequenz analysiert, die im Rahmen des durchgeführten Projektes durch eine Studentin realisiert wurde. Sie unterrichtete damals zum ersten Mal. Vor dieser Unterrichtsstunde hat sie den Unterricht in dieser Klasse als studentische Hilfskraft gefilmt.

In der Wiederholungsphase ihres Unterrichts ist sie auf einen Fehler aus der letzten durch sie hospitierten Unterrichtsstunde zurückgekommen, um ihn mit den Schülern zu erklären. Bei dem Fehler handelt es sich um falsche Handhabung von indizierten Variablen und die Fehlvorstellung, dass der Index bei den indizierten Variablen immer auf die Nummer des Registers hindeutet, in dem sich diese Variable aktuell befindet. Der Index i bei der Variablen x_i deutet aber auf die Nummer desjenigen Registers hin, in dem sich diese Variable am Anfang (vor der Ausführung eines RM-Programms) befindet. Mit x_i ist also der unbekannte Anfangsinhalt des Registers i dargestellt.

Das folgende Transkript mit dem Klassengespräch zur Erklärung von Fehlern im Umgang mit indizierten Variablen ist hinsichtlich metakognitiver und diskursiver Aktivtäten klassifiziert und wird in der klassifizierten Form eingefügt. Die Kategorisierung erlaubt metakognitive Aktivitäten, auf die die Studentin einen großen Wert legt und die sie zur Erklärung von Fehlern und Fehlvorstellungen anstoßen will, schnell zu erkennen. Auch die diskursiven Aktivitäten sind dadurch schnell einer weiteren Analyse zugänglich gemacht. Sie lassen ein Urteil darüber bilden, inwieweit sich das Ringen um die Klarheit bezüglich aufgedeckter Fehler und Fehlvorstellungen tatsächlich auf das bezieht, was zum Thema der Diskussion gestellt wurde, wobei der Bezug zum Transkript hier eine entscheidende Rolle spielt. Die Analyse des Transkriptes soll die Wirkmechanismen eines konstruktiven Umgang mit Schülerfehlern verdeutlichen.

7.4.2.2 Transkriptanalyse

Anmerkung zur Klassifizierung des Transkriptes

Die Studentin geht sehr oft auf die Schülerbeiträge ein und gibt den Lernenden eine Rückmeldung zu ihren Antworten, wie z. B.: „Genau“, „Ja, genau“, „Mhm. Genau“. Es ist zu vermuten, dass sie die Schülerbeiträge kontrolliert, also – mit der Terminologie des Kategorienssystems zum Klassifizieren metakognitiver und diskursiver Aktivitäten (136) – Monitoring praktiziert. Solche Aktivitäten werden nur dann als Monitoring im Sinne dieses Kategoriensystems klassifiziert, wenn ihnen eine genauere Beurteilung oder Bewertung folgt oder vorangeht, d. h., wenn das Monitoring verbalisiert und auf diese Weise „sichtbar“ wird. Durch diese Entscheidung soll vermieden werden, dass eventuell auch Floskeln klassifiziert werden.

An vielen Stellen im Transkript wird die Bedeutung von indizierten Variablen und von den Indizes dieser Variablen thematisiert oder es wird zur Erklärung dieser Bedeutung aufgefordert. Bei der Klassifizierung solcher Aktivitäten ist Folgendes zu beachten: Die Lernenden haben die Tupelschreibweise mit indizierten Variablen in einem Abstraktionsprozess aus der Darstellung der Registerkiste konstruiert (3.4.3); ein in der Anzahl bekannter Stäbchenbestand wurde durch ein Zahlzeichen ersetzt, ein unbekannter Stäbchenbestand durch eine Variable mit einem Index für die Registernummer. Die Frage nach der Bedeutung der Variablen x_1 wird daher für die Lernenden zur Frage danach, was man sich unter x_1 bei der Registerkiste vorstellen kann. Bei der Erklärung der Bedeutung von x_1 wird also ein Zusammenspiel zwischen der formalen Darstellung und einer Vorstellung thematisiert. Diese Aktivität fällt in den Teilaspekt R7 des Kategoriensystems.

Wenn im Transkript die Lehrkraft zur Nennung eines Fehlers, der den Lernenden aus der letzten Unterrichtsstunde bekannt ist, auffordert, dann werden diese Aufforderung und die Nennung dieses Fehlers aus folgendem Grund der Sachebene zugeordnet: Die Aktivitäten der Lernenden haben in diesem Fall einen nur rekonstruktiven Charakter. Erst dann, wenn diese Fehler näher erklärt werden, werden die Denkprozesse der Lernenden bezüglich dieser Fehler offengelegt, sodass man von einer Reflexion über Fehler und nicht nur von der Rekapitualation bekannter Fehler reden kann. Die Reflexion über Fehler und ihnen zu Grunde liegenden Ursachen fällt in den Teilaspekt R6b.

Bei der Reflexion über Fehler in einer formalen Darstellung können falsche Vorstellungen angesprochen werden. Dann wird also, von einem Fehler ausgehend, das Zusammenspiel zwischen der falschen Darstellung und einer falschen Vorstellung thematisiert. In diesem Fall ist eine Abgrenzug zwischen den Teilaspekten R6b und R7 schwierig. Im Transkript wird zur Verdeutlichung der Auseinandersetzung mit den thematisierten Fehlern der erste Teilaspekt gewählt. Für eventuelle Auswertung hat diese Entscheidung keine Auswirkung, denn mit beiden Teilaspekten werden metakogntive Aktivitäten auf einem hohen Niveau erfasst.

Transkript

Die Beiträge der Studentin sind mit „P." (für „Praktikantin") gekennzeichnet.

P.:	Wer kann mir denn sagen, was ihr am Dienstag gemacht habt? Ja?	
Albin:	Wir haben eine Hausaufgabe besprochen, da sind wir in Aufgabe x eins und x zwei (lösen), da haben wir auch besprochen, was x eins und x zwei, x zwei bedeuten.	
P.:	Ja, kannst du das erläutern?	*f*RL7
Albin:	Ähm, also x eins und x zwei, sie deuten auf Registerinhalte hin.	RS7
P.:	Ja. Wer kann das denn noch genauer sagen? **'Deuten auf die Registerinhalte hin.' – Das ist richtig.** Ja?	*f*ML3 **ML3**
Lukas:	Das x bedeutete die Anzahl der Stäbchen. (unverständlich)	RS7
P.:	Genau, und wir hatten gesagt: x eins, x zwei. Was bedeutet dieses eins und zwei? Ja?	DL2d *f*RL7
Erik:	Das sind die Register.	DS5e
P.:	Ja, das sind die Register. Genauer? Welche Register?	DL5a *f*DL2c
Conrad:	(unverständlich) Wenn da, x eins steht dafür, was im Register eins ist. Und dann sind das Stäbchen in Register eins. (unverständlich)	RS7 DS2c
P.:	Ja, und da müssen wir vorsichtig sein. Wir haben nämlich letztes	*bf*ML3

	Mal ein Problem festgestellt und äh gemerkt, dass einem da leicht Fehler passieren können, und da hatten wir nochmal drüber gesprochen. Also du hast gesagt, dass ähm, äh, wenn da eins steht, dass es im ersten Register ist, ja? Wenn da zwei steht, dass es im zweiten Register ist. So, jetzt müssen wir vorsichtig sein. Wer sagt da was zu? Du?	DL2d
Stefan:	Ähm, also das steht nicht für, x eins steht nicht für die Regis- äh, das, die eins steht ja nicht für das Register, **sondern, weil, weil wenn zum Beispiel da Null, Komma, x eins plus x eins, dann ist das, dann wär das ähm für die Aufgabe S eins, A zwei, A zwei, also das ist für die Anzahl, die dann in dem zweiten Register drin steht das** *[betont:]* **dann.**	MS3 MS8b **MS1a**
P.:	Mhm, genau. Und warum äh haben jetzt diese x, von denen du gesprochen hast, die Eins? Warum sagst du 'x eins plus x' eins? Ja?	fRL3a DL2a
Schüler:	Ähm, das x steht für irgendeine beliebige Zahl.	RS7 DS5d
P.:	Ja, aber ich meine dieses eins. 'X eins plus x eins' hatte er gesagt, steht jetzt in Register zwei. Ja, du?	ML7 DL2c
Sven:	Ähm (kommen) ja, also ähm, in Register eins ist ja etwas drinne, und da muss man einfach ähm zweimal die Ziffer also äh, was in x eins drinne war und äh, ja, ins zweite Register reintun.	bRS3a DS5e
P.:	Genau. Genau, richtig: Was in x (...) **was im ersten Register** drinnen *[betont:]* war, nämlich (...) Die Eins sagt uns was? Du hast es eigentlich schon gesagt, aber nochmal ganz klar.	ML3 **ML8b** fRL3a
David:	Dass eins im, also ähm ein (unverständlich) x eins ist.	
P.:	Dass – nochmal?	
David:	Eine, eine beliebige Zahl in Register eins steht.	RS7
P.:	Ja, genau. Das ist (unverständlich) in Register eins. Aber wann steht das in Register eins? Das wollte ich nochmal ganz klar machen.	ML3 fDL2c
Albin:	Ähm, also wenn man, also x eins steht dafür, was *[betont:]* am Anfang in Register eins war.	DS2c
P.:	Genau – Am Anfang. Ganz wichtig.	ML3 RL6c
Albin:	Und wenn jetzt nochmal, wenn zum Beispiel A eins da steht, dann muss man x eins plus eins schreiben.	
P.:	Mhm. Genau. Moment, was hast du grad gesagt?	DL3
Albin:	X eins plus eins.	

P.: Und was hast du davor gesagt? Wenn (...)

Albin: Wenn man A eins macht.

P.: Wenn man (...) Wenn man A eins macht. Dann kommt das ins Re- DL3
gister eins. *[Albin: Mhm.]* Genau. Und dann ähm ja das, genau.
Lassen wir so. Ahm ja, **und was er jetzt gesagt hatte, nämlich äh,** DL2d
kommen wir darauf nochmal zurück, er hatte in Register zwei
x eins plus x eins stehen. Jetzt haben wir nämlich in Register zwei *f*RL6b
äh die kleine eins da gehabt. Und einige von euch haben nämlich
was gedacht oder was behauptet letzte Woche? Karen?

Karen: Nee, doch nicht.

P.: Doch nicht? Wer kann uns nochmal genau sagen, welches Problem *f*RL6b
wir am Dienstag hatten, welcher Fehler da passiert war? Ja, noch-
mal Karen?

Karen: Ähm, da war Klammer auf, Null, Komma, x zwei oder so, *[P.:*
Mhm.] und dann hatten manche geschrieben, dann war das System,
glaub ich, ähm S, also Klammer auf, zwei, S zwei, A eins oder so. MS8b

P.: Moment, ich muss nur mitschreiben. Das wird sonst zu viel. Sagst du nochmal alles zum Mitschreiben für mich?

Karen: Also, Klammer auf (...)

P.: Ja. *[schreibt an die Tafel]*

Karen: Null, Komma, x zwei.

P.: Mhm. *[schreibt an die Tafel]*

Karen: Klammer zu.

P.: Mhm. *[schreibt an die Tafel]*

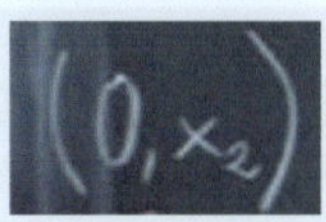

Karen: Und dann (...)

P.: Das ist jetzt unser Anfangstupel. *[zeigt]*

Karen: Ja.

P.: Mhm.

Karen: Und dann kommt die (...) das RM-Programm. Klammer auf, zwei, S zwei, A eins, Klammer zu.

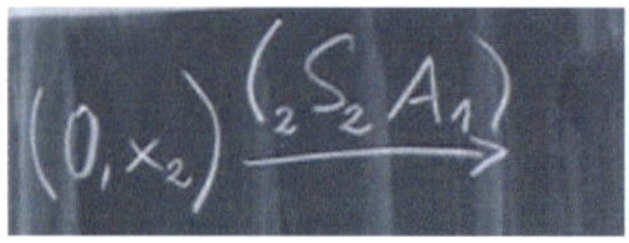

P.: So. Und jetzt ähm, sag mir mal was Falsches. Du machst jetzt absichtlich n Fehler, nämlich einen, der am Dienstag passiert ist, so in der Art.

Karen: Also jetzt muss, müsste man ja auch eigentlich schreiben: Klammer auf, also da hatten, jetzt müsste man schreiben: Klammer auf, Null plus x zwei. Aber, aber manche haben dann auch geschrieben: x eins plus x zwei. Und das ist dann falsch, weil x zwei gibt es ja, äh, x eins gibt es ja nicht. [bRS6b] [MS8b]

P.: Genau. Und ähm, das wär eine Möglichkeit, die (...) was gemacht wurde *[schreibt an die Tafel]* und ähm, ein Fehler, der noch gemacht wurde? Ja? [ML1a]

Bastian: Man kann doch noch denken, dass das jetzt alles in Register eins ist, man müss- man müsste da eigentlich schreiben: Null, Komma, x, Null, Komma, Null plus x zwei. Äh dann, dann würde man das ähm (...) [DS5e] [MS8b]

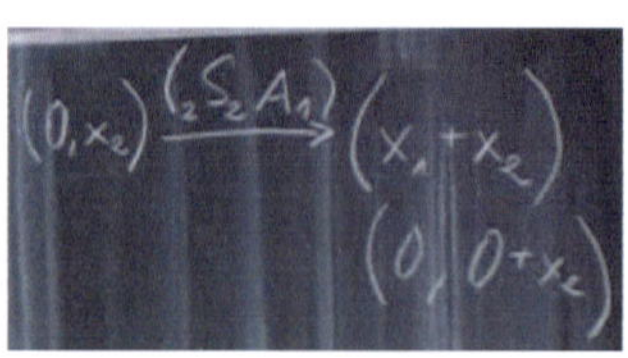

P.: Null, Komma, Null plus x zwei sagst du? Das *[zeigt]* [DL2e] [bML1a]

ist doch genau das, was wir hier *[zeigt]*

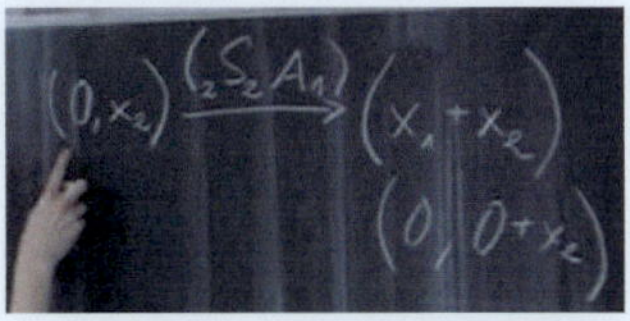

haben. Guckst du nochmal? Ja? Das hier, was du grad gesagt hast, das entspricht ja dem, weil wir das Null plus ja weglassen können.

Bastian: Ach so.

P.: Mhm. Ok, ich mach jetzt mal, ähm oder ja es gibt doch noch Meldungen. Ja, du mal?

Tim: X zwei plus x zwei (dann ist auch x plus).

P.: Ok. Im ersten Register? *[schreibt an die Tafel]*

Tim: Ja.

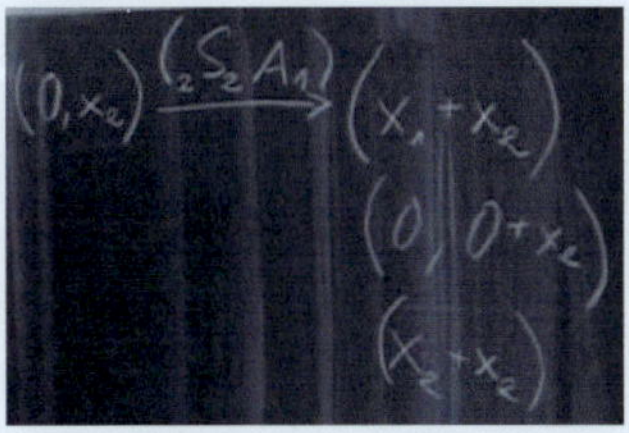

P.: Dann, sagst du mir mal, wie man darauf kommen könnte? Sagst du mir, wie man darauf kommen könnte? *f*RL6b

Tim: Äh, man weiß nicht, welche Zahl äh äh das x zwei ist, und deswegen.

P.: Ähm aber, wieso steht jetzt hier zweimal x zwei? Wir haben nur ein A eins, also wir addieren es nur einmal in das erste Register. ML1a

Also, ich glaub auch, dass jemand den Fehler machen könnte, aber die Frage ist, wie könnte jemand dazu kommen? Also wenn jemand den Fehler macht, dann hat er sicher auch ne Begründung dafür, dann macht der den Fehler vielleicht aus nem bestimmten Grund. (unverständlich) (3 sec) — *bf*RL6b

P.: Ich schreib jetzt mal nen andern Fehler an, und dann sagt ihr da was dazu. Und zwar *[schreibt an die Tafel]* gab es am Dienstag Schüler, die behauptet hätten, das hier sei unsere Lösung. Mit welcher Begründung? Ja? — *f*RL6b

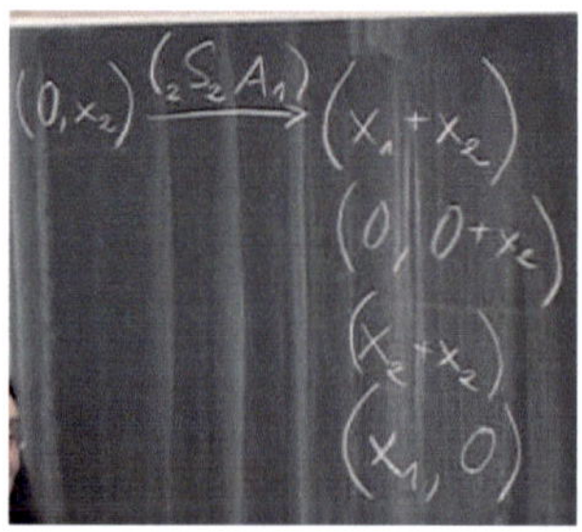

Lukas: Aber hier gibt es äh gar kein x eins sondern nur x zwei. — MS2a

P.: Ok. Und warum haben manche hier gedacht, sie müssten x eins schreiben? Ja? — *f*RL6b

Anabel: Ähm, weil, da steht ja Null äh - vielleicht haben sie gedacht, das wär das x eins, und da ja ähm zwei, S zwei, A eins steht, das sie dann gedacht haben, es müssen denn irgendwie aus (...) ähm x zwei rausgenommen werden und x eins reinlegen, deswegen haben die da n x eins dazuerfunden. — RS6b

P.: Mhm, genau. Und wie kann man vermeiden, dass man diesen Fehler macht? — PL5b

Fritz: Indem man, äh - wie heißts - sich vormacht, dass x äh, x und zwei ganz fest zusammengehört, **weil manche denken, dass äh, dass zwei einfach nur für son Register, in welchem das da steht, aber die gehören zusammen und die stehen am Anfang drin.** — RS7, *b*RS6b

Interpretation der klassifizierten metakognitiven und diskursiven Aktivitäten

Das 10-minutige Klassengespräch zur Erklärung falscher Denkweisen der Lernenden beginnt die Studentin mit der Frage danach, was die Schüler in der letzten Stunde gemacht haben (Z. 1). Ihre Frage ist der Sachebene zuzuordnen und ebenso die Antwort von Albin (Z. 2-4).

Da die Studentin aus der Beobachtung der letzten Unterrichtsstunde weiß, dass Fehler bei der Handhabung indizierter Variablen aufgetreten sind, fordert sie Albin zu einer Erläuterung der Bedeutung der genannten indizierten Variablen auf (Z. 5). Es ist eine indirekt gestellte Aufforderung zum Thematisieren des Zusammenhangs zwischen der formalen Darstellung und der mit ihr verbundenen Vorstellung (fRL7), so wie es in den Anmerkungen zur Klassifizierung (Seite 304) erklärt wurde.

Albin (Z. 6) setzt die Aufforderung um (RS7). Bei den indizierten Variablen ruft er die Vorstellung der Registerkiste auf. Die Variablen deutet er als Registerinhalte. Hier wäre die Ergänzug erforderlich, dass es sich um unbekannte Anfangs-Registerinhalte handelt: Die Variable x_1 steht für den (unbekannten) Anfangsinhalt des ersten Registers. Seine Antwort ist zwar nicht falsch, aber unpräzise, was die Studentin moniert: In Zeile 7 fordert sie zur Präzisierug der Antwort von Albin auf. Hierfür ist die Kontrolle seiner Terminologie und Ausdrucksweise notwendig. Die Frage „Wer kann das denn noch genauer sagen?“ ist deshalb als Aufforderung zum Monitoring mit fML3 klassifiziert, die Kontrolle der Korrektheit der Wortwahl von Albin zu dem vermutlich gemeinten Sachverhalt hingegen mit ML3.

Lukas (Z. 9) korrigiert nicht die unpräzise Äußerung von Albin bezüglich der Registerinhalte, sondern er thematisiert die Bedeutung der Variablen x (RS7). Dabei nimmt er ebenfalls den Bezug zu der Registerkiste mit Stäbchen, die in ihre Fächer gelegt werden können. Mit Hilfe dieser Darstellung kann sich Lukas etwas unter dem abstrakten Begriff Variable vorstellen. Seine Antwort verlangt ebenso eine Präzisierung: Bei x handelt es sich um eine *unbekannte* Anzahl von Stäbchen. Die Bedeutung der Indizes bei den indizierten Variablen thematisiert er jedoch nicht – zumindest nicht in dem Teil seiner Äußerung, den man akustisch verstehen kann. Ein Teil seiner Äußerung bleibt unverständlich.

Die Studentin (Z. 10-11) merkt, dass Lukas von x und nicht x_1 oder x_2 spricht. Sie moniert den fehlenden Bezug zu den Registernummern, indem sie das zuvor Gesagte als Grundlage für die weitere Argumentation wiederholt (DL2d) und die Aufmerksamkeit der Schüler auf die zu erklärenden Indizes fokussiert. Deren Bedeutung soll näher erläutert werden, was mit fRL7 zu klassifizieren ist.

In der Antwort von Erik (Z. 12) ist sicherlich das Gesagte nicht das Gemeinte. Die Indizies sind keine Register. Gemeint sind vermutlich Registernummer oder Verweise auf Register mit einer bestimmten Nummer. Die fehlende Präzision in der Wortwahl ist mit dem Teilaspekt DS5e erfasst. Sie bewirkt, dass die Bedeutung der Indizies nicht erklärt wird und Eriks Vorstellung, die er mit einem Index bei indizierten Variablen verbindet, nicht offengelegt wird. Aus diesem Grund ist sein Beitrag nicht als Reflexion mit dem Teilaspekt RS7 klassifiziert.

Die Studentin bemüht sich weiter darum, dass die Schüler eine klare und präzise Antwort hinsichtlich der Bedeutung von Indizes formulieren, um mögliche Fehlvorstellungen aufzudecken und zu korrigieren. In Zeile 13 wiederholt sie zunächst die Antwort von Erik, ohne dass dazu ein neuer Gesichtspunkt hinzu kommt (DL5a). Mit ihren weiteren Fragen („Genauer? Welche Register?“) gibt sie einen Impuls zur Präzisierung der Antwort von Erik. Dieser Impuls hat einen diskursiven Charakter und dient der Sicherstellung der Gesprächsgrundlage, um die Diskussion zu dem bereits diskutierten Thema fortzusetzen (*f*DL2c). Anders als bei der Frage in Zeile 7 wurde hier nicht mit *f*ML3 klassifiziert. Hier sagt die Studentin genau, was präzisiert werden muss. Ihre Frage in Zeile 7 erfordert, dass die Lernenden zunächst selbst in einer Schülerantwort unpräzise Formulierungen suchen.

Der Beitrag von Conrad (Z. 14-15) beinhaltet akustisch unverständliche Teilsätze, die nicht klassifiziert werden können. Mit der Antwort „x eins steht dafür, was im Register eins ist. Und dann sind das Stäbchen in Register eins.“ thematisiert er, was er sich unter x_1 vorstellt. Seine Äußerung ist daher mit dem Teilaspekt RS7 klassifiziert. An dem Beispiel von x_1 erläutert er, welche Register er meint, und damit setzt er die Aufforderung der Lerhkraft zur Sicherstellung der Gesprächsgrundlage um (DS2c).

Die Studentin (Z. 16-22) greift die Antwort von Conrad auf und wiederholt sie als Grundlage für weitere Argumentation (DL2d). Ihrer Äußerung kann man entnehmen, was Conrad in den aktustisch unverständlichen Satzteilen gesagt hat. Vermutlich hat er ebenso die Bedeutung von x_2 thematisiert. Beachtenswert ist, dass die Studentin ein Problem suggeriert, ohne dieses selbst vorweg zu nehmen und die kognitive Auseinandersetzung der Lernenden mit einem Fehler einzuschränken. Sie fordert die Lernenden zum Monotoring. Mit folgenden Worten begründet sie ihre Aufforderung zur Kontrolle der Präzision und der Korrektheit der Terminologie von Conrad (*bf*ML3): „Ja, und da müssen wir vorsichtig sein. Wir haben nämlich letztes Mal ein Problem festgestellt und äh gemerkt, dass einem da leicht Fehler passieren können und da hatten wir nochmal drüber gesprochen (...) So, jetzt müssen wir vorsichtig sein.“ Der Beitrag der Studentin ist nicht mit *f*ML2a klassifiziert, weil noch kein Verdacht auf das Vorliegen eines Fehlers geäußert wurde. Gegen den Teilaspekt *f*RL6b spricht die Tatsache, dass noch kein zu beurteilender Fehler geäußert wurde.

Stefan (Z. 23-24) kontrolliert die Wortwahl von Conrad, und damit setzt er die Aufforderung der Studentin um (MS3). Die auf seine Ausdrucksweise bezogene Selbstüberwachung ist mit MS8b erfasst. Da in seinem Beitrag drei verschiedene Monitoringaktivitäten erfasst sind, sind die mit MS8b klassifizierten Satzteile unterpunktet und der mit *b*MS1a klassifizierte Teil fett gedruckt. In den Zeilen 24 bis 28 bringt Stefan ein Beispiel in die Diskussion ein, mit dem er zu erklären versucht, dass die Eins bei der Variablen x_1 nicht einfach für das Register [eins] steht. Sein Beispiel ist sprachlich etwas unpräzise formuliert. Gemeint ist vermutlich das RM-Programm $({}_1S_1A_2A_2)$ mit dem Anfangstupel (x_1). Das Ergebnistupel zu diesem RM-Programm ist $(0, x_1+x_1)$. Mit diesem Beispiel verdeutlicht Stefan, dass die Eins bei x_1 nicht für die Nummer des Registers steht, in dem sich x_1 befindet. Im Ergebnistupel steht nämlich x_1 im zweiten Register und somit sind der Index bei x_1 und die Nummer des Registers, in welchem x_1 steht, verschieden. Mit dem Term $x_1 + x_1$ wird der Inhalt des zweiten Registers beschrieben, und das „ist für die Anzahl [der Stäbchen], die dann in dem zweiten Register drin steht das dann.“ Die komplexe Aktivität des Schülers in den Zeilen von 25 bis 28 ist eine begründete Kontrolle einer fachspezifischen Tätigkeit an einem selbst konstruierten Beispiel. Da sie nicht lückenlos durchgeführt ist, ist sie mit MS1a klassifiziert. Mit der fachspezifischen Tätitgkeit ist hier die Beschreibung des Ergebnisses der Ausführung eines RM-Programms gemeint. Stefan zeigt damit eine hohe kognitive und metakognitive Leistung.

Mit der Begründung, die in der Anmerkung zur Klassifizierung auf der Seite 304 erläutert wurde, ist die Äußerung des Studentin „Mhm, genau" in Zeile 29 nicht als Monitoring klassifziert. Stefan hat die mögliche Fehlvorstellung bezüglich der indizierten Variablen nicht explizit ausgesprochen. Die Studentin (Z. 29-30) nimmt daher den Bezug auf seine Antwort (DL2a) und fokussiert seine Aufmerksamkeit auf die Struktur des genannten Terms (*f*RL3a). In diesem Fall fordert sie nicht zur Erklärung der Bedeutung der indizierten Variablen im Sinne der Offenlegung von Vorstellungen, die mit diesen Indizien aufgerufen werden. Ihre Aufforderung bezieht sich vielmehr auf das Zustandekommen des Terms $x_1 + x_1$ in dem genannten Beispiel. Aus diesem Grund ist diese Aufforderung nicht mit RL7 klassifiziert.

Der Schüler in Zeile 31 beantwortet die Frage der Studentin nicht. Mit seinem Beitrag wechselt er unkommentiert den Bezugspunkt der Debatte (DS5d), wodurch er gegen Regeln einer diskursiven Unterrichtskultur verstößt: Anstatt den Term x_1 zu erläutern, erklärt er die Bedeutung von x und geht damit auf das Zusammenspiel zwischen Darstellung und Vorstellung ein (RS7).

Diesen Verstoß moniert die Studentin (Z. 32-33) mit ihrem Kommentar, der als Monitoring – Überwachung des Sach- und Zielbezuges (ML7) – klassifiziert ist. Dabei stellt sie auch die Gesprächsgrundlage sicher (DL2c), indem sie die zuvor von Stefan zur Debatte gestellte Äußerung wiederholt.

Sven (Z. 34-36) geht auf die zuvor gestellte Frage der Lehrkraft indirekt ein. Er erklärt, warum in Stefans Beispiel im zweiten Register des Ergebnistupels der Term x_1+x_1 stehen muss. Er hat erkannt, dass nach der Ausführung des gemeinten RM-Programms der Inhalt des zweiten Registers von dem Anfangsinhalt des ersten Registers abhängig ist und dass diese Anhängigkeit mit den indizierten Variablen verdeutlicht wird: Ins zweite Register kommt zweimal das, was am Anfang im ersten Register stand. Seine Äußerung erfordert einer sprachlichen Verbesserung: Mit der Formulierung „was in x eins drinne war" meint er vermutlich „was im ersten Register drinne war, nämlich x_1". Die inadäquate Wortwahl („in x eins") ist mit DS5e erfasst. Sven analysiert also Stefans Beispiel und auf diese Weise begründet er, warum im zweiten Register eine Variable mit dem Index 1 steht. Seine Aktivität ist als Strukturanalyse (mit einer Begründung) eines komplexen mathematischen Ausdrucks zu klassifizieren (*b*RS3a).

Die Studentin kontrolliert und betont an einer Stelle sehr deutlich die Ausdrucksweise von Sven. Vermutlich ist ihr klar, dass die sprachliche Präzision zum Erklären der falschen Handhabung von indizierten Variablen erforderlich ist. Ihre Äußerung in den Zeilen 37-38 ist als Monitoring mit dem Teilaspekt ML3 zu werten. Die Verbesserung eigener Ausdrucksweise ist hingegen als Selbstüberwachung mit ML8b erfasst. Anschließend fordert sie zur expliziten Nennung der Bedeutung von dem Index bei x_1 auf. Sven hat sie nur implizit verdeutlicht. Die Äußerung der Studentin in den Zeilen 38-39 ist mit dem Teilaspekt

fRL3a und nicht mit fRL7 klassifiziert, weil sich ihre Frage auf die Struktur des Terms im Ergebnistupel in dem genannten Beispiel von Stefan bezieht und nicht allgemein auf Vorstellungen, die mit den indizierten Variablen verbunden sind. Es handelt sich also eher um die Reflexion über das Zustandekommen der formalen Darstellung.

David (Z. 40) gibt keine präzise Antwort auf die gestellte Frage. Wegen der akustisch unverständlichen Teilsätze seiner Antwort kann sie hinsichtlich metakognitiver und diskursiver Aktivitäten nicht klassifziert werden. Nach der Nachfrage der Studentin formuliert er eine präzisere Antwort (Z. 42): Die Variable x_1 erklärt er als eine beliebige Zahl in Register 1. Mit dem Bezug auf die Registerkiste thematisiert er eine Vorstellung von der Variablen x_1. Sein Beitrag ist als Reflexion mit dem Teilaspekt RS7 zu klassifizieren: Hier ist wieder ein Wechsel zwischen der formalen Darstellung und der mit ihr verbundenen Vorstellung zu sehen.

Die Studentin (Z. 43-45) kontrolliert seinen Beitrag und gibt ihm eine Rückmeldung: Sie macht deutlich, dass seine Antwort zwar nicht falsch ist, wohl aber der beschriebene Sachverhalt noch nicht präzise ist. Es ist wieder die Kontrolle der Teminologie (ML3) – kontrolliert wird hier die Präzision und die Korrektheit der Wortwahl von David. Mit der Monitoringaktivität macht die Studentin deutlich, was präzisiert werden muss und fordert zur Sicherstellung der Gesprächsgrundlage (fDL2c) auf.

Erst nach dieser diskursiven Unterstützung der Studentin gelingt es dem Schüler Albin (Z. 46-47), die Bedeutung von x_1 zu präzisieren und auf diese Weise die Gesprächsgrundlage zu sichern (DS2c). Die Leistung von Albin liegt darin, dass er durch eine präzise Äußerung die Klarheit in die Diskussion reinbringt. Hier wird nicht mit RS7 klassifiziert, weil er keine Vorstellung von den indizierten Variablen thematisiert, sondern die Äußerungen diesbezüglich sprachlich auf den Punkt bringt.

Die Studentin (Z. 48) kontrolliert die Korrektheit der Terminologie von Albin (ML3) und gibt ihm eine Rückmeldung, die als eine reflektierende Einschätzung zu erfassen ist (RL6c): „Ganz wichtig“ (Z. 48). Auf diese Weise hebt sie einen wichtigen Aspekt in der gegebenen Antwort hervor.

Albin nennt ein weiteres Beispiel ($(x_1) \xrightarrow{A_1} (x_1 + 1)$), an dem er sein Wissen über die indizierten Variablen verdeutlicht (Z. 49-50). Dieses Beispiel ist jedoch der Sachebene zuzuordnen. Anders als Sven in dem Beitrag in den Zeilen 34-36, kontrolliert und erklärt Albin sein Beispiel nicht.

Dieses Beispiel kommentiert die Studentin mit „Mhm. Genau“ (Z. 51), was nicht als Monitoring klassifiziert ist. Ihre eventuelle Kontrolle ist an dieser Stelle nicht verbalisiert. Anschließend zeigt die Studentin ihre Unsicherheit – diese behebt sie mit Nachfragen und mit Überlegungen, die sie in Form lauten Denkens verbalisiert. Sie führt also einen Diskurs mit sich selbst (DL3): „Moment, was hast du grad gesagt? (...) Wenn man (...) Wenn man A eins macht. Dann kommt das ins Register eins. (...) Genau. Und dann ähm ja das, genau. Lassen wir so. Ahm ja“ (Z. 55-57).

> Mit der Antwort von Albin wurde im Klassengespräch erreicht, dass die Schüler einen Fehler erkannt haben. Sie haben eingesehen, was falsch ist und

> warum es falsch ist: Der Index bei einer indizierten Variablen steht nicht für die Nummer des Registers, in dem sich diese Variable aktuell befindet, sondern für die Nummer desjenigen Registers, in dem sie am Anfang war. Mit Blick auf das Zitat von Prediger und Wittmann (2009, S. 5) auf Seite 303 kann man also sagen, dass in der Diskussion der erste Schritt einer fruchtbaren Auseinandersetzung mit Fehlern erreicht wurde.

Im weiteren Verlauf der Diskussion bemüht sich die Studentin darum, dass die Lernenden verstehen, wie solche Fehler zustande kommen. Mit Fragen, die an die falschen Denkweisen der Schüler anknüpfen, versucht sie die Ursachen der Fehler hervorzuheben und eine geeignete Hilfe zur Vermeidung dieser Fehler mit den Lernenden herauszuarbeiten. In den Zeilen 57-61 stellt sie die Antwort von Bastian als Grundlage für weitere Argumentation (DL2d). Sie fordert die Lernenden zum Thematisieren von Fehlvorstellungen, die dem Fehler in dem von Bastian genannten Ergebnistupel zu Grunde liegen, auf. Diese Aufforderung ist mit *f*RL6b zu werten. Eine Abgrenzug dieses Teilaspektes von dem Teilaspekt *f*RL7 ist schwierig, was bereits in den Anmerkungen zur Klassifizierung auf Seite 304 erwähnt wurde. Zur Verdeutlichung dessen, dass es sich um die Reflexion über Fehler handelt, ist *f*RL6b gewählt worden. Der Fokus dieser Aufforderung liegt auf der Erklärung falscher Überlegungen als Ursachen für den angesprochenen Fehler im Umgang mit indizierten Variablen. Beachtenswert ist die Frage „Und einige von euch haben nämlich was gedacht oder was behauptet letzte Woche?“ Mit ihr werden die Lernenden zum Denken über das Denken (anderer) aufgefordert, also gezielt in die Metaebene geführt. Die Studentin zeigt auf diese Weise ihr Wissen über den zu besprechenden Fehler. Sie versucht eine Fehlvorstellung „sichtbar“ zu machen. Erst dann, wenn diese klar wird, können Maßnahmen zur Vermeidung des Fehlers gemeinsam mit den Schülern herausgearbeitet werden.

Die Aufforderung zur Reflexion wiederholt die Studentin mit anderer Wortwahl in den Zeilen 63 bis 64. Sie legt den Fokus auf die Reflexion über ein Problem und die Fehler, die dabei in der letzten Unterrichtsstunde unterlaufen sind. Die Frage „Wer kann uns nochmal genau sagen, welches Problem wir am Dienstag hatten, welcher Fehler da passiert war?“ ist nicht nur als Aufforderung zur Nennung eines bekannten Fehlers zu verstehen. Vielmehr handelt es sich hier um eine Aufforderung zur Reflexion über diese Fehler bzw. Fehlvorstellungen (*f*RL6b).

In der langen Textpassage von Zeile 66 bis 94 sind die Äußerungen mit dem unterrichtsorganisatorischen Charakter unklassifiziert. Die Selbstüberwachungsaktivitäten in Zeile 68 und in den Zeilen 93 bis 94 sind mit MS8b erfasst.

Am Beispiel $(0, x_2) \xrightarrow{({}_2S_2A_1)} (x_1 + x_2)$ verdeutlicht Karen (Z. 66-93) eine falsche Denkweise beim Umgang mit indizierten Variablen. Karen nennt zunächst ihr Beispiel und formuliert dazu eine korrekte Lösung. Damit verlässt sie nicht die Sachebene. In die Metaebene wechselt sie mit der Reflexion über einen Fehler, den sie aus ihrer Erinnerung rekonstruiert (Z. 91-93) und begründet (*b*RS6b). Damit zeigt sie ihr Fehlerwissen – das Wissen darüber, was nicht korrekt ist, und warum es nicht korrekt ist: „Aber, aber manche haben dann auch geschrieben: x eins plus x zwei. Und das ist dann falsch, weil x zwei gibt es ja, äh, x eins gibt es ja nicht".

Ein Schüler, der den durch Karen thematisierten Fehler gemacht hat, hat den angegebenen Inhalt des ersten Registers im Anfangstupel nicht berücksichtigt – das Register ist leer. Der Term $x_1 + x_2$ im Ergebnistupel ist vermutlich so zu interpretieren: Zu dem (unbekannten) Inhalt des ersten Registers (x_1) wurde der Inhalt des zweiten Registers (x_2) hinzugefügt. Karen thematisiert also einen semantischen Fehler beim Umgang mit indizierten Variablen. Ihre Begründung („weil x zwei gibt es ja, äh, x eins gibt es ja nicht") knüpft zwar nicht direkt an eine falsche Denkweise an, die dem Fehler zu Grunde liegen kann. Sie zeigt aber, dass Karen eingesehen hat, was falsch ist und warum es falsch ist. Dies ist eine hohe kognitive Leistung.

Die Äußerung der Studentin in den Zeilen 86-88 ist nicht als Aufforderung zur Reflexion über Fehler klassifziert. Sie ist der Sachebene zuzuordnen. Karen soll eine Rechnung falsch ausführen und damit einen ihr bereits bekannten Fehler rekapitulieren. Nach der Erklärung dieses Fehlers wird nicht gefragt.

Karens Beispiel verdeutlicht nicht dieses Problem, welches die Studentin ansprechen wollte. Die Studentin (Z. 94-95) geht trotzdem auf Karens Vorschlag ein: Sie gibt der Schülerin eine Rückmeldung. Damit zeigt sie, dass sie ihr Beispiel kontrolliert hat. Ihre Monitoringaktivität bezieht sich auf eine formale (absichtlich fehlerhafte) Darstellung, an der eine Rechnung kontrolliert wird. Diese Aktivität ist daher als Kontrolle einer fachspezifischen Tätigkeit zu erfassen (ML1a). Anschließend fragt die Studentin nach weiteren fehlerhaften Ergebnistupeln für das vorgegebene Anfangstupel und RM-Programm (Z. 95-96). Mit der gleichen Erklärung wie zu der Äußerung in den Zeilen 87 bis 89 ist diese Äußerung nicht als eine Aufforderung zu metakognitiven Aktivitäten klassifiziert. Einer der bereits bekannten Fehler soll genannt werden.

Bastian (Z. 98-101) versucht, ein weiteres Beispiel zu nennen. Bereits am Anfang seines Beitrages suggeriert er, dass er eine falsche Denkweise oder eine Vorstellung thematisieren will („Man kann doch noch denken, dass ..."). Seine Ausdrucksweise ist aber so unpräzise, dass man ihr die gemeinte Fehlvorstellung nicht entnehmen kann. Deshalb ist sein Beitrag nicht als Reflexion zu werten. Es fehlt eine Erklärung dessen, was mit „alles" gemeint ist. Das erschwert, den Sinn dieses Beitrags zu erschließen. Die inadäquate Wortwahl („alles") von Bastian ist deshalb mit DS5e klassifiziert. Die Nennung einer – seiner Meinung nach korrekten – Lösung ist der Sachebene zugeordnet. Bastian (Z. 100) überwacht und korrigiert seine Ausdrucksweise (MS8b). Dem Schüler unterläuft hier ein Fehler: Mit dem Term $0 + x_2$ soll der Inhalt des ersten und nicht des zweiten Registers beschrieben werden.

Die Reaktion der Studentin auf diesen Fehler ist sehr schnell: Zunächst vergewissert sie sich über das, was Bastian gesagt hat, und auf diese Weise verankert sie ihren Beitrag in den Diskurs (DL2e). Sie selbst kontrolliert und beurteilt das genannte Tupel als falsch (Z. 103-108) und liefert dazu eine Begründung (*b*ML1a). Auf diese Weise nimmt sie dem Schüler die Möglichkeit ab, seinen Gedanken zu Ende auszusprechen und eventuell seinen Fehler selbst zu korrigieren.

Tim (Z. 112) nennt ein anderes fehlerhaftes Beispiel für das Endtupel. Seine Antwort ist der Sachebene zuzuordnen. Eine Erklärung zu seinem Beispiel fehlt.

Die Studentin fordert auch hierfür eine metakognitive Leistung: Ihre Frage zielt auf eine reflektierende Einschätzung des fehlerhaften Beispiels ab (*f*RL6b). Eine Abgrenzung des Teilaspekts *f*RL6b von *f*RL7 ist in diesem Fall schwierig. Bei einer Erklärung dessen, wie man auf einen Fehler kommen kann, können durchaus auch falsche Überlegungen und Vorstellungen erwähnt werden. Dann wäre mit einer solchen Erklärung das Zusammenspiel zwischen der formalen Darstellung und der falschen Vorstellung thematisiert – die Aufforderung zu der Erklärung wäre dann mit *f*RL7 zu werten. Im Transkript wurde mit *f*RL6b klassifiziert, weil mögliche Fehlvorstellung nicht explizit im Fokus der Frage stehen, und es soll verdeutlicht werden, dass es sich um eine Auseinandersetzung mit Fehlern handelt.

Tim (Z. 118-119) gibt eine Antwort, die für die gestellte Frage nicht aufklärend ist. Seine Antwort bleibt im Transkript unklassifiziert.

Die Studentin merkt, dass Tims Begründung nicht aufklärend ist. Sie kontrolliert das Beispiel von Tim (Z. 120-121) vor dem Hintergrund des gegebenen RM-Programms. In Zeile 120 stellt sie dabei eine Frage, aber diese ist nicht als eine Aufforderung an die Lernenden klassifiziert. Sie dient eher der Verdeutlichung einer aufgedeckten Unstimmigkeit in dem genannten Fehler. Aus diesem Grund ist die Frage als Monitoring klassifiziert. Erst ab Zeile 122 verdeutlicht und begründet die Studentin ihre Aufforderung zur Reflexion über den genannen Fehler (*bf*RL6b). Mit der Begründung „Also, ich glaub auch, dass jemand den Fehler machen könnte, aber die Frage ist, wie könnte jemand dazu kommen? Also wenn jemand den Fehler macht, dann hat er sicher auch ne Begründung dafür, dann macht der den Fehler vielleicht aus nem bestimmten Grund“ (Z.122-126) versucht sie, die Bedeutung von falschen Denkprozessen als Ursachen für begangene Fehler ins Bewusstsein der Lernenden zu rücken.

Anschließend (Z. 127-130) nennt die Studentin selbst ein Beispiel, mit dem sie eine Fehlvorstellung thematisieren will. Sie gibt wieder einen Impuls zum Denken über das Denken anderer – zum Denken über eine falsche Denkweise, die zu dem Fehler geführt hat. Es ist eine weitere Aufforderung zur Reflexion über Fehler (*f*RL6b). Eine Abgrenzung von *f*RL7 ist wieder schwierig. Diese Schwierigkeit wurde bereits bei der Erklärung der Klassifizierung zu dem Beitrag der Studentin in den Zeilen 117-118 erwähnt.

Lukas (Z. 132) geht auf das angeschriebene Beispiel ein, indem er einen Fehler in dem fehlerhaften Tupel nennt (MS2a). Er hat eingesehen, was in dem Beispiel falsch ist.

Die Studentin (Z. 133-134) fokussiert noch stärker die Aufmerksamkeit der Schüler auf die Metaebene: „Und warum haben manche hier gedacht, sie müssten x eins schreiben?“ Auf diese Weise fordert sie zur reflektierenden Einschätzung des Fehlers auf (*f*RL6b). Diese Frage ist ein Impuls zur Offenlenlegung falscher Denkprozesse, die zu einem Fehler führen. Auch hier wäre eine Klassifizierung mit *f*RL7 möglich. Zur Verdeutlichung dessen, dass es sich um Reflexion über Fehler und ihre Ursachen handelt, wurde der Teilaspekt fRL6b gewählt.

Anabel (Z. 135-139) gelingt es, eine mögliche falsche Denkweise als eine Ursache für das thematisierte falsche Endtupel zu erklären und zu begründen (bRS6b). Aus ihrer sprachlich unpräzisen Äußerung lässt sich schließen, dass sie den Fehler auf eine falsche Interpretation von indizierten Variablen zurückführt: Die Variable x_1 in dem falschen Endtupel wird – der Vermutung der Schülerin nach – dazu erfunden, um den aktuellen Inhalt der Registers 1 darzustellen. Mit dieser Vermutung erklärt Anabel eine oft vorkommende Fehlvorstellung.

> Mit der Antwort von Anabel wurde im Klassengespräch erreicht, dass von der Seite der Lernenden ein Fehler erklärt und ein möglicher falscher Denkprozess als eine Ursache für diesen Fehler ins Bewusstsein der Lernenden gerückt wurde. Diese Erkenntnis ermöglicht den Schülern die Planung von Maßnahmen zur Vermeidung solcher Fehler. Darauf zielt die Frage der Studentin in den Zeilen 140 bis 141 ab: „Und wie kann man vermeiden, dass man diesen Fehler macht?"

Diese Frage ist als Planung metakognitiver Aktivitäten (Planung von Reflexion, PL5b) klassifiziert. Dieser Anstoß ist offen und zielt nicht auf die Erklärung einer bestimmen Art von Aktivitäten zur Vermeidung des Fehlers.

Fritz (Z. 142-145) geht explizit auf Vorstellungen von indizierten Variablen ein (RS7). Beachtenswert ist, dass er nicht nur eine Unterstützungshilfe auf der Ebene der Vorstellungen formuliert („Indem man, äh – wie heißts – sich vormacht, dass x äh, x und zwei ganz fest zusammengehört"), sondern diese auch mit seinem Wissen über Vorstellungen von anderen begründet und diese Vorstellungen als Fehlvorstellungen erklärt („weil manche denken, dass äh, dass zwei einfach nur für son Register, in welchem das da steht, aber die gehören zusammen und die stehen am Anfang drin"). Diese Aktivität ist als Reflexion über Fehler erfasst (bRS6b).

> Mit dem Beitrag von Fritz wurde erreicht, dass der thematisierte Fehler von der Seite der Lernenden erklärt wurde, insbesondere auch dass eine richtige Vorstellung zur Vermeidung des Fehlers erläutert wurde.

Analyse des Unterrichtsprozesses unter dem Aspekt metakognitiver und diskursiver Aktivitäten

Dem Speer auf Seite 319 können Merkmale des metakognitiven und diskursiven Verhaltens der Studentin und der Lernenden bei deren Auseinandersetzung mit Fehlern und Fehlvorstellungen entnommen werden. Diese werden im Weiteren verdeutlicht. Die Kodierungen werden zunächst unter einem quantitativen Aspekt analysiert. Anschließend wird auf bemerkenswerte Aspekte einer prozesshaften Analyse des Speers hingewiesen.

Es fällt auf, dass an dem Speer sehr viele gelb gefärbte Kurzbezeichnungen für die Reflexionsaktivitäten auftreten, sowohl auf der Seite der Lernenden als auch auf der Seite der Studentin. In den insgesamt 32 Beiträgen fordert die Studentin 9-mal zur Reflexion auf. Ihre Aufforderungen zur Reflexion beziehen sich auf das Zusammenspiel zwischen Darstellung und Vorstellung (*f*RL7), auf die Strukturanalyse eines Terms / mathematischen Ausdrucks (*f*RL3a) und auf die Einschätzung / Bewertung eines Fehlers (*f*RL6b). An einer Stelle plant die Studentin metakognitive Aktivitäten der Schüler – dabei handelt es sich ebenfalls um die Reflexion (*b*PL5b). Sie selbst reflektiert nur einmal, indem sie eine wichtige Idee hervorhebt (RL6c).

Die Lernenden kommen nicht allen Aufforderungen der Lehrkraft sofort nach, aber in den meisten Fällen werden die Aufforderungen umgesetzt. Auf der Seite der Lernenden sind 9 Kurzbezeichnungen für ihre Reflexionsaktivitäten dargestellt. Drei davon haben „*b*“ als Präfix, womit die zusätzlich eingebrachten Begründungen kodiert sind. Besonders beachtenswert ist das Auftreten der Kurzbezeichnungen für das Thematisieren des Zusammenspiels zwischen Darstellung und Vorstellung (RL7) sowie für die Reflexion über Fehler (RL6b). Es ist ein Indiz für die Offenlegung von Vorstellungen und Denkprozessen der Lernenden, die sich bewusst mit Fehlern auseinandersetzen.

An dem Speer sind auch viele Kurzbezeichnungen für Monitoringaktivitäten dargestellt. Bemerkenswert ist die große Anzahl derjenigen, die sich auf die Terminologie beziehen – hier treten sowohl Kurzbezeichnungen für die Aufforderungen zu solchen Aktivitäten (*f*ML3) als auch für diese Aktivitäten selbst (ML3, MS3). Mit Blick auf das Transkript wird deutlich, dass mit diesen Aktivitäten das Bemühen der Studentin um sprachliche Präzision und korrekte Ausdrucksweise erfasst wurde.

Zwei Kurzbezeichnungen für die Aufforderungen zu metakognitiven Aktivitäten haben „*b*“ als Präfix (*bf*ML3, *bf*RL6b). Die mit diesen Kurzbezeichnungen kodierten Aktivitäten zeigen, dass die Studentin ihr unterrichtliches Handeln für die Lernenden durchsichtig machen will und dass sie versucht, den besonderen Wert metakognitiver Aktivitäten ins Bewusstsein der Lernenden zu rücken.

Auf der Seite der Studentin sind zehn Kurzbezeichnungen für diskursive Aktivitäten dargestellt: Verankererungsaktivitäten in das bereits Gesagte oder Geschriebene (DL2a, DL2d, DL2e, DL2c), Aufforderungen zu Verankerungen (*f*DL2c) und Diskursivität der Studentin mit sich selbst (DL3). Den kodierten Aufforderungen zu den diskursiven Aktivitäten folgen auf der Seite der Lernenden die Kurzbezeichnungen für die entsprechenden diskursiven Aktivitäten. Es kann ein Indiz dafür sein, dass diese Aufforderungen umgesetzt wurden. Zu bemerkenswerten Kurzbezeichnungen die auf der Seite der Studentin am Speer dargestellt sind, gehören *b*PL5b und *bf*RL6b: Die Studentin plant metakognitive Aktivitäten der Schüler und begründet ihre Aufforderung zur Reflexion. In ihrer Begründung thematisiert sie Denkprozese der Lernenden. Sie versucht die Bedeutung von Fehlvorstellungen als Ursache für den Fehler deutlich zu machen.

Mit den zahlreichen Aufforderungen zur metakognitiven und diskursiven Aktivitäten erreicht die Studentin, dass die Lernenden Fehlvorstellungen korrigieren.

In der prozesshaften Analyse des Speers fallen solche Speerabschnitte auf, die auf das bewusste und gezielte Bemühen der Studentin um die Präzision der Diskussion, um die Klarheit bezüglich des Ziels der Diskussion und bezüglich der Gesprächsgrundlage hinweisen. Folgende Speerausschnitte sollen dies verdeutlichen:

Speerausschnitt 1

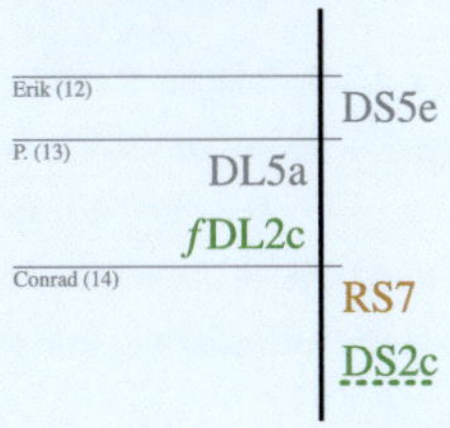

Speerausschnitt 2

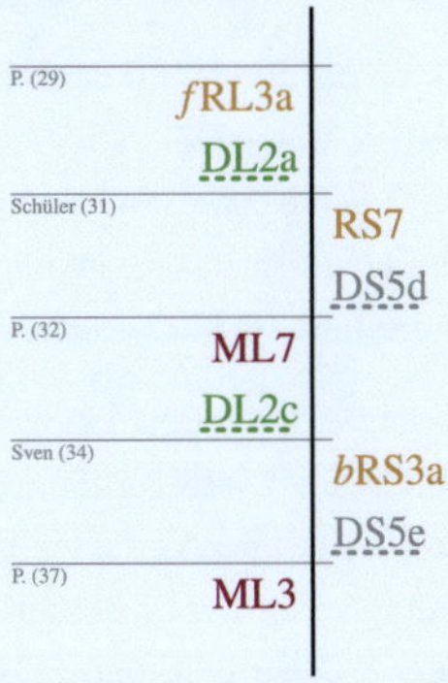

Speerausschnitt 1: Nach einem Verstoß der Regeln einer diskursiven Unterrichtskultur in einem Schülerbeitrag (DS5e) wiederholt die Studentin zwar das, was bereits Gesagt wurde (DL5a), und damit verstößt sie selbst gegen die Diskursivität. Sie ergreift aber eine Maßnahme, um die Gesprächsgrundlage zu sichern (*f*DL2c) und die Lernenden kommen ihrer Maßnahme nach (DS2c).

Speerausschnitt 2: Nachdem ein Schüler unkommentiert den Bezugspunkt der Debatte gewechselt (DS5d) und deshalb auch die mit *f*RL3a kodierte Aufforderung nicht umgesetzt hat, kontrolliert die Studentin den Sach- und Zielbezug der Diskussion (ML7). Sie verbalisiert diese Monitoringaktivität und stellt die Gesprächsgrundlage sicher (DL2c). Dadurch gelingt es ihr, Klarheit bezüglich des Ziels des Klassengesprächs zu verschaffen, sodass ihre zuvor gestellte Aufforderung zur Reflexion umgesetzt wird. Ein weiterer Verstoß gegen Regeln einer diskursiven Unterrichtskultur (DS5e) bleibt auch nicht ohne eine Intervention der Studentin: Sie kontrolliert die Ausdrucksweise des Schülers (ML3). Die entsprechende Transkriptstelle zeigt auch, dass sie seine inadäquate Wortwahl verbessert.

Die beiden Speerausschnitte und die entsprechenden Stellen im Transkript deuten auf das Ringen um die Klarheit im Klassengespräch. Diskursive Aktivitäten der Studentin spielen eine zentrale Role beim Fokussieren der Schüleraktivitäten auf das, was gerade zur Debatte steht. Auf diese Weise versucht sie die Auseinandersetzung der Lernenden mit Fehlern und Fehlvorstellungen auf das Wesentliche zu lenken.

7.4.2.3 Fazit

Die im vorstehenden Abschnitt analysierte Unterrichtssequenz zeigt, dass man in einem konstruktiven Umgang mit Fehlern die Schüler dahin leiten kann, dass sie über ihre Fehler und Fehlvorstellungen reflektieren, Ursachen für diese aufdecken und erkläre sowie daraus Konsequenzen für deren Vermeidung ziehen. Damit wird mehr als nur die Behebung eines Fehlers erreicht: Ein Ergebnis eines konstruktiven Umgangs mit Fehlern sind die erzielten Veränderungen in den Denkweisen der Lernenden.

Vor dem Hintergrund der Unterrichtssequenz ist ein Blick auf die Gelingensfaktoren für einen kognitiv fruchtbaren, konstruktiven Umgang mit Schülerfehlern zu werfen. Hierzu gehören:

- Das Wissen der Studentin darüber, dass Fehler durch falsche Denkweisen verursacht werden können und dass eine nachhaltige Korrektur von solchen Fehlern an diese falschen Denkweisen anknüpfen muss. Dieses Wissen nutzt sie, indem sie sowohl die Lernenden zur Reflexion über Fehler und Fehlvorstellungen auffordert als auch kontrolliert, ob die Lernenden tatsächlich ihre Aufforderung umsetzen.

- Das Wissen der Studentin darüber, dass falsche Denkweisen durch äußere Darstellungen aufgerufen werden können. Hier ist beispielsweise die Darstellung x_1 gemeint und die mit der Variablen verbundene Fehlvorstellung, dass damit der aktuelle Inhalt des Registers 1 beschrieben wird. Auch dieses Wissen zeigt sich in den Fragen der Studentin bezüglich Vorstellungen, die den fehlerhaften Schülerlösungen zu Grunde liegen.

- Schülerzentrierte Auseinandersetzung mit Fehlern: Die Studentin gibt den Lernenden Anstöße zum Entdecken, Erklären und Korrigieren eines Fehlers. Sie schränkt die kognitiven Aktivitäten der Lernenden nicht zum Beantworten von Suggestivfragen ein. Sie führt die Lernenden gezielt in die Metaebene und begründet die Notwendigkeit dieser Aktivitäten, um Fehler zu verstehen. Beachtenswert sind ihre Fragen und Kommentare, mit denen sie zum Denken über das Denken (anderer) anregt:
  – „Und einige von euch haben nämlich was gedacht oder was behauptet letzte Woche?"
  – „Dann, sagst du mir mal, wie man darauf kommen könnte?"
  – „Also, ich glaub auch, dass jemand den Fehler machen könnte, aber die Frage ist, wie könnte jemand dazu kommen? Also wenn jemand den Fehler macht, dann hat er sicher auch ne Begründung dafür, dann macht der den Fehler vielleicht aus nem bestimmten Grund."
  – „Und warum haben manche hier gedacht, sie müssten x eins schreiben?"
  – „Und zwar gab es am Dienstag Schüler, die behauptet hätten, das hier sei unsere Lösung. Mit welcher Begründung?"
  – „Und wie kann man vermeiden, dass man diesen Fehler macht?"

Mit diesen Fragen fordert sie die Offenlegung von Vorstellungen und Denkprozessen der Lernenden. Sie erklärt auch die Bedeutung dieser Offenlegung und kontrolliert die angestoßenen Denkprozesse. Insbesondere überwacht sie, ob ihre Aufforderungen tatsächlich umgesetzt werden. Dieses Repertoire gehört zu den Wirkmechanismen einer konstruktiven Auseinandersetzung mit Fehlern. Hier liegt ein wichtiger Aspekt der Fehlerkorrektur, denn auf diese Weise wird nicht nur ein Fehler erklärt, sondern auch seine Ursache.

Offensichtlich deckt die analysierte Unterrichtssequenz auch unerwünschte Verhaltensweisen der Studentin auf:

- Lehrerecho: Sie wiederholt Schülerantworten, ohne dass dazu ein neuer Gesichchtpunkt hinzukommt (Z. 13).
- Vorschnelle Reaktion auf eine Schülerantwort: Die Reaktion der Studentin auf den Beitrag von Bastian lässt dem Schüler kaum Möglichkeit, seinen Fehler einzusehen und ihn eventuell zu korrigieren (Z. 105-108).

Dabei ist zu beachten, dass es sich um eine Studentin handelt, die zum ersten Mal unterrichtete. Ihre Senisbilität für Schülerfehler und für Schülerdenkweisen ist bemerkenswert. Offensichtlich hat sie sich bewusst vor eine hohe Anforderung gestellt. Ihr war es bewusst, dass sie in den Denkprozessen der Lernenden etwas erreichen will.

7.5 Transfer

Um mögliche Veränderungen in Leistungszuwächsen der Lernenden als eine Form des Projekteffektes zu erfassen, werden im Weiteren Ergebnisse aus zwei Leistungstests herangezogen. Beide Tests wurden im Schuljahr 2007/2008 – also im zweiten Durchlauf des Projektes – im regulären Mathematikunterricht durchgeführt. Wird mit diesen Testergebnissen ein Projekteffekt nachgewiesen, dann ist er zugleich ein Indiz für einen Transfer der Effekte des besonderen Lehrgangs, der in einem Wahlpflichtkurs realisiert wurde, in den Mathematikunterricht.

Aus dem Schuljahr 2006/2007 liegen solche Testergebnisse nicht vor. Es wäre aber zu erwarten, dass dann der auf den Lernerfolg bezogene Projekteffekt geringer wäre als im Schuljahr 2007/2008, in dem den Lehrkräften mehrere Unterstützungmaßnahmen angeboten wurden. Der Testeinsatz war unabhängig vom Projekt, d. h. die Aufgaben orientierten sich nicht direkt am neu entwickelten Lehrgang. Die beiden Leistungstests sind nicht identisch. Der Vortest („Diagnosetest“) wurde in einem anderen Projekt der Universität Osnabrück entwickelt; der Nachtest („Test 6“) wurde von Lehrkräften mehrerer Realschulen konzipiert. Die Durchführung der Tests in den Klassen und die Auswertung obliegt den Fachlehrern, so dass im Hinblick auf die Objektivität der beiden Schritte keine Angaben vorliegen. Am Anfang des Schuljahres 2007/2008 wurde auch ein Fragebogen zur Diagnose der für den Lehr-Lern-Prozess relevanten Einstellungen und Präferenzen der Schüler eingesetzt.

In den folgenden Abschnitten werden zunächst (7.5.1) die Stichprobe der untersuchten Lernenden und die eingesetzten Instrumente (zwei Leistungstests und ein Fragebogen) (7.5.2) dargestellt. Anschließend (7.5.3) werden die Test- und Fragebogenergebnisse für die Projekt- und für die Kontrollgruppe sowie für die Jungen und für die Mädchen dargelegt. Im Abschnitt 7.5.4 wird der Projekteffekt eingeschätzt und in dem abschließenden Teil (7.5.5) zusammengefasst.

7.5.1 Stichprobe

Die untersuchte Schülergruppe umfasst alle fünf Klassen des Jahrgangs 6 der Partner-Realschule (etwa 150 Schüler). Davon gehören 29 zu der „Projektgruppe", die sich für den Wahlpflichtkurs „Mathematik" entschieden haben. In diesem Kurs wurde der besondere Lehrgang auf der Basis der Unterrichtsreihe „Von Anweisungen zu Funktionen" realisiert. Für die im Weiteren dargelegte Auswertung bilden die anderen Schüler eine Kontrollgruppe.

Durch Veränderungen der Zusammensetzung der Schülerschaft durch Zu- bzw. Abgänge und Fehlen zu den Testzeitpunkten am Anfang und am Ende des Schuljahres 2007/08 liegen nicht für alle betrachteten Schüler Testergebnisse vor. Die Veränderungen lassen sich im Nachhinein nicht mehr exakt rekonstruieren.

An der Beantwortung des Fragebogens, die in Verbindung mit dem Diagnosetest durchgeführt wurde, hat eine komplette Klasse nicht teilgenommen. Die folgende Auswertung bezieht sich daher zunächst auf die Leistungstests. In einem zweiten Schritt werden die Fragebogenergebnisse hinzugezogen.

7.5.2 Tests

Test zu Beginn der Klasse 6 („Diagnosetest")

Beim Test zu Beginn der Klasse 6 handelt es sich um einen an den Inhalts- und Prozessbereichen der Bildungsstandard-Anforderungen orientierten „Diagnosetest", der den Fachlehrern Informationen zur Lernausgangslage der Schülerinnen und Schüler liefert. Er enthält unter anderem Aufgaben aus TIMSS 1995 und VERA Grundschule.

Beispielaufgaben aus dem Diagnosetest:

Beispielaufgabe 1

Im Wartezimmer des Kinderarztes stehen drei Stühle. Petra und Uve langweilen sich und wollen mit ihrer Mutter die Plätze tauschen.

Wie viele Möglichkeiten gibt es für die drei, sich in unterschiedlicher Reihenfolge auf die drei Stühle zu setzen? *(Antworte im Antwortbogen.)*

Beispielaufgabe 2

	ZT	T	H	Z	E
		••	•	••	

a) Wie heißt die in der Stellenwerttafel dargestellte Zahl? *(Antworte im Antwortbogen.)*

b) Stelle dir vor, alle Plätchen werden um eine Spalte nach rechts verschoben. Wie heißt die Zahl nun? *(Antworte im Antwortbogen.)*

c) Stelle dir vor, ein Plätchen wird vom Hundertfeld weggenommen und auf das Zehnerfeld gelegt. Um wie viel wird die Ausgangszahl kleiner oder größer? *(Antworte im Antwortbogen.)*

Beispielaufgabe 3
In wie viele Dreiecke, die die Größe und Form des gefärbten Dreiecks haben, kann das weiße Trapez zerlegt werden? *(Umkreise den Buchstaben nur im Antwortbogen.)*

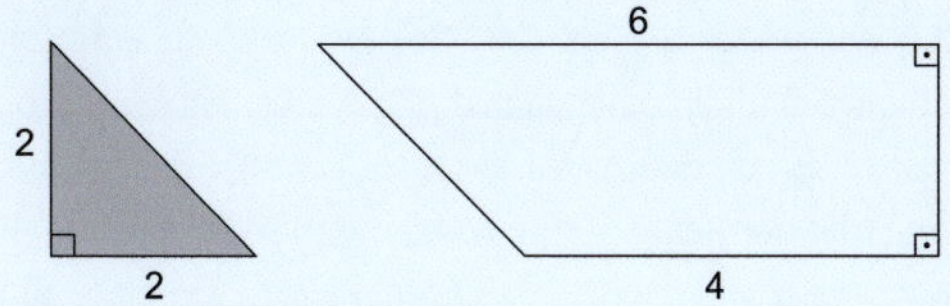

A. drei **B.** vier **C.** fünf **D.** sechs

Test am Ende der Klasse 6 („Test 6")
Am Ende der Klasse 6 wurde ein Abschlusstest eingesetzt, der teilweise ähnliche Aufgaben wie der Diagnosetest enthält, darüber hinaus aber auch stärker am Curriculum orientierte Aufgaben beinhaltet. Dieser Test wurde zensiert.
Beispielaufgaben:

Beispielaufgabe 1
Bestimme die Variable (Platzhalter)!

A. $3 + x = 17$ $x =$ **B.** $y \cdot 3 = 21$ $y =$
C. $z : 3 = 24$ $z =$ **D.** $48 - v = 35$ $v =$

Beispielaufgabe 2 (Aufgabenausschnitt)
Berechne und kürze soweit wie möglich.
Schreibe das Ergebnis, wenn möglich, als gemischte Zahl.

a) $\frac{3}{4} + \frac{1}{6} =$

d) $1\frac{2}{7} : \frac{1}{7} =$

Beispielaufgabe 3
(Diese Aufgabe wurde mit etwas geänderten Daten auch im Diagnosetest eingesetzt.)
Eine Tüte mit fünf Sammelkarten kostet 3,50 Euro. Inga hat schon 30 Karten gekauft. Er kauft noch acht Tüten. Wie viele Tüten hat Inga insgesamt gekauft?

Die folgende Tabelle (Tab. 7.6) fasst wesentliche Testinformationen zusammen[4]:

Tabelle 7.6: Informationen zu den Leistungstests

Test	max. Punktzahl	N	MW	s	min	max	Cronbachs α
Diagnosetest	34	139	19,73	4,63	8	32	0,67
Test 6	50	135	30,61	6,84	16	45	0,73

Der Test 6 fällt etwas besser aus als der Diagnosetest, was einerseits Ausdruck des Lernzuwachses in einem Schuljahr, aber auch durch die Testanlage bedingt sein kann. Der Diagnosetest geht teilweise von den Anforderungen her über die Inhalte der Grundschule hinaus um das Potential der Schüler aufzuzeigen und sollte ursprünglich am Ende der Klassen 5 bzw. 6 wiederholt werden, um den Lernzuwachs abbilden zu können. Da sich die Partner-Realschule dafür entschieden hat, den Test 6 als Klassenarbeit einzusetzen, waren seine Anforderungen stärker an denen des durchgeführten regulären Mathematikunterrichts orientiert. Hinsichtlich des Anspruchsniveaus mussten zusätzlich Rahmenbedingungen von Klassenarbeiten beachtet werden.

Beide Tests differenzieren sehr gut, die maximale Punktzahl wurde von keinem Schüler erreicht. Die Reliabilität beider Tests in Form der inneren Konsistenz ist vergleichbar und ausreichend. Die Testergebnisse korrelieren zu $r = 0,63$ ($N = 127$, $p < 0,01$) und belegen, dass das Vorwissen ein guter Prädiktor für die ein Jahr später erhobene Mathematikleistung ist.

Fragebogen

Der zu Beginn der Klasse 6 eingesetzte Fragebogen hat – wie der Diagnosetest – das Ziel, den Lehrkräften diagnostische Informationen zur Beschreibung der Lernausgangssituation und zur Dokumentation der individuellen Lernentwicklung ihrer Schüler zu liefern.

Beim Fragebogen handelt es sich um eine Erprobungsfassung. Neben gut untersuchten Persönlichkeitseigenschaften wie Selbstkonzept, Motivation, Angst/Sorge und Selbstwirksamkeit (jeweils mit Bezug zu dem Fach Mathematik) enthält er auch Aussagen und Fragen zum Interesse an mathematischen Inhaltesbereichen, zur Attribuierung von erzielten Erfolgen oder Misserfolgen, zum Umgang mit Hausaufgaben, zur Anstrengungsbereitschaft, zur präferierten Übungsart, zur häuslichen Unterstützung und zu bevorzugten Lernformen im Unterricht.

Im Folgenden wird nur Bezug auf die Ergebnisse in den Teilbereichen Selbstkonzept, Motivation, Angst/Sorge und Selbstwirksamkeit genommen. Die Ausprägung dieser Persönlichkeitseigenschaften werden durch Skalen erfasst, die jeweils mehrere Aussagen beinhalten, die sich eng an die Fragebögen anderer Untersuchungen (u. a. PISA – Skalenhandbuch) lehnen. Die hier betrachteten Schüler sind jünger (Beginn Klasse 6, also

[4]Für diese und die weiteren Tabellen werden folgende Abkürzungen benutzt: N - Anzahl der Teilnehmer, MW - Mittelwerte, s - Standardabweichung, d - Effektstärke, t - Werte eines T-Test, p - Signifikanzniveau

11- bis 12-jährige, gegenüber 15-jährigen) und die Belastung durch den gesamten Fragebogen sollte möglichst gering sein, so dass vorhandene Skalen anderer Untersuchungen nicht eins zu eins übernommen werden konnten.

Tabelle 7.7: Beispielitems zu den Skalen Selbstkonzept, Motivation, Angst/Sorge und Selbstwirksamkeit

Skala	Beispielitem
Selbstkonzept	Im Mathematikunterricht verstehe ich sogar die schwierigsten Aufgaben.
Motivation	Ich freue mich auf meine Mathematikstunden.
Angst/Sorge	Ich mache mir oft Sorgen, dass es für mich im Mathematikunterricht schwierig sein wird.
Selbstwirksamkeit	Berechne, wie viel cm^2 Papier man benötigt, um ein Päckchen einzupacken, das 23 cm lang, 15 cm breit und 5 cm hoch ist. (Die Schüler sollten einschätzen, wie sicher sie die beschriebenen Aufgaben ihrer Meinung nach lösen können.)

Die Aussagen des Fragebogens sind vierstufig zu bewerten: 1 - „stimmt genau/sehr sicher", 2 - „stimmt eher/sicher", 3 - „stimmt eher nicht/eher unsicher" und 4 - „stimmt gar nicht/unsicher". Außer in der Skala Angst/Sorge sind die Aussagen immer positiv formuliert bzw. die Rückmeldung im positiven Sinne umcodiert. Ein kleinerer Wert ist damit Ausdruck höherer Ausprägung des Merkmals. Der Mittelwert bei einer Skala wurde aus der Summe der Bewertungen der abgegebenen Aussagen zu den Items dieser Skala gebildet. Alle Skalen weisen mindestens befriedigende Reliabilitätswerte auf.

Tabelle 7.8: Informationen zu den Skalen Selbstkonzept, Motivation, Angst/Sorge und Selbstwirksamkeit

Skala	Anzahl Items	N	MW	s	min	max	Cronbachs α
Selbstkonzept	8	109	18,32	4,79	8	31	0,87
Motivation	11	109	22,68	5,82	11	37	0,85
Angst/Sorge	5	109	12,44	4,11	0	20	0,85
Selbstwirksamkeit	8	109	17,07	4,61	0	28	0,77

7.5.3 Leistungsstände und Leistungsentwicklung der Schüler

Im Folgenden sollen Leistungsstände und -entwicklung der Projekt- und der Kontrollgruppe in den eingesetzten Mathematiktests ermittelt werden.

Bevor aus den Ergebnissen der vorliegenden Tests Schlüsse über den Erfolg des Projektlehrgangs abgeleitet werden, soll auf Rahmenbedingungen hingewiesen werden, die bei einer Deutung dieser Ergebnisse nicht außer acht gelassen werden dürfen.

- Für den Vergleich werden Tests herangezogen, die nicht unmittelbar für den Projektzweck entwickelt wurden.

- Der Vergleich bildet den unmittelbaren Lernerfolg im Sinne spezifischer Anforderungen, die sich eng an den Projektlehrgang lehnen, nicht ab.
- Im Diagnosetest unterscheiden sich die Gruppen, aber der Unterschied ist nicht signifikant.
- Test 6 ist durch die Fachlehrer mit Blick auf den erteilten Unterricht entwickelt worden. Wenn sich darin Unterschiede zugunsten des Projektes zeigen, können sie ein Beleg für Transfer und Auswirkungen des spezifischen Lehrgangs in der Projektgruppe auf den allgemeinen Lernerfolg im Fach Mathematik sein.

Tabelle 7.9: Vergleichbarkeit der Projekt- und der Kontrollgruppe im Diagnostest

Diagnosetest	N	MW	s	d	t	p
Projektgruppe	28	21,11	4,31	0,37	-1,77	0,08
Kontrollgruppe	111	19,39	4,66			

Tabelle 7.10: Vergleichbarkeit der Projekt- und der Kontrollgruppe im Test 6

Test 6	N	MW	s	d	t	p
Projektgruppe	29	34,45	6,23	0,71	-3,55	0,01
Kontrollgruppe	106	29,57	6,64			

In beiden Tests liegen Leistungsunterschiede der Gruppen zugunsten der Projektgruppe vor. Im Vortest zu Beginn der Klasse 6 wird allerdings das Signifikanzniveau von 5% überschritten ($p = 0{,}08$). Die Schülerinnen und Schüler der Projektgruppe und die nicht am Projekt teilnehmende restliche Jahrgangsgruppe unterscheiden sich dagegen signifikant in den Ergebnissen des Tests 6 am Ende der Klasse 6. Das Aufgehen der Leistungsschere drückt sich auch in den Effektstärken der beobachteten Unterschiede aus. Sie ist mit $d = 0{,}37$ im Diagnosetest gering und erreicht im Test 6 mit $d = 0{,}71$ einen nahezu hohen Wert (Cohen $d < 0{,}5$ klein, $d > 0{,}8$ groß).

Im Folgenden wird geprüft, ob sich die Projektgruppe von der Gruppe der übrigen Schüler auch in den vier Persönlichkeitsmerkmalen unterscheidet.

Tabelle 7.11: Vergleichbarkeit der Projekt- und der Kontrollgruppe bezüglich des Selbstkonzeptes

Selbstkonzept	N	MW	s	d	t	p
Projektgruppe	23	15,30	4,81	0,80	3,585	0,001
Kontrollgruppe	86	19,13	4,47			

Tabelle 7.12: Vergleichbarkeit der Projekt- und der Kontrollgruppe bezüglich der Motivation

Motivation	N	MW	s	d	t	p
Projektgruppe	23	21,04	6,21	0,36	1,526	0,13
Kontrollgruppe	86	23,12	5,67			

Tabelle 7.13: Vergleichbarkeit der Projekt- und der Kontrollgruppe bezüglich der Angst/Sorge

Angst/Sorge	N	MW	s	d	t	p
Projektgruppe	23	13,70	4,07	0,41	-1,663	0,099
Kontrollgruppe	86	12,10	4,08			

Tabelle 7.14: Vergleichbarkeit der Projekt- und der Kontrollgruppe bezüglich der Selbstwirksamkeit

Selbstwirksamkeit	N	MW	s	d	t	p
Projektgruppe	23	16,52	4,59	0,15	0,648	0,519
Kontrollgruppe	84[a]	17,23	4,63			

[a] Alle Schüler haben den vollständigen Fragebogen zur Verfügung gehabt. Möglicherweise haben die zwei Schüler, die keinen Wert für die Selbstwirksamkeit angegeben haben, diese im Fragebogen letzte Skala aus Zeitgründen nicht bearbeitet.

Für die Projektgruppe sind die berechneten Mittelwerte bei den Merkmalen Selbstkonzept, Motivation und Selbstwirksamkeit kleiner als diejenigen für die Kontrollgruppe. Demnach sind diese Merkmale bei den Schülern der Projektgruppe stärker (im Sinne von lernförderlichen Einstellungen) ausgeprägt (höheres Selbstkonzept, höhere Motivation, höhere Selbstwirksamkeit). Zugleich zeigen die Schüler der Projektgruppe weniger Angst und Sorge bezüglich ihrer Mathematikleistungen (hier sind die Mittelwerte in der Projektgruppe größer als in der Kontrollgruppe). Ein Vergleich der Nachtestergebnisse sollte daher die vorliegenden Ausprägungen dieser Variablen als Kovariate berücksichtigen.

Die Projektgruppe setzt sich aus 5 Mädchen und 24 Jungen zusammen (Tab. 7.15). Es besteht somit ein signifikanter Unterschied in der Geschlechterverteilung im Vergleich zu der Kontrollgruppe ($\chi^2 = 13{,}36$, df = 1, $p < 0{,}00$).

Tabelle 7.15: Gechlechterverteilung in der Projekt- und in der Kontrollgruppe

Geschlecht	Projektgruppe	Kontrollgruppe	gesamt
Jungen	24	53	77
Mädchen	5	65	70
gesamt	29	118	147

Die folgenden Tabellen zeigen die Unterschiede der Geschlechter in den Testleistungen (Tab. 7.16, Tab. 7.17) und der Bewertung der Aussagen in den Fragebögen (Tab. 7.18 bis Tab. 7.21):

Tabelle 7.16: Gechlechtsspezifische Unterschiede im Diagnosetest

Diagnosetest	N	MW	s	d	t	p
Jungen	74	21,22	4,67	0,69	4,28	< 0,00
Mädchen	65	18,05	3,99			

Tabelle 7.17: Gechlechtsspezifische Unterschiede im Test 6

Test 6	N	MW	s	d	t	p
Jungen	71	33,08	6,28	0,76	4,77	< 0,00
Mädchen	64	27,88	6,41			

Tabelle 7.18: Gechlechtsspezifische Unterschiede bezüglich des Selbstkonzeptes

Selbstkonzept	N	MW	s	d	t	p
Jungen	57	16,51	4,38	0,79	-4,49	< 0,00
Mädchen	52	20,31	4,44			

Tabelle 7.19: Gechlechtsspezifische Unterschiede bezüglich der Motivation

Motivation	N	MW	s	d	t	p
Jungen	71	20,95	5,44	0,62	-3,41	0,001
Mädchen	64	24,58	5,68			

Tabelle 7.20: Gechlechtsspezifische Unterschiede bezüglich der Angst/Sorge

Angst/Sorge	N	MW	s	d	t	p
Jungen	74	13,25	4,56	0,41	2,21[a]	0,03
Mädchen	65	11,56	3,38			

[a] T-Test für ungleiche Varianzen

Tabelle 7.21: Gechlechtsspezifische Unterschiede bezüglich der Selbstwirksamkeit

Selbstwirksamkeit	N	MW	s	d	t	p
Jungen	71	16,02	4,66	0,49	-2,60	0,011
Mädchen	64	18,28	4,28			

Die Ergebnisse legen nahe, auch die geschlechtsspezifische Zusammensetzung der Gruppen in die Beurteilung des durch das Projekt initiierten Lernerfolgs einzubeziehen. Die Tabelle 7.22, in der die Korrelationen der relevanten Variablen dargestellt sind, drückt die komplexen Zusammenhänge aus:

Tabelle 7.22: Korrelationen zwischen den Ergebnissen der Leistungstests und den Ausprägungen der Persönlichkeitsmerkmale unter Berücksichtigung des Geschlechtes

	Jungen 0 /Mädchen 1	Diagnosetest	Test 6	Selbstkonzept	Motivation	Angst-/Sorge	Selbstwirksamkeit
Jungen 0 /Mädchen 1		-,343	-,382	,398	,313	-,206	,246
Diagnosetest			,634	-,507	-,233	,418	-,231
Test 6				-,575	-,274	,432	-,262
Selbstkonzept					,626	-,424	,479
Motivation						-,186	,281
Angst/Sorge							-,204
Selbstwirksamkeit							

Die Testleistungen korrelieren mit den Persönlichkeitseigenschaften in den erwarteten Richtungen. Die Variable Selbstkonzept weist mit den Ergebnissen beider Tests eine mittlere Korrelation ($r > 0.5$) auf, obwohl der Test 6 ca. ein Jahr nach der Fragebogenerhebung eingesetzt wurde. Die in zahlreichen Untersuchungen nachgewiesenen Zusammenhänge zwischen der Mathematikleistung und dem Geschlecht (Mädchen erzielen schwächere Ergebnisse) bzw. den Ausprägungen der Persönlichkeitsmerkmale und dem Geschlecht (Mädchen haben ein geringeres Selbstkonzept, geringe Motivation, höhere Angst/Sorge und eine geringere Selbstwirksamkeit) werden durch diese Untersuchung bestätigt.

7.5.4 Projekteffekt

Auswertungsmethode

Um eine Einschätzung des Projekteffektes zu gewinnen, werden Ergebnisse von drei Kovarianzanalysen vorgestellt. Die Ergebnisse wurden mit SPSS berechnet (Allgemeines Lineares Modell – Univariat):

1. im ersten Schritt werden nur die Vortestleistungen aus den Testergebnissen vom Ende der Klasse 6 herauspartialisiert,
2. da die Leistungen mit Selbsteinschätzungsvariablen korrelieren, wird im zweiten Schritt zusätzlich das Selbstkonzept als Kovariable einbezogen; nur für diese Variable unterscheiden sich die Projektgruppe und die Kontrollgruppe signifikant (vgl. Tab. 7.11),
3. im dritten Schritt wird das Geschlecht als Variable in die Kovarianzanalyse einbezogen, da es zwischen der Leistung und dem Geschlecht deutliche Unterschiede zugunsten der Jungen gibt, und sich die Geschlechterverteilung in der Projektgruppe und in der Kontrollgruppe signifikant unterscheidet.

1.

In der ersten Kovarianzanalyse (Tab. 7.23) werden nur die Unterschiede in den Vortestleistungen (Diagnosetest) aus den Nachtestergebnissen (Test 6) herauspartialisiert.

Tabelle 7.23: Kovarianzanalyse, Projekteffekt unter Kontrolle der Ergebnisse im Diagnosetest

Abhängige Variable: Test 6

Quelle	Quadratsumme vom Typ III	df	Mittel der Quadrate	F	Signifikanz
Korrigiertes Modell	2693,838[a]	2	1346,919	49,559	,000
Konstanter Term	853,883	1	853,883	31,418	,000
Diagnosetest	2138,918	1	2138,918	78,700	,000
Projekteffekt	256,085	1	256,085	9,422	,003
Fehler	3370,099	124	27,178		
Gesamt	126135,000	127			
Korrigierte Gesamtvariation	6063,937	126			

a. R-Quadrat = ,444 (korrigiertes R-Quadrat = ,435)

Wie die Korrelationen bereits vermuten ließen, besteht ein deutlicher Leistungsunterschied der Gruppen im Diagnosetest. Dennoch bleibt bei Berücksichtigung dieser Eingangsunterschiede der Nachtestunterschied zwischen Projekt- und Nicht-Projektgruppe signifikant (p = 0,003).

2.

Neben der Vortestleistung unterschieden sich die Gruppen im Selbstkonzept signifikant, der Unterschied der Nachtestleistungen zugunsten der Projektgruppe bleibt aber überzufällig (Tab. 7.24). Die Projektgruppe schneidet im Nachtest auch bei Berücksichtigung von Vortestleistung und Selbstkonzept signifikant besser ab (p = 0,041).

Tabelle 7.24: Kovarianzanalyse, Projekteffekt unter Kontrolle der Ergebnisse im Diagnosetest und des Selbskonzeptes

Abhängige Variable: Test 6

Quelle	Quadratsumme vom Typ III	df	Mittel der Quadrate	F	Signifikanz
Korrigiertes Modell	2722,002[a]	3	907,334	38,075	,000
Konstanter Term	770,750	1	770,750	32,343	,000
Selbstkonzept	265,740	1	265,740	11,151	,001
Diagnosetest	962,305	1	962,305	40,381	,000
Projekteffekt	102,199	1	102,199	4,289	,041
Fehler	2216,225	93	23,830		
Gesamt	95081,000	97			
Korrigierte Gesamtvariation	4938,227	96			

a. R-Quadrat = ,551 (korrigiertes R-Quadrat = ,537)

3.
Obwohl das Geschlecht als zusätzliche Kovariable keinen zusätzlichen signifikanten Beitrag zur Varianzaufklärung im Gesamtmodell leistet, ist der Nachtestunterschied von Projektgruppe und sonstiger Schülergruppe nicht mehr signifikant, wenn Unterschiede zwischen Projektgruppe und der Kontrollgruppe in der Vortestleistung, dem Selbstkonzept und dem Geschlecht berücksichtigt werden. Insgesamt erklärt dieses Modell 56,5% der Varianz in den Ergebnissen im Test 6 .

Tabelle 7.25: Kovarianzanalyse, Projekteffekt unter Kontrolle der Ergebnisse im Diagnosetest, des Selbskonzeptes und des Geschtechtes

Abhängige Variable: Test 6

Quelle	Quadratsumme vom Typ III	df	Mittel der Quadrate	F	Signifikanz
Korrigiertes Modell	$2788,324^a$	4	697,081	29,830	,000
Konstanter Term	822,188	1	822,188	35,184	,000
Selbstkonzept	212,381	1	212,381	9,088	,003
Diagnosetest	793,191	1	793,191	33,943	,000
Geschlecht	66,321	1	66,321	2,838	,095
Projekteffekt	64,005	1	64,005	2,739	,101
Fehler	2149,903	92	23,369		
Gesamt	95081,000	97			
Korrigierte Gesamtvariation	4938,227	96			

a. R-Quadrat = ,565 (korrigiertes R-Quadrat = ,546)

In weiteren Analysen ist die obige Kovarianzanalyse separat für Mädchen und Jungen durchgeführt worden. In der Gruppe der Jungen spielt das Selbstkonzept keine Rolle: Der Unterschied der Test 6-Leistungen zwischen Projektgruppe und den anderen Schülern ist unter Berücksichtigung der Ausgangsleistung im Diagnosetest nicht signifikant. Ein anderes Ergebnis zeigt sich für die Mädchen: Das Selbstkonzept leistet neben der Vortestleistung einen signifikanten Beitrag zur Varianzaufklärung im Gesamtmodell. Der Leistungsunterschied im Test 6 zwischen den Mädchen in der Projektgruppe und den anderen Schülerinnen bleibt trotz der geringen Anzahl der Mädchen im Projekt signifikant.

Die Grafik 7.26 illustriert die schwer zu deutenden Zusammenhänge. Die Anzahlen der Schülerinnen und Schüler in den vier Gruppen sind jeweils separat für den Diagnosetest (N_Diag) und für den Test 6 (N_T6) angegeben. Es ist zu berücksichtigen, dass die ansteigenden Linienzüge auf Grund der unterschiedlichen Tests nicht von vornherein als positive Leistungsentwicklung überinterpretiert werden dürfen, sondern nur im Vergleich zu deuten sind. Für Jungen öffnet sich die Schere der Testleistungen zwischen den Gruppen leicht. Die Mädchen der Projektgruppe zeigen demgegenüber einen ganz erheblichen Zuwachs. Anscheinend haben die Mädchen vom Projekt mehr profitiert als die Jungen.

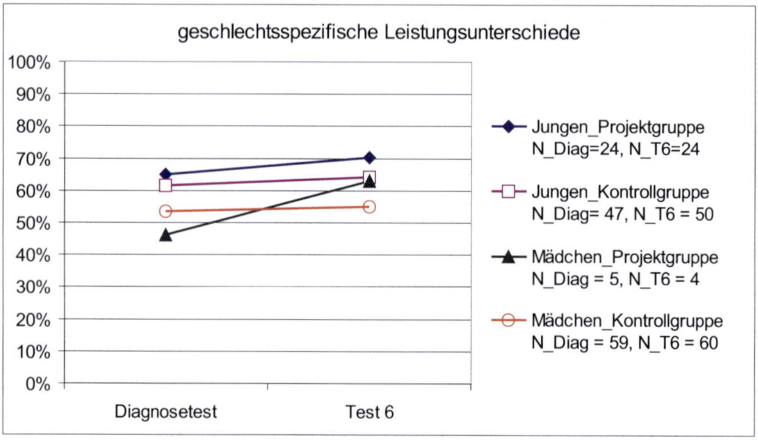

Abbildung 7.26: Geschlechtsspezifische Unterschiede in den Ergebnissen der Leistungstests

7.5.5 Fazit

Die Auswertung der vorliegenden Daten zeigt, wie schwierig es ist, im Kontex der komplexen Rahmenbedingungen ein Projekteffekt im Lernerfolg der Schüler nachzuweisen. Die Auswertung ist dadurch erschwert, dass für die Erfassung der Effekte eines besonderen Lehrgangs der Schüler, die sich für einen Wahlpflichtkurs entschieden haben, nur ihre Leistungen im curricularen Mathematikunterricht vorliegen. Unter diesen Bedingungen muss der Projekteffekt durch einen inhaltlichen und situativen Transfer begleitet werden.

Die geschlechtsspezifische Zusammensetzung der Projektgruppe unterscheidet sich deutlich von der des Jahrgangs. Signifikante Unterschiede zugunsten der Jungen zeigen sich in der gesamten untersuchten Stichprobe sowohl in den beiden mathematischen Tests als auch in den untersuchten Persönlichkeitsmerkmalen (Selbstkonzept, Motivation, Angst/Sorge, Selbstwirksamkeit). Der Unterschied in der Zusammensetzung der Projektgruppe ist daher eine Erklärungsvariable für ihre besseren Nachtestergebnisse. Ein erwarteter Projekteffekt zeigt sich also in den mathematischen Leistungen der Lernenden nicht. Nach den zahlreichen Beispielen für die Hindernisse bei der Implementation des Projektes im Unterricht ist dieses Ergebnis nicht überraschend.

7.6 Zusammenfassung und Diskussion der Ergebnisse

Das Ziel des 7. Kapitels war, Ergebnisse zu dokumentieren und zu analysieren, die mit der Implementation der Unterrichtsreihe „Von Anweisungen zu Funktionen" erreicht wurden. Auch wenn in diesem Kapitel beeindrückende Schülerleistungen präsentiert werden konnten, mussten auch Hindernisse bei der Implementation aufgedeckt werden. Im Folgenden sollen daher beide Aspekte komplementär zusammengefasst und diskutiert werden.

Es war nicht das Ziel der vorliegenden Arbeit, eine quantitative Auswertung bezüglich der aufgedeckten Hindernisse bei der Implementation zu dokumentieren. Mit der Nennung der aufgedeckten Hindernisse wurde das Ziel verfolgt, zum einen die Schwierigkeiten der Schüler zu erklären, zum anderen sollten dadurch hypothetische Mechanismen herausgearbeitet werden, die eine Unterrichtsverbesserung behindern. Ein Bild des Unterrichts, das sich auf Grund der aufgedeckten Hindernisse ergibt, ist in dem Sinne nicht vollständig, dass es gezielt solche Unterrichtsmerkmale hervorhebt, die kritisch zu betrachten sind. Von diesem Bild setzt sich sehr deutlich die im Abschnitt 7.4.2.2 beispielhaft analysierte Unterrichtssequenz ab. Anhand dieser Unterrichtsszene sind Gelingensfaktoren für einen kognitiv fruchtbaren, konstruktiven Umgang mit Schülerfehlern dargelegt worden. Diese Unterrichtsstunde zeigt, dass es durchaus möglich ist, die Schüler – trotz ihrer nicht elaborierten Sprache – zum Thematisieren einer Wechselwirkung zwischen dem Dargestellten und dem damit Gemeinten oder dabei Vorgestellten anzuregen und mit ihnen einen Nutzen aus dieser Auseinandersetzung zu gewinnen.

Im Abschnitt 7.2.1 sind Unterrichtssequenzen zur Besprechung einer komplexen Modellierungsaufgabe analysiert worden. Diese Analyse deckt folgende Probleme bei der Implementation auf: Kleinschrittiges Vorgehen bei der Bearbeitung komplexer Aufgaben und Vernachlässigung der Selbstständigkeit der Lernenden beim Interpretieren und beim Präzisieren eines vorliegenden Aufgabentextes. Beide Unterrichtsmerkmale deuten darauf hin, dass die Idee des Denkens in Funktionen im Unterricht nicht umgesetzt worden ist. Die videografierten und analysierten Unterrichtssequenzen zeigen keine Indizien für die Sorge der Lehrkraft dafür, dass die Lernenden Funktionen als kognitive Werkzeuge bei der Analyse eines Aufgabentextes und bei der Konstruktion eines mentalen Modells zu dieser Aufgabe nutzen lernen. Dem durchgeführten Projekt lag die Idee zu Grunde, durch eine Stärkung des Denkens in Funktionen die Fähigkeiten der Lernenden zur Bewältigung der Aufgabenanforderungen zu fördern, die mit dem Merkmal „hohe sprachlogische Komplexität" beschrieben werden, zu fördern. In der Unterrichtspraxis ist jedoch nur wenig von dieser Idee zu finden. Bei dem dokumentierten, kleinschrittigen Vorgehen wurde auch der Aufbau des Metawissens bezüglich der Darstellung funktionaler Abhängigkeiten mit Hilfe von Funktionsgleichungen vernachlässigt. Dies kann die Schwierigkeiten der Lernenden erklären, die in Lösungen zu einer Klassenarbeit und zu dem Kurztest „Rechengeschichten" festgestellt wurden.

Ein unproduktiver Umgang mit aufgetretenen Fehlern beim Formalisieren zeigt sich dadurch, dass bei deren Korrektur ein Bezug zur Deutung dieser Notationen sowie das Thematisieren dessen, inwieweit das Geschriebene dem Gemeinten entspricht und inwieweit das Gemeinte und der Aufgabentext übereinstimmen, fehlen. Diese Vorgehensweise verhindert die Entwicklung der Formalisierungskompetenzen der Lernenden – ihrer Fähigkeiten zum Abstrahieren und Formalisieren einerseits sowie zum Erfassen und abstrakten Vorstellen formaler Ausdrücke andererseits.

Weitere Hindernisse bei der Implementation sind im Abschnitt 7.3.1 im Kontext der Analyse der Bearbeitung von Rechengeschichten dargelegt worden. Hierzu gehören das bei der Lehrkraft fehlende Verständnis von Formalisierung von Wissen als eine kognitive Tätigkeit, die das Denken der Lernenden entlastet, sowie eine seitens der Lehrkraft nicht konsequente und nicht bindende Benutzung des Fachvokabulars. Eine Frage, die sich bei der Unterrichtsanalyse aufdrängt, aber auf Grund der analysierten Transkripte nicht eindeutig beantwortet werden kann, ist: Ist das Verhalten der Lehrkräfte Ausdruck ihres mangelhaften mathematischen und mathematikdidaktischen Wissens oder aber Ausdruck ihrer Überzeugungen, dass Formalisierung zu schwer für diese Lerngruppe ist und daher der Formalisierungsprozess in kleine Schritte zerlegt werden soll? Bei der vorgenommenen Zerlegung wird jedoch die Selbsttätigkeit der Lernenden beim Präzisieren und beim Formalisieren sehr stark eingeschränkt. Es drängt sich die Vermutung auf, dass dieses Verhalten auf ein komplexes Verständnisproblem der Lehrkräfte zurückzuführen ist – sowohl bezüglich der Anforderungen und Ziele der Innovation als auch bezüglich der mathematischen Inhalte, die in der Unterrichtsreihe „Von Anweisungen zu Funktionen“ bearbeitet werden sollen.

Vor dem Hintergrund dieser Hindernisse bei der Implementation sind die Schülerleistungen zu betrachten, die in diesem Kapitel anhand der Schülereigenproduktionen und der Unterrichtsbeiträge dokumentiert worden sind.

Die im Abschnitt 7.2.2 analysierten Klassenarbeitsergebnisse zeigen, dass ein Großteil der Lernenden adäquate Vorstellungen zu funktionalen Abhängigkeiten konstruiert hat. Auf die Wirksamkeit dieser Vorstellungen deuten korrekte Schülerlösungen, in denen umgangssprachlich formulierte funktionale Zusammenhänge mit Hilfe von RM-Programmen formal dargestellt sind – dies gelingt etwa 80% der Schüler. Diesen Schülern ist es also gelungen, auf der Basis ihrer eigenen Handlungsvorstellungen, ein Rahmenkonzept zum Erfassen und zum Darstellen funktionaler Abhängigkeiten aufzubauen. Die im Abschnitt 7.3.2 analysierten Ergebnisse zum Kurztest „Rechengeschichten“ zeigen, anders als die Ergebnisse zu der Klassenarbeit, dass es nur 22% der Schüler gelingt, einen umgangssprachlich beschriebenen funktionalen Zusammenhang mit Hilfe eines RM-Programms korrekt zu beschreiben. Dies kann jedoch nicht als Indiz für das fehlende Verständnis funktionaler Zusammenhänge überinterpretiert werden. Vielmehr deuten die fehlerhaften Lösungen eher auf ein fehlendes Monitoring in Bezug auf die Syntax der RM-Sprache.

Deutliche Schwierigkeiten der Lernenden zeigen sich, sowohl in den Lösungen zu der analysierten Klassenarbeit als auch in dem Test „Rechengeschichten“, beim Beschreiben funktionaler Zusammenhänge mit Hilfe einer Funktionsgleichung. Mit steigender Anforderung an ihre Selbstständigkeit beim Aufstellen einer Funktionsgleichung scheinen diese Schwierigkeiten immer größer zu werden. Dies deutet jedoch nicht auf das Fehlen eines grundlegenden Verständnisses von Funktionen hin. Vielmehr ist dies ein Zeichen für ein mangelndes Metawissen bezüglich der Syntax der Notationsform. Der Unterricht zeigt diesbezüglich Vernachlässigungen.

Auf Grund der Lösungen zu der Klassenarbeit ist positiv zu bewerten, dass knapp 14% der Lernenden einen komplexen, umgangssprachlich beschriebenen Zusammenhang hinsichtlich einer funktionaler Abhängigkeit analysieren und diese Abhängigkeit mit Hilfe einer Funktionsgleichung einer zweistelligen Funktion darstellen können. Zufriedenstellend ist auch, dass mehr als 30% der Schüler in ihren Lösungen zum Kurztest „Rechengeschichten“ die Fähigkeit gezeigt haben, komplexe funktionale Zusammenhänge zu erfassen und die Komplexität dieser Zusammenhänge korrekt formal zu beschreiben. Berücksichtigt man die aufgedeckten Hindernisse bei der Implementation, dann drängt sich die Vermutung auf, dass diese Fähigkeit bei einer größeren Anzahl der Lernenden hätte erreicht werden können, wenn im Unterricht stärker die Denkprozesse der Schüler fokussiert worden wären – wenn also das unterrichtliche Handeln der Lehrperson als ein kognitionstheoretisch fundiertes, also ein kognitionsorientiertes Lehren hätte bezeichnet werden können.

Zusammenfassend ist auf Grund der analysierten Ergebnisse festzuhalten, dass sie Indizien für die erwünsche Wirksamkeit des entwickelten Unterrichtskonzeptes in Bezug auf die Fähigkeiten der Lernenden zeigen. An exemplarischen Schülerlösungen sind ihre Fähigkeit zu funktionalen Betrachtungsweisen sowie ihre Vorstellungen zu funktionalen Abhängigkeiten dargelegt worden. Diese Fähigkeiten und Vorstellungen zeigen sich bei der Sinnentnahme aus einem umgangssprachlich formulierten Aufgabentext als hilfreich. Eine verständige Handhabung von Funktionsgleichungen als eine Notationsform zum Darstellen funktionaler Zusammenhänge erfordert, dass im Unterricht mehr Wert auf die Konstruktion, die Organisation und die Selbstständigkeit der Lernenden bei der Benutzung des Wissens über diese Notation gelegt wird.

Im Abschnitt 7.3.1 sind anhand von Verhaltensweisen und Unterrichtsbeiträgen exemplarisch die erwünschten Veränderungen im kognitiven mathematischen Betriebssystem der Lernenden gezeigt worden. Nennenswert ist das Bewusstsein der Lernenden, dass Formalisierung hilfreich ist, um einen umgangssprachlich formulierten Text besser zu verstehen. Es wurde gezeigt, dass Lernende die Formalisierung nicht als Selbstzweck, sondern als eine Unterstützung für ihre mathematischen Aktivitäten beim Lösen mathematischer Aufgaben empfinden und dass sich dabei die auf der Basis der Unterrichtsreihe konstruierten Modellvorstellungen der Lernenden zu dem abstrakten mathematischen Begriff „Variable“ unterstützend für die Denkprozesse erweisen.

Um mögliche Veränderungen in Leistungszuwächsen der Lernenden als eine Form des Projekteffektes zu erfassen, wurden im Abschnitt 7.5 Ergebnisse aus zwei Leistungstests herangezogen. Diese Tests wurden im regulären Mathematikunterricht in allen Klassen 6 der Partner-Realschule, in der das Implementationsprojekt realisiert wurde, eingesetzt. Der zu erwartende Projekteffekt zeigt sich in dem mathematischen Leistungen der Lernenden der Projektgruppe nicht. Nach den zahlreichen Beispielen für die Hindernisse bei der Implementation ist dieses Ergebnis nicht überraschend. Es zeigt, dass kein inhaltlicher und kein situativer Transfer der in dem Projekt gezielt geförderten Schülerfähigkeiten in den regulären Mathematikunterricht stattgefunden hat.

Ein erwähnenswertes Ergebnis zeigt sich bei der geschlechtsspezifischen Analyse der Testleistungen in der Projektgruppe und in der Kontrollgruppe: Für Jungen öffnet sich die Schere der Testleistungen zwischen den Gruppen (zugunsten der Jungen der Projektgruppe) leicht. Die Mädchen der Projektgruppe zeigen demgegenüber einen ganz erheblichen Zuwachs im Vergleich zu den Mädchen der Kontrollgruppe. Die Schülerinnen der Projektgruppe haben in Bezug auf ihre mathematischen Leistungen mehr profitiert als die Schüler der Projektgruppe. Wegen der geringen Anzahl der Schülerinnen in der Projektgruppe lassen sich hier kaum zufriedenstellende Erklärungen auf Grund ihres Verhalten im Unterricht oder auf Grund ihrer schriftlichen Arbeiten formulieren.

Kapitel 8

Schluss

Das Kernziel der vorliegenden Arbeit war, die Wirksamkeit einer Innovation zur Verbesserung des Mathematikunterrichts in einer Realschule zu dokumentieren, zu analysieren und zu erklären. In diesem Projekt wurde versucht, möglichst frühzeitig die Prozesse der Konstruktion, Organisation und Verwendung von mathematischem Wissen der Lernenden durch eine geeignete stoffdidaktische Ausrichtung der Unterrichtsinhalte des Mathematikunterrichts zu unterstützen. Es sollte erreicht werden, dass das Wissen der Schüler vernetzt aufgebaut und dass der Zugriff darauf erleichtert wird. Das stoffdidaktische Ziel war die Fundierung des Funktionsbegriffs im Mathematikunterricht, verbunden mit einer Förderung des funktionalen Denkens der Schüler.

Die Innovation wurde in dieser Arbeit als ein Implementationsprozess betrachtet, in dem wissenschaft fundierte Erkenntnisse in die Unterrichtspraxis umzusetzen sind. Die Herausarbeitung eines aussagekräftigen Bildes der Implementation war ein zweites Ziel der Arbeit. In diesem Bild sollten insbesondere die aufgedeckten Hindernisse bei der Implementation transparent dargestellt werden. Eine tiefgründige Analyse der aufgedeckten Hindernisse soll zum einen zur Erklärung der Wirksamkeit der Innovation und der Lernergebnisse der Lernenden beitragen, zum anderen sollen auf Grund dieser Hindernisse hypothetische Mechanismen herausgearbeitet werden, die die angestrebte Unterrichtsverbesserung behindert haben. Hierfür war eine Untersuchung der Tiefenstruktur des Unterrichts notwendig.

Mit zahlreichen Beispielen aus dem analysierten Unterrichtsgeschehen wurde die Hypothese begründet, dass das „Steinige“ an dem Weg der erwünschten Unterrichtsentwicklung darin bestand, von einer vermeintlichen zu einer tatsächlichen Veränderung des Unterrichts zu gelangen: von einer Veränderung der Sichtstruktur des Unterrichts und einer nur scheinbaren Veränderung seiner Tiefenstruktur zu der intendierten Veränderungen der Letzteren.

Die Erkenntnisse, die aus der Implementationsanalyse gewonnen und in den einzelnen Kapiteln der vorliegenden Arbeit vermittelt wurden, werden im Folgenden komplementär dargestellt.

In Abschnitt 6.7 wurden Schwierigkeiten verdeutlicht, die sich während der Realisierung der Innovation erst auf den zweiten Blick dargestellt haben. Bei der Analyse der unterrichtlichen Interaktionen wurde durch Anwendung eines Kategoriensystems ein Muster herausgearbeitet, das die Implementationsschwierigkeiten durchsichtig macht. Vereinfacht kann das Muster so beschrieben werden: Die Lehrkraft fordert zu anspruchsvollen metakognitiven oder diskursiven Aktivitäten auf. Ihr Verhalten entspricht also den Anforderungen der Innovation. Die Lernenden setzen jedoch diese Aufforderungen nicht um – sie passen ihre Handlungen an eine herausgearbeitete, eigene (nicht adäquate) Deutung dieser Aufforderungen an. Die Lehrkraft nimmt die Diskrepanz zwischen dem angestrebten und dem tatsächlich praktizierten Verhalten der Schüler nicht wahr und äußert dazu keine Kritik. Dieses Muster deutet auf eine im Kern nicht adäquate Implementation der Innovation in die Unterrichtspraxis hin.

Es wurde die Vermutung begründet, dass diesem Muster ein auf die Anforderungen und intendierten Ziele der Innovation bezogenes Verständnisproblem seitens der Lehrkräfte zu Grunde liegt. Das Verständnisdefizit der Lehrpersonen bezieht sich auf die zu unterrichtenden mathematischen Inhalte (fehlendes mathematisches Wissen) und auf die Art und Weise, wie diese Inhalte für die intendierte Förderung mathematischer Aktivitäten und der angestrebten Fähigkeiten den Lernenden genutzt werden können (fehlendes mathematikdidaktisches Wissen).

Weitere Hindernisse bei der Implementation wurden in Kapitel 7 dargelegt. Dieses Kapitel dokumentiert das Verfehlen der Innovationsidee, das Denken der Realschüler in Funktionen zu stärken. Ein Indiz für dieses Verfehlen ist das kleinschrittige Vorgehen der Lehrkräfte bei der Besprechung und Bearbeitung komplexer Modellierungsaufgaben. Bei diesem Vorgehen wurde die Benutzung von Funktionen als Werkzeuge zur Antizipation und Sinnentnahme aus einem Aufgabentext vernachlässigt. Diese Vernachlässigung zeigte sich im Fehlen an Fragen zur Analyse eines Aufgabentextes hinsichtlich der Komplexität der in ihm dargestellten funktionalen Zusammenhänge sowie hinsichtlich der Werkzeuge (Funktionen), mit welchen diese Zusammenhänge präzise beschrieben und formal dargestellt werden können. Der Anwendung von Funktionen als Berechnungsprozeduren und dem Einschleifen von Techniken für eine solche Anwendung wurde im Unterricht mehr Aufmerksamkeit beigemessen als dem Denken in Funktionen, dem analytischen Operieren mit Funktionen und dem darauf bezogenen Metawissen. Die Lehrkräfte bewegten sich überwiegend auf der Objektebene und nich auf der Metaebene. Ein bei den Lehrkräften fehlendes Verständnis von Formalisierung von Wissen als eine kognitive, das Denken der Lernenden unterstützende Aktivität ist ein weiteres Hindernis bei der Implementation. Es war für die Lehrkräfte schwierig, die Formalisierungsaktivitäten bei den Lernenden als eine kognitive Leistung wahrzunehmen, wertzuschätzen und gezielt zu fördern.

Im Folgenden wird der Frage nach Ursachen für dieses Verständnisproblem nachgegangen. Dabei wird Bezug auf die Erkenntisse aus dem Abschnitt 2.3 sowie aus den Kapiteln 5 und 6 genommen.

In Abschnitt 2.3 wurden u. a. die Ergebnisse aus der Studie COACTIV bezogen auf die Realschullehrkräfte für das Unterrichtsfach Mathematik analysiert. Diese Ergebnisse deuten auf ein relativ niedriges Niveau des Fachwissens und des fachdidaktischen Wissens der Realschullehrkräfte hin, sodass man vermuten kann, dass das empirisch nachgewiesene Wissensdefizit zu den Implementationsschwierigkeiten beigetragen hat: Das fachdidaktische Wissen, also „das Wissen, das zum 'Verfügbarmachen' mathematischer Inhalte erforderlich ist“ (Brunner et al., 2006b, S. 524), gespeist durch das Fachwissen, beeinflusst nämlich die Art und Weise, wie eine Lehrkraft mit den im Unterricht eingesetzten Unterrichtsmaterialien umgeht, um Lernprozesse ihrer Schüler zu fördern. Zu den Facetten des fachdidaktischen Wissens gehören u. a. die Fähigkeiten zum Erkennen, zur Analyse sowie zum Vorhersagen von typischen Fehlern und Schwierigkeiten der Lernenden, insbesondere also auch die Fähigkeit, Fehler und Fehlvorstellungen unterscheiden zu können. Vermutlich verstärkte das schon in COACTIV beschriebene Wissensdefizit der Realschullehrkräfte ihr Verständnisproblem in Bezug auf die Anforderungen und auf die intendierten Ziele der Implementation.

Die Konsequenzen dieses Verständnisproblems zeigten sich in dem herausgearbeiteten Muster in den Interaktionen zwischen der Lehrkraft und den Lernenden und in einer nur scheinbaren Veränderung des Unterrichts, was die Unterrichtssequenzen in den Kapiteln 5 und 6 darlegen.

Vergegenwärtigt man sich an dieser Stelle, dass Lehrkräfte die wichtigsten Akteure bei der Implementation eines entwickelten Unterrichtskonzeptes sind, dann kann man die Suche nach möglichen Ursachen für die Implementationsschwierigkeiten um einen weiteren Schritt ergänzen, und zwar um diesen, der der Implementation vorangeht – um die Vorbereitung der Lehrkräfte auf die Implementation.

Die in den Kapiteln 5 und 6 durchgeführte Unterrichtsanalyse führt u. a. zum Schluss, dass wichtige – in der hier dokumentierten Innovation vernachlässigte – Aspekte der Unterrichtsentwicklung darin zu sehen sind, das Wissen der Lehrpersonen so zu beeinflussen, dass es im Unterricht handlungsleitend wirkt, sowie das Verständnis der Ziele und der Maßnahmen (sowohl in fachlicher als auch in fachdidaktischer Hinsicht) bei den Lehrkräften sicher zu stellen. Ein Versuch, dies zu erreichen, wurde unternommen. Das 4. Kapitel stellt zahlreiche flankierende Maßnahmen dar, die für die Vorbereitung und Unterstützung der Lehrkräfte konzipiert worden waren. Es drängt sich daher die Frage auf, ob es sich hier wirklich um eine Vernachlässigung handelt, oder aber um eine prinzipielle Schwierigkeit, das Wissen, das Handeln und die Überzeugungen der Lehrkräfte wirksam und nachhaltig verändern zu können (vgl. Lipowsky, 2004, S. 462; Gräsel und Parchmann, 2004b, S. 200). Diese Frage kann im Rahmen der vorliegenden Arbeit nicht beantwortet werden, weil das Coachinggeschehen keiner detaillierten und auf wissenschaftlichen Erkenntnissen basierenden Analyse unterzogen wurde. Es erscheint jedoch plausibel, dass die geringe Wirksamkeit der Vorbereitung der Lehrkräfte auf die Implementation durch die Schwierigkeiten einer nachhaltigen Veränderung von Überzeugungen und Handlungen der Lehrpersonen zu erklären ist.

Im Unterricht haben die Lehrkräfte versucht, sich mit ihrem Verhalten und mit ihren Äußerungen an die Form der Innovation anzupassen, aber trotzdem waren – bezogen auf den Lernprozess der Schüler – keine Wirkungsmechanismen zu sehen. Unterrichtsbeispiele aus dem Kapitel 7 zeigen, dass es gelungen ist, trotz der Implementatiosschwierigkeiten, die angestrebten kognitiven Veränderungen bei den Lernenden in gewissem Maße zu initiieren.

Die Vermutungen bezüglich der geringen Wirskamkeit der realisierten Coachingmaßnahmen lassen sich mit Hilfe das Evaluationsmodells von Kirkpatrick und Kirkpatrick (2005) verdeutlichen. Im Folgenden werden die vier Stufen dieses Modells – angepasst an ein Lehrercoaching und die mit ihm angestrebten Veränderungen im Unterricht – dargestellt. Das relativ alte, aber leicht verständliche und an konkrete Vorhaben anpassbare Modell wird immer noch in vielen Evaluationsvorhaben oder sogar in der Planung von Trainingsprogrammen benutzt. Das Modell von Kirkpatrick und Kirkpatrick beschreibt Wirkungen eines Trainingsprogramms auf den folgenden vier Stufen:

1. „reaction“: Ein Trainingsprogramm (Coaching) kann bei Lehrpersonen unterschiedliche Reaktionen in Bezug auf die Teilnahme an ihm auslösen. Die Ebene beschreibt z. B. inwieweit die Teilnahme an dem Coaching als wichtig empfunden wird.

2. „learning“: Ein Trainingsprogramm kann und soll bewirken, dass die Teilnehmer am Coaching etwas gelernt haben. Diese Ebene beschreibt, in welchem Maße sich das Wissen, die deklarierten Einstellungen und die Fertigkeiten der Teilnehmer geändert haben. Ein Effekt auf dieser Ebene kann z. B. sein, dass die Lehrkräfte nach dem Training wissen, mit welchen Methoden sie eine diskursive Unterrichtskultur ansteuern können, wodurch sich ein verständnisvoller Umgang mit Schülerfehlern auszeichnet oder was der Unterschied zwischen einem Fehler und einer Fehlvorstellung ist.

3. „behaviour“: Das Gelernte (Stufe 2) soll in die Praxis umgesetzt werden. Die dritte Ebene erfasst die antizipierten Erfolge einer Verhaltensänderung. Bezogen auf die Unterrichtspraxis beschreibt diese Ebene, in welchem Ausmaß das Wissen aus dem Trainingsprogramm tatsächlich das Verhalten der Lehrpersonen bei der Planung, Durchführung und Auswertung von Unterricht im Sinne des Coachings beeinflusst.

4. „results“: Auf dieser Ebene interessiert, ob das übergeordnete Ziel des Trainingsprogramms erreicht wurde. Bezogen auf den Unterricht sind hier die angestrebten Kompetenzen / Lernergebnisse der Schüler zu betrachten. Eine Fortbildung der Lehrkräfte soll zur Verbesserung der Lernergebnisse der Schüler beitragen.

Bei der Implementation wurden in der Unterrichtspraxis solche Verhaltensweisen der Lehrpersonen betrachtet, die in der Form den Zielen der Innovation entsprechen. Man könnte daher der Meinung sein, dass bedeutsame Wirkungen auf der Ebene 3 dieses Modells erreicht wurden. Die in vielen Fällen aufgedeckte Wirkungslosigkeit der Verhaltensweisen ist vermutlich darauf zurückzuführen, dass die notwendigen Lernprozesse auf der zweiten Ebene nur scheinbar gelungen waren. Deklarierte veränderte Einstellungen der Lehrpersonen hinsichtlich der Innovation und ihr Wissen über die Innovation sind nicht von alleine wirksam und implizieren noch nicht den intendierten Implementationserfolg. Es ist durchaus schwierig, die Wissensbestände der Lehrkräfte durch Coachingmaßnahmen so aufzubauen, dass sie im Unterricht handlungsleitend wirken.

In diese Überlegungen passt sich gut der Gedanke aus Kapitel 5 ein: In der Einleitung 5.1 wurde am Beispiel einer Untersuchung zum Unterrichtsmonitoring (Gärtner, 2008) ein in der Literatur zwar oft diskutiertes, aber in der Tiefe nicht herausgearbeitetes Phänomen des Bemühens um die Verbesserung der Unterrichtsqualität erwähnt: Trotz eines signifikanten Anstiegs an modernen Formen der Unterrichtsgestaltung, Formen anspruchsvollen Übens, Formen der Leistungsermittlung und Differenzierung sowie einer Veränderung der Aufgabenkultur konnte in dem Projekt von Gärtner die angestrebte Verbesserung in methodischen, personalen und sozialen Kompetenzen der Lernenden nicht erreicht werden. Hier hat sich der erwartete Programmeffekt nicht gezeigt (ebd., S. 146). Dieses Phänomen in der Unterrichtsentwicklung ist keine Besonderheit des Mathematikunterrichts. Im Rahmen des Projektes „Chemie im Kontext" wurde ein Zusammenhang zwischen den Ergebnissen der Schüler in einem Wissenstest und den durch die Lehrkräfte dargestellten und beschriebenen Schüler- und Lehreraktivitäten untersucht. Mit diesem Test wurden kognitive Aktivitäten erfasst, die in dem Projekt „Chemie im Kontext" besonders gefördert werden sollten. Zwischen den Testergebnissen und der Art der Schüler- oder Lehreraktivitäten im Unterricht wurden ebenfalls keine signifikanten Zusammenhänge festgestellt (Steinhoff, 2004, S. 127ff.). Merkmale des Unterrichts, die die Lernprozesse und den Lernerfolg der Schüler beeinflussen, sind offenbar nicht in der Sichtstruktur des Unterrichts angesiedelt. Es bedarf daher einer Analyse von Feinheiten des Unterrichtsgeschehens – einer Analyse der Tiefenstruktur des Unterrichts. Eine Innovation muss deshalb als ein Implementationsprozess und nicht nur lokal als Inputmaßnahmen und Outputprodukte betrachtet und zum Forschungsgegenstand herangezogen werden.

Die Mechanismen, die die Schwierigkeiten bei der Implementation von forschungsbasierten Erkenntnissen in die Unterrichtspraxis erklären, sind – wie die vorstehenden Ausführungen zeigen – vielschichtig: Die unterrichtlichen Interaktionen deuten auf ein Defizit im mathematischen und mathematikdidaktischen Wissen der Lehrkräfte hin. Wegen zahlreicher Schwierigkeiten, das Wissen und Handeln der Lehrkräfte durch Coachingmaßnahmen zu beeinflussen, ist es nicht gelungen, das Verständnisdefizit der Lehrpersonen zu beheben und ein transferfähiges Wissen aufzubauen. Dafür spricht eine nur scheinbare Veränderung der Tiefenstruktur des Unterrichts: Die Lehrkräfte haben neue Inszenierungsmuster für die Gestaltung ihres Unterrichts herausgearbeitet. Diese Muster wurden aber ohne einen wirksamen Einfluss auf die Denk- und Verstehensprozesse der Lernenden praktiziert. Bei einer neuen Sichtstruktur des Unterrichts haben sich also die alten Verhaltensmuster abgespielt.

Ein zweites Ziel der vorliegenden Arbeit war, die Wirksamkeit des durchgeführten Projektes – bezogen auf die Leistungen der Schüler – darzulegen und zu erklären. Wegen der aufgedeckten Hindernisse bei der Implementation gewinnt bei diesem Ziel die Anmerkung von Gräsel und Parchman (2004a, S. 199) an Bedeutung: Um ein Innovationsprojekt evaluieren zu können, muss vorher sicher gestellt werden, dass die Implementation tatsächlich erfolgreich war, d. h., dass das Realisierte mit dem Intendierten übereinstimmen muss. Die im 7. Kapitel analysierten Innovationseffekte wurden daher vor dem Hintergrund der beschriebenen Implementationsschwierigkeiten betrachtet.

Der 7. Kapitel zeigt exemplarisch die intendierten Veränderungen in den kognitiven mathematischen Betriebssystemen der Lernenden. Hier sind der Aufbau und die Wirksamkeit eines Funktionen- und eines Formalisierungsframes gemeint. Diese Veränderungen zeigten sich dadurch, dass Lernende ihre Frames in neuen unterrichtlichen Situationen (ohne eine explizite Aufforderung durch die Aufgabenstellung und durch die Lehrkraft) aufrufen konnten. Dies lässt vermuten, dass diese Frames gewisse Selbstverständlichkeit für das Denken der Schüler erreicht haben. Sie wurden z. B. mit dem Ziel aufgerufen, ein mentales Modell zu einer vorliegenden mathematischer Aufgabe aufzubauen und es den Mitschülern zu erklären als auch diese Aufgabe zu präzisieren und formal darzustellen.

Die intendierte Wirksamkeit des durchgeführten Innovationsprojektes ist im Abschnitt 7.3.1 anhand von Verhaltensweisen und Unterrichtsbeiträgen der Lernenen dargelegt. Nennenswert ist die von einem Schüler verbalisierte Erkenntniss, dass Formalisierung hilft, einen umgangssprachlich formulierten Text besser zu verstehen. Es wurde gezeigt, dass Lernende die Formalisierung nicht als Selbstzweck, sondern als eine Unterstützung für ihre mathematischen Aktivitäten beim Lösen von Aufgaben empfunden haben. Bei dieser Tätigkeit waren die auf der Basis der Unterrichtsreihe „Von Anweisungen zu Funktionen" fundierten Handlungsvorstellungen beim Analysieren und Präzisieren funktionaler Abhängigkeiten sowie Modellvorstellungen der Lernenden zu dem mathematischen Begriff „Variable" unterstützend. Die Lernenden haben sie als Hilfsbegriffe für ihre Denkprozesse benutzt.

Die in den Abschnitten 7.2.2 und 7.3.2 analysierten Schülerlösungen zu komplexen Modellierungsaufgaben und zu „Rechengeschichten" zeigen, dass es einem Großteil der Lernenden gelungen ist, auf der Basis ihrer eigenen Handlungsvorstellungen ein Rahmenkonzept zum Erfassen und Darstellen funktionaler Abhängigkeiten aufzubauen und dieses Konzept bei der Analyse eines Aufgabentextes anzuwenden.

Deutliche Schwierigkeiten der Lernenden zeigen sich beim Beschreiben funktionaler Zusammenhänge mit Hilfe einer Funktionsgleichung. Mit steigender Anforderung an die Selbstständigkeit beim Aufstellen einer Funktionsgleichung waren diese Schwierigkeiten immer größer. Dies deutet jedoch nicht auf das Fehlen eines grundlegenden Verständnisses von Funktionen hin. Vielmehr ist dies ein Zeichen für ein mangelndes Metawissen bezüglich dieser Notationsform. Der Unterricht zeigt diesbezüglich gravierende Vernachlässigungen. Diese Schwierigkeiten können auch eine Konsequenz einer Beschränkung kognitiver Aktivitäten der Lernenden bei der Bearbeitung mathematischer Aufgaben im Klassengespräch sein.

Um mögliche Veränderungen in Leistungszuwächsen der Lernenden als eine Form des

Projekteffektes zu erfassen, wurden im Abschnitt 7.5 Ergebnisse aus zwei Leistungstests herangezogen. Diese Tests wurden im regulären Mathematikunterricht in allen Klassen 6 der Partner-Realschule, in der das Implementationsprojekt realisiert wurde, eingesetzt. Der erwartete Projekteffekt hat sich in den mathematischen Leistungen der Lernenden der Projektgruppe nicht gezeigt. Nach den zahlreichen Beispielen für die Hindernisse bei der Implementation ist dieses Ergebnis nicht überraschend – es zeigt, dass kein inhaltlicher und kein situativer Transfer der in dem Projekt gezielt geförderten Schülerfähigkeiten in den regulären Mathematikunterricht stattgefunden hat.

Berücksichtigt man die aufgedeckten und dargestellten Hindernisse bei der Implementation, dann drängt sich die Vermutung auf, dass die an exemplarischen Verhaltensweisen und unterrichtlichen Beiträgen der Lernenden belegten erwünschten Veränderungen in ihren kognitiven mathematischen Betriebssystemen bei einer größeren Anzahl der Lernenden hätten erreicht werden können, wenn im Unterricht stärker die Denkprozesse der Schüler fokussiert worden wären – wenn also das unterrichtliche Handeln der Lehrperson als ein kognitionsorientiertes Lehren hätte bezeichnet werden können.

I Die Aufgabe „Hälfte“

Die Aufgabe „Hälfte“ aus dem nationalen Ergänzungstest zu PISA 2000 in Deutschland (Neubrand, 2004, S. 264):

Frage: Wie kann man „die Hälfte der Zahl a“ schreiben? Kreuze jeweils an, ob die Antwort zutrifft!

$\frac{a}{2}$	ja □	nein □
$a - \frac{1}{2}$	ja □	nein □
$\frac{1}{2} \cdot a$	ja □	nein □
$a - \frac{a}{2}$	ja □	nein □
$0,5 \cdot a$	ja □	nein □
$a : \frac{1}{2}$	ja □	nein □
$\frac{1}{2}a$	ja □	nein □

Merkmalsbewertungen der Aufgabe „Hälfte“:
Sprachogische Komplexität – Stufe 0
Kognitive Komplexität – Stufe 1
Formalisierung von Wissen – Stufe 1
Formelhandhabung – Stufe 2

II Aufgaben „Befehlsketten“

Aufgabe „Befehlsketten“
Für das Beispiel 3 + 5 haben Peter, Eva, Maria, und Jan jeweils eine Befehlskette für Robbi geschrieben.

Peter : Nimm ein Stäbchen aus dem roten Register.
Nimm ein Stäbchen aus dem roten Register.
Nimm ein Stäbchen aus dem roten Register.
Lege ein grünes Stäbchen in das grüne Register.
Lege ein grünes Stäbchen in das grüne Register.
Lege ein grünes Stäbchen in das grüne Register.

Eva : Nimm drei Stäbchen aus dem roten Register.
Lege drei grüne Stäbchen in das grüne Register.

Maria : Nimm ein Stäbchen aus dem roten Register.
Lege ein grünes Stäbchen in das grüne Register.
Nimm ein Stäbchen aus dem roten Register.
Lege ein grünes Stäbchen in das grüne Register.
Nimm ein Stäbchen aus dem roten Register.

Lege ein grünes Stäbchen in das grüne Register.

Jan : Lege ein grünes Stäbchen in das grüne Register.
Lege ein grünes Stäbchen in das grüne Register.
Lege ein grünes Stäbchen in das grüne Register.
Nimm ein Stäbchen aus dem roten Register.
Nimm ein Stäbchen aus dem roten Register.
Nimm ein Stäbchen aus dem roten Register.

Nimm Stellung!

Aufgabe „Befehlsketten“ (weiterentwickelte Form)
Für das Beispiel 2 + 5 haben Peter, Eva, Maria, Kai, Corinna, Jan, Luise und Bernd jeweils eine Befehlskette für Robbi geschrieben.

Peter : Nimm ein Stäbchen aus Register 1.
Nimm ein Stäbchen Register 1.
Lege ein Stäbchen in Register 2.
Lege ein Stäbchen in Register 2.

Eva : Nimm zwei Stäbchen aus Register 1.
Lege zwei Stäbchen in Register 2.

Maria : Nimm ein Stäbchen aus Register 1.
Lege ein Stäbchen in Register 2.
Nimm ein Stäbchen aus Register 1.
Lege ein Stäbchen in Register 2.

Kai : Nimm ein Stäbchen aus Register 1 und lege es in die Vorratskiste.
Nimm ein Stäbchen aus Register 1 und lege es in die Vorratskiste.
Nimm ein grünes Stäbchen aus der Vorratskiste und lege es in Register 2.
Nimm ein grünes Stäbchen aus der Vorratskiste und lege es in Register 2.

Corinna : Nimm ein Stäbchen aus Register 1.
Lege ein Stäbchen in Register 2.
Nimm ein Stäbchen aus Register 1.

Jan : Lege ein Stäbchen in Register 2.
Lege ein Stäbchen in Register 2.
Nimm ein Stäbchen aus Register 1.
Nimm ein Stäbchen aus Register 1.

Luise : Nimm ein Stäbchen aus Register 1 und lege es in Register 2.
Nimm ein Stäbchen aus Register 1 und lege es in Register 2.

Bernd : Nimm ein rotes Stäbchen aus Register 1.
Nimm ein rotes Stäbchen aus Register 1.
Lege ein grünes Stäbchen in Register 2.
Lege ein grünes Stäbchen in Register 2.

a) Kreuze die richtige Antwort an:

	versteht Robbi	versteht Robbi nicht
Die Befehlskette von Peter		
Die Befehlskette von Eva		
Die Befehlskette von Maria		
Die Befehlskette von Kai		
Die Befehlskette von Corinna		
Die Befehlskette von Jan		
Die Befehlskette von Luise		
Die Befehlskette von Bernd		

b) Sieh dir noch einmal die Befehlsketten an, die Robbi **nicht** versteht. Unterstreiche diejenigen Stellen, die bewirken, dass er den jeweiligen Befehl nicht versteht.

c) Kreuze die richtige Antwort an. Wenn es dir hilft, kannst du die Arbeit von Robbi ausführen.

	ist richtig	ist falsch
Robbi arbeitet die Befehlskette von Peter ab. Das Ergebnis		
Robbi arbeitet die Befehlskette von Maria ab. Das Ergebnis		
Robbi arbeitet die Befehlskette von Corinna ab. Das Ergebnis		
Robbi arbeitet die Befehlskette von Jan ab. Das Ergebnis		

d) In der vorstehenden Tabelle sind die Befehlsketten von Eva, Kai, Luise und Bernd nicht aufgeführt. Warum nicht?

III Die Aufgabe „Büro-Mieten"

Die Aufgabe „Büro-Mieten" aus der Dritten Internationalen Mathematik- und Naturwissenschaftsstudie (TIMSS), die für die Untersuchung der sogenannten Population 2 – in der Regel Schüler der 7. und 8. Jahrgangsstufe (Baumert et al., 1998, S. 50):

V2. Diese beiden Anzeigen sind in einer Zeitung erschienen in einem Land, in dem die Währungseinheit *zeds* ist.

GEBÄUDE A	**GEBÄUDE B**
Büroräume zu vermieten 85 - 95 Quadratmeter 475 *zeds* pro Monat 100 - 120 Quadratmeter 800 *zeds* pro Monat	Büroräume zu vermieten 35 - 260 Quadratmeter 90 *zeds* pro Quadratmeter pro Jahr

Eine Firma ist daran interessiert, ein 110 Quadratmeter großes Büro in diesem Land für ein Jahr zu mieten. In welchem Bürogebäude, A oder B, sollte sie das Büro mieten, um den niedrigeren Preis zu bekommen? Wie rechnest Du?

IV Transkriptionsregeln

Aus datenschutzrechtlichen Gründen sind die Namen aller Lernenden und Lehrkräften, die an dem untersuchten Projekt teilgenommen haben, anonymisiert worden. Alle Schülerbeiträge und alle Schülerlösungen sind in der vorliegenden Arbeit mit Decknamen versehen.

Alle Transkripte verfolgen folgende Transkriptionsregeln:

1. Unvollständige Sätze werden mit drei Punkten in runden Klammern gekennzeichnet, z. B.:

Bastain: Ich habe (...) Ich habe das nicht verstanden.

2. Nicht vollständig ausgesprochene Worte werden mit einem Bindestrich in Postfixnotation gekennzeichnet, z. B.:

Bastian: Dann ist das ein Syn- ein Syntaxfehler.

3. Satzteile, die akustisch nur schwer zu verstehen sind, werden in runden Klammern notiert, z. B.:

Bastian: Der Roboter (kann) das doch gar nicht verstehen.

4. Satzteile, die akustisch gar nicht verstanden werden können, werden durch „(unverständlich)" gekennzeichnet, z. B.:

Bastian: Er kann das aber trotzdem (unverständlich) ausführen.

5. Für auftretende Pausen ab einer Länge von 2 Sekunden wird im Transkript die Dauer der Pausen in Sekundenangabe in runden Klammern in den Text eingefügt.

6. Kommentare zu einer Situation werden in eckigen Klammern und kursiv vermerkt, z. B.:

L.: Wer von euch will das dritte RM-Programm erklären?
2 *[Niemand meldet sich.]* (4 sec)
Peter: Ich verstehe das Programm nicht. *[Gemurmel]*

7. Wenn mehrere Schüler bzw. auch eine Lehrkraft gleichzeitig sprechen, wird in dem Beitrag des Hauptsprechers das Zwischengesagte in eckigen Klammern notiert, z. B.:

Peter: Wir müssen dem Roboter alles genau [Peter: „Genau!"] sagen.
2 L.: Der Roboter kann immer nur ein Stäbchen aus einem Register nehmen [L.: „Mhm."] und nicht zwei auf einmal.

8. Die Transkriptzeilen jedes Transkriptes werden durchnummeriert. Die Zeilennummern werden nur bei geraden Zeilen notiert.

Literaturverzeichnis

Backmann, D. et al. (1996): *Schnittpunkt 8. Mathematik für Realschulen. Niedersachsen.* Ernst Klett Verlag: Stuttgart 1996.

Baumert, J. (2006): Was wissen wir über die Entwicklung von Schulleistungen? *Pädagogik* 58 (4), S. 40–46.

Baumert, J. et al. (2004): Mathematikunterricht aus Sicht der PISA-Schülerinnen und -Schüler und ihrer Lehrkräfte, S. 314–354. In PISA-Konsortium Deutschland (Hg.): *PISA 2003: Der Bildunsstand der Jugendlichen in Deutschland – Ergebnisse des zweiten internationalen Vergleiches.* Münster: Waxmann.

Baumert, J.; Lehmann, R. und Lehrke, M. (1997): *TIMSS - mathematisch-naturwissenschaftlicher Unterricht im internationalen Vergleich: Deskriptive Befunde.* Opladen: Leske und Budrich.

Baumert, J. et al. (1998): *Testaufgaben Mathematik. TIMSS 7./8. Klasse (Population 2). Materialien aus der Bildungsforschung, Bd. 60.* Berlin: Max-Planck-Institut für Bildungsforschung.

BLK (1997): *Gutachten zur Vorbereitung des Programms „Steigerung der Effizienz des mathematisch-naturwissenschaftlichen Unterrichts."* Bonn.

BLK (2004): *SINUS-Transfer Grundschule. Weiterentwicklung des mathematischen und naturwissenschaftlichen Unterrichts in der Grundschule. Gutachten des Leibniz-Instituts für die Pädagogik der Naturwissenschaften (IPN), Kiel. Heft 112.* Bonn: Bundesministerium für Bildung, Wissenschaft, Forschung und Technologie.

Blömeke, S. (2007): Erfassung des fachbezogenen Wissens von angehenden Mathematiklehrer/innen, S. 565–568. In *Beiträge zum Mathematikunterricht 2007.* Hildesheim: Franzbecker.

Blömeke, S.; Eichler, D. und Müller, C. (2003): Rekonstruktion kognitiver Strukturen von Lehrpersonen als Herausforderung für die empirische Unterrichtsforschung. *Unterrichtswissenschaft (Weinheim)* 31 (2), S. 103–121.

Blömeke, S.; Kaiser, G. und Lehmann, R. H. (2008): *Professionelle Kompetenzen angehender Lehrerinnen und Lehrer. Wissen, Überzeugungen und Lerngelegenheiten deutscher Mathematik-Studierender und-Referendare – erste Ergebnisse zur Wirksamkeit der Lehrerausbildung.* Münster: Waxmann.

Blömeke, S. und Müller, C. (2008): Zum Zusammenhang von Allgemeiner Didaktik und Lehr-Lernforschung im Unterrichtsgeschehen. *Zeitschrift für Erziehungswissenschaft, 9. Sonderheft: Perspektiven der Didaktik,* S. 239–258.

Blum, W. (1996): Anwendungsbezüge im Mathematik – Trends und Perspektiven, S. 15–39. In Kanduz, G. et al. (Hg): *Trends und Perspektiven: Beiträge zum 7. internationalen Symposium zur „Didakik der Mathematik" in Klagenfuhrt vom 26.-30.0.1994.* Verlag Hölder-Pichler-Tempsky.

Blum, W. (2007): Mathematisches Modellieren – zu schwer für die Schüler und Lehrer? S. 3–12. In *Beiträge zum Mathematikunterricht 2007.* Hildesheim Franzbecker.

Blum, W. et al. (2006): *Bildungsstandards Mathematik: konkret. Sekundarstufe I: Aufgabenbeispiele, Unterrichtsanregungen, Fortbildungsideen.* Cornelsen Verlag Scriptor 2006.

Blum, W.; Krauss, S. und Neubrand, M. (2008): Zusammenhänge des Professionswissens mit Lehrermerkmalen, Unterrichtsqualität und Leistungszuwächsen der Schüler, S. 157–160. In *Beiträge zum Mathematikunterricht 2008.* Hildesheim: Franzbecker.

Blum, W. et al. (2004): Grundvorstellungen als aufgabenanalytisches und diagnostisches Instrument bei PISA, S. 145–158. In M. Neubrand (Hg.): *Mathematische Kompetenzen von Schülerinnen und Schülern in Deutschland: Vertiefende Analysen im Rahmen von PISA-2000.* Wiesbaden: Verlag für Sozialwissenschaften.

Brown, A. L. (1978): Knowing when, where and how to remember: A problem of metacognition. In: R. Glaser (Hg.), 1 S. 77–165. In R. Glaser (Hg..): *Advances in instructional psychology.* Hilsdale NJ: Erlbaum.

Brown, A. L. (1987): Metacognition, executive control, self-regulation, and other more mysterious mechanisms, S. 65–116. In Reiner, F. und Kluwe, R. (Hg.): *Metacognition, motivation and understanding.* Hillsdale, NJ: Lawrence Erlbaum.

Brunner, M. et al. (2006a): Die professionelle Kompetenz von Mathematiklehrkräften: Konzeptualisierung, Erfassung und Bedeutung für den Unterricht. Eine Zwischenbilanz des COACTIV-Projekts, S. 54–82. In Prenzel, M. und Allolio-Näcke, L. (Hg.): *Untersuchungen zur Bildungsqualität von Schule. Abschlussbericht des DFG-Schwerpunktprogramms.* Münster: Waxmann.

Brunner, M. et al. (2006b): Welche Zusammenhänge bestehen zwischen dem fachspezifischen Professionswissen von Mathematiklehrkräften und ihrer Ausbildung sowie beruflichen Fortbildung? *Zeitschrift für Erziehungswissenschaft* 9(4), S. 521–544.

Böttner, J. et al. (2005): *Schnittpunkt 6. Mathematik für Realschulen. Niedersachsen.* Ernst Klett Verlag: Stuttgart.

Böttner, J. et al. (2006): *Schnittpunkt 7. Mathematik für Realschulen. Niedersachsen.* Ernst Klett Verlag: Stuttgart.

Cohors-Fresenborg, E. (1976): Dynamische Labyrinthe. *Didaktik der Mathematik* 4, S. 1–21.

Cohors-Fresenborg, E. (1996): Mathematik als Werkzeug zur Wissensrepräsentation, S. 85–90. In Kadunz, G. et al. (Hg.): *Trends und Perspektiven.* Wien: Hölder-Pichler-Tempsky.

Cohors-Fresenborg, E. (2001): Mathematik als Werkzeug zur Wissensrepräsentation: Das Osnabrücker Curriculum. *Der Mathematikunterricht* 47 (1), S. 5–13.

Cohors-Fresenborg, E. et al. (2003): *Sätze aus dem Wüstensand und ihre Interpretationen. Textbuch für Schülerinnen und Schüler zur Einführung in die axiomatische Auffassung von Mathematik.* Osnabrück: Forschungsinstitut für Mathematikdidaktik.

Cohors-Fresenborg, E. und Kaune, C. (1993): Zur Konzeption eines gymnasialen mathematischen Anfangsunterrichts unter kognitionstheoretischem Aspekt. *Der Mathematikunterricht* 39 (3), S. 4–11.

Cohors-Fresenborg, E. und Kaune, C. (2003): Unterrichtsqualität: Die Rolle von Diskursivität für „guten“ gymnasialen Mathematikunterricht, S. 173–180. In *Beiträge zum Mathematikunterricht 2003*. Hildesheim: Franzbecker.

Cohors-Fresenborg, E. und Kaune, C. (2007): *Kategoriensystem für metakognitive Aktivitäten beim schrittweise kontrollierten Argumentieren im Mathematikunterricht, 2. überarbeitete Auflage. Arbeitsbericht Nr. 44.* Osnabrück: Forschungsinstitut für Mathematikdidaktik.

Cohors-Fresenborg, E. und Kaune, C. (2008): *Von Anweisungen zu Funktionen. Arbeitsbuch für Schülerinnen und Schüler.* Schriftenreihe des Forschungsinstituts für Mathematikdidaktik Nr. 41, Osnabrück.

Cohors-Fresenborg, E.; Kaune, C. und Griep, M. (1995): *Einführung in die Computerwelt mit Registermaschinen. Handbuch für Lehrer.* Osnabrück: Forschungsinstitut für Mathematikdidaktik.

Cohors-Fresenborg, E.; Kaune, C. und Griep, M. (1997a): *Einführung in die mathematische Modellbildung mit Funktionen. Handbuch für Lehrer.* Osnabrück: Forschungsinstitut für Mathematikdidaktik.

Cohors-Fresenborg, E.; Kaune, C. und Griep, M. (1997b): *Einführung in die mathematische Modellbildung mit Funktionen. Textbuch für Schüler.* Osnabrück: Forschungsinstitut für Mathematikdidaktik.

Cohors-Fresenborg, E.; Kaune, C. und Griep, M. (1998): *Vertragswerke über den Umgang mit Zahlen. Textbuch für Schülerinnen und Schüler.* Osnabrück: Forschungsinstitut für Mathematikdidaktik.

Cohors-Fresenborg, E.; Sjuts, J. und Sommer, N. (2004): Komplexität von Denkvorgängen und Formalisierung von Wissen, S. 109–144. In M. Neubrand (Hg.): *Mathematische Kompetenzen von Schülerinnen und Schülern in Deutschland: Vertiefende Analysen im Rahmen von PISA-2000.* Wiesbaden: VS-Verlag für Sozialwissenschaften.

Confrey, J.; Castro-Filho, J. und Wilhelm, J. (2000): Implementation Research as a Means to Link Systemic Reform and Applied Psychology in Mathematics Educations. *Educational Psychologist* 35 (3), S. 179–191.

Davis, R. B. und McKnight, C. (1979): Modeling the processes of mathematical thinking. *Journal of Children's Mathematical Behaviour* 2 (2), S. 91–113.

Doll, J. und Prenzel, M. H. (2004): *Bildungsqualität von Schule: Lehrerprofessionalisierung, Unterrichtsentwicklung und Schülerförderung als Strategien der Qualitätsverbesserung.* Waxmann Verlag Gmbh.

Dubs, R. (1995): Konstruktivismus: Einige Überlegungen aus der Sicht der Unterrichtsgestaltung. *Zeitschrift für Pädagogik* 41, S. 889–903.

Felbrich, A. und Müller, C. (2007): Erste Ergbenisse aus P-TEDS: Mathematische Weltbilder und Vorstellungen zum Lehren und Lernen von Mathematik, S. 573–576. In *Beiträge zum Mathematikunterricht 2007.* Hildesheim: Franzbecker.

Führer, L. (2004): Fehler als Orientierungsmittel. *mathematiklehren,* Heft 125, S. 4–8.

Flavell, J. H. (1976): Metacognitive aspects of problem solving, S. 231–236. In Resnik, L. (Hg.): *The nature of intelligence.* Hillsdale, NJ: Lawrence Erlbaum.

Flavell, J. H. (1981): Cognitive monitoring, S. 35–60. In Dickson, W. P. (Hg): *Children's Oral Communication.* New York: Academic Press.

Flavell, J. H. (1984): Annahmen zum Begriff Metakognition sowie zur Entwicklung von Metakognition, S. 23–32. In Weinert, F. E. & Kluwe, R. H. (Hg.): *Metakognition, Motivation und Lernen.* Stuttgart [u. a.]: Kohlhammer.

Freudenthal, H. (1963): Was ist Axiomatik und welchen Bildungswert kann sie haben? *Der Mathematikunterricht* 9 (4), S. 5–29.

Griep, M. (2001): Berichtigung von Lernzielkontrollen als Anlass für metakognitive Aktivitäten. S. 229–232. In *Beiträge zum Mathematikunterricht 2001.* Hildesheim: Franzbecker.

Gräsel, C. und Parchmann, I. (2004a): Die Entwicklung und Implementation von Konzepten situierten und selbstgesteuerten Lernens. *Zeitschrift für Erziehungswissenschaft* 7/3, S. 171–184.

Gräsel, C. und Parchmann, I. (2004b): Implementationsforschung – oder der steinige Weg, Unterricht zu verändern. *Unterrichtswissenschaft* 32 (3), S. 196–214.

Gräsel, C. et al. (2004): Lehrerfortbildungen und ihre Wirkungen auf die Zusammenarbeit von Lehrkräften und die Unterrichtsqualität, S. 133–151. In Doll, J., Prenzel, M. (Hg.): *Bildungsqualität von Schule: Lehrerprofessionalisierung, Unterrichtsentwicklung und Schülerförderung als Strategien der Qualitätsverbesserung.* Münster: Waxmann.

Gärtner, H. (2007): *Unterrichtsmonitoring: Evaluation eines videobasierten Qualitätszirkels zur Unterrichtsentwicklung.* Waxmann.

Gärtner, H. (2008): Einführung neuer Lehrpläne mit Hilfe eines videobasierten Qualitätszirkels – Unterrichtsmonitoring, S. 141–150. In Berkemeyer, N. et al. (Hg.): *Unterrichtsentwicklung in Netzwerken: Konzeptionen, Befunde, Perspektiven.* Münster: Waxmann.

Heinze, A. (2006): Umgang mit Fehlern im Mathematikunterricht – Empirische Ergebnisse zur Schülerwahrnehmung, S. 251–254. In *Beiträge zum Mathematikunterricht 2006.* Hildesheim Franzbecker.

Hörnschemeyer, C. (2006): Ein frühzeitiger Zugang zum Variablenbegriff in der Jahrgangsstufe 5, S. 271–274. In *Beiträge zum Mathematikunterricht 2006*. Hildesheim: Franzbecker.

Inhetveen, H. (1976): *Die Reform des gymnasialen Mathematikunterrichts zwischen 1890 und 1914. Eine sozioökonomische Analyse.* Bad Heilbrunn.

Kaiser, G. und Schwarz, B. (2007): P-TEDS – erste Ergebnisse zu mathematischem und mathematikdidaktischem Wissen, S. 569–572. In *Beiträge zum Mathematikunterricht 2007*. Hildesheim: Franzbecker.

Kaune, C. (1985): *Schüler denken am Computer – eine Untersuchung über den Einfluß von Repräsentationsformen und kognitiven Strategien beim Konstruieren und Analysieren von Algorithmen.* Osnabrück: Forschungsinstitut für Mathematikdidaktik.

Kaune, C. (1995): Der Funktionsbegriff als ein Fundament für den gymnasialen Mathematikunterricht der Sekundarstufe I, S. 66–76. In Steiner, H.-G. und Vollrath, H.-J. (Hg.): *Neue problem- und praxisbezogene Forschungsansätze*. Köln: Aulis.

Kaune, C. (2000): Analyse einer TIMSS-Aufgabe mit den Methoden der kognitiven Mathematik, S. 330–333. In *Beiträge zum Mathematikunterricht 2000*. Hildesheim: Franzbecker.

Kaune, C. (2001a): Merkmale eines konstruktivistischen Unterrichtsskripts und eine Analyse dazugehöriger Lehr- und Lernprozesse. *Der Mathematikunterricht* (47) 1, S. 14–34.

Kaune, C. (2001b): Weiterentwicklung des Mathematikunterrichts: Die kognitionsorientierte Aufgabe ist etwas mehr als „die etwas andere Aufgabe". *Der Mathematikunterricht* (47) 1, S. 35–46.

Kaune, C. (2009): „Hier hab ich wieder nicht daran gedacht..." – Hausaufgaben und Berichtigungen als Anregung zu metakognitiven Aktivitäten. *Praxis der Mathematik in der Schule* 51 (27), S. 17–23.

Kirkpatrick, L., D. und Kirkpatrick, J. (2005): *Transferring Learning to Behavior: Using the Four Levels to Improve Performance.* Berrett-Koehler Publishers.

Klieme, E.; Schümer, G. und Knoll, S. (2001): Mathematikunterricht in der Sekundarstufe I: „Aufgabenkultur" und Unterrichtsgestaltung, S. 43–57. In *TIMSS – Impulse für Schule und Unterricht.* Bonn: BMBF.

KMK (2003): *Bildungsstandards im Fach Mathematik für den Mittleren Schulabschluss. Beschluss vom 4.12.2003.* Luchterhand.

Krauss, S. et al. (2008): Die Untersuchung des professionellen Wissens deutscher Mathematik-Lehrerinnen und -Lehrer im Rahmen der COACTIV-Studie. *Journal für Mathematikdidaktik* 29 (3/4), S. 223–258.

Krummheuer, G. und Naujok, N. (1999): *Grundlagen und Beispiele Interpretativer Unterrichtsforschung.* Leske + Budrich.

Leiss, D. und Blum, W. (2007): Modellierungskompetenz – Vermitteln, Messen & Erklären, S. 312–315. In *Beiträge zum Mathematikunterricht 2007*. Hildesheim: Franzbecker.

Lipowsky, F. (2004): Was macht Fortbildungen für Lehrkräfte erfolgreich? Befunde der Forschung und mögliche Konsequenzen für die Praxis. *Die Deutsche Schule* 96 (4), S. 462–479.

Lipowsky, F. (2007): Was wissen wir über guten Unterricht? In: Becker, G. et al. (Hg.): *Guter Unterricht. Maßstäbe & Merkmale – Wege & Werkzeuge. Friedrich Jahresheft XXV* S. 26–30.

Marpaung, Y. (1986): *Profile indonesicher Schüler beim Umgang mit Algorithmen und ihre Analyse.* Osnabrück: Forschungsinstitut für Mathematikdidaktik.

Niedersächsiches Kultusministerium (2006): *Kerncurriculums für das Unterrichtsfach Mathematik in den Schuljahrgängen 5–10 in der Realschule.* Niedersächsiches Kultusministerium 2006.

Meyer, H. (2004): *Was ist guter Unterricht?* Berlin: Cornelsen.

Minsky, M. (1974): *A Framework for Representing Knowledge.* http://web.media.mit.edu/ minsky/papers/Frames/frames.html (letzter login 12.03.2009).

Minsky, M. (1975): A Framework for Representing Knowledge, S. 211–277. In P. Winston (Hg.): *The Psychology of Computer Vision*. New York: McGraw-Hill.

Naujok, N. (1999): Art und Genese der theoretischen Produkte, S. 23–26. In Krummheuer, G. und Naujok, N.: *Grundlagen und Beispiele Interpretativer Unterrichtsforschung*.

Nelson, T. O. und Narens, L. (1980): A new technoloque for investihe feeling of knowing. *Acta Psychologica* 46, S. 69–80.

Neubrand, M. (2004): *Mathematische Kompetenzen von Schülerinnen und Schülern in Deutschland: Vertiefende Analysen im Rahmen von PISA-2000.* Wiesbaden: VS-Verlag für Sozialwissenschaften.

Neubrand, M. (2006): Professionalität von Mathematik-Lehrerinnen und -Lehrern: Konzeptualisierungen und Ergebnisse aus der COACTIV- und der PISA-Studie, S. 5–12. In *Beiträge zum Mathematikunterricht 2006*. Hildesheim: Franzbecker.

Neubrand, M. et al. (2001): Grundlagen der Ergänzung des internationalen PISA-Mathematiktests in der deutschen Zusatzerhebung. *Zentralblatt für Didaktik der Mathematik* 33 (2), S. 45–59.

Neubrand, M. und Jordan, A. (2007): Mathematikbezogenes Lehrerwissen: Konzepte und Ergebnisse aus der COACTIV-Studie, S. 424–427. In *Beiträge zum Mathematikunterricht 2007*. Hildesheim: Franzbecker.

Nowinska, E. (2008): Monitoring-Aktivitäten als Hilfe zur Erhöhung der Nachhaltigkeit von mathematischen Lernprozessen, S. 187–190. In *Beiträge zum Mathematikunterricht 2008*. Münster: WTM.

Oser, F. und Baeriswyl, F. J. (2001): Choreographies of Teaching: Bridging Instruction to Learning, S. 1031–1065. In V. Richardson (Hg.): *Handbook of research on teaching*. Washington D.C.: American Educational Research Association.

Oser, F.; Hascher, T. und Spychiger, M. (1999): Lernen aus Fehlern. Zur Psychologie des „negativen“ Wissens, S. 11–41. In Althof, W. (Hg.): *Fehlerwelten. Vom Fehlermachen und Lernen aus Fehler*. Opladen: Leske + Budrich.

Pólya, G. (1949): *Schule des Denkens. Vom Lösen mathematischer Probleme. („How to solve it“).* Bern: Francke.

Prediger, S. und Wittmann, E. (2009): Aus Fehlern lernen – (wie) ist das möglich? *PM - Praxis der Mathematik in der Schule.* 51 (27), S. 1–8.

Rödding, D. (1972): Registermaschinen. *Der Mathematikunterricht* 4 (18), S. 32–41.

Reusser, K. (2008): Empirisch fundierte Didaktik – didaktisch fundierte Unterrichtsforschung. Eine Perspektive zur Neuorientierung der Allgemeinen Didaktik. *Zeitschrift für Erziehungswissenschaft, 9. Sonderheft „Perspektiven der Didaktik“* S. 219–237.

Schmidt, M. (2009): *Handlungsorientierte Zugänge zum Funktionsbegriff und Möglichkeiten zur Förderung des funktionalen Denkens.* Grin Verlag.

Schoenfeld, A. H. (1992): Learning to think mathematically: problem solving, metacognition, and sense making in mathematics, S. 334–370. In Grouws, D. A. (Hg.): *Handbook of Research on Mathematics Teaching and Learning*. New York: Macmillan.

Schukajlow, S. und Leiss, D. (2008): Textverstehen als Voraussetzung für erfolgreiches mathematisches Modellieren – Ergebnisse aus DISUM-Projekt, page (Im Druck). In *Beiträge zum Mathematikunterricht 2008*. Hildesheim: Franzbecker.

Schwank, I. (1987): *Curriculares Rahmenkonzept für den Mathematikunterricht der Sekundarstufe I zum Aufbau grundlegender Modellvorstellungen für das Verständnis von Computern unter Berücksichtigung von handlungsorientierter Begriffsbildung. Gutachten für den Niedersächsischen Kultusminister.* Osnabrück: Forschungsinstitut für Mathematikdidaktik.

Schwank, I. (1993): Verschiedene Repräsentationen algorithmischer Begriffe und der Aufbau mentaler Modelle. *Der Mathematikunterricht* 39 (3), S. 12–26.

Schwank, I. (1995): Die Bedeutung von Mikrowelten für den Erwerb mathematischer Begriffe, S. 119–127. In Steiner, H.-G. und Vollrath, H.-J. (Hg.): *Neue problem- und praxisbezogene Forschungsansätze, IDM-Band 20*. Köln: Aulis.

Schwank, I. (1996): Zur Konzeption prädikativer versus funktionaler kognitiver Strukturen und ihrer Anwendungen. *Zentralblatt für Didaktik der Mathematik* 6, S. 168–183.

Schwank, I. (2003): Einführung in prädikatives und funktionales Denken. *Zentralblatt für Didaktik der Mathematik* 35 (3), S. 70–78.

Schwank, I. (2005): Maschinenintelligenz: ein Ergebnis der Mathematisierung von Vorgängen – Zur Idee und Geschichte der Dynamischen Labyrinthe, S. 39–72. In C. Kaune, I. Schwank & J. Sjuts (Hg.): *Mathematikdidaktik im Wissenschaftsgefüge: Zum Verstehen und Unterrichten mathematischen Denkens. Festschrift für Elmar Cohors-Fresenborg. Band 2*. Osnabrück: Forschungsinstitut für Mathematikdidaktik.

Simon, M. (1908): *Didaktik und Methodik des Rechnens und der Mathematik.* München: C. H. Beck.

Sjuts, J. (1999): *Mathematik als Werkzeug zur Wissensrepräsentation. Theoretische Einordnung, konzeptionelle Abgrenzung und interpretative Auswertung eines kognitions- und konstruktivismustheoretischen Mathematikunterrichts.* Osnabrück: Forschungsinstitut für Mathematikdidaktik.

Sjuts, J. (2001): Aufgabenstellungen zum Umgang mit Wissen(srepräsentationen). *Der Mathematikunterricht* 47 (1), S. 47–60.

Sjuts, J. (2003): Metakognition per didaktisch-sozialem Vertrag. *Journal für Mathematik-Didaktik* 24 (1), S. 18–40.

Sommer, N. (2008): Lernzuwachs und kognitive Aufgabenanforderungen – Untersuchungen am PISA-E-2000 Datensatz. *Journal für Mathematik-Didaktik* 29 (1), S. 3–19.

Spada, H. und Wichmann, S. (1996): Kognitive Determinanten der Lernleistung, S. 119–152. In Weinert, F., E. (Hg.): *Psychologie des Lernens und der Instruktion. Enzyklopädie der Psychologie: Themenbereich D, Bd. 2.* Göttingen: Hogrefe.

Staub, F. C. (2005): Videos im Fachspezifisch-Pädagogischen Coaching. *journal für lehrerinnen- und lehrerbildung* 2, S. 26–30.

Steinhoff, B. (2004): *Wissens- und Kompetenzerwerb in einem Unterricht nach Chemie im Kontext: exemplarische Entwicklung eines Wissenstests für die Unterrichtseinheit (K)Ein Auto ohne Kunststoffe.* http://deposit.ddb.de/cgi-bin/dokserv?idn=972353097.

Terhart, E. (2002): *Standards für die Lehrerbildung. Eine Expertise für die Kultsministerkonferenz.* Universität Münster: Zentrale Koordination Lehrerbildung (ZKL-Texte Nr. 23).

Wang, M. C.; Haertel, G. D. und Walberg, H. J. (1993): Toward a Knowledge Base for School Learning. *Review of Educational Research* 63 (3), S. 249–294.

Watanabe, R. und MGraw, B. (2004): *Lernen für die Welt von morgen – Erste Ergebnisse von PISA-2003.* OECD, Paris.

Weinert, F. (1987): Introduction and Overview: Metacognition and motivation as determinants of effective learning and understanding, S. 1–16. In Weinert, F. und Kluwe, R. (Hg.): *Metacognition and Motivation.* Hillsdale, NJ: Lawrence Erlbaum Associates.

Zedler, P. et al. (2004): Fachdidaktisches Coaching – Veränderungen von Lehrerkognitionen und unterrichtlichen Handlungsmustern, S. 114–132. In Doll, J., Prenzel, M. (Hg.): *Bildungsqualität von Schule: Lehrerprofessionalisierung, Unterrichtsentwicklung und Schülerförderung als Strategien der Qualitätsverbesserung.* Münster: Waxmann.